本书由国务院侨务办公室立项

彭磷基外招生人才培养改革基金资助

微积分 II

Calculus

经济管理类课程教材

主编◎苏继红 符才冠 许 明

暨南大学出版社
JINAN UNIVERSITY PRESS

中国·广州

图书在版编目（CIP）数据

微积分 II／苏继红，符才冠，许明主编. —广州：暨南大学出版社，2015.2
ISBN 978 - 7 - 5668 - 1353 - 4

I. ①微…　Ⅱ. ①苏… ②符… ③许…　Ⅲ. ①微积分—高等学校—教材　Ⅳ. ①O172

中国版本图书馆 CIP 数据核字（2015）第 034320 号

出版发行：暨南大学出版社

地　　址：中国广州暨南大学
电　　话：总编室（8620）85221601
　　　　　　营销部（8620）85225284　85228291　85228292（邮购）
传　　真：（8620）85221583（办公室）　　85223774（营销部）
邮　　编：510630
网　　址：http：//www. jnupress. com　http：//press. jnu. edu. cn

排　　版：广州良弓广告有限公司
印　　刷：佛山市浩文彩色印刷有限公司

开　　本：787mm×1092mm　1/16
印　　张：19. 5
字　　数：485 千
版　　次：2015 年 2 月第 1 版
印　　次：2015 年 2 月第 1 次

定　　价：39. 80 元

（暨大版图书如有印装质量问题，请与出版社总编室联系调换）

前　言

本教材是继《微积分 I》的后续内容．全书由五章组成，分别是第五章"不定积分"，第六章"定积分"，第七章"无穷级数简介"，第八章"多元函数"，第九章"微分方程与差分方程简介"．

本书是根据本科高等院校经济管理类专业微积分课程的教学大纲组织编写的，编入的都是最基本的微积分知识，强调掌握重要的基本概念、基本运算，同时又注重理论知识的应用．编写理念是从港澳台及海外华侨学生的特点、基础和知识体系结构出发，遵循以"教材适应学生"的原则，主要目的是希望读者在课外通过本教材，能够比较容易自学，做到无师自通，巩固课堂所学内容，从中较系统地获得必需的基础理论和常用的运算方法．

本教材的主要特点是参考吸收了国内外教材的优点，在保持经典微积分内容的系统性和完整性的前提下，力求通俗简明，主要表现在对定积分的应用以及将二重积分化为二次积分等内容的叙述上，从概念到运用都比传统教科书的编排更加循序渐进．教材采用大量的几何图解，直观明了地给读者带来数形结合的空间想象，便于发现数学思想的本质，有利于提高读者对数学实质的理解．在纯理论的学习中，适当降低了某些理论的深度．书中贯彻"学、练、反复，适当结合"的原则，每给一个重要、常用的概念，都举出相应的例题，同时给出【即学即练】及答案，每节练习题比《微积分 I》增加了相应的参考答案，以便读者即时巩固检查所学内容．另外，书中除了设置通俗易懂的巩固性问题外，还配备拓展性、探索性等问题，以满足那些愿意深入学习的读者的需要．全书为学生理解数学的抽象概念提供了认识基础，也为后续专业课程的学习提供了必要的数学工具．

本书可作为经济管理类各专业广大自学者的教材或自学参考书，对全日制文科类专业的大学生，也是一本比较适合的参考书．

尽管我们力求能编出适合实际教学的教材，但由于水平有限和时间仓促，再加上教材是初版，书中难免有疏漏或错误之处，恳请各位读者、同仁多提宝贵意见，给予批评指正，使本书更加完善．

最后，我们非常感谢暨南大学教务处及数学系的大力支持以及暨南大学出版社的热情帮助和辛勤工作，使本书得以顺利出版．

编　者

2015 年 1 月

目录
CONTENTS

第五章　不定积分

通过前面章节的学习，我们已经能求已知函数的导数或微分，并初步用导数的知识来解决某些简单的问题. 由给定函数求这个函数的导数或微分的问题构成了微积分学的微分学部分. 在许多科学与技术的实际应用中，往往会遇到相反的问题，例如，已知质点变速运动的速度，如何求质点的运动方程. 又如，如何求不规则平面的面积以及空间中的体积等问题，为解决这些问题产生了不定积分和定积分，它们构成了微积分学中的积分学部分. 本章先学习不定积分，这也是后面学习第六章"定积分"的重要基础.

§5.1　不定积分的概念与性质

一、原函数与不定积分的概念

我们知道已知质点运动方程 $s=s(t)$，求质点在任意时刻的瞬时速度 v，可归结为求路程函数 $s(t)$ 对自变量 t 的导数，即 $v=s'(t)$. 在实际问题中常常需要解决相反的问题：给定速度 v 是时间 t 的函数 $v=v(t)$，要确定路程 s 与时间 t 的依赖关系. 这样就需要由函数 $v=v(t)$ 还原出一个函数 $s=s(t)$，使它满足对 t 的导数就是 v，即 $v=s'(t)$. 类似的问题还有，已知曲线上任意一点 $M(x,y)$ 处的切线斜率为 $k=k(x)$，要通过它还原出表示这条曲线的函数 $y=f(x)$，此时要满足这条曲线在点 x 处的导数就是 k，即 $k=f'(x)$. 再如在经济问题中，已知边际成本函数 $MC=C'(x)$，要求总成本函数，也就是要知道哪一个函数的导数等于 MC，就是要还原出总成本函数本身 $C=C(x)$，使得 $MC=C'(x)$，等等.

以上三个问题，虽然其具体实际意义各不相同，但去掉它们的实际意义，在数学上，都可归结为同一问题，即由一个函数的导数还原出这个函数(原函数)，这就是积分学的基本问题之一. 下面我们给出一般原函数的概念.

1. 原函数的概念

定义 5.1　设 $f(x)$ 是定义在区间 (a,b) 内的已知函数，如果存在可导函数 $F(x)$，使对于任意 $x \in (a,b)$，都有

$$F'(x)=f(x) \text{ 或 } dF(x)=f(x)dx$$

则称 $F(x)$ 是 $f(x)$ 在 (a,b) 上的一个原函数. 即对于任何满足 $F'(x)=f(x)$ 的函数 $F(x)$ 和 $f(x)$，$f(x)$ 称为 $F(x)$ 的导数，而 $F(x)$ 则称为 $f(x)$ 的原函数.

由定义可知找原函数与导数有着密切的联系.

例1 求下列函数的一个原函数.

(1) $f(x) = 3x^2$，$x \in (-\infty, +\infty)$ (2) $f(x) = \cos x$，$x \in (-\infty, +\infty)$

解题分析：按原函数的定义5.1，要求已知函数 $f(x)$ 的一个原函数，即要找出一个函数 $F(x)$，使得它求导数后能够等于这个已知函数 $f(x)$.

解：(1) 由 $f(x) = 3x^2$，设所求函数为 $F(x)$，因为 $F(x) = x^2$ 时，应有

$$F'(x) = (x^3)' = 3x^2$$

所以，由原函数的定义，函数 $F(x) = x^3$ 在 $(-\infty, +\infty)$ 内是 $f(x) = 3x^2$ 的一个原函数.

(2) 由 $f(x) = \cos x$，设所求函数为 $F(x)$，因为 $F(x) = \sin x$ 时，应有

$$F'(x) = (\sin x)' = \cos x$$

所以，由原函数的定义，$F(x) = \sin x$ 在 $(-\infty, +\infty)$ 内是 $f(x) = \cos x$ 的一个原函数.

例2 判断函数 $\dfrac{1}{x}$ 是哪个函数的原函数.

解题分析：由原函数定义，观察函数 $\dfrac{1}{x}$ 的导数是哪个函数.

解：因为 $\left(\dfrac{1}{x}\right)' = -\dfrac{1}{x^2}$，

所以由原函数定义，函数 $\dfrac{1}{x}$ 是 $-\dfrac{1}{x^2}$ 的原函数.

【即学即练】

求下列函数的一个原函数：(1) $x^2 - 1$ (2) $2e^{2x}$

（答案：(1) $\dfrac{x^3}{3} - x$ (2) e^{2x}）

---

2. 原函数的个数与全体原函数的表示

例3 从下列函数 $x^5 - 3$，$2 + x^5$，2；$\log_2 x$，$2^x + 1$，$x^5 + 1$ 中找出 $5x^4$ 的原函数.

解题分析：按原函数的定义，只要找出求导数后结果是 $5x^4$ 的函数，就都是 $5x^4$ 的原函数，即若所求函数设为 $F(x)$，则 $F(x)$ 应满足 $F'(x) = 5x^4$ 成立.

解：因为 $(x^5 - 3)' = 5x^4$，$(2 + x^5)' = 5x^4$；$2' = 0$；

$(\log_2 x)' = \dfrac{1}{x \ln 2}$；$(2^x + 1)' = 2^x \ln 2$；$(x^5 + 1)' = 5x^4$

所以 $x^2 - 3$，$2 + x^5$ 及 $x^5 + 1$ 都是 $5x^4$ 的原函数.

再看下例.

例4 设函数 $f(x) = \sin x$，$x \in (-\infty, +\infty)$，求 $f(x) = \sin x$ 的一个原函数.

解：由于函数 $F(x) = -\cos x$ 满足 $F'(x) = (-\cos x)' = \sin x$，

所以 $F(x) = -\cos x$ 是 $\sin x$ 的一个原函数.

我们可以知道 $(-\cos x + 1)' = \sin x$，说明 $-\cos x + 1$ 也是 $\sin x$ 的一个原函数，不难看出 $(-\cos x + 2)' = \sin x$，$\cdots$，当 C 为任意常数时也有 $(-\cos x + C)' = \sin x$，说明 $-\cos x + 2$，$\cdots$，$-\cos x + C$ 都是 $\sin x$ 的原函数. 这说明 $f(x) = \sin x$ 的原函数不止一个.

一般地，如果函数 $f(x)$ 有一个原函数 $F(x)$ 即 $F'(x) = f(x)$，则对于任意常数 C 都有
$$[F(x) + C]' = F'(x) + (C)' = f(x) + 0 = f(x)$$
由此可得出，如果 $f(x)$ 有原函数，则它的原函数不止一个，有无穷多个. 下面我们讨论如何找出无穷多个原函数（全体原函数）的表示.

事实上，设 $f(x)$ 的原函数存在，且函数 $F(x)$ 和 $G(x)$ 是 $f(x)$ 在同一个区间上的任意两个原函数，那么它们的差 $F(x) - G(x)$，在该区间上是一个常数，则
$$[F(x) - G(x)]' = F'(x) - G'(x) = f(x) - f(x) = 0(\leftarrow F'(x) = f(x),\ G'(x) = f(x))$$

由《微积分 I》第四章 §4.1 中拉格朗日（Lagrange）中值定理的推论 4.2 知道，导数恒为零的函数必为常数，于是
$$F(x) - G(x) = C(C\ 为任意常数)$$
即
$$G(x) = F(x) + C$$

结论告诉我们，如果 $F(x)$ 是 $f(x)$ 的所有原函数，则 $f(x)$ 任意一个原函数 $G(x)$ 都可表示为 $F(x) + C$ 的形式，即当 C 为任意常数时，$G(x)$ 的集合 $\{F(x) + C\mid -\infty < C < +\infty\}$ 就包含了原函数的全体.

求原函数的过程显然是求导的逆过程，因此读者重温并熟练掌握导数的基本运算方法，是求原函数或所有原函数的关键，也是后面学习不定积分的关键.

由以上讨论可得求函数 $f(x)$ 的所有原函数的参考步骤：

第一步，由定义 5.1 求出一个原函数 $F(x)$；

第二步，写出所有原函数的表达式 $F(x) + C(C\ 为任意常数)$.

例 5　求函数 $\cos x$ 的全体原函数.

解题分析： 也就是找出 $\cos x$ 一个原函数再加上一个任意常数 C 的形式.

解： 因为 $(\sin x)' = \cos x(\leftarrow 第一步，求原函数)$，

所以 $\sin x$ 是 $\cos x$ 的一个原函数，

故 $\cos x$ 的全体原函数为 $\sin x + C(\leftarrow 第二步，写出所有原函数)$.

例 6　求函数 $\dfrac{1}{x}$ 的全体原函数.

解： 因为当 $x > 0$ 时，有 $\ln|x| = \ln x$

则
$$(\ln|x|)' = (\ln x)' = \frac{1}{x}$$

当 $x < 0$ 时，有
$$\ln|x| = \ln(-x)$$

则
$$(\ln|x|)' = [\ln(-x)]' = \frac{1}{-x}(-x)' = \frac{1}{x}$$

综上所述
$$(\ln|x|)' = \begin{cases} (\ln x)' & x > 0 \\ (\ln(-x))' & x < 0 \end{cases} = \frac{1}{x}$$

所以 $\ln|x|$ 是 $\dfrac{1}{x}$ 的一个原函数，故当 $x \neq 0$ 时，$\dfrac{1}{x}$ 的全体原函数为 $\ln|x| + C$.

在上面的讨论中，我们都假定 $f(x)$ 的原函数是存在的，那么，函数 $f(x)$ 要具备何种条件，才能保证它的原函数一定存在呢？可以证明，如果被积函数 $f(x)$ 在某区间上连续，

则在该区间上 $f(x)$ 一定有原函数.（这个问题将在第六章§6.3节的定理6.4中给出）

注:（1）由于初等函数在其定义域内都是连续的,故初等函数在其定义域内必存在原函数（但其原函数不一定仍是初等函数）.

（2）连续是存在原函数的充分条件,并非必要条件.

【即学即练】

求下列函数的全体原函数:

（1）$\cos x - 1$　　（2）0

（答案:（1）$\sin x - x + C$（C 为任意常数）　（2）C（C 为任意常数））

通过求原函数,下面给出不定积分的定义.

3. 不定积分的概念

定义5.2　设 $F(x)$ 是函数 $f(x)$ 在区间 (a, b) 上的一个原函数,则 $f(x)$ 的所有原函数 $F(x) + C$（C 为任意常数）称为函数 $f(x)$ 的不定积分,记作 $\int f(x)\mathrm{d}x$,即有

$$\int f(x)\mathrm{d}x = F(x) + C \tag{5.1.1}$$

其中符号"$\int$"称为积分号,$f(x)$ 称为被积函数,$\int f(x)\mathrm{d}x$ 称为被积表达式,x 称为积分变量,C 称为积分常数,取一切实数.

由定义5.2可得出简单结论:求一个函数的不定积分 $\int f(x)\mathrm{d}x$,就是求出这个函数的所有原函数.

注:（1）不定积分 $\int f(x)\mathrm{d}x$ 可以表示 $f(x)$ 的任意一个原函数,积分号"$\int$"是一种运算符号,它表示对已知函数求其全体原函数. 这里的"所有"就体现在任意常数 C 上,所以在求不定积分的结果时不能漏写积分常数 C,它可取任意实数.

（2）一个函数 $f(x)$ 的不定积分既不是一个数,也不是一个函数,而是一组函数,而这一组函数之间,只是相差一个常数,利用已知导数来求出不定积分的过程是微分法的逆运算,称为不定积分法,简称不定积分.

（3）由求不定积分的过程可得,检验积分结果是否正确,只要对结果求导,看它的导数是否等于被积函数,相等时结果是正确的,否则结果是错误的.

用定义5.2求函数 $f(x)$ 的不定积分的参考步骤:

第一步,由定义5.1求出一个原函数 $F(x)$;

第二步,写出不定积分的表达式 $\int f(x)\mathrm{d}x = F(x) + C$（$C$ 为任意常数）.

例7 求函数 $3x^2$ 的不定积分.

解：（第一步）在例1中已经求出 $3x^2$ 的一个原函数是 x^3，（←∵ $(x^3)' = 3x^2$）

（第二步）所以 $\int 3x^2 \mathrm{d}x = x^3 + C$（$C$ 为任意常数）.

不定积分 $x^3 + C$ 与导数 $3x^2$ 的关系可以归纳成下图：

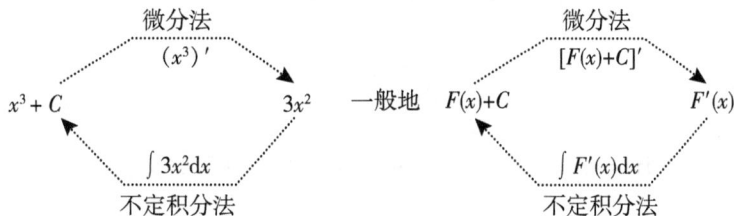

例8 求 $4x + 1$ 的不定积分.

解：因为 $(2x^2 + x)' = 4x + 1$，所以 $2x^2 + x$ 是 $4x + 1$ 的一个原函数（←第一步），

所以 $$\int (4x + 1)\,\mathrm{d}x = 2x^2 + x + C \quad (←第二步)$$

例9 求不定积分 $\int \cos x \mathrm{d}x$.

解：因为 $(\sin x)' = \cos x$，所以 $\sin x$ 是 $\cos x$ 的一个原函数，

从而 $$\int \cos x \mathrm{d}x = \sin x + C$$

例10 根据不定积分的定义验证：$\int \dfrac{2x}{1 + x^2}\mathrm{d}x = \ln(1 + x^2) + C$.

解：由 $\left[\ln (1 + x^2)\right]' = \dfrac{2x}{1 + x^2}$，即函数 $\ln(1 + x^2)$ 是 $\dfrac{2x}{1 + x^2}$ 的一个原函数，

所以 $$\int \frac{2x}{1 + x^2}\,\mathrm{d}x = \ln(1 + x^2) + C$$

例11 求函数 $f(x) = \dfrac{1}{x}$ 的不定积分.

解：由于例6，当 $x > 0$ 时，$(\ln x)' = \dfrac{1}{x}$，所以 $\ln x$ 是 $\dfrac{1}{x}$ 在 $(0, +\infty)$ 内的一个原函数. 所以 $$\int \frac{1}{x}\,\mathrm{d}x = \ln x + C \qquad (x > 0)$$

当 $x < 0$ 时，$\left[\ln(-x)\right]' = -\dfrac{1}{x} \cdot (-1) = \dfrac{1}{x}$，所以 $\ln(-x)$ 是 $\dfrac{1}{x}$ 在 $(-\infty, 0)$ 内的一个原函数，所以 $$\int \frac{1}{x}\,\mathrm{d}x = \ln(-x) + C \qquad (x < 0)$$

综上两种情形可以合并写成

$$\int \frac{1}{x}\,\mathrm{d}x = \ln|x| + C \qquad (x \neq 0)$$

例12 求不定积分 $\int e^x dx = e^x + C$.

解：因为 $(e^x)' = e^x$，所以 e^x 是 e^x 的一个原函数，

于是 $$\int e^x dx = e^x + C$$

注：为了方便起见，以后在不发生混淆的情况下，不定积分也称为积分.

【即学即练】

求不定积分：(1) $\int x^2 dx$　(2) $\int 0 dx$

(答案：(1) $\int x^2 dx = \dfrac{x^3}{3} + C$　(2) $\int 0 dx = C$（C 为任意常数）)

二、不定积分的性质

1. 导数与不定积分的关系（不定积分运算与导数（或微分）运算的互逆关系）

由(5.1.1)式可得到微分法与积分法关系的两个性质：

(1) $\left[\int f(x)dx\right]' = f(x)$ 或 $d\int f(x)dx = f(x)dx$ 　　　　(5.1.2)

(2) $\int F'(x)dx = F(x) + C$ 或 $\int dF(x) = F(x) + C$ 　　　　(5.1.3)

(5.1.2)式表示不定积分的导数等于被积函数（或不定积分的微分等于被积表达式），(5.1.3)式表示一个函数 $F(x)$ 的导数（或微分）的不定积分等于函数族 $F(x) + C$.

(5.1.2)式的简单记法："先积分后导数（微分），结果为函数形式不变"，即"d"与"$\int$"抵消.

(5.1.3)式的简单记法："先求导数（微分）后积分，结果为函数加上一个任意常数 C 的形式"，即若先"d"（或"求导"）后"$\int$"，则抵消后函数相差一个常数.

证：(1) 设 $F(x)$ 为 $f(x)$ 的一个原函数，则 $F'(x) = f(x)$，又由不定积分的定义

$$\int f(x)dx = F(x) + C$$

所以 $$\left[\int f(x)dx\right]' = \left[F(x) + C\right]' = F'(x) + 0$$
$$= F'(x) = f(x)$$

或由微分的定义，得 $d\left[\int f(x)dx\right] = f(x)dx$

(2) 因为 $F(x)$ 就是 $F'(x)$ 的一个原函数，所以得

$$\int F'(x)dx = F(x) + C, \text{ 或 } \int dF(x) = F(x) + C$$

例如，$\left(\int \dfrac{1}{\sqrt{1+e^x}} dx\right)' = \dfrac{1}{\sqrt{1+e^x}}$，$\int \left(\dfrac{x}{\sqrt{x^5}}\right)' dx = \dfrac{x}{\sqrt{x^5}} + C$.

【即学即练】

求 （1）$\left(\int e^{x^2} dx\right)'$；（2）$\int \left(\dfrac{\sin x}{x}\right)' dx$.

（答案：（1）e^{x^2}　（2）$\dfrac{\sin x}{x} + C$）

2. 线性运算性质

性质1　$\displaystyle\int kf(x) dx = k\int f(x) dx$（$k$ 是常数，$k \neq 0$）　　　　　　（5.1.4）

即求不定积分时，被积函数中不为零的常数因子可以提到积分号外面来.

　　证：(5.1.4) 式等号右边求导，得

$$\left[k\int f(x) dx\right]' = k\left[\int f(x) dx\right]' = kf(x)$$

而且 $k\displaystyle\int f(x) dx$ 中含有一个任意常数，$k\displaystyle\int f(x) dx$ 是 $kf(x)$ 的全部原函数，由定义 5.2，得

$\displaystyle\int kf(x) dx = k\int f(x) dx$.

　　注：在性质 1 中条件 $k \neq 0$，是必要的，否则若 $k = 0$，有 $\displaystyle\int kf(x) dx = \int 0 dx = C$（$C$ 为任意常数），而 $k\displaystyle\int f(x) dx = 0$，两者并不相等，故只有 $k \neq 0$ 时，(5.1.4) 式才成立.

　　性质2　$\displaystyle\int [f(x) \pm g(x)] dx = \int f(x) dx \pm \int g(x) dx$　　　　　　（5.1.5）

即函数代数和的不定积分等于各个函数的不定积分的代数和.

　　证：对 (5.1.5) 式两端求导得

$$\left[\int f(x) dx \pm \int g(x) dx\right]' = \left[\int f(x) dx\right]' \pm \left[\int g(x) dx\right]'$$
$$= f(x) \pm g(x)$$

而且 $\displaystyle\int f(x) dx$（或 $\displaystyle\int g(x) dx$）中含有一个任意常数，由原函数的定义 $\displaystyle\int f(x) dx \pm \int g(x) dx$ 是 $f(x) \pm g(x)$ 的全部原函数，所以得

$$\int [f(x) \pm g(x)] dx = \int f(x) dx \pm \int g(x) dx$$

性质 2 可以推广到任意有限多个函数的代数和的情形，

$$\int [f_1(x) \pm f_2(x) \pm \cdots \pm f_n(x)] dx = \int f_1(x) dx \pm \int f_2(x) dx \pm \cdots \pm \int f_n(x) dx \quad (5.1.6)$$

即　　　　　　　　　　　　$\displaystyle\int \sum_{i=1}^{n} f_i(x) dx = \sum_{i=1}^{n} \int f_i(x) dx$

由性质 1 和性质 2 可得到不定积分的线性运算性质：

$$\int \sum_{i=1}^{n} k_i f_i(x)\,\mathrm{d}x = \sum_{i=1}^{n} k_i \int f_i(x)\,\mathrm{d}x$$

例 13　求不定积分 $\int (\cos x + \dfrac{1}{x} + \mathrm{e}^x)\,\mathrm{d}x$.

解： $\int (\cos x + \dfrac{1}{x} + \mathrm{e}^x)\,\mathrm{d}x$

$$= \int \cos x\,\mathrm{d}x + \int \frac{1}{x}\,\mathrm{d}x + \int \mathrm{e}^x\,\mathrm{d}x \quad (\leftarrow 用性质 2)$$

$$= (\sin x + C_1) + (\ln|x| + C_2) + (\mathrm{e}^x + C_3) \quad (\leftarrow 用例 9、12、13 的结论)$$

$$= \sin x + \ln|x| + \mathrm{e}^x + (C_1 + C_2 + C_3)$$

$$= \sin x + \ln|x| + \mathrm{e}^x + C \quad (\leftarrow C = C_1 + C_2 + C_3,\ 为任意常数)$$

即　　　$\int \cos x\,\mathrm{d}x + \int \dfrac{1}{x}\,\mathrm{d}x + \int \mathrm{e}^x\,\mathrm{d}x$

$$= \sin x + \ln|x| + \mathrm{e}^x + C$$

注： 例 13 中，在求和的积分中每一项的不定积分都含有一个任意常数，因为任意常数的和仍然是任意常数．因此，在以后的不定积分的计算中，不必将每项不定积分中的积分常数项都加上，而只需在最后积分结果中统一加上一个积分常数 C 即可．

三、不定积分的几何意义

我们知道 $y'(x)$ 代表曲线 $y=f(x)$ 在 x 点处的斜率函数，而曲线 $y=f(x)$ 在 $x=a$ 的斜率为 $y'(x)\big|_{x=a}$，或写作 $f'(a)$，如图 5-1-1 所示．

一般地，求已知函数 $f(x)$ 在某区间上的一个原函数 $F(x)$，在几何上就是要找出一条曲线 $y=F(x)$，使曲线上横坐标为 x 的点处的切线斜率等于 $f(x)$，也就是满足 $F'(x)=f(x)$．这条曲线 $y=F(x)$ 称为 $f(x)$ 的一条积分曲线，此时 $f(x)$ 是 $F(x)$ 在点 $(x,F(x))$ 处的切线斜率．由于 $F(x)$ 是 $f(x)$ 的一个原函数，则 $f(x)$ 的不定积分 $\int f(x)\,\mathrm{d}x = F(x) + C$ 是 $f(x)$ 的全体原函数，所以对于给定的不同常数 C，$F(x)+C$ 表示坐标平面上的不同的积分曲线，因此不定积分 $\int f(x)\,\mathrm{d}x$ 的几何意义表示 $f(x)$ 的一族曲线 $F(x)+C$，称为 $f(x)$ 的积分曲线族，如图 5-1-2 所示．

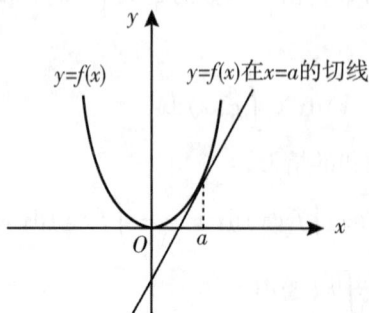

图 5-1-1

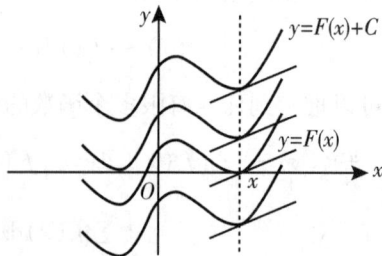

图 5-1-2

积分曲线族具有这样的特点：在横坐标相同的 x 点处，曲线的切线是相互平行的，切线的斜率都等于 $f(x)$，而且积分曲线族在 x 点处它们的纵坐标只相差一个常数. 因此，任意一条积分曲线都可以由曲线 $y = F(x)$ 沿 y 轴方向上、下平移得到.

注：如果要求出这族曲线中通过某点 (x_0, y_0)（称之为初始条件，一般由具体问题确定）的积分曲线，先由 (5.1.3) 式求出积分曲线 $y = F(x) + C$，将 (x_0, y_0) 代入 $y_0 = F(x_0) + C$ 求出 C，再将 C 代入 $y = F(x) + C$，就可得到积分曲线族中通过点 (x_0, y_0) 的那条积分曲线.

例 14 设曲线过点 $(-1, 2)$，并且曲线上任意一点处切线的斜率等于这点横坐标的两倍，求此曲线的方程.

解：设所求曲线方程为 $y = f(x)$，由题设条件，过曲线上任意一点 (x, y) 的切线斜率为

$$f'(x) = 2x$$

上式两端求不定积分得

$$\int f'(x)\,\mathrm{d}x = \int 2x\mathrm{d}x$$

则 $f(x) = x^2 + C$（←等式左边结果由性质 (5.1.3)），此曲线方程 $y = x^2 + C$ 代表斜率为 $2x$ 的所有曲线族，又由于曲线过点 $(-1, 2)$，将点 $(-1, 2)$ 代入曲线方程，$2 = (-1)^2 + C$，得 $C = 1$，再将 $C = 1$ 代入 $f(x) = x^2 + C$ 得过点 $(-1, 2)$ 的曲线方程为 $y = x^2 + 1$，如图 5-1-3 中所示实线部分. 当 $C = -1, 0, 2$ 时 $y = x^2 + C$ 的图像如虚线所示，可见对于不同的 C 值，$y = x^2 + C$ 的图像的形状与 $y = x^2$ 是完全相同的. 例如，$f(x) = x^2 - 1$ 可由 $y = x^2$ 沿 y 轴方向向下平移一个单位得到.

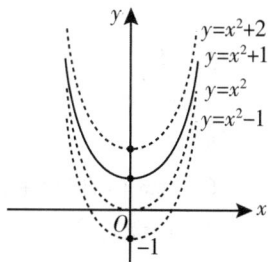

图 5-1-3

【即学即练】

求通过点 $(0, 1)$ 的曲线 $y = f(x)$，使它在点 x 处的切线斜率为 $3x^2$.

（答案：$y = x^3 + 1$）

5.1 练习题

1. 求下列函数的一个原函数：

(1) $\dfrac{1}{x} (x > 0)$ (2) 3^x

2. 求 $\int (\sin x)'\mathrm{d}x$.

3. 验证函数 $F(x) = x(\ln x - 1)$ 是 $f(x) = \ln x$ 的一个原函数.

4. 验证 $y = \dfrac{x^2}{2}\mathrm{sgn}x$ 是 $|x|$ 在 $(-\infty, +\infty)$ 上的一个原函数.

5. 已知 $F'(x) = 3x^2$，且曲线 $y = F(x)$ 过点 $(1, -1)$，求函数 $F(x)$ 的表达式.

6. 若 $\int f(x)\,\mathrm{d}x = 2^x + 2x + C$（$C$ 为常数），求 $f(x)$.

7. 求过点（0，2）的曲线 $y = f(x)$，使它在 x 点处的切线斜率为 $2x$.

8. 试求函数 $f(x) = \sin x$ 通过点（0，1）的积分曲线方程.

9. 设 $\int xf(x)\,\mathrm{d}x = \arctan x + C$，求 $f(x)$.

参考答案

1. （1）$\ln x$　　　　　　　　（2）$\dfrac{3^x}{\ln 3}$

2. $\sin x + C$

3. 略

4. 略

5. $F(x) = x^3 - 2$

6. $f(x) = 2^x \ln 2 + 2$

7. $y = x^2 + 2$

8. $y = -\cos x + 2$

9. $f(x) = \dfrac{1}{x(1 + x^2)}$　$(x \neq 0)$

§5.2　基本积分表

一、基本积分表

因为求导（微分）与求不定积分互为逆运算，也就是说，有一个导数（微分）公式，反过来就有一个积分公式，因此我们将导数（微分）基本公式反过来看，就能得到下面的积分基本公式，以此为基础可计算大量的不定积分.

常用的基本积分公式表（右边是微分公式对照表）

基本积分公式	微分公式
（1）$\int k\,\mathrm{d}x = kx + C$（$k$ 为常数）	$\mathrm{d}(kx + C) = k\mathrm{d}x$
（2）$\int x^\alpha\,\mathrm{d}x = \dfrac{1}{\alpha + 1}x^{\alpha+1} + C$（$\alpha \neq -1$）	$\mathrm{d}(x^\alpha) = \alpha x^{\alpha-1}\mathrm{d}x$
（3）$\int \dfrac{1}{x}\,\mathrm{d}x = \ln|x| + C$	$\mathrm{d}(\ln x) = \dfrac{1}{x}\mathrm{d}x$
（4）$\int a^x\,\mathrm{d}x = \dfrac{1}{\ln a}a^x + C$（$a > 0,\ a \neq 1$）	$\mathrm{d}(a^x) = a^x \ln a\,\mathrm{d}x$
（5）$\int \mathrm{e}^x\,\mathrm{d}x = \mathrm{e}^x + C$	$\mathrm{d}(\mathrm{e}^x) = \mathrm{e}^x\mathrm{d}x$

（续上表）

基本积分公式	微分公式
$(6) \int \sin x \mathrm{d}x = -\cos x + C$	$\mathrm{d}(\cos x) = -\sin x \mathrm{d}x$
$(7) \int \cos x \mathrm{d}x = \sin x + C$	$\mathrm{d}(\sin x) = \cos x \mathrm{d}x$
$(8) \int \sec^2 x \mathrm{d}x = \tan x + C$	$\mathrm{d}(\tan x) = \sec^2 x \mathrm{d}x$
$(9) \int \csc^2 x \mathrm{d}x = -\cot x + C$	$\mathrm{d}(\cot x) = -\csc^2 x \mathrm{d}x$
$(10) \int \dfrac{\mathrm{d}x}{\sqrt{1-x^2}} = \arcsin x + C$	$\mathrm{d}(\arcsin x) = \dfrac{1}{\sqrt{1-x^2}}\mathrm{d}x$
$(11) \int \dfrac{\mathrm{d}x}{1+x^2} = \arctan x + C$	$\mathrm{d}(\arctan x) = \dfrac{1}{1+x^2}\mathrm{d}x$
$(12) \int \sec x \tan x \mathrm{d}x = \sec x + C$	$\mathrm{d}(\sec x) = \sec x \tan x \mathrm{d}x$
$(13) \int \csc x \cot x \mathrm{d}x = -\csc x + C$	$\mathrm{d}(-\csc x) = \csc x \cot x \mathrm{d}x$

特别地，$\int 0 \mathrm{d}x = C$，因为 $\mathrm{d}(C) = 0$.

注：（1）上表左边的 13 个基本积分公式是计算不定积分的基础，很多复杂不定积分的计算，计算过程中总是要设法利用基本积分公式求得最后结果，因此基本积分公式是进行积分运算的基础，必须熟记.

（2）切不可将公式中的积分变量固定记为 x，而应该看成是对任意一个变量 t，h，w 等都是成立的，例如：

由 $\int \sin x \mathrm{d}x = -\cos x + C$，可有 $\int \sin h \mathrm{d}h = -\cos h + C$，$\int \sin t \mathrm{d}t = -\cos t + C$，$\int \sin w \mathrm{d}w = -\cos w + C$ 等都成立.

在下面解题注解中的积分公式简称公式.

二、直接积分法

若所给定的不定积分，能直接利用基本积分公式计算出不定积分，或者通过利用不定积分的性质或者只需将被积函数作恒等变形，使之符合基本积分公式结构的要求，计算出不定积分，这样的方法通常称为直接积分法.

例1 求不定积分 $\int \left(\dfrac{2}{t} - 3\cos t - \csc^2 t + \dfrac{2}{\sqrt{1-t^2}} - 5^t \right) \mathrm{d}t$.

解： $\int \left(\dfrac{2}{t} - 3\cos t - \csc^2 t + \dfrac{2}{\sqrt{1-t^2}} - 5^t \right) \mathrm{d}t$

$= 2\int \dfrac{1}{t}\mathrm{d}t - 3\int \cos t \mathrm{d}t - \int \csc^2 t \mathrm{d}t + 2\int \dfrac{1}{\sqrt{1-t^2}}\mathrm{d}t - \int 5^t \mathrm{d}t$（←性质1、2）

第五章 ◆ 不定积分

$$= 2\ln|t| - 3\sin t + \cot t + 2\arcsin t - \frac{5^t}{\ln 5} + C(\leftarrow公式（3）、（7）、（9）、（10）、（4）)$$

例2 利用积分基本公式求下列不定积分，并检验计算结果的正确性：

(1) $\int 3^x e^x dx$ 　　　　　 (2) $\int \frac{x}{\sqrt{x^5}} dx$

解： (1) $\int 3^x e^x dx = \int (3e)^x dx$ （←联想公式（4），其中常数 $a = 3e$）

$$= \frac{(3e)^x}{\ln 3e} + C \quad (\leftarrow公式（4） \int a^x dx = \frac{1}{\ln a} a^x + C \quad (a > 0, a \neq 1))$$

$$= \frac{(3e)^x}{\ln 3 + 1} + C$$

检验：因为 $(\frac{(3e)^x}{\ln 3 + 1} + C)' = \frac{1}{\ln 3 + 1}(3e)^x \ln 3e$

$$= \frac{1}{\ln 3 + 1}(3e)^x(\ln 3 + \ln e)$$

$$= \frac{1}{\ln 3 + 1}(3e)^x(\ln 3 + 1)$$

$$= (3e)^x = 3^x e^x$$

等于被积函数，所以计算结果是正确的.

(2) $\int \frac{x}{\sqrt{x^5}} dx = \int x \cdot x^{-\frac{5}{2}} dx = \int x^{-\frac{3}{2}} dx$ （←联想公式（2），其中 $\alpha = -\frac{3}{2}$）

$$= \frac{1}{-\frac{3}{2} + 1} x^{-\frac{3}{2} + 1} + C \quad (\leftarrow公式（2），其中 \alpha = -\frac{3}{2})$$

$$= -2x^{-\frac{1}{2}} + C = -\frac{2}{\sqrt{x}} + C$$

读者自行完成检验.

此例告诉我们，当遇到被积函数实际上是幂函数，但常用分式或根式表示时，应首先将它化为 x^α 的形式，然后再应用幂函数的积分公式（2）来求出不定积分.

【即学即练】

求下列不定积分：

(1) $\int 10^x dx$ 　　(2) $\int \frac{4}{x} dx$ 　　(3) $\int 5 dx$

（答案：(1) $\frac{10^x}{\ln 10} + C$ 　　(2) $4\ln|x| + C$ 　　(3) $5x + C$）

例3 求 $\int \frac{(3 - x\sqrt{x})^2}{x} dx$.

解： $\int \frac{(3 - x\sqrt{x})^2}{x} dx = \int \frac{9 - 6x\sqrt{x} + x^3}{x} dx$ （←分子展开恒等变形，再分项积分）

$$= \int \left(\frac{9}{x} - 6\sqrt{x} + x^2 \right) dx \quad (\leftarrow 用性质 1、2)$$

$$= 9\int \frac{1}{x}dx - 6\int \sqrt{x}dx + \int x^2 dx \quad (\leftarrow 联想公式（2）变形)$$

$$= 9\int \frac{1}{x}dx - 6\int x^{\frac{1}{2}}dx + \int x^2 dx \quad (\leftarrow 用公式（3）、（2）)$$

$$= 9\ln|x| - 6 \times \frac{2}{3}x^{\frac{3}{2}} + \frac{1}{3}x^3 + C$$

$$= 9\ln|x| - 4x^{\frac{3}{2}} + \frac{1}{3}x^3 + C$$

例 4 设 $p(x) = a_0 x^n + a_1 x^{n-1} + \cdots + a_{n-1}x + a_n$，求 $p(x)$ 的不定积分.

解： $\int p(x)dx = \int (a_0 x^n + a_1 x^{n-1} + \cdots + a_{n-1}x + a_n) dx \quad (\leftarrow 用性质 1、2)$

$$= a_0 \int x^n dx + a_1 \int x^{n-1}dx + \cdots + a_{n-1}\int xdx + a_n \int dx$$

$$= \frac{a_0}{n+1}x^{n+1} + \frac{a_1}{n}x^n + \cdots + \frac{a_{n-1}}{2}x^2 + a_n x + C$$

$(\uparrow 用公式（2），其中 \alpha 分别为 n，n-1，n-2，\cdots，3，2，1，0)$

【即学即练】

求下列不定积分：

(1) $\int (x^2 - 2x + 3) dx$ (2) $\int 5^{-x} e^x dx$ (3) $\int (1 - 2x^2)^2 \sqrt{x}dx$

（答案：(1) $\frac{x^3}{3} - x^2 + 3x + C$ (2) $\frac{1}{1-\ln 5}(\frac{e}{5})^x + C$ (3) $\frac{2}{3}x^{\frac{3}{2}} - \frac{8}{7}x^{\frac{7}{2}} + \frac{8}{11}x^{\frac{11}{2}} + C$）

例 5 求 $\int \left(\sqrt{\frac{1+x}{1-x}} + \sqrt{\frac{1-x}{1+x}} \right) dx$.

解： $\int \left(\sqrt{\frac{1+x}{1-x}} + \sqrt{\frac{1-x}{1+x}} \right) dx \quad (\leftarrow 考察分母通分变形，联想公式（10）)$

$$= \int \frac{(1+x) + (1-x)}{\sqrt{1-x^2}} dx = \int \frac{2}{\sqrt{1-x^2}} dx \quad (\leftarrow 用性质 1、公式（10）)$$

$$= 2\arcsin x + C$$

例 6 求不定积分 $\int \frac{x^2}{1+x^2} dx$.

解： 由于 $\frac{x^2}{1+x^2} = \frac{(x^2+1)-1}{1+x^2} \quad (\leftarrow 考察分母，联想公式（11），将分子加 1、减 1 变形)$

$$= 1 - \frac{1}{1+x^2}$$

于是 $\int \frac{x^2}{1+x^2} dx = \int \left(1 - \frac{1}{1+x^2} \right) dx$

$$= \int dx \ - \int \frac{1}{1 + x^2} dx \ (\leftarrow用公式（1）（其中 k = 1）、（11））$$

$$= x - \arctan x + C$$

【即学即练】

求不定积分 $\int \frac{x^2 + 2}{1 + x^2} dx$.　　　（答案：$x + \arctan x + C$）

---

*例 7　求不定积分 $\int \frac{1 + 2x^2}{x^2（1 + x^2）} dx$.

解：由于 $\frac{1 + 2x^2}{x^2（1 + x^2）} = \frac{（1 + x^2）+ x^2}{x^2（1 + x^2）}$ （←考察分母，联想公式（11），分子拆项）

$$= \frac{1}{x^2} + \frac{1}{1 + x^2} \ (\leftarrow考察分母，分式拆项成为公式结构）$$

于是 $\int \frac{（1 + 2x^2）dx}{x^2（1 + x^2）} = \int （\frac{1}{x^2} + \frac{1}{1 + x^2}）dx$

$$= \int \frac{1}{x^2} dx + \int \frac{1}{1 + x^2} dx \ (\leftarrow用公式（2）、（11））$$

$$= -\frac{1}{x} + \arctan x + C$$

例 5、6、7 的解法特点是考虑迎合分母，由分子结构适当恒等变形拆成两项，加（或减），再利用公式.

例 8　求不定积分 $\int \tan^2 x dx$.

解：$\int \tan^2 x dx$ （←联想公式（8）用三角公式 $\tan^2 x + 1 = \sec^2 x$ 变形）

$$= \int （\sec^2 x - 1）dx$$

$$= \int \sec^2 x dx - \int dx \ (\leftarrow用公式（8）、（1））$$

$$= \tan x - x + C$$

例 9　求不定积分 $\int \sin^2 \frac{x}{2} dx$.

解：由 $\sin^2 \frac{x}{2} = \frac{1 - \cos x}{2}$ （←由三角公式 $\cos 2x = 1 - 2\sin^2 x$）

于是　　$\int \sin^2 \frac{x}{2} dx = \int \frac{1 - \cos x}{2} dx = \int （\frac{1}{2} - \frac{1}{2} \cos x）dx$

$$= \int \frac{1}{2} dx - \int \frac{1}{2} \cos x dx \ (\leftarrow用公式（1）、（7））$$

$$= \frac{1}{2} x - \frac{1}{2} \sin x + C$$

例 10 求不定积分 $\displaystyle\int \frac{\cos 2x}{\cos^2 x \sin^2 x}\,\mathrm{d}x$.

解：因为 $\dfrac{\cos 2x}{\cos^2 x \sin^2 x}=\dfrac{\cos^2 x-\sin^2 x}{\cos^2 x \sin^2 x}$ （←用三角公式 $\cos 2\alpha=\cos^2 \alpha-\sin^2 \alpha$）

$$=\frac{1}{\sin^2 x}-\frac{1}{\cos^2 x}$$

所以 $\displaystyle\int \frac{\cos 2x}{\cos^2 \sin^2 x}\,\mathrm{d}x=\int \frac{1}{\sin^2 x}\mathrm{d}x-\int \frac{1}{\cos^2}\mathrm{d}x$

$$=\int \csc^2 x\,\mathrm{d}x-\int \sec^2 x\,\mathrm{d}x \quad (←用公式（9）、（8））$$

$$=-\cot x-\tan x+C$$

从例 8、9、10 可以看出，当被积函数为三角函数但又不是积分表中的公式时，一般要利用三角函数公式转换成满足公式的结构.

【即学即练】

求不定积分：(1) $\displaystyle\int \cos^2 \frac{x}{2}\mathrm{d}x$　(2) $\displaystyle\int \cot^2 x\,\mathrm{d}x$　(3) $\displaystyle\int \frac{1}{\cos^2 x \sin^2 x}\mathrm{d}x$

（答案：(1) $\dfrac{1}{2}x+\dfrac{1}{2}\sin x+C$　(2) $-\cot x-x+C$　(3) $\tan x-\cot x+C$）

例 11 求不定积分 $\displaystyle\int \frac{\mathrm{e}^{2x}-1}{\mathrm{e}^x+1}\mathrm{d}x$.

解：因为 $\dfrac{\mathrm{e}^{2x}-1}{\mathrm{e}^x+1}=\dfrac{(\mathrm{e}^x+1)(\mathrm{e}^x-1)}{\mathrm{e}^x+1}$

$$=\mathrm{e}^x-1 \quad (←用公式\ a^2-b^2=(a+b)(a-b))$$

所以 $\displaystyle\int \frac{\mathrm{e}^{2x}-1}{\mathrm{e}^x+1}\mathrm{d}x=\int (\mathrm{e}^x-1)\mathrm{d}x$

$$=\int \mathrm{e}^x\mathrm{d}x-\int 1\mathrm{d}x \quad (←用公式（5）、（1））$$

$$=\mathrm{e}^x-x+C$$

注：从上面几个例子中可以看出，许多不定积分往往不能直接用基本积分公式来进行计算，首先要对被积函数作适当的恒等变形，化成基本积分公式表中所列形式的积分后，才能计算出结果. 一般说来，所采用的恒等变形手段主要有：因式展开，分式拆项，分子、分母有理化，假分式化为多项式和真分式之和，三角公式恒等变形等.

例 12 已知 $f'(x)=3x^2-\sqrt{x}+\dfrac{2}{x}-\dfrac{4}{x^3}$，且 $f(1)=3$，求 $f(x)$.

解：由不定积分性质，不定积分性质与导数的关系 2，上式两端求不定积分得

$$\int f'(x)\mathrm{d}x=\int \left(3x^2-\sqrt{x}+\frac{2}{x}-\frac{4}{x^3}\right)\mathrm{d}x,$$

所以 $\displaystyle f(x)=\int \left(3x^2-\sqrt{x}+\frac{2}{x}-\frac{4}{x^3}\right)\mathrm{d}x$

$$= x^3 - \frac{2}{3}x^{\frac{3}{2}} + 2\ln|x| + \frac{2}{x^2} + C$$

将 $f(1) = 3$ 代入上式，求得 $C = \frac{2}{3}$，从而得

$$f(x) = x^3 - \frac{2}{3}x\sqrt{x} + 2\ln|x| + \frac{2}{x^2} + \frac{2}{3}$$

【即学即练】

已知 $f'(x) = 6x^2 - 4x + 3$，且 $f(0) = 1$，求 $f(x)$.

（答案：$f(x) = 2x^3 - 2x^2 + 3x + 1$）

5.2 练习题

1. 求下列不定积分：

(1) $\displaystyle\int (-3x^2 + 2x + 5)\mathrm{d}x$

(2) $\displaystyle\int \left(\frac{1}{\sqrt{x}} + \frac{1}{\sqrt{2}}\right)\mathrm{d}x$

(3) $\displaystyle\int (2\mathrm{e}^x - 3\sin x + \sec^2 x)\mathrm{d}x$

(4) $\displaystyle\int \frac{(1 + \sqrt{x})^2}{x}\mathrm{d}x$

(5) $\displaystyle\int (10^x + 3\cos x + \sqrt{x})\mathrm{d}x$

(6) $\displaystyle\int \frac{\mathrm{d}x}{\sqrt{2gx}}$

(7) $\displaystyle\int \left(x\sqrt{x} + \frac{1}{\sqrt{x}} - \frac{x}{\sqrt{x^5}} + x^{-\frac{1}{2}}\right)\mathrm{d}x$

(8) $\displaystyle\int \left(\frac{1}{\sqrt{1 - u^2}} - \frac{3}{1 + u^2}\right)\mathrm{d}u$

(9) $\displaystyle\int \frac{7 - x^{\frac{1}{3}}}{x^{\frac{2}{3}}}\mathrm{d}x$

(10) $\displaystyle\int \frac{x^2 - x - 1}{\sqrt[4]{x^3}}\mathrm{d}x$

(11) $\displaystyle\int \frac{(2x^2 - 1)^2}{\sqrt{x}}\mathrm{d}x$

(12) $\displaystyle\int x(2x + 1)^3\mathrm{d}x$

(13) $\displaystyle\int (\sqrt[6]{x} + 1)\left(x - \frac{1}{\sqrt{x}}\right)\mathrm{d}x$

(14) $\displaystyle\int \sqrt{x}(x^2 - 5)\mathrm{d}x$

(15) $\displaystyle\int (\sec^2 u - \csc^2 u)\mathrm{d}u$

(16) $\displaystyle\int \frac{x^2 + 7x + 12}{x + 3}\mathrm{d}x$

(17) $\displaystyle\int (3\mathrm{e})^{5x}\mathrm{d}x$

(18) $\displaystyle\int a^x \mathrm{e}^x \mathrm{d}x$

(19) $\displaystyle\int (2 \cdot 3^x + 3 \cdot 2^x)\mathrm{d}x$

(20) $\displaystyle\int (2^x + 3^x)^2\mathrm{d}x$

(21) $\displaystyle\int 2\sin^2 \frac{x}{2}\mathrm{d}x$

(22) $\displaystyle\int \mathrm{e}^x(3 + \mathrm{e}^{-x})\mathrm{d}x$

(23) $\displaystyle\int \frac{\cos 2x}{\cos^2 x \sin^2 x}\mathrm{d}x$

(24) $\displaystyle\int \frac{\cos 2x}{\sin x - \cos x}\mathrm{d}x$

$(25)\ \int \dfrac{1}{x^2(1+x^2)}\mathrm{d}x$

2. 求下列不定积分：

$(1)\ \int \dfrac{3}{\sqrt{4-4x^2}}\mathrm{d}x$

$(2)\ \int 10^t \cdot 3^{2t}\mathrm{d}t$

$(3)\ \int \sqrt{x\sqrt{x\sqrt{x}}}\,\mathrm{d}x$

$(4)\ \int \dfrac{2x^2+1}{x^2(1+x^2)}\,\mathrm{d}x$

$(5)\ \int \dfrac{1+x+x^2}{x(1+x^2)}\,\mathrm{d}x$

$(6)\ \int \dfrac{x^2}{3(1+x^2)}\,\mathrm{d}x$

$(7)\ \int \dfrac{x^4}{1+x^2}\,\mathrm{d}x$

$(8)\ \int \dfrac{1}{\sin^2\frac{x}{2}\cos^2\frac{x}{2}}\,\mathrm{d}x$

$(9)\ \int \dfrac{3x^4+3x^2+1}{x^2+1}\,\mathrm{d}x$

$(10)\ \int \dfrac{3^x}{\mathrm{e}^x}\,\mathrm{d}x$

$(11)\ \int \dfrac{\mathrm{d}x}{1+\cos2x}$

$(12)\ \int \dfrac{\mathrm{e}^x(x-\mathrm{e}^{-x})}{x}\,\mathrm{d}x$

$(13)\ \int \left(1-\dfrac{1}{x^2}\right)\sqrt{x\sqrt{x}}\,\mathrm{d}x$

3. 已知 $f'(x)=\cos x$，且 $f(\dfrac{\pi}{2})=4$，求 $f(x)$.

参考答案

1. $(1)\ -x^3+x^2+5x+C$

$(2)\ 2\sqrt{x}+\dfrac{x}{\sqrt{2}}+C$

$(3)\ 2\mathrm{e}^x+3\cos x+\tan x+C$

$(4)\ \ln|x|+4x^{\frac{1}{2}}+x+C$

$(5)\ \dfrac{10^x}{\ln x}+3\sin x+\dfrac{2}{3}x^{\frac{3}{2}}+C$

$(6)\ \sqrt{\dfrac{2x}{g}}+C$

$(7)\ \dfrac{2}{5}x^{\frac{5}{2}}+4x^{\frac{1}{2}}+2x^{-\frac{1}{2}}+C$

$(8)\ \arcsin u-3\arctan u+C$

$(9)\ 21x^{\frac{1}{3}}-\dfrac{3}{2}x^{\frac{2}{3}}+C$

$(10)\ \dfrac{4}{9}x^{\frac{9}{4}}-\dfrac{4}{5}x^{\frac{5}{4}}-4x^{\frac{1}{4}}+C$

$(11)\ \dfrac{8}{9}x^{\frac{9}{2}}-\dfrac{8}{5}x^{\frac{5}{2}}+2x^{\frac{1}{2}}+C$

$(12)\ \dfrac{8}{5}x^5+3x^4+2x^3+\dfrac{x^2}{2}+C$

$(13)\ \dfrac{2}{5}x^{\frac{5}{2}}+\dfrac{1}{2}x^2-2\sqrt{x}-x+C$

$(14)\ \dfrac{2}{7}x^3\sqrt{x}-\dfrac{10}{3}x\sqrt{x}+C$

$(15)\ \tan u+\cot u+C$

$(16)\ \dfrac{x^2}{2}+4x+C$

$(17)\ \dfrac{1}{5\ln3+5}(3\mathrm{e})^{5x}+C$

$(18)\ \dfrac{1}{\ln a+1}a^x\mathrm{e}^x+C$

$(19)\ \dfrac{2}{\ln3}3^x+\dfrac{3}{\ln2}2^x+C$

$(20)\ \dfrac{4^x}{\ln4}+\dfrac{9^x}{\ln9}+\dfrac{2\cdot6^x}{\ln6}+C$

（21）　$x - \sin x + C$　　　　　　　　（22）　$3\mathrm{e}^x + x + C$

（23）　$-\cot x - \tan x + C$　　　　　（24）　$-\sin x + \cos x + C$

（25）　$-\dfrac{1}{x} - \arctan x + C$

2.　（1）　$\dfrac{3}{2}\arcsin x + C$　　　　　　（2）　$\dfrac{90^t}{\ln 90} + C$

（3）　$\dfrac{8}{15}x^{\frac{15}{8}} + C$　　　　　　　（4）　$-\dfrac{1}{x} + \arctan x + C$

（5）　$\arctan x + \ln|x| + C$　　　　　（6）　$\dfrac{1}{3}(x - \arctan x) + C$

（7）　$\dfrac{1}{3}x^3 - x + \arctan x + C$　　　（8）　$-4\cot x + C$

（9）　$3x^3 + \arctan x + C$　　　　　　（10）　$\dfrac{3^x}{\mathrm{e}^x(\ln 3 - 1)} + C$

（11）　$\dfrac{1}{2}\tan x + C$　　　　　　　（12）　$\mathrm{e}^x - \ln|x| + C$

（13）　$\dfrac{4}{7}x^{\frac{7}{4}} + 4x^{-\frac{1}{4}} + C$

3.　$f(x) = \sin x + 3$

§5.3　换元积分法

在§5.2中，我们介绍了利用不定积分的性质和基本积分公式计算不定积分的方法，但能用这种方法计算的不定积分是十分有限的．例如，不定积分 $\displaystyle\int \cos 2x\mathrm{d}x$，$\displaystyle\int \mathrm{e}^{2x}\mathrm{d}x$，$\displaystyle\int \sqrt{a^2 - x^2}\,\mathrm{d}x$，$\displaystyle\int \dfrac{1}{\sqrt[3]{3x - 1}}\mathrm{d}x$ 等按照上节的方法就不能求出结果．因此，我们有必要进一步研究被积函数为不同结构的不定积分的计算方法．本节介绍的换元积分法，主要是求被积函数为复合函数的积分．其基本思想是，通过求导数的链式法则，适当作变量替换（换元），将被积函数化为能直接用基本积分公式计算或经过恒等变形后，进一步利用不定积分的性质或基本积分公式计算出不定积分．根据复合函数的复合结构不同，换元积分法通常分为第一类换元积分法与第二类换元积分法.

一、第一类换元积分法（凑微分法）

欲求不定积分 $\displaystyle\int 2\cos 2x\mathrm{d}x$，我们可能联想到基本积分公式 $\displaystyle\int \cos u\mathrm{d}u = \sin u + C$，推断是否会有等式 $\displaystyle\int 2\cos 2x\mathrm{d}x = 2\sin 2x + C$ 成立．答案是否定的，原因在于基本积分公式是对于基本初等函数，而 $\cos 2x$ 是复合函数．下面用复合函数求导数的法则及找原函数的基本思想来求出 $\displaystyle\int 2\cos 2x\mathrm{d}x$ 的正确答案．函数 $2\cos 2x$ 看起来像是对函数 $\sin 2x$ 根据复合函数求导得

到的结果，其中"内部"函数为 $2x$，作为一个因子，其导数是 2，因此猜想 $\sin2x$ 是 $2\cos2x$ 的一个原函数．事实上求导验证如下：

因为
$$(\sin2x)' = \cos2x \cdot 2$$
所以由原函数定义 $\sin2x$ 是 $2\cos2x$ 的一个原函数．

于是得正确解答：$\int 2\cos2x\,\mathrm{d}x = \sin2x + C$（←不定积分定义）．

下面将上述结果用换元法解答如下：

解：设 $2x = u$，两端微分 $\mathrm{d}(2x) = \mathrm{d}u$，则 $2\mathrm{d}x = \mathrm{d}u$ 代入原积分表达式，

于是
$$\int 2\cos(2x)\,\mathrm{d}x = \int \cos\underbrace{(2x)}_{u} \cdot \underbrace{2\mathrm{d}x}_{\mathrm{d}u} = \int \cos u\,\mathrm{d}u = \sin u + C$$

求完不定积分的结果是中间变量 u 的表达式，最后一步，将结果变量换成原积分变量 x 表达．即将 $2x = u$ 代入上式得
$$\int 2\cos2x\,\mathrm{d}x = \sin2x + C$$

用换元法求解，一般有如下定理：

定理 5.1 设函数 $f(u)$ 具有原函数 $F(u)$，$u = \varphi(x)$ 且 $u' = \varphi'(x)$ 是连续函数，则 $F[\varphi(x)]$ 是 $f[\varphi(x)]\varphi'(x)$ 的原函数，并有第一类换元积分公式：
$$\int f[\varphi(x)]\varphi'(x)\,\mathrm{d}x = \int f[\varphi(x)]\,\mathrm{d}\varphi(x) = \int f(u)\,\mathrm{d}u$$
$$= F(u) + C = F[\varphi(x)] + C$$

证明思路：由不定积分定义，证明等式右边的导数等于左边被积函数 $f[\varphi(x)]\varphi'(x)$ 即可．

证：因为 $F(u)$ 是 $f(u)$ 的一个原函数，$u = \varphi(x)$ 可导，而复合函数 $F[\varphi(x)]$ 可看成是由函数 $f(u)$ 及 $u = \varphi(x)$ 复合而成，所以由复合函数的微分，则 $\{F[\varphi(x)]\}' = F'[\varphi(x)] \cdot \varphi'(x)$，得：
$$\{F[\varphi(x)] + C\}' = \{F[\varphi(x)]\}' = F'[\varphi(x)] \cdot \varphi'(x)$$
$$= F'(u)\varphi'(x) = f(u)\varphi'(x) \quad (←F(u) \text{ 是 } f(u) \text{ 的一个原函数})$$
$$= f[\varphi(x)]\varphi'(x)$$
即
$$\{F[\varphi(x)]\}' = f[\varphi(x)] \cdot \varphi'(x)$$
由原函数的定义可知 $F[\varphi(x)]$ 是 $f[\varphi(x)] \cdot \varphi'(x)$ 的一个原函数，故有
$$\int f[\varphi(x)]\varphi'(x)\,\mathrm{d}x = F[\varphi(x)] + C$$

定理得证．

利用第一类换元积分法(凑微分法)计算积分的过程可表示如下：

$$\int f[\varphi(x)]\varphi'(x)\,\mathrm{d}x \xlongequal{\text{(凑微分)}} \int f[\varphi(x)]\,\mathrm{d}\varphi(x) \xlongequal{\text{(令 }\varphi(x)=u)} \int f(u)\,\mathrm{d}u \xlongequal{\text{(求积分)}}$$

$$F(u) + C \xlongequal{\text{(将 }u=\varphi(x)\text{ 回代)}} F[\varphi(x)] + C \tag{5.3.1}$$

此等式称为不定积分第一类换元积分公式. 当所求不定积分的被积函数以复合函数的形式出现时, 可以用它来求. 如果能把被积表达式 $f(x)\mathrm{d}x$ 变形为 $f[\varphi(x)]\varphi'(x)\mathrm{d}x$ 的形式, 把 $\varphi'(x)\mathrm{d}x$ 凑成微分 $\mathrm{d}\varphi(x)$, 则通过变量替换 $u = \varphi(x)$, 可把原积分 $\int f[\varphi(x)]\varphi'(x)\mathrm{d}x$ 化为 $\int f[\varphi(x)]\mathrm{d}\varphi(x) = \int f(u)\mathrm{d}u$. 只要 $\int f(u)\mathrm{d}u$ 容易积出, 或者直接用基本积分公式求出 $\int f(u)\mathrm{d}u = F(u) + C$, 然后在积分结果中将 $u = \varphi(x)$ 代入 $F(u)$, 还原到原积分变量 x, 便可得到原不定积分的结果. 由于中间出现将 $\varphi'(x)\mathrm{d}x$ 凑成微分 $\mathrm{d}[\varphi(x)] = \mathrm{d}u$ 的过程, 所以第一类换元积分法也称为"凑微分法".

注:(1) 在应用 (5.3.1) 式时通常要联想基本积分公式, 将所给式子中的某部分适当恒等变形凑成微分后, 通过变量替换达到能用基本积分公式的目的.

(2) (5.3.1) 式中如何选择 $u = \varphi(x)$ 是关键, 对于不易观察的情形, 联想基本公式, 可从被积函数中拿出某个因式 $\varphi(x)$ (一般是较复杂的部分) 求微分, 若这个微分 $\varphi'(x)\mathrm{d}x$ 恰是与剩下其他部分 (视结构) 相差一个常数, 则通过适当恒等变形处理常数, 此时可将这个因式作为 $\varphi(x)$.

(3) 要做 (2), 除了要熟悉一些典型的例子外, 还应熟练地掌握函数的微分运算.

下面举例说明第一类换元积分法的具体做法.

例 1　求 $\int \dfrac{1}{2x+1}\mathrm{d}x$.

解题分析:想到基本公式 $\int \dfrac{1}{u}\mathrm{d}u$.

将被积表达式 $\dfrac{1}{2x+1}\mathrm{d}x$ 凑微分 $\dfrac{1}{2x+1}\mathrm{d}x = \dfrac{1}{2u}\mathrm{d}(2x+1)$ ①, 因为 $\mathrm{d}(2x+1) = 2\mathrm{d}x$, 令 $2x+1 = \varphi(x)$, 代入①右端得: $\dfrac{1}{2x+1}\mathrm{d}x = \dfrac{1}{2\varphi(x)}\mathrm{d}\varphi(x)$ ②, 又令 $\varphi(x) = u$ 代入②右端得: $\dfrac{1}{2x+1}\mathrm{d}x = \dfrac{1}{2u}\cdot\mathrm{d}u$, 此时 $\int \dfrac{1}{2u}\cdot\mathrm{d}u$ 容易积出.

解:方法一

$$\int \frac{1}{2x+1}\mathrm{d}x \xlongequal{(\text{凑微分})} \int \frac{1}{2}\cdot\frac{1}{2x+1}\mathrm{d}(2x+1) = \frac{1}{2}\int \frac{1}{2x+1}\mathrm{d}(2x+1)$$

$$\xlongequal{(\text{令}\,2x+1=u)} \frac{1}{2}\int \frac{1}{u}\mathrm{d}u \xlongequal{(\text{求积分})} \frac{1}{2}\ln|u| + C$$

$$\xlongequal{(\text{将}\,u=2x+1\,\text{回代})} \frac{1}{2}\ln|2x+1| + C$$

由方法一分析可得方法二.

方法二　令 $2x+1 = u$, 两端微分 $\mathrm{d}(2x+1) = \mathrm{d}u \Rightarrow 2\mathrm{d}x = \mathrm{d}u$, 则 $\mathrm{d}x = \dfrac{1}{2}\mathrm{d}u$. 将结果代入原不定积分,

于是　$\displaystyle\int \frac{1}{2x+1}\mathrm{d}x = \frac{1}{2}\int \frac{1}{u}\mathrm{d}u = \frac{1}{2}\ln|u| + C$

$$\xrightarrow{\text{（将 } u=2x+1 \text{ 回代）}} \frac{1}{2}\ln|2x+1|+C$$

当对变量代换比较熟悉后，运算过程就可以写得简单些，可略去中间的换元 $u=\varphi(x)$、回代变量步骤，只要边算边心中默记，直接凑微分然后积分即可，如方法三.

方法三 $\displaystyle\int\frac{1}{2x+1}\mathrm{d}x=\frac{1}{2}\int\frac{1}{2x+1}\mathrm{d}(2x+1)$ （←∵$2\mathrm{d}x=\mathrm{d}(2x+1)$）

$$=\frac{1}{2}\ln|2x+1|+C$$

其中直接用 $2x+1$ 凑成完全微分的形式 $\mathrm{d}(2x+1)$，变化成为剩下部分 $\mathrm{d}x$ 的微分表达式 $\mathrm{d}x=\frac{1}{2}(2x+1)$，把方法二所设变量代换的步骤边默记在心中边进行演算，由此得一般规律：

$$\int f(ax^n+b)x^{n-1}\mathrm{d}x\xrightarrow{\text{（凑微分）}}\frac{1}{na}\int f(ax^n+b)\mathrm{d}(ax^n+b)$$

$$\xrightarrow{\text{（令 }\varphi(x)=u\text{）}}\frac{1}{na}\int f(u)\mathrm{d}(u)$$

例 2 求 $\displaystyle\int\sqrt{3x-1}\,\mathrm{d}x$.

解题分析： 想到基本公式 $\displaystyle\int u^a\mathrm{d}u$ 作换元.

解： 方法一 令 $3x-1=u$，两端微分 $\mathrm{d}(3x-1)=\mathrm{d}u$，得 $\mathrm{d}x=\frac{1}{3}\mathrm{d}u$.

于是 $\displaystyle\int\sqrt{3x-1}\,\mathrm{d}x=\int u^{\frac{1}{2}}\cdot\frac{1}{3}\mathrm{d}u=\frac{1}{3}\int u^{\frac{1}{2}}\mathrm{d}u$

$$=\frac{1}{3}\cdot\frac{u^{\frac{1}{2}+1}}{\frac{1}{2}+1}+C \quad\text{（←幂函数积分公式）}$$

$$=\frac{2}{9}u^{\frac{3}{2}}+C\xrightarrow{\text{（将 }u=3x-1\text{ 回代）}}\frac{2}{9}(3x-1)^{\frac{3}{2}}+C$$

方法二（熟悉后）

$$\int\sqrt{3x-1}\,\mathrm{d}x=\frac{1}{3}\int\sqrt{3x-1}\,\mathrm{d}(3x-1) \quad\text{（←∵}3\mathrm{d}x=\mathrm{d}(3x-1)\text{）}$$

$$=\frac{1}{3}\int(3x-1)^{\frac{1}{2}}\mathrm{d}(3x-1)$$

$$=\frac{1}{3}\frac{(3x-1)^{\frac{1}{2}+1}}{\frac{1}{2}+1}+C=\frac{2}{9}(3x-1)^{\frac{3}{2}}+C$$

- -

【即学即练】

求下列不定积分：

(1) $\displaystyle\int\mathrm{e}^{9x}\mathrm{d}x$ (2) $\displaystyle\int 3^{2x}\mathrm{d}x$ (3) $\displaystyle\int\frac{\mathrm{d}x}{\sqrt{3-2x}}$

（答案：(1) $\dfrac{1}{9}e^{9x}+C$　(2) $\dfrac{3^{2x}}{2\ln 3}+C$　(3) $-\sqrt{3-2x}+C$ ）

例 3　求 $\displaystyle\int (ax+b)^{10}dx$（$a$，$b$，$c$ 为常数，$a\neq 0$）.

解：方法一　令 $ax+b=u$，两端微分 $d(ax+b)=du$，得 $dx=\dfrac{1}{a}du$

所以　　　$\displaystyle\int (ax+b)^{10}dx=\dfrac{1}{a}\int u^{10}du$（←凑微分 $\dfrac{1}{a}d(ax+b)=dx$）

$$=\dfrac{1}{11a}u^{11}+C$$

$$=\dfrac{1}{11a}(ax+b)^{11}+C \text{（←}u=ax+b \text{ 回代还原积分变量用 } x \text{ 表示）}$$

方法二（熟悉后）　$\displaystyle\int (ax+b)^{10}dx=\dfrac{1}{a}\int (ax+b)^{10}d(ax+b)$（←∵ $adx=d(ax+b)$）

$$=\dfrac{1}{11a}(ax+b)^{11}+C \text{（←令 } ax+b=u\text{）}$$

例 4　求 $\displaystyle\int xe^{x^2}dx$.

解题分析： 想到基本公式 $\displaystyle\int e^u du$.

解：方法一　令 $x^2=u$ 两端微分 $d(x^2)=du$，得 $2xdx=du$，即 $xdx=\dfrac{1}{2}du$

于是 $\displaystyle\int xe^{x^2}dx=\dfrac{1}{2}\int e^u du=\dfrac{1}{2}e^u+C=\dfrac{1}{2}e^{x^2}+C$（←将 $u=x^2$ 回代成 x 表示）

方法二（熟悉后） $\displaystyle\int xe^{x^2}dx=\dfrac{1}{2}\int e^{x^2}d(x^2)$

$$=\dfrac{1}{2}e^{x^2}+C \text{（←∵ } 2xdx=d(x^2)\text{）}$$

例 5　求 $\displaystyle\int \dfrac{x}{\sqrt{a^2-x^2}}dx$.

解：方法一　令 $\sqrt{a^2-x^2}=u\Rightarrow a^2-x^2=u^2$ 两端微分得 $d(a^2-x^2)=du^2$，$-2xdx=2udu$，$xdx=-udu$

于是　　　$\displaystyle\int \dfrac{x}{\sqrt{a^2-x^2}}dx=\int \dfrac{-u}{u}du=-\int du$

$$=-u+C$$

$$=-\sqrt{a^2-x^2}+C \text{（←将 } u=\sqrt{a^2-x^2} \text{回代成 } x \text{ 表示）}$$

方法二（熟悉后） $\displaystyle\int \dfrac{x}{\sqrt{a^2-x^2}}dx=-\dfrac{1}{2}\int \dfrac{1}{\sqrt{a^2-x^2}}d(a^2-x^2)$（←∵ $-2xdx=d(a^2-x^2)$）

$$=-\sqrt{a^2-x^2}+C \text{（←令 } a^2-x^2=u\text{）}$$

求下列不定积分：

（1）$\int (5x-3)^{11}\mathrm{d}x$ （2）$\int x\mathrm{e}^{-x^2}\mathrm{d}x$

（答案：（1）$\dfrac{1}{60}(5x-3)^{12}+C$ （2）$-\dfrac{1}{2}\mathrm{e}^{-x^2}+C$）

例6   求 $\int \dfrac{\ln x}{x}\mathrm{d}x$.

解题分析： 因为被积函数结构中 $\ln x$ 相对较复杂，若设 $\ln x = u$，则 $\dfrac{1}{x}\mathrm{d}x = \mathrm{d}u$，从而 $\int \dfrac{\ln x}{x}\mathrm{d}x = \int u\mathrm{d}u$，联想到基本公式 $\int u^{\alpha}\mathrm{d}u$，问题就解决了.

解： 方法一   因为 $\dfrac{1}{x}\mathrm{d}x = \mathrm{d}(\ln x)$，

所以 $\int \dfrac{\ln x}{x}\mathrm{d}x = \int \ln x\,\mathrm{d}(\ln x) = \int u\mathrm{d}u$ （←令 $\ln x = u$）

$\qquad\qquad = \dfrac{1}{2}u^2 + C = \dfrac{1}{2}(\ln x)^2 + C$ （←将 $u = \ln x$ 回代成 x 表示）

方法二（熟悉后）

$\int \dfrac{\ln x}{x}\mathrm{d}x = \int \ln x\,\mathrm{d}(\ln x)$ （←$\because \dfrac{1}{x}\mathrm{d}x = \mathrm{d}(\ln x)$）

$\qquad\qquad = \dfrac{1}{2}(\ln x)^2 + C$ （←基本积分公式（2））

由此得一般规律

$\int \dfrac{f(\ln x)}{x}\mathrm{d}x \xlongequal{\text{凑微分}} \int f(\ln x)\,\mathrm{d}(\ln x)$

$\qquad = \int f(u)\,\mathrm{d}(u)$ （←令 $\ln x = u$）

【即学即练】

求下列不定积分：

（1）$\int \dfrac{3\ln^2 x}{x}\mathrm{d}x$ （2）求 $\int \dfrac{\mathrm{d}x}{a^2 + x^2}$ （$a > 0$）

（答案：（1）$\ln^3 x + C$ （2）$\dfrac{1}{a}\arctan\left(\dfrac{x}{a}\right) + C$）

例7   求 $\int \dfrac{1}{a^2 - x^2}\mathrm{d}x$.

解： 因为 $\dfrac{1}{(a-x)(a+x)} = \dfrac{1}{2a}\left(\dfrac{1}{a-x} + \dfrac{1}{a+x}\right)$

于是 $\int \dfrac{1}{a^2 - x^2} \mathrm{d}x = \int \dfrac{1}{(a-x)(a+x)} \mathrm{d}x = \dfrac{1}{2a} \int \left(\dfrac{1}{a-x} + \dfrac{1}{a+x} \right) \mathrm{d}x$

$$= \dfrac{1}{2a} \left[\int \dfrac{1}{a-x} \mathrm{d}x + \int \dfrac{1}{a+x} \mathrm{d}x \right]$$

$$= \dfrac{1}{2a} \left[-\int \dfrac{1}{a-x} \mathrm{d}(a-x) + \int \dfrac{1}{a+x} \mathrm{d}(a+x) \right]$$

$$= \dfrac{1}{2a} \left[-\ln|a-x| + \ln|a+x| \right] + C$$

$$= \dfrac{1}{2a} \ln \left| \dfrac{a+x}{a-x} \right| + C$$

注：$a-x$ 凑微分为 $\mathrm{d}(a-x) = -\mathrm{d}x$；$a+x$ 凑微分为 $\mathrm{d}(a+x) = \mathrm{d}x$.

【即学即练】

求不定积分 $\int \dfrac{1}{1-x^2} \mathrm{d}x$. （答案：$\dfrac{1}{2} \ln \left| \dfrac{1+x}{1-x} \right| + C$）

例 8 求 $\int \sin x \cos x \mathrm{d}x$.

解：方法一 $\quad \int \sin x \cos x \mathrm{d}x = \int \sin x \mathrm{d}\sin x = \dfrac{1}{2} \sin^2 x + C$

一般规律 $\quad \int \cos x f(\sin x) \mathrm{d}x = \int f(\sin x) \mathrm{d}\sin x$

方法二 $\quad \int \sin x \cos x \mathrm{d}x = -\int \cos x \mathrm{d}\cos x = -\dfrac{1}{2} \cos^2 x + C$

一般规律 $\quad \int \sin x f(\cos x) \mathrm{d}x = -\int f(\cos x) \mathrm{d}\cos x$

方法三 $\quad \int \sin x \cos x \mathrm{d}x = \dfrac{1}{2} \int \sin 2x \mathrm{d}x$

$$= \dfrac{1}{4} \int \sin 2x \mathrm{d}(2x) = -\dfrac{1}{4} \cos 2x + C$$

注：求同一积分，可以有几种不同的解法，其结果在形式上可能不同，但实际上最多只是积分常数有所区别.

例 9 求 $\int \dfrac{\sin x}{1+\cos^2 x} \mathrm{d}x$.

解：方法一 因为 $\sin x$ 与 $\cos x$ 的微分关系，令 $\cos x = u$，两端微分得 $\mathrm{d}\cos x = \mathrm{d}u$，$-\sin x \mathrm{d}x = \mathrm{d}u$，$\sin x \mathrm{d}x = -\mathrm{d}u$

将 $\cos x = u$，$\sin x \mathrm{d}x = -\mathrm{d}u$ 代入原积分式得

$$\int \dfrac{\sin x}{1+\cos^2 x} \mathrm{d}x = -\int \dfrac{1}{1+\cos^2 x} \mathrm{d}\cos x$$

$$= -\int \dfrac{1}{1+u^2} \mathrm{d}u \quad (\leftarrow 令 \cos x = u)$$

$$= \arctan u + C = -\arctan(\cos x) + C \quad (\leftarrow 将 \cos x = u \text{ 回代})$$

方法二（熟悉后）$\displaystyle \int \frac{\sin x}{1 + \cos^2 x} \mathrm{d}x = -\int \frac{1}{1 + \cos^2 x} \mathrm{d}(\cos x)$

$$= -\arctan(\cos x) + C$$

例 10 求 $\displaystyle \int \sin^3 x \cos^2 x \mathrm{d}x$.

解： $\displaystyle \int \sin^3 x \cos^2 x \mathrm{d}x = -\int \sin^2 x \cos^2 x \mathrm{d}(\cos x)$

$$= -\int (1 - \cos^2 x) \cos^2 x \mathrm{d}(\cos x)$$

$$= -\int (\cos^2 x - \cos^4 x) \mathrm{d}(\cos x)$$

$$= \frac{1}{5} \cos^5 x - \frac{1}{3} \cos^3 x + C$$

一般规律，对于形如 $\displaystyle \int \sin^m x \cos^n x \mathrm{d}x$ 的积分，其中 m 和 n 为非负整数，可用以下代换求：

（1）当 m 是奇数时，令 $\cos x = u$，即 $\sin x \mathrm{d}x = -\mathrm{d}(\cos x)$；

（2）当 n 是奇数时，令 $\sin x = u$，即 $\cos x \mathrm{d}x = \mathrm{d}(\sin x)$；

（3）当 m 和 n 都是偶数时，用积化和差公式化成两者之和.

【即学即练】

求不定积分 $\displaystyle \int \sin 2x \mathrm{d}x$. （答案：$-\dfrac{1}{2} \cos 2x + C$）

例 11 求 $\displaystyle \int \cot x \mathrm{d}x$.

解： 因为 $\cot x = \dfrac{\cos x}{\sin x}$,

所以 $\displaystyle \int \cot x \mathrm{d}x = \int \frac{\cos x}{\sin x} \mathrm{d}x = \int \frac{1}{\sin x} \cdot (\sin x)' \mathrm{d}x = \int \frac{1}{\sin x} \mathrm{d}\sin x$

即 $\displaystyle \int \cot x \mathrm{d}x = \ln|\sin x| + C$ \hfill (5.3.2)

同理可求得 $\displaystyle \int \tan x \mathrm{d}x = -\ln|\cos x| + C$ \hfill (5.3.3)

例 12 求 $\displaystyle \int \sec x \mathrm{d}x$.

解： $\displaystyle \int \sec x \mathrm{d}x = \int \frac{1}{\cos x} \mathrm{d}x$

$$= \int \frac{\cos x}{\cos^2 x} \mathrm{d}x \quad (\leftarrow 分子分母同乘 \cos x)$$

$$= \int \frac{\mathrm{d}(\sin x)}{\cos^2 x} = \int \frac{\mathrm{d}(\sin x)}{1 - \sin^2 x}$$

利用例 7 结论得

$$\int \sec x \mathrm{d}x = \frac{1}{2}\ln\left|\frac{1+\sin x}{1-\sin x}\right| + C$$

$$= \frac{1}{2}\ln\left(\frac{1+\sin x}{\cos x}\right)^2 + C = \ln|\sec x + \tan x| + C$$

即 $$\int \sec x \mathrm{d}x = \ln|\sec x + \tan x| + C \qquad (5.3.4)$$

类似可得 $$\int \csc x \mathrm{d}x = \ln|\csc x - \cot x| + C \qquad (5.3.5)$$

注: 通常对于三角函数积分中 $\int \tan x \mathrm{d}x$, $\int \cot x \mathrm{d}x$, $\int \sec x \mathrm{d}x$, $\int \csc x \mathrm{d}x$, 先将其转化成被积函数是 $\sin x$, $\cos x$ 的表达形式后再寻求下一步的解法.

例 10、例 11 是基本初等函数的积分, 其积分结果 (5.3.2)、(5.3.3)、(5.3.4) 与 (5.3.5) 可当公式使用.

注: 在运用第一类换元积分法求有关三角函数的不定积分时, 常会用到下列一些三角恒等式: 同角的三角式; 半角与倍角和降幂公式、积化和差公式 (见书后附录).

例 13 求 $\int \sin^2 x \mathrm{d}x$.

解: 被积函数单独是 $\sin x$ (或 $\cos x$) 的偶次方幂的积分一般应先降幂.

$$\int \sin^2 x \mathrm{d}x = \frac{1}{2}\int(1-\cos 2x)\mathrm{d}x$$

$$= \frac{1}{2}\left(x - \frac{1}{2}\sin 2x\right) + C$$

$$= \frac{1}{2}x - \frac{1}{4}\sin 2x + C$$

例 14 求 $\int \cos^3 x \mathrm{d}x$.

解: $$\int \cos^3 x \mathrm{d}x = \int \cos^2 x \cdot \cos x \mathrm{d}x$$

$$= \int \cos^2 x \mathrm{d}(\sin x)$$

$$= \int(1-\sin^2 x)\mathrm{d}(\sin x)$$

$$= -\frac{1}{3}\sin^3 x + \sin x + C$$

*例 15 求 $\int \cos 3x \cos 2x \mathrm{d}x$.

解题分析: 本题的特点是被积函数为两个不同角的三角函数相乘的积分. 其方法是用积化和差公式: $\cos\alpha\cos\beta = \frac{1}{2}[\cos(\alpha+\beta) + \cos(\alpha-\beta)]$, 把被积函数分解成两个三角函数的代数和, 然后再积分.

解: 因为 $\cos 3x \cdot \cos 2x = \frac{1}{2}[\cos(3x+2x) + \cos(3x-2x)]$

$$= \frac{1}{2}(\cos 5x + \cos x)$$

于是 $\displaystyle\int \cos 3x \cos 2x \mathrm{d}x = \frac{1}{2}\int(\cos 5x + \cos x)\mathrm{d}x$

$$= \frac{1}{2}\int \cos 5x \mathrm{d}x + \frac{1}{2}\int \cos x \mathrm{d}x$$

$$= \frac{1}{2}\cdot\frac{1}{5}\int \cos 5x \mathrm{d}(5x) + \frac{1}{2}\sin x$$

$$= \frac{1}{10}\sin 5x + \frac{1}{2}\sin x + C$$

一般地，当被积函数的形式为 $\sin mx \sin nx$，$\sin mx \cos nx$ 或 $\cos mx \cos nx$ 时，其中 m 和 n 是正数时，先利用积化和差公式把被积函数转换成两个三角函数之和或差的形式，再考虑下一步.

【即学即练】

求下列不定积分：

（1）$\displaystyle\int \sin^4 x \cos^3 x \mathrm{d}x$ （2）$\displaystyle\int \frac{\cos x}{1 + \sin^2 x}\mathrm{d}x$

（答案：（1）$-\dfrac{1}{7}\sin^7 x + \dfrac{1}{5}\sin^5 x + C$ （2）$\arctan(\sin x) + C$）

例 16   求 $\displaystyle\int \frac{1 + \ln x}{x \ln x}\mathrm{d}x$.

解：$\displaystyle\int \frac{1 + \ln x}{x \ln x}\mathrm{d}x = \int \frac{1 + \ln x}{\ln x}\mathrm{d}(\ln x)$ $\left(\leftarrow \dfrac{1}{x}\mathrm{d}x = \mathrm{d}(\ln x)\right)$

$$= \int\left(\frac{1}{\ln x} + 1\right)\mathrm{d}(\ln x)$$

$$= \int \frac{1}{\ln x}\mathrm{d}(\ln x) + \int \mathrm{d}(\ln x) \quad \left(\leftarrow 联想 \int\frac{1}{u}\mathrm{d}u + \int \mathrm{d}u\right)$$

$$= \ln|\ln x| + \ln x + C$$

从上面大量的例题，我们应该体会到，第一类换元积分法计算的关键是把被积表达式凑成两部分，一部分为 $\mathrm{d}\varphi(x)$，另一部分为 $\varphi(x)$ 的函数 $f[\varphi(x)]$，且 $f[\varphi(x)]$ 的原函数易于求得. 一般情况下，在对变量替换比较熟练后，运算过程就可写得简单些，可省略 "令 $\varphi(x) = u$" 这一步，而直接凑微分. 如以上例子中 "熟悉后" 的方法，就是直接凑微分求得结果. 但利用第一类换元积分公式（5.3.1）来求不定积分，通常需要一定的技巧，知道如何适当地选择变量代换 $u = \varphi(x)$ 比较灵活，要达到这一步需要掌握一些常用微分式，大量练习，用心体会，才能熟能生巧地掌握方法. 下面是根据微分基本公式得到在第一类换元积分法中部分常用的变形微分式，以供参考.

表 5-3-1　常用的变形微分式(下列各式中 a, b 为常数且 $a \neq 0$)

基本微分式	变形微分式	变形微分式
$(1)\ \mathrm{d}x$	$= \dfrac{1}{a}\mathrm{d}(ax)$	$= \dfrac{1}{a}\mathrm{d}(ax+b) = -\dfrac{1}{a}\mathrm{d}(b-ax)$
$(2)\ \dfrac{1}{x^2}\mathrm{d}x$	$= -\dfrac{1}{a}\mathrm{d}\left(a\dfrac{1}{x}\right)$	$= -\dfrac{1}{a}\mathrm{d}\left(a\dfrac{1}{x}+b\right)$
$(3)\ \dfrac{1}{x}\mathrm{d}x$	$= \mathrm{d}(\ln|x|)$	$= \mathrm{d}(\ln|x|+b)$
$(4)\ x\mathrm{d}x$	$= \dfrac{1}{2}\mathrm{d}(x^2)$	$= \dfrac{1}{2a}\mathrm{d}(ax^2+b)$
$(5)\ \dfrac{\mathrm{d}x}{\sqrt{x}}$	$= 2\mathrm{d}(\sqrt{x})$	$= \dfrac{2}{a}\mathrm{d}(a\sqrt{x}+b)$
$(6)\ x^2\mathrm{d}x$	$= \dfrac{1}{3}\mathrm{d}(x^3)$	$= \dfrac{1}{3a}\mathrm{d}(ax^3+b)$
$(7)\ \mathrm{e}^x\mathrm{d}x$	$= \mathrm{d}(\mathrm{e}^x)$	$= \dfrac{1}{a}\mathrm{d}(a\mathrm{e}^x+b)$
$(8)\ a^x\mathrm{d}x$	$= \dfrac{1}{\ln a}\mathrm{d}(a^x)$	$= \dfrac{1}{\ln a}\mathrm{d}(a^x+b)\ (a>0,\ a\neq 1)$
$(9)\ \cos x\mathrm{d}x$	$= \mathrm{d}(\sin x)$	$= \dfrac{1}{a}\mathrm{d}(a\sin x+b)$
$(10)\ \sin x\mathrm{d}x$	$= -\mathrm{d}(\cos x)$	$= -\dfrac{1}{a}(a\cos x+b)$
$(11)\ \sec^2 x\mathrm{d}x$	$= \mathrm{d}(\tan x)$	$= \dfrac{1}{a}\mathrm{d}(\tan x+b)$
$(12)\ \csc^2 x\mathrm{d}x$	$= -\mathrm{d}(\cot x)$	$= -\dfrac{1}{a}\mathrm{d}(a\cot x+b)$
$(13)\ \dfrac{\mathrm{d}x}{1+x^2}$	$= \mathrm{d}(\arctan x)$	$= -\mathrm{d}(\operatorname{arccot}x)$
$(14)\ \dfrac{\mathrm{d}x}{\sqrt{1-x^2}}$	$= \mathrm{d}(\arcsin x)$	$= -\mathrm{d}(\arccos x)$

　　熟练地掌握表 5-3-1 中函数的微分运算对于"凑微分",提高求不定积分的运算速度是很有帮助的.如"熟悉后"的方法中例 1、2、3 就分别用到表中 (1),例 4、5 用到 (4),例 6 用到 (3),例 8、9、10、11、12、13、14 用到 (9)、(10) 变形得到欲换元的微分形式.更进一步,可以得到第一类换元积分法的部分常见凑微分换元类型,见表 5-3-2.

表 5 - 3 - 2　第一类换元积分法的部分常见类型表

常见类型	凑成微分形式	换元时所作的变换
1. $\int f(ax^n+b)x^{n-1}\mathrm{d}x$	$\dfrac{1}{an}\int f(ax^n+b)\mathrm{d}(ax^n+b)$	令 $u=ax^n+b$
2. $\int \dfrac{f\sqrt{x}}{\sqrt{x}}\mathrm{d}x$	$2\int f(\sqrt{x})\mathrm{d}(\sqrt{x})$	令 $u=\sqrt{x}$
3. $\int f(\mathrm{e}^x)\mathrm{e}^x\mathrm{d}x$	$\int f(\mathrm{e}^x)\mathrm{d}(\mathrm{e}^x)$	令 $u=\mathrm{e}^x$
4. $\int f(a^x)a^x\mathrm{d}x$	$\dfrac{1}{\ln a}\int f(a^x)\mathrm{d}(a^x)$	令 $u=a^x$
5. $\int \dfrac{f(\ln x)}{x}\mathrm{d}x$	$\int f(\ln x)\mathrm{d}(\ln x)$	令 $u=\ln x$
6. $\int f(\sin x)\cos x\mathrm{d}x$	$\int f(\sin x)\mathrm{d}(\sin x)$	令 $u=\sin x$
7. $\int f(\cos x)\sin x\mathrm{d}x$	$-\int f(\cos x)\mathrm{d}(\cos x)$	令 $u=\cos x$
8. $\int f(\tan x)\sec^2 x\mathrm{d}x$	$\int f(\tan x)\mathrm{d}(\tan x)$	令 $u=\tan x$
9. $\int f(\cot x)\csc^2 x\mathrm{d}x$	$-\int f(\cot x)\mathrm{d}(\cot x)$	令 $u=\cot x$
10. $\int \dfrac{f(\arctan x)}{1+x^2}\mathrm{d}x$	$\int f(\arctan x)\mathrm{d}(\arctan x)$	令 $u=\arctan x$
11. $\int \dfrac{f(\arcsin x)}{\sqrt{1-x^2}}\mathrm{d}x$	$\int f(\arcsin x)\mathrm{d}(\arcsin x)$	令 $u=\arcsin x$

*例 17　求 $\int \dfrac{\arctan^2 x}{1+x^2}\mathrm{d}x$.

解： $\int \dfrac{\arctan^2 x}{1+x^2}\mathrm{d}x = \int \arctan^2 x\,\mathrm{d}(\arctan x) = \dfrac{1}{3}\arctan^3 x + C$ （←表 5 - 3 - 2 类型 10）

二、第二类换元积分法

如果对于某些不定积分，如 $\int \sqrt{1-x^2}\,\mathrm{d}x$, $\int \dfrac{1}{1+\sqrt{x}}\mathrm{d}x$, $\int \dfrac{1}{1+\sqrt{1+x}}\mathrm{d}x$, $\int \sqrt{x^2-a^2}\,\mathrm{d}x$ 等等，不能直接应用基本积分表计算，也不能"凑微分"用第一类换元积分法积分得出结果. 下面的定理给出另外一种换元积分法——第二类换元积分法. 第二类换元积分法的基本思想也是换元. 如果所给不定积分能够找到一个适当的变量替换，要求所替换的新变量与原变量之间存在反函数关系，那么变量替换后，可将原不定积分化为新变量作为积分变量的不定积分，此时换元后得到的不定积分是容易进一步求得结果的.

一般地，有下列定理：

定理 5.2　如果 $x=\varphi(t)$ 是单调可微的函数，而且 $\varphi'(t)\neq 0$, $F(t)$ 是 $f[\varphi(t)]\varphi'(t)$ 的一个原函数，则有

$$\int f(x)\mathrm{d}x = \int f[\varphi(t)] \cdot \varphi'(t)\mathrm{d}t = F(t) + C = F[\varphi^{-1}(x)] + C \qquad (5.3.6)$$

其中，$t = \varphi^{-1}(x)$ 是 $x = \varphi(t)$ 的反函数.

证明分析：由不定积分定义证明 $F[\varphi^{-1}(x)]$ 是 $f(x)$ 的一个原函数，即证明等式 $F[\varphi^{-1}(x)]' = f(x)$ 成立.

证：因为 $F(t)$ 是 $f[\varphi(t)]\varphi'(t)$ 的一个原函数，所以 $F'(t) = f[\varphi(t)]\varphi'(t)$.

又 $t = \varphi^{-1}(x)$ 是 $x = \varphi(t)$ 的反函数，则 $\dfrac{\mathrm{d}x}{\mathrm{d}t} = \dfrac{\mathrm{d}\varphi(t)}{\mathrm{d}t} = \varphi'(t)$

由复合函数的求导法则及反函数的求导公式，得

$$\frac{\mathrm{d}}{\mathrm{d}x}\{F[\varphi^{-1}(x)]\} = \frac{\mathrm{d}F(t)}{\mathrm{d}x} = \frac{\mathrm{d}F(t)}{\mathrm{d}t} \cdot \frac{\mathrm{d}t}{\mathrm{d}x} \quad (\leftarrow 复合函数的求导法)$$

$$= F'(t) \cdot \frac{1}{\dfrac{\mathrm{d}x}{\mathrm{d}t}} \quad (\leftarrow 反函数求导法则)$$

$$= f[\varphi(t)]\varphi'(t) \cdot \frac{1}{\varphi'(t)} = f[\varphi(t)] = f(x)$$

即 $F[\varphi^{-1}(x)]$ 是 $f(x)$ 的一个原函数，从而公式 (5.3.6) 成立.

此定理表明，对于积分 $\int f(x)\mathrm{d}x$，通过变量替换 $x = \varphi(t)$，可化为 $\int f[\varphi(t)] \cdot \varphi'(t)\mathrm{d}t$. 如果后者对新变量 t 的积分容易积出，那么积分后再把 t 换回 $x = \varphi(t)$ 的反函数 $\varphi^{-1}(x)$ 即可.

用第二类换元积分法计算不定积分的过程可表示如下：

$$\int f(x)\mathrm{d}x \xrightarrow{(\diamondsuit\, x=\varphi(t))} \int f[\varphi(t)]\varphi'(t)\mathrm{d}t \xrightarrow{(化简)} \int g(t)\mathrm{d}t \xrightarrow{(求积分)} F(t) + C$$

$$\xrightarrow{(将\,\varphi^{-1}(x)=t\,回代)} F[\varphi^{-1}(x)] + C \qquad (5.3.6)$$

注：(5.3.6) 式中如何选择设 $x = \varphi(t)$ 是关键，一般是选择较复杂的部分，然后根据所设式子，将所有原变量 x 全部化为关于新变量 t 的表达式，包括 $\mathrm{d}x = \varphi'(t)\mathrm{d}t$. 另外，在具体做题时不必写出等式上面的说明.

例 18 求 $\displaystyle\int \frac{1}{1 + \sqrt{x}}\mathrm{d}x$.

解题分析：作变量代换，把被积函数的根号去掉，将无理函数化为有理函数的积分.

解：令 $\sqrt{x} = t$，即 $x = t^2$，则 $\mathrm{d}x = \mathrm{d}(t^2) = 2t\mathrm{d}t$

于是
$$\int \frac{1}{1 + \sqrt{x}}\mathrm{d}x = \int \frac{2t}{1+t}\mathrm{d}t = 2\int \frac{t+1-1}{1+t}\mathrm{d}t$$

$$= 2\int \left[1 - \frac{1}{1+t}\right]\mathrm{d}t = 2\int \mathrm{d}t - 2\int \frac{1}{1+t}\mathrm{d}(1+t)$$

$$= 2t - 2\ln|1+t| + C \quad (\leftarrow 积分公式 (1)、(3))$$

$$= 2\sqrt{x} - 2\ln\left|1 + \sqrt{x}\right| + C \quad (\leftarrow \text{将} \ t = \sqrt{x} \text{回代})$$

例 19 求 $\int \dfrac{1}{1 + \sqrt[3]{1+x}}\,\mathrm{d}x$.

解： 令 $\sqrt[3]{1+x} = t$, $x = t^3 - 1$, $\mathrm{d}x = 3t^2\,\mathrm{d}t$, 得

$$\int \frac{1}{1 + \sqrt[3]{1+x}}\,\mathrm{d}x = \int \frac{1}{1+t}3t^2\,\mathrm{d}t = 3\int \frac{t^2}{1+t}\,\mathrm{d}t$$

$$= 3\int \frac{t^2 - 1 + 1}{1+t}\,\mathrm{d}t = 3\int \left(\frac{t^2-1}{1+t} + \frac{1}{1+t}\right)\mathrm{d}t$$

$$= 3\int \left[\frac{(t+1)(t-1)}{1+t} + \frac{1}{1+t}\right]\mathrm{d}t = 3\int \left(t - 1 + \frac{1}{1+t}\right)\mathrm{d}t$$

$$= \frac{3}{2}t^2 - 3t + 3\ln\left|1 + t\right| + C \quad (\leftarrow \text{公式}（2）、（1）、（3）)$$

$$= \frac{3}{2}\sqrt[3]{(1+x)^2} - 3\sqrt[3]{1+x} + 3\ln\left|1 + \sqrt[3]{1+x}\right| + C$$

例 20 求 $\int \dfrac{1}{\sqrt{x} + \sqrt[3]{x}}\,\mathrm{d}x$.

解题分析： 本题的特点是被积函数中含有两种不同的根式 $\sqrt{x}$ 与 $\sqrt[3]{x}$，因此选择代换根号的根指数为 2 与 3 的最小公倍数 6，这样才能同时消去这两个根式，从而将原积分化为有理函数的积分.

解： 令 $\sqrt[6]{x} = t$, 则 $x = t^6$, $\mathrm{d}x = 6t^5\,\mathrm{d}t$, $\sqrt{x} = \sqrt{t^6} = t^3$, $\sqrt[3]{x} = \sqrt[3]{t^6} = t^2$, 于是

$$\int \frac{1}{\sqrt{x} + \sqrt[3]{x}}\,\mathrm{d}x = \int \frac{6t^5}{t^3 + t^2}\,\mathrm{d}t = 6\int \frac{t^3}{1+t}\,\mathrm{d}t$$

$$= 6\int \frac{(t^3 + 1) - 1}{1+t}\,\mathrm{d}t$$

$$= 6\int \left(t^2 - t + 1 - \frac{1}{1+t}\right)\mathrm{d}t$$

$$= 2t^3 - 3t^2 + 6t - 6\ln\left|1 + t\right| + C \quad (\leftarrow \text{公式}（2）、（2）、（1）、（3）)$$

$$= 2\sqrt{x} - 3\sqrt[3]{x} + 6\sqrt[6]{x} - 6\ln\left|1 + \sqrt[6]{x}\right| + C \quad (\leftarrow \text{将} \ t = \sqrt[6]{x} \text{代入})$$

注：（1）当被积函数中含有根式时，一般可作变量代换消去根式，将被积函数化成有理函数，然后求有理函数的积分，这种代换常称为有理代换.

（2）如果被积函数中含有多个不同根指数的根式，例如 $\sqrt[n_1]{x}$, $\sqrt[n_2]{x}$, $\cdots$, $\sqrt[n_k]{x}$，则所作的代换为 $t = \sqrt[n]{x}$，其中 n 为根指数 n_i 中的最小公倍数 $(i = 1, 2, \cdots, k)$，从而将被积函数化成 t 的有理函数.

我们把被积函数中含有一次式的根式，用第二类换元积分法积分时常用变量替换，总结如下：

（1）若被积函数含有根式 $\sqrt[n]{ax+b}$，则令 $t = \sqrt[n]{ax+b}$.

（2）若被积函数含有根式 $\sqrt[n_1]{cx+d}$ 和 $\sqrt[n_2]{cx+d}$，则令 $t = \sqrt[n]{cx+d}$，其中 n 为 n_1, n_2 的最小公倍数.

(3) 若被积函数含有根式 $\sqrt[n]{\dfrac{ax+b}{cx+d}}$，则令 $t = \sqrt[n]{\dfrac{ax+b}{cx+d}}$．

【即学即练】

求下列不定积分：

(1) $\displaystyle\int \dfrac{\mathrm{d}x}{1+\sqrt{3-x}}$　　　　(2) $\displaystyle\int \dfrac{1}{\sqrt{\mathrm{e}^x}}\,\mathrm{d}x$．

（答案：(1) $-2\left(\sqrt{3-x}-\ln\left|1+\sqrt{3-x}\right|\right)+C$　　(2) $-\dfrac{2}{\sqrt{\mathrm{e}^x}}+C$）

三、三角代换

必须指出，有些根式用有理代换不能达到去掉根式的目的，即使能消去根式也不容易积分．例如求 $\displaystyle\int \sqrt{a^2-x^2}\,\mathrm{d}x$，用换元，令 $\sqrt{a^2-x^2}=t$ 后也达不到去根号进一步求得积分结果的目的．解决的办法是，使用三角式代换来消去二次根式，可使问题进一步得到解决，这种方法称为三角代换法．三角代换法是换元积分法中用来消去被积函数中含有的二次根式 $\sqrt{a^2-x^2}$，$\sqrt{a^2+x^2}$ 等的有效方法之一．

使用三角代换时，经常会使用到同角三角函数关系的公式：$\sin^2\alpha+\cos^2\alpha=1$，$\tan^2\alpha+1=\sec^2\alpha$，$1+\cot^2\alpha=\csc^2\alpha$ 等等．

一般地，使用三角代换消去根式时，所作的三角代换的一般规律如下：

(1) 当被积函数中含有二次式的根式 $\sqrt{a^2-x^2}$ 时，令 $x=a\sin t\,(-\dfrac{\pi}{2}<t<\dfrac{\pi}{2})$，则

$$\sqrt{a^2-x^2}=a\cos t\quad(\leftarrow\cos\alpha=\sqrt{1-\sin^2\alpha})$$

(2) 当被积函数中含有二次式的根式 $\sqrt{a^2+x^2}$ 时，令 $x=a\tan t\,(-\dfrac{\pi}{2}<t<\dfrac{\pi}{2})$，则

$$\sqrt{a^2+x^2}=a\sec t\quad(\leftarrow\sec\alpha=\sqrt{1+\tan^2\alpha})$$

(3) 当被积函数中含有二次式的根式 $\sqrt{x^2-a^2}$ 时，令 $x=a\sec t\,(0<t<\dfrac{\pi}{2})$，则

$$\sqrt{x^2-a^2}=a\tan t\quad(\leftarrow\tan\alpha=\sqrt{\sec^2\alpha-1})$$

要注意的是，进行三角换元得到的积分结果都是关于新积分变量 t 的三角函数式，结果要用原式积分变量 x 还原，这一步虽然可以引进三角函数式或反三角函数的运算，但这一步不是最简的，这里我们利用直角三角形的边角关系来确定有关三角函数的关系，进行变量还原更为简便．

例 21　求 $\displaystyle\int \sqrt{a^2-x^2}\,\mathrm{d}x\ (a>0)$．

解：令 $x=a\sin t\,(-\dfrac{\pi}{2}<t<\dfrac{\pi}{2})$，由 $x=a\sin t$ 两端微分，则 $\mathrm{d}x=a\cos t\,\mathrm{d}t$，

$$\sqrt{a^2 - x^2} = \sqrt{a^2 - a^2\sin^2 t} = a\sqrt{1 - \sin^2 t} \quad (\leftarrow 将\ x = a\sin t\ 代入)$$

$$= a\sqrt{\cos^2 t} = a\cos t \quad (\leftarrow \sin^2\alpha + \cos^2\alpha = 1)$$

所以 $\displaystyle\int\sqrt{a^2 - x^2}\,\mathrm{d}x = \int a\cos t \cdot a\cos t\,\mathrm{d}t = \int a^2\cos^2 t\,\mathrm{d}t$

$$= a^2\int\frac{1 + \cos 2t}{2}\,\mathrm{d}t$$

$$= a^2\left[\int\frac{1}{2}\,\mathrm{d}t + \int\frac{\cos 2t}{2}\,\mathrm{d}t\right]$$

$$= a^2\left(\frac{t}{2} + \frac{\sin 2t}{4}\right) + C$$

即 $\displaystyle\int\sqrt{a^2 - x^2}\,\mathrm{d}x = a^2\left(\frac{t}{2} + \frac{\sin 2t}{4}\right) + C = a^2\left(\frac{t}{2} + \frac{2\sin t\cos t}{4}\right) + C$ （1）

下面将积分变量 t 换为原积分变量 x.

为了把 $\sin t$ 和 $\cos t$ 换成 x 的函数，可根据所令式子 $x = a\sin t$ 得 $\sin t = \dfrac{x}{a}$（$\sin t = \dfrac{对边}{斜边} = \dfrac{x}{a}$），作一辅助直角三角形，如图 5 – 3 – 1 所示，利用边角关系来实现替换.

由所令及图 5 – 3 – 1 可得

$$\sin t = \frac{x}{a}, \quad \cos t = \frac{\sqrt{a^2 - x^2}}{a}, \quad t = \arcsin\frac{x}{a}$$

将以上结果代入（1）式得

$$\int\sqrt{a^2 - x^2}\,\mathrm{d}x = \frac{a^2}{2}\arcsin\frac{x}{a} + \frac{x\sqrt{a^2 - x^2}}{2} + C \quad (5.3.7)$$

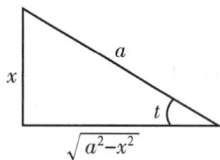

图 5 – 3 – 1

由例 21 可得用三角代换法求不定积分的参考步骤如下：

第一步，令原积分变量换为新变量的三角表达式；

第二步，将被积表达式换为新变量（如例 21 中为 t）的表达式，此时被积表达式中通常含有三角函数式；

第三步，求出换元后得到的不定积分（如例 21 中求 $\displaystyle\int a^2\cos^2 t\,\mathrm{d}t$）；

第四步，将积分结果换为原积分变量的形式（通常利用直角三角形的边角关系）.

例 22　求 $\displaystyle\int\frac{1}{\sqrt{x^2 + a^2}}\,\mathrm{d}x\,(a > 0)$.

解：（第一步）令 $x = a\tan t$（$-\dfrac{\pi}{2} < t < \dfrac{\pi}{2}$），由 $x = a\tan t$ 两端微分，则 $\mathrm{d}x = a\sec^2 t\,\mathrm{d}t$，

$$\sqrt{x^2 + a^2} = \sqrt{a^2\tan^2 t + a^2}$$

$$= a\sqrt{\tan^2 t + 1}$$

$$= a\sqrt{\sec^2 t} = a\sec t \quad (\leftarrow \tan^2\alpha + 1 = \sec^2\alpha)$$

（第二、三步）所以 $\displaystyle\int\frac{1}{\sqrt{x^2 + a^2}}\,\mathrm{d}x = \int\frac{1}{a\sec t}a\sec^2 t\,\mathrm{d}t$

$$= \int \sec t \, dt = \ln|\sec t + \tan t| + C_1 \qquad (2)$$

（第四步）将积分变量 t 换为 x.

根据 $x = a\tan t \Rightarrow \tan t = \dfrac{\text{对边}}{\text{邻边}} = \dfrac{x}{a}$ 作一辅助直角三角形，如图 $5-3-2$ 所示，由所令及图

$5-3-2$ 可得

$$\tan t = \frac{x}{a}, \quad \sec t = \frac{\sqrt{a^2 + x^2}}{a}$$

代入（2）式得

$$\int \frac{1}{\sqrt{x^2 + a^2}} dx = \ln\left| \frac{x + \sqrt{x^2 + a^2}}{a} \right| + C_1$$

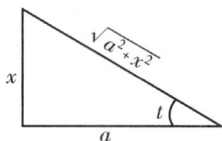

图 $5-3-2$

$$= \ln|x + \sqrt{x^2 + a^2}| + C \quad (C = C_1 - \ln a)$$

例 23 求 $\displaystyle\int \frac{1}{\sqrt{x^2 - a^2}} dx \quad (a > 0)$.

解： 令 $x = a\sec t \left(0 < t < \dfrac{\pi}{2}\right)$，由 $x = a\sec t$ 两端微分，则 $dx = a\sec t \cdot \tan t \, dt$，

$$\sqrt{x^2 - a^2} = \sqrt{a^2 \sec^2 t - a^2} = a\sqrt{\sec^2 t - 1} = a\sqrt{\tan^2 t} = a\tan t$$

所以 $\displaystyle\int \frac{1}{\sqrt{x^2 - a^2}} dx = \int \frac{a\sec t \tan t \, dt}{a\tan t} = \int \sec t \, dt = \ln|\sec t + \tan t| + C$.

下面将积分变量 t 换为 x.

由 $x = a\sec t$ 即 $\sec t = \dfrac{x}{a} = \dfrac{\text{斜边}}{\text{邻边}}$，作一辅助直角三角形（图

$5-3-3$）得

$$\tan t = \frac{\text{对边}}{\text{邻边}} = \frac{\sqrt{x^2 - a^2}}{a}$$

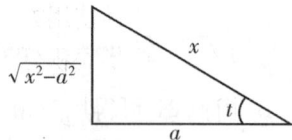

图 $5-3-3$

回代 $\sec t$，$\tan t$，换为自变量为 x 得

$$\int \frac{1}{\sqrt{x^2 - a^2}} dx = \ln|x + \sqrt{x^2 - a^2}| + C \quad (C = C_1 - \ln a)$$

综合例 22 和例 23，得到

$$\int \frac{1}{\sqrt{x^2 \pm a^2}} dx = \ln|x + \sqrt{x^2 \pm a^2}| + C \qquad (5.3.8)$$

【即学即练】

求不定积分 $\displaystyle\int \frac{dx}{\sqrt{2 + x^2}}$. （答案：$\ln\left(\sqrt{x^2 + 2} + x\right) + C$）

在上面的例子中，有些积分，如例 21、例 22 及例 23 的结果 (5.3.7)、(5.3.8)，在今后的运算中经常会遇到，可以作为公式使用，会简化某些步骤.

***例 24** 计算 $\displaystyle\int \frac{\mathrm{d}x}{\sqrt{16x^2+8x+5}}$.

解题分析：对于被积函数中含有一般的二次式的根式 $\sqrt{ax^2+bx+c}$ 的积分，一般不能直接作代换 $t=\sqrt{ax^2+bx+c}$，而应将 ax^2+bx+c 配平方，变换归结为含 a^2-x^2，$x^2\pm a^2$ 的积分，再用第二类换元积分法求解.

解：由于 $\sqrt{16x^2+8x+5}=\sqrt{(4x+1)^2+4}$，设 $t=4x+1$，则 $x=\dfrac{1}{4}t-\dfrac{1}{4}$，$\mathrm{d}x=\dfrac{1}{4}\mathrm{d}t$，

于是

$$\int \frac{\mathrm{d}x}{\sqrt{16x^2+8x+5}}=\int \frac{1}{\sqrt{(4x+1)^2+4}}\,\mathrm{d}x$$

$$=\int \frac{1}{\sqrt{t^2+4}}\cdot\frac{1}{4}\,\mathrm{d}t=\frac{1}{4}\int\frac{1}{\sqrt{t^2+4}}\,\mathrm{d}t$$

根据例 23 中的公式（5.3.8），得 $\displaystyle\int\frac{1}{\sqrt{t^2+4}}\,\mathrm{d}t=\ln|t+\sqrt{t^2+4}|+C$

再将 $t=4x+1$ 代回，得到原积分

$$\int\frac{\mathrm{d}x}{\sqrt{16x^2+8x+5}}=\frac{1}{4}\int\frac{1}{\sqrt{t^2+4}}\,\mathrm{d}t=\frac{1}{4}\ln|t+\sqrt{t^2+4}|+C$$

$$=\frac{1}{4}\ln|4x+1+\sqrt{16x^2+8x+5}|+C$$

不难看出，第二类换元积分法是把第一类换元积分法反过来使用，只是在不同情况下同一公式的两种使用方式.

由第一类换元积分法的过程：

$$\int f[\varphi(x)]\varphi'(x)\mathrm{d}x\xrightarrow{\text{（凑微分）}}\int f[\varphi(x)]\mathrm{d}\varphi(x)\xrightarrow{\text{（令 }\varphi(x)=u\text{）}}\int f(u)\,\mathrm{d}u$$

$$\xrightarrow{\text{（求积分）}}F(u)+C\xrightarrow{\text{（将 }u=\varphi(x)\text{ 回代）}}F[\varphi(x)]+C$$

可知此方法是先分解被积函数，凑微分，再作换元后求不定积分. 这时 $\displaystyle\int f(u)\,\mathrm{d}u$ 比 $\displaystyle\int f[\varphi(x)]\varphi'(x)\mathrm{d}x$ 容易计算.

由第二类换元积分法的过程：

$$\int f(x)\mathrm{d}x\xrightarrow{\text{（令 }x=\varphi(t)\text{）}}\int f[\varphi(t)]\varphi'(t)\mathrm{d}t\xrightarrow{\text{（化简）}}\int g(t)\mathrm{d}t$$

$$\xrightarrow{\text{（求积分）}}F(t)+C\xrightarrow{\text{（将 }\varphi^{-1}(x)=t\text{ 回代）}}F[\varphi^{-1}(x)]+C$$

可知此方法是先作换元，化简后求不定积分. 这时 $\displaystyle\int f[\varphi(t)]\varphi'(t)\mathrm{d}t$ 比 $\displaystyle\int f(x)\mathrm{d}x$ 容易计算.

第二类换元积分法与第一类换元积分法的区别在于第二类换元积分法不可以凑微分. 通常用第一类换元积分法的积分，也可用第二类换元积分法求得.

***倒代换**：

有些不定积分，当被积函数中分母的次数大大高于分子的次数，且分子、分母均为

"因式"时，可作倒数变换 $x = \dfrac{1}{t}$，以求化简.

例 25 求 $\displaystyle\int \dfrac{\mathrm{d}x}{x\sqrt{x^4 + x^2}}$.

解：令 $x = \dfrac{1}{t}$，则 $\mathrm{d}x = -\dfrac{1}{t^2}\mathrm{d}t$，于是

$$\int \frac{\mathrm{d}x}{x\sqrt{x^4 + x^2}} = \int \frac{1}{\dfrac{1}{t}\sqrt{(\dfrac{1}{t})^4 + (\dfrac{1}{t})^2}}\left(-\frac{1}{t^2}\right)\mathrm{d}t$$

$$= -\int \frac{1}{\sqrt{\dfrac{1+t^2}{t^4}}} \cdot \frac{1}{t}\,\mathrm{d}t = -\int \frac{t}{\sqrt{1+t^2}}\,\mathrm{d}t = -\frac{1}{2}\int \frac{1}{\sqrt{1+t^2}}\,\mathrm{d}(1+t^2)$$

$$= -\sqrt{1+t^2} + C = -\sqrt{1 + (\frac{1}{x})^2} + C = -\frac{\sqrt{x^2+1}}{|x|} + C$$

例 26 求 $\displaystyle\int \dfrac{\mathrm{d}x}{x\sqrt{x^2 - 1}}$.

解：**方法一（三角代换）** 令 $x = \sec t$，则 $\mathrm{d}x = \sec t \cdot \tan t\,\mathrm{d}t$，

于是 $\displaystyle\int \dfrac{\mathrm{d}x}{x\sqrt{x^2-1}} = \int \dfrac{\mathrm{d}x}{x\sqrt{x^2-1}} = \int \mathrm{d}t = t + C = \arccos\dfrac{1}{x} + C$

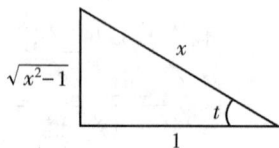

方法二（凑微分） $\displaystyle\int \dfrac{\mathrm{d}x}{x\sqrt{x^2-1}} = \int \dfrac{\mathrm{d}x}{x^2\sqrt{1-(\dfrac{1}{x})^2}} = -\int \dfrac{\mathrm{d}(\dfrac{1}{x})}{\sqrt{1-(\dfrac{1}{x})^2}} = -\arcsin\dfrac{1}{x} + C$

方法三（倒代换） 令 $x = \dfrac{1}{t}$，则 $\mathrm{d}x = -\dfrac{1}{t^2}\mathrm{d}t$，于是

$$\int \frac{\mathrm{d}x}{x\sqrt{x^2-1}} = \int \frac{-\dfrac{1}{t^2}\mathrm{d}t}{\dfrac{1}{t}\sqrt{\dfrac{1}{t^2}-1}} = -\int \frac{\mathrm{d}t}{\sqrt{1-t^2}} = -\arcsin t + C = -\arcsin\frac{1}{x} + C$$

方法四（第二类换元积分法） 令 $t = \sqrt{x^2-1}$，则 $x^2 = 1 + t^2$，$x\mathrm{d}x = t\mathrm{d}t$，于是

$$\int \frac{\mathrm{d}x}{x\sqrt{x^2-1}} = \int \frac{x\mathrm{d}x}{x^2\sqrt{x^2-1}} = \int \frac{t\mathrm{d}t}{(1+t^2)t}$$

$$= \int \frac{1}{1+t^2}\,\mathrm{d}t = \arctan t + C = \arctan\sqrt{x^2-1} + C$$

【即学即练】

用倒代换法求不定积分 $\displaystyle\int \dfrac{\mathrm{d}x}{x(x^8+1)}$. （答案： $-\dfrac{1}{8}\ln\left|1 + \dfrac{1}{x^8}\right| + C$）

5.3 练习题

1. 用换元积分法求下列不定积分(第一类换元积分法):

(1) $\int (3-2x)^{15}\,\mathrm{d}x$

(2) $\int (ax+b)^n\,\mathrm{d}x$ (a, b 为常数, $a\neq 0$)

(3) $\int (x^2+2x+1)(x+1)\,\mathrm{d}x$

(4) $\int \dfrac{1}{\sqrt[3]{1-2x}}\,\mathrm{d}x$

(5) $\int \dfrac{2x-3}{x^2-3x+8}\,\mathrm{d}x$

(6) $\int \dfrac{2x-1}{\sqrt{x^2-x+3}}\,\mathrm{d}x$

(7) $\int \left(\dfrac{1}{\sqrt{3-x^2}}+\dfrac{1}{\sqrt{1-3x^2}}\right)\mathrm{d}x$

(8) $\int \dfrac{3+x}{\sqrt{4-x^2}}\,\mathrm{d}x$

(9) $\int \dfrac{x}{\sqrt{1-x^2}}\,\mathrm{d}x$

*(10) $\int \dfrac{\mathrm{d}x}{\sqrt{1+x-x^2}}$

(11) $\int \dfrac{1}{\sqrt[3]{7-5x}}\,\mathrm{d}x$

(12) $\int \dfrac{\mathrm{d}x}{x^2+2x+3}$

(13) $\int \dfrac{x^4}{(1-x^5)^3}\,\mathrm{d}x$

(14) $\int \dfrac{1}{a^2+x^2}\,\mathrm{d}x$

(15) $\int \dfrac{1}{\sqrt{a^2-x^2}}\,\mathrm{d}x$ (a 为常数, $a>0$)

(16) $\int \mathrm{e}^{-5x}\,\mathrm{d}x$

(17) $\int x\mathrm{e}^{-x^2}\,\mathrm{d}x$

(18) $\int \mathrm{e}^{\frac{x}{2}}\,\mathrm{d}x$

(19) $\int \dfrac{\mathrm{e}^x}{\mathrm{e}^x+2}\,\mathrm{d}x$

(20) $\int \dfrac{\mathrm{e}^{\sqrt{x}}\,\mathrm{d}x}{\sqrt{x}}$

(21) $\int \dfrac{\mathrm{e}^x-\mathrm{e}^{-x}}{\sqrt{\mathrm{e}^x+1+\mathrm{e}^{-x}}}\,\mathrm{d}x$

(22) $\int \dfrac{\mathrm{e}^{\frac{1}{x}}\,\mathrm{d}x}{x^2}$

(23) $\int x\mathrm{e}^{2x^2}\,\mathrm{d}x$

(24) $\int 2^{2x+3}\,\mathrm{d}x$

(25) $\int 2^{-5x}\,\mathrm{d}x$

(26) $\int (\mathrm{e}^x-\mathrm{e}^{-x})^3\,\mathrm{d}x$

(27) $\int \dfrac{1}{1+\mathrm{e}^x}\,\mathrm{d}x$

(28) $\int \dfrac{1}{x\ln x}\,\mathrm{d}x$

(29) $\int \dfrac{1}{x(1+3\ln x)}\,\mathrm{d}x$

(30) $\int \dfrac{\ln^2 x}{x}\,\mathrm{d}x$

(31) $\int \mathrm{e}^x\cos\mathrm{e}^x\,\mathrm{d}x$

(32) $\int \tan\dfrac{x}{2}\,\mathrm{d}x$

(33) $\int \dfrac{\arctan x}{1+x^2}\,\mathrm{d}x$

(34) $\int \dfrac{1}{x^2}\cos\dfrac{1}{x}\,\mathrm{d}x$

(35) $\int \cos(3x+4)\,\mathrm{d}x$

(36) $\int \dfrac{\arcsin^2 x}{\sqrt{1-x^2}}\,\mathrm{d}x$

$(37) \int \sqrt{2+\cos x}\sin x\mathrm{d}x$ $(38) \int \sin^4 x\cos x\mathrm{d}x$

$(39) \int \dfrac{\sin\sqrt{x}}{\sqrt{x}}\,\mathrm{d}x$ $(40) \int \cos^2 x\mathrm{d}x$

$(41) \int (\cos x+\sin x)^2\mathrm{d}x$ $(42) \int [f(x)]^\alpha f'(x)\mathrm{d}x\,(\alpha\neq-1)$

$(43) \int \dfrac{f'(x)}{1+[f(x)]^2}\,\mathrm{d}x$ $(44) \int \dfrac{f'(x)}{f(x)}\,\mathrm{d}x$

$(45) \int e^{f(x)}f'(x)\mathrm{d}x$ $(46) \int \dfrac{x+\arccos x}{\sqrt{1-x^2}}\,\mathrm{d}x$

2. 用换元积分法求下列不定积分（第二类换元积分法）：

$(1) \int \dfrac{1}{1+\sqrt{1+x}}\,\mathrm{d}x$ $(2) \int \dfrac{\sqrt{x-2}}{(2-x)^6}\,\mathrm{d}x$

$(3) \int x\sqrt{x+1}\,\mathrm{d}x$ $(4) \int \dfrac{1}{\sqrt{(1+x^2)^3}}\,\mathrm{d}x$（提示：用三角换元法）

$(5) \int \dfrac{1}{\sqrt{x}-\sqrt[3]{x^2}}\,\mathrm{d}x$ $(6) \int \sqrt{1+e^x}\,\mathrm{d}x$

$(7) \int \dfrac{\sqrt{9-x^2}}{x^2}\,\mathrm{d}x$（提示：用三角换元法）

3. 用适当的换元积分法求下列不定积分：

$(1) \int \dfrac{1}{\sqrt{x^2+a^2}}\,\mathrm{d}x \quad (a>0)$ $(2) \int \dfrac{10^{2\arccos x}}{\sqrt{1-x^2}}\,\mathrm{d}x$

$(3) \int (3x^2+2)e^{x^3+2x}\mathrm{d}x$ $^*(4) \int \dfrac{x^2-1}{x^3-3x+1}\,\mathrm{d}x$

$(5) \int (2x-1)(x^2-x+5)^3\mathrm{d}x$ $(6) \int \dfrac{1}{(x+1)(x-2)}\,\mathrm{d}x$

$(7) \int \cot x\mathrm{d}x$ $(8) \int \cos^3 x\mathrm{d}x$

$(9) \int \dfrac{x^3-x}{\sin^2(x^4-2x^2+2)}\,\mathrm{d}x$ $(10) \int \dfrac{1}{e^x+e^{-x}}\,\mathrm{d}x$

4. 若 $\int f(x)\mathrm{d}x = F(x)+C$，求 $\int xf(1-x^2)\mathrm{d}x$.

参考答案

1. $(1)\ -\dfrac{1}{32}(3-2x)^{16}+C$ $(2)\ \dfrac{1}{a(n+1)}(ax+b)^{n+1}+C$

$(3)\ \dfrac{(x+1)^4}{4}+C$ $(4)\ -\dfrac{3}{4}(1-2x)^{\frac{2}{3}}+C$

$(5)\ \ln|x^2-3x+8|+C$ $(6)\ 2(x^2-x+3)^{\frac{1}{2}}+C$

（7）$\arcsin\dfrac{x}{\sqrt{3}}+\dfrac{1}{\sqrt{3}}\arcsin\ (\sqrt{3}x)+C$

（8）$3\arcsin\dfrac{x}{2}-\sqrt{4-x^2}+C$

（9）$-\sqrt{1-x^2}+C$

（10）$\arcsin\dfrac{2x-1}{\sqrt{5}}+C$

（11）$-\dfrac{3}{10}\sqrt[3]{(7-5x)^2}+C$

（12）$\dfrac{1}{\sqrt{2}}\arctan\dfrac{x+1}{\sqrt{2}}+C$

（13）$\dfrac{1}{10}\ (1-x^5)^{-2}+C$

（14）$\dfrac{1}{a}\arctan\dfrac{x}{a}+C$

（15）$\arcsin\dfrac{x}{a}+C$

（16）$-\dfrac{1}{5}e^{-5x}+C$

（17）$-\dfrac{1}{2}e^{-x^2}+C$

（18）$2e^{\frac{x}{2}}+C$

（19）$\ln(e^x+2)+C$

（20）$2e^{\sqrt{x}}+C$

（21）$2\sqrt{e^x+1}+e^{-x}+C$

（22）$-e^{\frac{1}{x}}+C$

（23）$\dfrac{1}{4}e^{2x^2}+C$

（24）$\dfrac{2^{2x+2}}{\ln2}+C$

（25）$-\dfrac{2^{-5x}}{5\ln2}+C$

（26）$\dfrac{1}{3}e^{3x}-3e^x-3e^{-x}+\dfrac{1}{3}e^{-3x}+C$

（27）$x-\ln(1+e^x)+C$

（28）$\ln|\ln x|+C$

（29）$\dfrac{1}{3}\ln|1+3\ln x|+C$

（30）$\dfrac{\ln^3 x}{3}+C$

（31）$\sin(e^x)+C$

（32）$-2\ln\left|\cos\dfrac{x}{2}\right|+C$

（33）$\dfrac{1}{2}\arctan^2 x+C$

（34）$-\sin\dfrac{1}{x}+C$

（35）$\dfrac{1}{3}\sin(3x+4)+C$

（36）$\dfrac{1}{3}\arcsin^3 x+C$

（37）$-\dfrac{2}{3}(2+\cos x)^{\frac{3}{2}}+C$

（38）$\dfrac{1}{5}\sin^5 x+C$

（39）$-2\cos\sqrt{x}+C$

（40）$\dfrac{1}{4}\sin2x+\dfrac{1}{2}x+C$

（41）$x-\dfrac{1}{2}\cos2x+C$

（42）$\dfrac{1}{\alpha+1}(f(x))^{\alpha+1}+C$

（43）$\arctan[f(x)]+C$

（44）$\ln|f(x)|+C$

（45）$e^{f(x)}+C$

（46）$-\sqrt{1-x^2}-\dfrac{1}{2}(\arccos x)^2+C$

2.（1）$2[\sqrt{1+x}-\ln(1+\sqrt{1+x})]+C$　（2）$-\dfrac{2}{9}(x-2)^{-\frac{9}{2}}+C$

（3）$\dfrac{2}{5}(x+1)^{\frac{5}{2}}-\dfrac{2}{3}(x+1)^{\frac{3}{2}}+C$

（4）$\dfrac{x}{\sqrt{1-x^2}}+C$

(5) $-3x^{\frac{1}{3}} - 6x^{\frac{1}{6}} - 6\ln\left|x^{\frac{1}{6}} - 1\right| + C$ (6) $2\sqrt{1+e^x} + \ln\left|\dfrac{\sqrt{1+e^x} - 1}{\sqrt{1+e^x} + 1}\right| + C$

(7) $-\dfrac{\sqrt{9-x^2}}{x} - \arcsin\dfrac{x}{3} + C$

3. (1) $\ln\left|x + \sqrt{x^2+a^2}\right| + C$ (2) $-\dfrac{10^{2\arccos x}}{2\ln 10} + C$

(3) $e^{x^3+2x} + C$ (4) $\dfrac{1}{3}\ln\left|x^3 - 3x + 1\right| + C$

(5) $\dfrac{1}{4}(x^2 - x + 5)^4 + C$ (6) $\dfrac{1}{3}\ln\left|\dfrac{x-2}{x+1}\right| + C$

(7) $\ln|\sin x| + C$ (8) $\sin x - \dfrac{1}{3}\sin^3 x + C$

(9) $-\dfrac{1}{4}\cot(x^4 - 2x^2 + 2) + C$ (10) $\arctan e^x + C$

4. $-\dfrac{1}{2}F(1-x^2) + C$

§5.4　分部积分法与不定积分的简单实际应用

一、分部积分法

前面 §5.3 介绍的换元积分法是在复合函数求导公式的基础上得到的，它虽然是一种应用较广泛的积分方法，但对形如 $\int \ln x \, \mathrm{d}x$，$\int x\sin x \, \mathrm{d}x$，$\int xe^x \, \mathrm{d}x$，$\int x\ln x \, \mathrm{d}x$ 等等，用换元积分法就不一定有效. 这些不定积分的特点是，被积函数是两个不同类型函数的乘积. 本节，我们将利用两个函数乘积的微分(导数)公式，推导计算这种类型不定积分的另一有效的方法——分部积分法.

定理 5.3　设 $u = u(x)$，$v = v(x)$ 具有连续导数，则

$$\int u(x)\mathrm{d}[v(x)] = u(x)v(x) - \int v(x)\mathrm{d}u(x)$$

证：由两个函数乘积的微分法公式

$$\mathrm{d}(uv) = v\mathrm{d}u + u\mathrm{d}v$$

移项，$u\mathrm{d}v = \mathrm{d}(uv) - v\mathrm{d}u$ 或 $uv'\mathrm{d}x = \mathrm{d}(uv) - u'v\mathrm{d}x$.

对上式两边积分，可得

$$\int u\mathrm{d}v = \int [\mathrm{d}(uv) - v\mathrm{d}u] = \int \mathrm{d}(uv) - \int v\mathrm{d}u = uv - \int v\mathrm{d}u$$

即

$$\int u\mathrm{d}v = uv - \int v\mathrm{d}u \qquad\qquad (5.4.1)$$

或 $$\int uv'\mathrm{d}x = uv - \int u'v\mathrm{d}x \qquad\qquad (5.4.1)'$$

（5.4.1）式或（5.4.1）'式称为分部积分公式. 这一公式说明，如果等式左端不定积分 $\int u\mathrm{d}v$（或 $\int uv'\mathrm{d}x$）不容易求积分，而等式右端的积分 $\int v\mathrm{d}u$（或 $\int u'v\mathrm{d}x$）容易求出时，则可将左端的积分转化为右端的积分，从而求出不定积分. 按照此定理，右端分拆成两部分，其中一部分已不需要积分，只要对另一部分积分即可，这也是分部积分法"分部"的含义.

即 $$\int uv'\mathrm{d}x \xlongequal{（凑微分）} \int u\mathrm{d}v \xlongequal{（分部）} uv - \int u'v\mathrm{d}x \xlongequal{（积出来）} vu - F(x) + C.$$

我们要强调的是，利用分部积分法求不定积分时，关键问题在于对被积函数表达式 $f(x)\mathrm{d}x$ 中，如何正确选择哪部分为 $u(x)$，哪部分为 $v'\mathrm{d}x$（或 $\mathrm{d}v$）是很重要的，如果选择不恰当，就有可能使得变换后的积分比原积分更不容易求得结果，下面举例说明.

例1 求 $\int x\mathrm{e}^x\mathrm{d}x$.

解题分析： 这是把被积函数看成是幂函数 x 和指数函数 e^x 两种不同类型函数的乘积，选幂函数 x 为 u，剩下指数函数 e^x 与 $\mathrm{d}x$ 的组合 $\mathrm{e}^x\mathrm{d}x$ 的微分式选成 $\mathrm{d}v$，这样通过求导，就可以使幂函数的幂次减低一次，而且 v 也容易求得.

解： 令 $u = x$，$\mathrm{d}v = \mathrm{e}^x\mathrm{d}x$（或 $v' = \mathrm{e}^x$），

由 $u = x$ 两端微分得 $\mathrm{d}u = \mathrm{d}x$（或 $u' = 1$）；由 $\mathrm{d}v = \mathrm{e}^x\mathrm{d}x$，两端积分得 $\int\mathrm{d}v = \int\mathrm{e}^x\mathrm{d}x$，得 $v = \mathrm{e}^x$，则 $\mathrm{d}v = \mathrm{d}\mathrm{e}^x$，将以上结果代入公式

$$\int u\mathrm{d}v = uv - \int v\mathrm{d}u \text{ 或 } \int uv'\mathrm{d}x = uv - \int u'v\mathrm{d}x$$

于是 $$\int x\mathrm{e}^x\mathrm{d}x = \int \underset{u}{x}(\underset{dv}{\mathrm{e}^x\mathrm{d}x}) = \int \underset{u}{x}\,\mathrm{d}(\underset{dv}{\mathrm{e}^x})$$

$$= \underset{v}{\underbrace{x\mathrm{e}^x}} - \int \underset{v}{\underbrace{\mathrm{e}^x}}\underset{du}{\underbrace{\mathrm{d}x}} = x\mathrm{e}^x - \mathrm{e}^x + C$$

注： 在求 v 时，是通过把表达式 $\mathrm{d}v = \mathrm{e}^x\mathrm{d}x$ 两端求积分得到，按求不定积分的定义，$v = \mathrm{e}^x$ 应加上任意常数 C，由于这里只需要找出某个原函数 v，最终积分结果的任意常数可合并为一个，因此，这里没有必要先加.

如果上例中我们另外设 $u = \mathrm{e}^x$，$\mathrm{d}v = x\mathrm{d}x$，会出现什么情形呢？事实上，对 $u = \mathrm{e}^x$ 两端微分，得 $\mathrm{d}u = \mathrm{e}^x\mathrm{d}x$；由 $\mathrm{d}v = x\mathrm{d}x$，两端积分 $\int\mathrm{d}v = \int x\mathrm{d}x$，即 $v = \dfrac{x^2}{2}$，得 $\mathrm{d}v = \mathrm{d}(\dfrac{x^2}{2})$，于是代入公式（5.4.1）$\int u\mathrm{d}v = uv - \int v\mathrm{d}u$，得原积分为

$$\int u\mathrm{d}v = \int x\mathrm{e}^x\mathrm{d}x = \int \mathrm{e}^x\mathrm{d}(\dfrac{x^2}{2}) = \mathrm{e}^x\dfrac{x^2}{2} - \int \dfrac{x^2}{2}\mathrm{d}\mathrm{e}^x = \mathrm{e}^x\dfrac{x^2}{2} - \int \mathrm{e}^x\dfrac{x^2}{2}\mathrm{d}x$$

显然积分 $\int e^x \dfrac{x^2}{2} dx$ 中的 x 的次数比原积分 $\int xe^x dx$ 中的 x 次数更高了，更不容易求得结果，所以这种选择是不恰当的.

此例告诉我们被积函数为幂函数 x^α 与指数函数 e^x 相乘时，选择幂函数为 u，选择指数函数 e^x 与 dx 的组合 $e^x dx$ 为 dv.

【即学即练】

求不定积分 $\int xe^{2x} dx$.　　　（答案：$\dfrac{1}{2} e^{2x} \left(x - \dfrac{1}{2} \right) + C$）

一般说来，使用分部积分公式时，在被积函数结构中，如何适当选择 u 的常用优先选择顺序，以下可供参考.

①对数函数→②反三角函数→③幂函数→④三角函数→⑤指数函数

例如，$\int \ln x \sin x dx$ 中被积函数含有对数函数 $\ln x$ 与三角函数 $\sin x$ 相乘时，选择对数函数为 u，即令 $u = \ln x$，则剩下部分 $\sin x dx$ 作为 dv；又如，$\int 3^x \arctan x dx$，被积函数含有指数函数与反三角函数相乘时，选择反三角函数为 u，即令 $u = \arctan x$，剩下部分 $3^x dx$ 作为 dv 等等.

由上例启发可得出，如果所给积分 $\int f(x) dx$ 中 $f(x)$ 由两个不同类型的函数 $\varphi(x)$，$\psi(x)$ 组成，则用分部积分法求不定积分的参考步骤是：

第一步，在所给积分 $\int f(x) dx$ 中按优先选择顺序恰当选择 $f(x)$ 中的某部分函数作为 u，如恰当令 $u = \varphi(x)$，剩下的函数与 dx 组合的微分式作为 dv，即令 $dv = \psi(x) dx$，然后由 $u = \varphi(x)$ 两端微分求得 du，由 $dv = \psi(x) dx$ 两端积分求得 v；

第二步，将第一步相应部分代入分部积分公式：$\int u dv = uv - \int v du$ 求出结果.

例 2　求 $\int x \cos 2x dx$.

解题分析： 被积函数是 $x \cos 2x$，按优先原则，当被积函数是幂函数和三角函数的乘积时，在公式中幂函数选成 u，三角函数与 dx 组合的微分式选成 dv.

解： 第一步，设 $u = x$，$dv = \cos 2x dx$（或 $v' = \cos 2x$）.

由 $u = x$ 两端微分得 $du = dx$；由 $dv = \cos 2x dx$，两端积分得 $\int dv = \int \cos 2x dx$，即 $v = \dfrac{1}{2} \sin 2x$，则 $dv = d \dfrac{1}{2} \sin 2x$.

第二步，代入分部积分公式 $(5.4.1)$ $\int u dv = uv - \int v du$（或 $\int u v' dx = uv - \int u' v dx$）得

$$\int x \cos 2x dx = \int \underbrace{x}_{u} (\underbrace{\cos 2x dx}_{dv}) = \int \underbrace{x}_{u} \underbrace{d(\dfrac{1}{2} \sin 2x)}_{dv}$$

$$= x \underbrace{\frac{1}{2}\sin2x}_{v} - \int \underbrace{\frac{1}{2}\sin2x}_{v} \underbrace{\mathrm{d}x}_{\mathrm{d}u} = \frac{1}{2}x\sin2x + \frac{1}{4}\cos2x + C$$

如果上例中设 $u = \cos2x$, $\mathrm{d}v = x\mathrm{d}x$, 会出现什么情形呢? 这样选择是否适合? 自行试做看看.

【即学即练】

求不定积分 $\int x\sin x\mathrm{d}x$.　　　　(答案: $-x\cos x + \sin x + C$)

例3　求 $\int x^2\ln x\mathrm{d}x$.

解题分析: 按优先原则, 当被积函数是幂函数和对数函数的乘积时, 选择对数函数 $\ln x$ 为 u(因为 $\ln x$ 不容易积分), 选幂函数 x^2 与 $\mathrm{d}x$ 组合的微分式为 $\mathrm{d}v$ 即用幂函数凑微分.

解: 取 $u = \ln x$, $\mathrm{d}v = x^2\mathrm{d}x$,

由 $u = \ln x$ 两端微分得 $\mathrm{d}u = \frac{1}{x}\mathrm{d}x$; 由 $\mathrm{d}v = x^2\mathrm{d}x$ 两端积分得 $v = \frac{1}{3}x^3$, 则 $\mathrm{d}v = \mathrm{d}(\frac{1}{3}x^3)$.

于是, 由公式 (5.4.1) $\int u\mathrm{d}v = uv - \int v\mathrm{d}u$ 得

$$\int x^2\ln x\mathrm{d}x = \int \underbrace{\ln x}_{u} \cdot \underbrace{x^2\mathrm{d}x}_{\mathrm{d}v} = \int \underbrace{\ln x}_{u}\mathrm{d}(\underbrace{\frac{x^3}{3}}_{v}) = \underbrace{\ln x}_{u} \cdot \underbrace{\frac{x^3}{3}}_{v} - \int \underbrace{\frac{x^3}{3}}_{v}\mathrm{d}(\underbrace{\ln x}_{u})$$

$$= \frac{x^3}{3}\ln x - \int \frac{x^3}{3} \cdot \frac{1}{x}\mathrm{d}x = \frac{x^3}{3}\ln x - \frac{1}{3}\int x^2\mathrm{d}x$$

$$= \frac{x^3}{3}\ln x - \frac{1}{9}x^3 + C$$

如果上例中设 $u = x^2$, $\mathrm{d}v = \ln x\mathrm{d}x$, 试做看看是否适合.

由例2归纳得到, 被积函数为幂函数 x^n 与对数函数 $\ln x$ 相乘的积分时, 使用分部积分公式时的一般规律如下:

$$\int x^n\ln x\mathrm{d}x = \int \ln x \cdot x^n\mathrm{d}x = \int \ln x \cdot \mathrm{d}(\frac{x^{n+1}}{n+1})(n \neq -1)$$

例4　求 $\int (x^2 + 1)\ln x\mathrm{d}x$.

解题分析: 按优先原则, 当被积函数是幂函数和对数函数的乘积时, 选择对数函数为 u, 选幂函数与 $\mathrm{d}x$ 组合的微分式为 $\mathrm{d}v$, 即用幂函数凑微分.

解: 设 $u = \ln x$, $\mathrm{d}v = (x^2 + 1)\mathrm{d}x$, 由 $u = \ln x$ 两端微分得 $\mathrm{d}u = \frac{1}{x}\mathrm{d}x$; 由 $\mathrm{d}v = (x^2 + 1)\mathrm{d}x$ 两端积分得 $v = \frac{x^3}{3} + x$.

于是根据公式(5.4.1)得

$$\int (x^2 + 1)\ln x\,dx = \int \underbrace{\ln x}_{u} \cdot \underbrace{(x^2 + 1)\,dx}_{dv} = \int \underbrace{\ln x}_{u} \underbrace{d(\frac{x^3}{3} + x)}_{dv}$$

$$= \underbrace{(\frac{x^3}{3} + x)}_{v}\underbrace{\ln x}_{u} - \int \underbrace{(\frac{x^3}{3} + x)}_{v} \underbrace{d\ln x}_{du}$$

$$= (\frac{x^3}{3} + x)\ln x - \int (\frac{x^3}{3} + x) \cdot \frac{1}{x}\,dx = (\frac{x^3}{3} + x)\ln x - \int (\frac{x^2}{3} + 1)\,dx$$

$$= (\frac{x^3}{3} + x)\ln x - \frac{x^3}{9} - x + C$$

例5 求 $\int \ln x\,dx$.

解题分析：按优先原则，被积函数单独是一个对数时用分部积分法，对数函数选成 u，选幂函数 1（←∵ $1 = x^0$）与 dx 组合的微分式选成 dv.

解：设 $u = \ln x$，$dv = 1 \cdot dx$（或 $v' = 1$），由 $u = \ln x$ 两端微分得 $du = \frac{1}{x}dx$（或 $u' = \frac{1}{x}$）；

由 $dv = 1 \cdot dx$ 两端积分 $\int dv = \int dx$ 得 $v = x$，则 $dv = dx$.

于是
$$\int \ln x\,dx = \int \underbrace{\ln x}_{u} \cdot \underbrace{1\,dx}_{dv}$$

$$= \underbrace{x\ln x}_{v\ \ u} - \int \underbrace{x}_{v} \cdot \underbrace{\frac{1}{x}\,dx}_{du} = x\ln x - x + C$$

从此例可以看出，利用分部积分法可求出基本积分表中没得到的基本初等函数，如对数函数、反三角函数的积分（见例7）的不定积分。

【即学即练】

求不定积分 $\int x\ln x\,dx$. （答案：$\frac{1}{2}x^2\ln x - \frac{1}{4}x^2 + C$）

例6 $\int x\arctan x\,dx$.

解：设 $u = \arctan x$，$dv = x\,dx$（或 $v' = x$），

由 $u = \arctan x$ 两端微分得 $du = \frac{1}{1 + x^2}dx$；由 $dv = x\,dx$ 两端积分 $\int dv = \int x\,dx$ 得 $v = \frac{x^2}{2}$，则 $dv = d(\frac{x^2}{2})$.

于是
$$\int x\arctan x\,dx = \int \arctan x\,d(\frac{x^2}{2}) = \frac{1}{2}x^2\arctan x - \frac{1}{2}\int \frac{x^2}{1 + x^2}\,dx$$

$$= \frac{1}{2}x^2\arctan x - \frac{1}{2}\int (1 - \frac{1}{1 + x^2})\,dx$$

$$= \frac{1}{2}x^2\arctan x - \frac{1}{2}(x - \arctan x) + C$$

如果上例中设 $u = x$，$dv = \arctan x dx$，能做出来吗？

例 7 求 $\int \arcsin x dx$.

解题分析：本题和例 4 类似，也可看作是被积函数为幂函数 x^0 与反三角函数 $\arcsin x$ 相乘，积分的方法是使用分部积分公式.

解：按优先原则设 $u = \arcsin x$，$dv = dx$（或 $v' = x$），

由 $u = \arcsin x$ 两端微分得 $du = \dfrac{1}{\sqrt{1-x^2}}dx$；由 $dv = dx$ 两端积分 $\int dv = \int dx$ 得 $v = x$，则 $dv = dx$

于是
$$\int \arcsin x \cdot dx = x\arcsin x - \int x d(\arcsin x)$$
$$= x\arcsin x - \int \frac{x}{\sqrt{1-x^2}}dx$$
$$= x\arcsin x + \frac{1}{2}\int \frac{1}{\sqrt{1-x^2}}d(1-x^2) \quad (\leftarrow 凑微分法)$$
$$= x\arcsin x + \sqrt{1-x^2} + C$$

由例 6 和例 7 归纳得到被积函数为幂函数 x^n 与反三角函数相乘的积分，使用分部积分公式时的一般规律如下：

(1) $\int x^n \arctan x dx = \int \arctan x \cdot x^n dx = \int \arctan x \cdot d(\dfrac{x^{n+1}}{n+1}) \quad (n \neq -1)$；

(2) $\int x^n \arcsin x dx = \int \arcsin x \cdot x^n dx = \int \arcsin x \cdot d(\dfrac{x^{n+1}}{n+1}) \quad (n \neq -1)$；

(3) $\int x^n \arccos x dx = \int \arccos x \cdot x^n dx = \int \arccos x \cdot d(\dfrac{x^{n+1}}{n+1}) \quad (n \neq -1)$.

【即学即练】

求下列不定积分：

(1) $\int \arctan x dx$ (2) $\int \arccos x dx$

（答案：(1) $x\arctan x - \dfrac{1}{2}\ln(1+x^2) + C$ (2) $x \cdot \arccos x - \sqrt{1-x^2} + C$）

在熟练掌握分部积分法后，可不必明确地设出 u 和 dv，以及如何求出 du 和 v 的过程，而只要在心里将被积表达式分解成 $\varphi(x) \cdot d\psi(x)$ 的形式，直接应用分部积分公式即可. 当然从上例能再次体会到熟悉常用微分的变化形式（例如 §5.3 表 5-3-1），是很重要的.

例 8 求 $\int x^2 e^x dx$.

解：$\int x^2 e^x dx = \int x^2 de^x = x^2 e^x - \int e^x dx^2 \quad (\leftarrow 按优先原则，设 u = x^2, v = e^x)$
$$= x^2 e^x - \int 2x e^x dx$$

对 $\int x e^x \mathrm{d}x$ 还不能直接积分，还须再做一次分部积分，所选 u 的函数类型还是幂函数 $u=x$.

$$\int x e^x \mathrm{d}x = \int x \mathrm{d}e^x = x e^x - \int e^x \mathrm{d}x \quad (\leftarrow 设\ u=x,\ v=e^x)$$
$$= x e^x - e^x$$

代入上式得 $\int x^2 e^x \mathrm{d}x = x^2 e^x - 2(x e^x - e^x) + C = (x^2 - 2x + 2)e^x + C$

此例告诉我们，在有些积分中，可能需要多次应用分部积分法，最后才能得出结果．如上例中就运用了两次分部积分法．若需要用两次以上分部积分法，则每次所选 u 的函数类型不变（这里两次选 u 都为幂函数，分别为 x^2 和 x）．

【即学即练】

求不定积分 $\int t^2 \cos t \mathrm{d}t$.　　　（答案：$t^2 \sin t + 2t\cos t - 2\sin t + C$）

例9　求 $\int e^x \sin x \mathrm{d}x$.

解：$\int e^x \sin x \mathrm{d}x = \int \sin x \mathrm{d}(e^x)$　（←首次用分部积分，设 $u=\sin x$, $\mathrm{d}v=e^x \mathrm{d}x$）

$$= e^x \sin x - \int e^x \cos x \mathrm{d}x$$

$$= e^x \sin x - \int \cos x \mathrm{d}(e^x)\quad (\leftarrow 再次分部积分，设\ u=\cos x,\ \mathrm{d}v=e^x \mathrm{d}x)$$

$$= e^x \sin x - e^x \cos x - \int e^x \sin x \mathrm{d}x\quad (\leftarrow 出现与所求积分相同的形式)$$

即　　　$\int e^x \sin x \mathrm{d}x = e^x \sin x - e^x \cos x - \int e^x \sin x \mathrm{d}x$

上式等式右端第三项积分 $\int e^x \sin x \mathrm{d}x$ 恰是所求的不定积分，把该项移到等式左端合并后，

再两端除以 2，解出 $\int e^x \sin x \mathrm{d}x$ 得

$$\int e^x \sin x \mathrm{d}x = \frac{1}{2} e^x (\sin x - \cos x) + C$$

上例还告诉我们，有的不定积分在重复进行分部积分后，未能求出该积分，但在求的过程中又重新出现了与所求积分相同的形式，此时可将等式中所求积分看成变量，像解代数方程那样解出积分来，从而得到结果．

一般地，形如 $\int e^{ax} \sin bx \mathrm{d}x$ 和 $\int e^{ax} \cos bx \mathrm{d}x$ 的不定积分，任意选择 u 和 $\mathrm{d}v$ 都可计算出结果．但应注意，要使用两次分部积分公式才能求出结果．

【即学即练】

求不定积分 $\int e^x \cos x \mathrm{d}x$.　　　（答案：$\frac{1}{2} e^x (\sin x + \cos x) + C$）

---

*二、综合杂例

到本节为止，我们已经学习了求不定积分的三种最基本的方法．记住方法本身固然重要，但更重要的是能够灵活地运用它们来求解不同类型的题目，同时，还应注意到某些不定积分的求解，往往需要换元法与分部积分法兼用才能求得最终结果，如下例：

例 10 求 $\int \arctan \sqrt{x} \mathrm{d}x$.

解： 先用换元法，设 $t = \sqrt{x}$，则 $x = t^2$，$\mathrm{d}x = 2t\mathrm{d}t$. 所以

$$\int \arctan \sqrt{x} \mathrm{d}x = 2 \int t \arctan t \mathrm{d}t$$

$$= \int \arctan t \mathrm{d}(t^2) \quad (\leftarrow 分部积分法，u = \arctan t，v = t^2)$$

$$= t^2 \arctan t - \int \frac{t^2}{1 + t^2} \mathrm{d}t = t^2 \arctan t - \int (\frac{t^2 + 1 - 1}{1 + t^2}) \mathrm{d}t$$

$$= t^2 \arctan t - \int (1 - \frac{1}{1 + t^2}) \mathrm{d}t = t^2 \arctan t - t + \arctan t + C$$

$$= x \arctan \sqrt{x} - \sqrt{x} + \arctan \sqrt{x} + C$$

例 11 求 $\int \frac{x \mathrm{e}^x}{\sqrt{\mathrm{e}^x - 1}} \mathrm{d}x$.

解： 先用换元法，设 $t = \sqrt{\mathrm{e}^x - 1}$，则 $\mathrm{e}^x = 1 + t^2$，$x = \ln(1 + t^2)$，$\mathrm{d}x = \frac{2t}{1 + t^2} \mathrm{d}t$.

于是 $\int \frac{x \mathrm{e}^x}{\sqrt{\mathrm{e}^x - 1}} \mathrm{d}x = \int \frac{\ln(1 + t^2) \cdot (1 + t^2)}{t} \cdot \frac{2t}{1 + t^2} \mathrm{d}t = 2 \int \ln(1 + t^2) \mathrm{d}t$

$$= 2 \left[t \ln(1 + t^2) - \int \frac{2t}{1 + t^2} \mathrm{d}t \right] (\leftarrow 分部积分法，u = \ln(1 + t^2)，v = t)$$

$$= 2t \ln(1 + t^2) - 4 \int (1 - \frac{1}{1 + t^2}) \mathrm{d}t$$

$$= 2t \ln(1 + t^2) - 4t + 4 \arctan t + C$$

$$= 2 \sqrt{\mathrm{e}^x - 1} \ln(\mathrm{e}^x) - 4 \sqrt{\mathrm{e}^x - 1} + 4 \arctan \sqrt{\mathrm{e}^x - 1} + C$$

$$= 2x \sqrt{\mathrm{e}^x - 1} - 4 \sqrt{\mathrm{e}^x - 1} = 4 \arctan \sqrt{\mathrm{e}^x - 1} + C$$

有些函数的积分，当被积函数中含有某个简单函数的 n（自然数）次方幂时，可通过分部积分法将该函数的 n 次方幂降为低次方幂，从而得到该积分计算的递推公式．如下例：

例 12 求 $I_n = \int (\cos x)^n \mathrm{d}x$ 的递推公式，其中 n 为正整数，且 $n \geqslant 3$.

解： $I_n = \int (\cos x)^n \mathrm{d}x = \int (\cos x)^{n-1} \cdot \cos x \mathrm{d}x = \int (\cos x)^{n-1} \cdot \mathrm{d}(\sin x)$

$$= (\cos x)^{n-1} \cdot \sin x - \int \sin x \mathrm{d}(\cos x)^{n-1}$$

$$= (\cos x)^{n-1} \cdot \sin x + (n-1) \int (\cos x)^{n-2} (\sin x)^2 \mathrm{d}x$$

$$= (\cos x)^{n-1} \cdot \sin x + (n-1) \int (\cos x)^{n-2} [1 - (\cos x)^2] dx$$

$$= (\cos x)^{n-1} \cdot \sin x + (n-1) \int [(\cos x)^{n-2} - (\cos x)^n] dx$$

$$= (\cos x)^{n-1} \cdot \sin x + (n-1) \int (\cos x)^{n-2} dx - (n-1) \int (\cos x)^n dx$$

即 $I_n = (\cos x)^{n-1} \cdot \sin x + (n-1) I_{n-2} - (n-1) I_n$

将上式中含有 I_n 的项移到等号左边合并，得

$$n I_n = (\cos x)^{n-1} \cdot \sin x + (n-1) I_{n-2}$$

所以得到递推公式 $I_n = \dfrac{1}{n} (\cos x)^{n-1} \cdot \sin x + \dfrac{n-1}{n} I_{n-2}$ （$n \geq 3$）

例如，当 $n = 1$，2 时，已知

$$I_1 = \int \cos x \, dx = \sin x + C$$

$$I_2 = \int \cos^2 x \, dx = \frac{1}{2} x + \frac{1}{4} \sin 2x + C$$

当 $n \geq 3$ 时，反复运用上述递推公式，可将被积函数的方次降低，最后归结到 I_1 或 I_2 的函数关系式，从而得到积分结果.

利用上述递推公式，可推得

$$I_3 = \frac{1}{3} (\cos x)^{3-1} \cdot \sin x + \frac{3-1}{3} I_{3-2} = \frac{1}{3} (\cos x)^2 \sin x + \frac{2}{3} I_1$$

$$= \frac{1}{3} (\cos x)^2 \sin x + \frac{2}{3} \sin x + C$$

$$= \frac{1}{3} \sin x (\cos^2 x + 2) + C$$

【即学即练】

求不定积分 $\int e^{\sqrt[3]{x}} dx$.　　　　（答案：$3(\sqrt[3]{x^2} - 2\sqrt[3]{x} + 2) e^{\sqrt[3]{x}} + C$）

----

*例 13　求不定积分 $\int f(x) dx$，其中 $f(x) = \begin{cases} x + 1 & x \leq 0 \\ 2x^2 + e^x & x > 0 \end{cases}$

解： 分别求在 $(-\infty, 0)$，$(0, +\infty)$ 内的原函数.

当 $x \leq 0$ 时，$\int f(x) dx = \dfrac{x^2}{2} - x + C_1$

当 $x > 0$ 时，$\int f(x) dx = \dfrac{2x^3}{3} + e^x + C_2$

由于 $f(x)$ 在 $x = 0$ 处连续，因此 $\int f(x) dx$ 在 $x = 0$ 处也连续，故有

$$\lim_{x \to 0^-} \int f(x) dx = \lim_{x \to 0^+} \int f(x) dx$$

而
$$\lim_{x\to 0^-}\int f(x)\,dx = \lim_{x\to 0^-}\left(\frac{x^2}{2}-x+C_1\right) = C_1$$

$$\lim_{x\to 0^+}\int f(x)\,dx = \lim_{x\to 0^+}\left(\frac{2x^3}{3}+e^x+C_2\right) = 1+C_2$$

即
$$C_1 = 1+C_2$$

设 $C_1 = C$，则 $C_2 = C-1$

综上，得
$$\int f(x)\,dx = \begin{cases} \dfrac{x^2}{2}-x+C & x\leqslant 0 \\[2mm] \dfrac{2x^3}{3}+e^x-1+C & x>0 \end{cases}$$

上例告诉我们，被积函数为连续的分段函数求不定积分时，首先，分别求出分段区间上的不定积分；其次，根据连续函数的原函数一定是连续函数，由函数在点连续的充要条件，将各个区间上的积分常数统一为一个.

【即学即练】

求不定积分 $\int f(x)\,dx$，其中 $f(x) = \begin{cases} x+1 & x\leqslant 1 \\ 2x & x>1 \end{cases}$

（答案：$\int f(x)\,dx = \begin{cases} \dfrac{x^2}{2}+x+C & x\leqslant 1 \\[2mm] x^2+\dfrac{1}{2}+C & x>0 \end{cases}$）

三、不定积分的简单应用

不定积分的应用是由一个函数的导数还原出这个函数（原函数）. 在 §5.1 里我们由不定积分的几何意义知道，由曲线在给定点的切线的斜率，可求出表示这条曲线的方程. 下面再举例说明，用不定积分解决几个简单的实际问题.

例 14 已知边际成本为 $C'(x) = 33+38x-12x^2$，固定成本为 $C(0)=68$. 求：（1）总成本函数；（2）平均成本函数.

解：（1）设总成本函数为 $C=C(x)$，由题意 $C'(x) = 33+38x-12x^2$，两端积分得
$$C(x) = \int C'(x)\,dx = \int (33+38x-12x^2)\,dx$$
$$= 33x+19x^2-4x^3+C$$

又由 $C(0)=68$，代入上式，解得 $C=68$，

所以，总成本函数为 $C(x) = 33x+19x^2-4x^3+68$

（2）平均成本函数为 $\overline{C}(x) = \dfrac{C(x)}{x} = 33+19x-4x^2+\dfrac{68}{x}$

例 15 已知某工厂生产某种产品，生产 x 个产品的边际成本为 $MC=C'(x)=100+2x$，其固定成本为 $C(0)=1\,000$ 元，产品单价规定为 500 元. 假设生产出的产品能完全销售，问生产量为多少时利润最大？并求出最大利润.

解：设总成本函数为 $C = C(x)$，由题意 $C'(x) = 100 + 2x$，两端积分得总成本函数为

$$C(x) = \int (100 + 2x)\,dx = 100x + x^2 + C_1$$

由 $C(0) = 0 + 0 + C_1 = 1\,000$，得 $C_1 = 1\,000$

从而得总成本函数为 $\qquad C(x) = x^2 + 100x + 1\,000$

又总收益函数为 $\qquad R(x) = 500x$

于是总利润函数为

$$L(x) = R(x) - C(x) = 500x - x^2 - 100x - 1\,000 = -x^2 + 400x - 1\,000$$

由 $L'(x) = -2x + 400$，令 $L'(x) = -2x + 400 = 0$，得 $x = 200$，且 $L''(200) = -2 < 0$，所以，生产量为 200 单位时，利润最大，最大利润为

$$L(200) = -200^2 + 400 \times 200 - 1\,000 = 39\,000(元)$$

例 16 设做直线运动的某一物体的速度为 $v(t) = \dfrac{1}{3}t^{\frac{3}{2}} - t + 2\,(\text{m/s})$. 试求该物体的位移 s 与时间 t 的函数关系式.

解：设函数关系式为 $s = s(t)$，

由题意 $s'(t) = v(t) = \dfrac{1}{3}t^{\frac{3}{2}} - t + 2$

则 $\qquad s(t) = \int \left(\dfrac{1}{3}t^{\frac{3}{2}} - t + 2 \right)dt = \dfrac{2}{15}t^{\frac{5}{2}} - \dfrac{1}{2}t^2 + 2t + C$

又由实际意义，当时间 $t = 0$ 时 $s = 0$，代入上式得 $C = 0$.

于是 s 与时间 t 的函数关系式为 $s(t) = \dfrac{2}{15}t^{\frac{5}{2}} - \dfrac{1}{2}t^2 + 2t$.

【即学即练】

已知边际成本为 $2Q + 3$，固定成本为 30，求总成本函数.

（答案：$C(Q) = Q^2 + 3Q + 30$）

50

5.4　练习题

1. 用分部积分法求下列不定积分：

(1) $\displaystyle\int x e^{-x}\,dx$

(2) $\displaystyle\int x\sin 2x\,dx$

(3) $\displaystyle\int (2x - 1)e^x\,dx$

(4) $\displaystyle\int \ln\sqrt{x}\,dx$

(5) $\displaystyle\int x e^{2x}\,dx$

*(6) $\displaystyle\int \dfrac{e^x(x-1)}{x^2}\,dx$

(7) $\displaystyle\int \theta\cos\theta\,d\theta$

(8) $\displaystyle\int x\arcsin x\,dx$

(9) $\displaystyle\int x^2\ln x\,dx$

(10) $\displaystyle\int x^2 e^{-2x}\,dx$

（11）$\int \dfrac{\sin x}{e^x}dx$

（12）$\int \cos x \ln(\sin x)dx$

（13）$\int (2u^2 - u)e^{-u}du$

（14）$\int \ln(5x - 1)dx$

（15）$\int e^{\sqrt{x}}dx$

（16）$\int \dfrac{\ln x}{x^3}dx$

（17）$\int (\ln x)^2 dx$

（18）$\int e^{\sin x}\sin 2x\,dx$

2. 选用适当的方法求下列不定积分：

（1）$\int \cos \sqrt{x}\,dx$

（2）$\int x^3 e^{x^2}dx$

（3）$\int \dfrac{1}{\sqrt{4 - x^2}}dx$

（4）$\int \dfrac{1}{\sqrt{x}(1 + \sqrt{x})}dx$

（5）$\int \dfrac{\ln 4x}{x}dx$

（6）$\int \sin 2x \cos 4x\,dx$

3. 求不定积分 $\int f(x)dx$，其中 $f(x) = \begin{cases} x^2 - \dfrac{x}{2} + 1 & x < 0 \\ 1 & x = 0 \\ e^x & x > 0 \end{cases}$

4. 已知函数 e^{x^2} 是 $f(x)$ 的一个原函数，证明：

$\int xf'(x)dx = e^{x^2}(2x^2 - 1) + C$（提示：用分部积分）.

5. 已知函数 $f(x) = x^x$，证明：

$\int xf''(x)dx = x^x[x\ln(x + 1) - 1] + C$（提示：用分部积分）.

6. 求 $I_n = \int (\ln x)^n dx$ 的递推公式，其中 n 为正整数，且 $n \geq 2$（提示：用分部积分）.

7. 求 $I_n = \int x^n e^x dx$ 的递推公式，其中 n 为正整数，且 $n \geq 1$（提示：用分部积分）.

8. 某工厂生产某种洗涤产品，每天生产的产品的总成本 $C(x)$ 的变化率（即边际成本）是日产量 x 的函数 $C'(x) = 3 + 4x$，已知固定成本为 1 000 元，求总成本 $C(x)$ 与日产量 x 的函数关系.

9. 设某产品每天生产 x 单位时边际成本函数为 $C'(x) = 0.4x + 2$，固定成本为 20 元，求总成本函数；如果这种产品的销售单价为 18 元，且产品可以全部售出，求总利润函数 $L(x)$；每天生产多少单位时才能获得最大利润，最大利润值是多少？

10. 已知某产品的边际成本 $C'(Q) = 4Q - 3$（万元/百台），Q 为产量（百台），固定成本为 11（万元），求：（1）该产品的平均成本函数；（2）最低平均成本.

11. 已知某曲线上的任意一点 (x, y) 处的切线斜率为 $y' = 3x(x - 2)$，且它与 x 轴相交于 $(2, 0)$．求：（1）该曲线的方程；（2）该曲线与 y 轴的交点处的切线方程.

12. 求过点 $(0, 2)$ 的曲线方程 $y = f(x)$，使它在点 x 处的切线斜率为 e^x.

参考答案

1. (1) $-xe^{-x} - e^{-x} + C$

(2) $-\dfrac{1}{2}x\cos2x + \dfrac{1}{4}\sin2x + C$

(3) $(2x-3)e^x + C$

(4) $x\ln\sqrt{x} - \dfrac{1}{2}x + C$

(5) $\dfrac{1}{2}xe^{2x} - \dfrac{1}{4}e^{2x} + C$

(6) $\dfrac{e^x}{x} + C$

(7) $\theta\sin\theta + \cos\theta + C$

(8) $\dfrac{1}{4}(2x^2-1)\arcsin x + \dfrac{x}{4}\sqrt{1-x^2} + C$

(9) $\dfrac{x^3}{3}\ln x - \dfrac{1}{9}x^3 + C$

(10) $\dfrac{1}{2}e^{-2x}\left(x^2 + x + \dfrac{1}{2}\right) + C$

(11) $-\dfrac{1}{2e^x}(\sin x + \cos x) + C$

(12) $[\ln(\sin x) - 1]\sin x + C$

(13) $-(2u^2 + 3u + 3)e^{-1} + C$

(14) $\left(x - \dfrac{1}{5}\right)\ln(5x-1) - x + C$

(15) $2e^{\sqrt{x}}(\sqrt{x} - 1) + C$

(16) $-\dfrac{1}{2x^2}\left(\ln x + \dfrac{1}{2}\right) + C$

(17) $x(\ln x)^2 - 2x\ln x + 2x + C$

(18) $2(\sin x - 1)e^{\sin x} + C$

2. (1) $2\sqrt{x}\sin\sqrt{x} + 2\cos\sqrt{x} + C$

(2) $\dfrac{1}{2}(x^2-1)e^{x^2} + C$

(3) $\arcsin\dfrac{x}{2} + C$

(4) $2\ln(\sqrt{x} + 1) + C$

(5) $\dfrac{1}{2}(\ln 4x)^2 + C$

(6) $-\dfrac{1}{12}\cos6x + \dfrac{1}{4}\cos2x + C$

3. $\displaystyle\int f(x)\,dx = \begin{cases} \dfrac{x^3}{3} - \dfrac{x^2}{4} + x + C & x \leqslant 0 \\[2mm] e^x - 1 + C & x > 0 \end{cases}$

4. 略

5. 略

6. $I_n = x(\ln x)^n - nI_{n-1}$

7. $I_n = x^n e^x - nI_{n-1}$

8. $C(x) = 2x^2 + 3x + 1\,000$

9. $C(x) = 0.2x^2 + 2x + 20$；$L(x) = -0.2x^2 + 16x - 20$；$40$；$300(元)$

10. (1) $\overline{C}(Q) = 2Q + \dfrac{11}{Q} - 3$；(2) $6.598(万元)$

11. (1) $y = x^3 - 3x^2 + 4$；(2) $y = 4$

12. $y = e^x + 1$

*§5.5　有理函数的积分法

前面我们综合应用基本积分公式与三种基本积分方法，就可以求出许多不定积分，包括简单的有理函数的积分. 本节讨论如 $\int \dfrac{2x+3}{x^2+2x+2}\mathrm{d}x$, $\int \dfrac{x^3+x^2-3}{x^2-x}\mathrm{d}x$ 等被积函数为一般不容易恒等变形求出结果的有理函数的积分方法. 为此先给出有关的概念.

一、有理函数、真分式、假分式与多项式除法

1. 有理函数

两个多项式的商表示的函数称为有理函数.

有理函数的一般形式为

$$\frac{P_n(x)}{Q_m(x)} = \frac{a_0 x^n + a_1 x^{n-1} + \cdots + a_n}{b_0 x^m + b_1 x^{m-1} + \cdots + b_m} \tag{5.5.1}$$

其中 m, n 为非负整数, a_0, a_1, $\cdots$, a_n, b_0, b_1, $\cdots$, b_m 均为实常数, $a_0 \neq 0$, $b_0 \neq 0$.

有理函数包括有理整式(即多项式)和有理分式(假设分子和分母之间没有公因式). 例如,

$$x^3 - 4x^2 + 4, \quad \frac{x-1}{x^2+4x+3}, \quad \frac{1}{x^3-4x^2+4x}, \quad \frac{x^2+x}{x^3-1}, \quad \frac{x^3+1}{x^2+x+1}, \quad \frac{x^2}{x^2-1}$$

等都是有理函数.

2. 真分式、假分式与多项式除法

在(5.5.1)式中,假定分子与分母之间没有公因式,则

(1) 当分子的最高次数小于分母的最高次数(即 $n < m$)时,有理函数称为真分式;

(2) 当分子的最高次数大于(或等于)分母的最高次数(即 $n \geq m$)时,有理函数称为假分式.

例如, $\dfrac{x^2+x}{x^3-1}$, $\dfrac{x-1}{x^2+4x+3}$ 等都是真分式; $\dfrac{x^3+1}{x^2+x+1}$, $\dfrac{x^2}{x^2-1}$ 等都是假分式.

利用多项式的除法,任意一个假分式都可以化为一个 $n-m$ 次多项式与一个真分式之和,即假分式 = 多项式 + 真分式.

设 $R(x)$ 为假分式 $R(x) = \dfrac{P_n(x)}{Q_m(x)}$, $P^*(x)$ 为 $n-m$ 次多项式, $R^*(x)$ 为真分式,

$R^*(x) = \dfrac{P_k(x)}{Q_m(x)} (k < m)$, 则 $R(x) = P^*(x) + R^*(x)$.

下面举例说明如何把一个假分式化为多项式与一个真分式之和.

例 1 把假分式 $\dfrac{x^3+1}{x^2+x+1}$ 化为一个多项式与一个真分式之和.

解: 利用多项式除法(如右式所示)可得

$$\frac{x^3+1}{x^2+x+1} = x-1 + \frac{2}{x^2+x+1}$$

又如 $\quad \dfrac{x^2}{x^2-1} = 1 + \dfrac{1}{x^2-1}$

由于多项式的积分可以用直接积分法求出,因此,求有理函数的积分问题只要讨论有理真分式的积分即

$$
\begin{array}{r}
x-1 \quad (\text{商}) \\
x^2+x+1 \overline{) \quad x^3 \qquad\qquad +1} \\
-)\ \underline{x^3+x^2+x} \\
-x^2-x+1 \\
-)\ \underline{-x^2-x-1} \\
2\ (\text{余式})
\end{array}
$$

可. 本节主要讨论有理真分式的不定积分的问题.

二、真分式分解成部分分式之和

由代数学的多项式因式分解定理知道，任何实系数多项式 $Q(x)$ 总可以唯一地分解为实系数一次或二次因式的乘积：

$$Q_m(x) = b_0 (x-a)^k \cdots (x-b)^l (x^2+px+q)^s \cdots (x^2+rx+h)^v$$

一个真分式总可以按分母 $Q_m(x)$ 的因式，分解成若干个简单分式的代数和，其中每个简单分式称为部分分式.

有理真分式积分的关键是将它分解化简为最简真分式的和.

1. 部分分式之和的结构

在这里我们不需证明地给出，任何有理真分式都可以分解为如下四类最简真分式之和：

① $\dfrac{A}{x-a}$，② $\dfrac{B}{(x-a)^i}$，③ $\dfrac{Cx+D}{x^2+px+q}$，④ $\dfrac{Mx+N}{(x^2+px+q)^i}$.

其中，$i \geq 2$，$i \in \mathbf{N}^+$，a，A，B，C，D，M，N，p 和 q 均为实常数，且 $p^2-4q<0$.

把有理真分式 $\dfrac{P_k(x)}{Q_m(x)}$ $(k<m)$ 分解为上面四类最简真分式之和的一般方法是将分母 $Q_m(x)$ 在实数范围内分解为几个一次因式和二次因式的乘积，然后用待定系数法可将 $\dfrac{P_k(x)}{Q_m(x)}$ 分解为上面四类最简真分式之和.

由代数学中的部分分式展开定理，把一个有理真分式 $\dfrac{P_k(x)}{Q_m(x)}$ 分解成如上四种部分分式之和时，可按下面的法则来确定它的形式：

法则 1 如果分母 $Q_m(x)$ 的分解因式中含有单重一次因式 $x-a$，则 $\dfrac{P_k(x)}{Q_m(x)}$ 的分解式中一般含有形如 $\dfrac{A}{x-a}$ 的项，其中 A 是待定常数.

例如，$\dfrac{x-1}{(x+1)(x+3)}$ 可分解为 $\dfrac{x-1}{(x+1)(x+3)} = \dfrac{A}{x+1} + \dfrac{B}{x+3}$，其中 A，B 是待定常数.

法则 2 如果分母 $Q_m(x)$ 的分解因式中含有 $i(i>1)$ 重一次因式 $(x-a)^i$，则 $\dfrac{P_k(x)}{Q_m(x)}$ 的分解式中一般含有如下 i 个最简真分式之和的式子：

$$\frac{A_1}{(x-a)} + \frac{A_2}{(x-a)^2} + \frac{A_3}{(x-a)^3} + \cdots + \frac{A_i}{(x-a)^i},$$

其中 A_1，A_2，A_3，$\cdots$，A_i 都是待定常数.

例如，$\dfrac{x-1}{(x+1)^2(x+3)}$ 可分解为 $\dfrac{x-1}{(x+1)^2(x+3)} = \dfrac{A}{x+1} + \dfrac{B}{(x+1)^2} + \dfrac{C}{(x+3)}$，其中 A，B，C 是待定常数.

法则 3 如果分母 $Q_m(x)$ 的分解因式中含有单重二次因式 $x^2+px+q(p^2-4q<0)$，则

$\dfrac{P_k(x)}{Q_m(x)}$ 的分解式中一般含有一个形如 $\dfrac{Mx+N}{x^2+px+q}$ 的项，其中 M，N 是待定常数.

例如，$\dfrac{x^2+x}{x^3-1}$ 可分解为 $\dfrac{x^2+x}{x^3-1}=\dfrac{x^2+x}{(x-1)(x^2+x+1)}=\dfrac{A}{x-1}+\dfrac{Mx+N}{x^2+x+1}$，其中 A，M，N 是待定常数.

法则4　如果分母 $Q_m(x)$ 的分解因式中含有 $l(l>1)$ 重二次因式 $(x^2+px+q)^l(p^2-4q<0)$ 时，则 $\dfrac{P_k(x)}{Q_m(x)}$ 的分解式中含有如下 n 个最简真分式之和的式子：

$$\dfrac{M_1x+N_1}{(x^2+px+q)}+\dfrac{M_2x+N_2}{(x^2+px+q)^2}+\dfrac{M_3x+N_3}{(x^2+px+q)^3}+\cdots+\dfrac{M_lx+N_l}{(x^2+px+q)^l},$$

其中 M_1，M_2，$\cdots$，M_l 和 N_1，N_2，$\cdots$，N_l 都是待定常数.

例如，$\dfrac{2x-1}{(x-1)(x^2+x+1)^2}$ 可分解为

$$\dfrac{2x-1}{(x-1)(x^2+x+1)^2}=\dfrac{A}{x-1}+\dfrac{M_1x+N_1}{x^2+x+1}+\dfrac{M_2x+N_2}{(x^2+x+1)^2},$$

其中 A，M_1，N_1，M_2，N_2 是待定常数.

2. 确定结构中的待定常数

我们知道部分分式之和的形式后，接下来要做的是确定待定常数. 下面举例介绍确定待定常数的两种方法：比较系数法和赋值法.

例2　将真分式 $\dfrac{x-1}{x^2+4x+3}$ 分解为部分分式之和.

解：方法一（比较系数法）

将 $\dfrac{x-1}{x^2+4x+3}$ 的分母分解因式 $x^2+4x+3=(x+1)(x+3)$，因为 $(x+1)$，$(x+3)$ 都是单重的一次因式，故由上面的法则1，原真分式可以分解成如下部分分式之和：

$$\dfrac{x-1}{x^2+4x+3}=\dfrac{x-1}{(x+1)(x+3)}=\dfrac{A}{x+1}+\dfrac{B}{x+3},$$

其中 A，B 为待定常数（也称为待定系数）.

将上式两端去分母，即两边同乘以 $(x+1)(x+3)$，得

$$x-1=A(x+3)+B(x+1)=(A+B)x+(3A+B). \tag{1}$$

比较上式两端 x 的同次幂的系数，得到

$$\begin{cases} A+B=1 \\ 3A+B=-1 \end{cases},$$

解这个方程组，得 $A=-1$，$B=2$，于是 $\dfrac{x-1}{x^2+4x+3}$ 可分解为

$$\dfrac{x-1}{x^2+4x+3}=\dfrac{-1}{x+1}+\dfrac{2}{x+3}.$$

方法二（赋值法）

因为本例中的式（1）是恒等式，所以它对于任何 x 的值代入后，等式都应成立. 在式（1）中，令 $x=-1$ 代入，得 $-2=2A$，从而得 $A=-1$. 令 $x=-3$ 代入，得 $-4=-2B$，

从而得 $B=2$.

结果与方法一的相同.

例3 将真分式 $\dfrac{1}{x^3-4x^2+4x}$ 分解为部分分式之和.

解：方法一（比较系数法）.

将 $\dfrac{1}{x^3-4x^2+4x}$ 的分母分解因式 $x^3-4x^2+4x=x(x-2)^2$，因为 x 是单重的一次因式，$(x-2)^2$ 是二重的一次因式，故由上面的法则2，原真分式可以分解成如下部分分式之和：

$$\frac{1}{x^3-4x^2+4x}=\frac{1}{x(x-2)^2}=\frac{A}{x}+\frac{B}{x-2}+\frac{C}{(x-2)^2},$$

其中 A，B，C 为待定常数.

将上式两端去分母，即两边同乘以 $x(x-2)^2$，得

$$1=A(x-2)^2+Bx(x-2)+Cx=(A+B)x^2+(-4A-2B+C)x+4A \qquad (2)$$

比较上式两端 x 的同次幂的系数，得到

$$\begin{cases} A+B=0 \\ -4A-2B+C=0 \\ 4A=1 \end{cases},$$

解这个方程组，得 $A=\dfrac{1}{4}$，$B=-\dfrac{1}{4}$，$C=\dfrac{1}{2}$，于是 $\dfrac{1}{x^3-4x^2+4x}$ 可分解为

$$\frac{1}{x^3-4x^2+4x}=\frac{\dfrac{1}{4}}{x}+\frac{-\dfrac{1}{4}}{x-2}+\frac{\dfrac{1}{2}}{(x-2)^2}$$

方法二（赋值法）　在本例的式（2）中，

令 $x=0$ 代入式（2），得 $1=4A$，从而得 $A=\dfrac{1}{4}$.

令 $x=2$ 代入式（2），得 $1=2C$，从而得 $C=\dfrac{1}{2}$.

令 $x=1$ 代入式（2），得 $1=A-B+C$，再将 $A=\dfrac{1}{4}$，$C=\dfrac{1}{2}$ 代入，得 $1=\dfrac{1}{4}-B+\dfrac{1}{2}$，

从而得 $B=-\dfrac{1}{4}$. 结果与方法一的相同.

例4 将真分式 $\dfrac{x^2+x}{x^3-1}$ 分解为部分分式之和.

解：方法一（比较系数法）　将分母分解因式 $x^3-1=(x-1)(x^2+x+1)$，因为 $(x-1)$ 是单重的一次因式，而 x^2+x+1 是单重二次质因式，故由上面的法则3，原真分式可以分解成如下部分分式之和：

$$\frac{x^2+x}{x^3-1}=\frac{x^2+x}{(x-1)(x^2+x+1)}=\frac{A}{x-1}+\frac{Bx+C}{x^2+x+1},$$

其中 A，B，C 为待定常数.

将上式两端去分母，即两边同乘以 $(x-1)(x^2+x+1)$，得

$$x^2 + x = A(x^2 + x + 1) + (Bx + C)(x - 1)$$
$$= (A + B)x^2 + (A - B + C)x + (A - C) \qquad (3)$$

比较上式两端 x 的同次幂的系数，得到

$$\begin{cases} A + B = 1 \\ A - B + C = 1 \\ A - C = 0 \end{cases},$$

解此方程组，得 $A = \dfrac{2}{3}$，$B = \dfrac{1}{3}$，$C = \dfrac{2}{3}$，于是 $\dfrac{x^2 + x}{x^3 - 1}$ 可分解为

$$\frac{x^2 + x}{x^3 - 1} = \frac{\dfrac{2}{3}}{x - 1} + \frac{\dfrac{1}{3}x + \dfrac{2}{3}}{x^2 + x + 1}.$$

方法二（赋值法）　在本例的式（3）中，

令 $x = 1$ 代入式（3），得 $2 = 3A$，从而得 $A = \dfrac{2}{3}$.

令 $x = 0$，$A = \dfrac{2}{3}$ 代入式（3），得 $C = \dfrac{2}{3}$.

令 $x = 2$，$A = \dfrac{2}{3}$，$C = \dfrac{2}{3}$ 代入式（3），得 $B = \dfrac{1}{3}$.

结果与方法一的相同.

例 5　将真分式 $\dfrac{x^3 + 2x^2 + 1}{x^2(x^2 + 1)^2}$ 分解为部分分式之和.

解： 因为分母已经因式分解了，其中 x^2 是二重的一次因式，$(x^2 + 1)^2$ 是二重二次质因式，故由上面的法则 4，原真分式可以分解成如下部分分式之和：

$$\frac{x^3 + 2x^2 + 1}{x^2(x^2 + 1)^2} = \frac{A}{x} + \frac{B}{x^2} + \frac{Cx + D}{x^2 + 1} + \frac{Ex + F}{(x^2 + 1)^2},$$

其中 A，B，C，D，E，F 为待定常数.

将上式两端去分母，即两边同乘以 $x^2(x^2 + 1)^2$，得

$$x^3 + 2x^2 + 1 = Ax(x^2 + 1)^2 + B(x^2 + 1)^2 + (Cx + D)x^2(x^2 + 1) + (Ex + F)x^2,$$

即

$$x^3 + 2x^2 + 1 = (A + C)x^5 + (B + D)x^4 + (2A + C + E)x^3 + (2B + D + F)x^2 + Ax + B \qquad (4)$$

比较上式（4）两端 x 的同次幂的系数，得到

$$\begin{cases} A + C = 0 \\ B + D = 0 \\ 2A + C + E = 1 \\ 2B + D + F = 2 \\ A = 0 \\ B = 1 \end{cases}$$

解此方程组，得 $A = 0$，$B = 1$，$C = 0$，$D = -1$，$E = 1$，$F = 1$. 于是 $\dfrac{x^3 + 2x^2 + 1}{x^2(x^2 + 1)^2}$ 可分解为

$$\frac{x^3 + 2x^2 + 1}{x^2(x^2 + 1)^2} = \frac{1}{x^2} + \frac{-1}{x^2 + 1} + \frac{x + 1}{(x^2 + 1)^2}.$$

【即学即练】

将下例真分式分解为部分分式之和.

(1) $\dfrac{x+2}{x^2+4x+3}$ (2) $\dfrac{1}{x(x-1)^2}$ (3) $\dfrac{1}{(1+2x)(1+x^2)}$

(答案: (1) $\dfrac{1}{2}\left(\dfrac{1}{x+1}+\dfrac{1}{x+3}\right)$ (2) $\dfrac{1}{x}-\dfrac{1}{x-1}+\dfrac{1}{(x-1)^2}$ (3) $\dfrac{1}{5}\left(\dfrac{4}{1+2x}+\dfrac{-2x+1}{1+x^2}\right)$)

三、有理函数的积分

由上面我们对有理函数的结构分析可得到, 讨论有理函数的积分问题只要讨论有理真分式的积分即可, 而有理真分式积分的关键是将它分解化简为最简真分式(即部分分式)的和. 由上面的讨论, 我们可知最简真分式有四种类型, 因此, 有理真分式的积分主要涉及下面四种形式的积分:

(Ⅰ) $\displaystyle\int \dfrac{A}{(x-a)}\mathrm{d}x$

(Ⅱ) $\displaystyle\int \dfrac{A}{(x-a)^i}\mathrm{d}x$ $(i\geqslant 2,\ i\in \mathbf{N}^+)$

(Ⅲ) $\displaystyle\int \dfrac{Mx+N}{x^2+px+q}\mathrm{d}x$ $(p^2-4q<0)$

(Ⅳ) $\displaystyle\int \dfrac{Mx+N}{(x^2+px+q)^i}\mathrm{d}x$ $(i\geqslant 2,\ i\in \mathbf{N}^+,\ p^2-4q<0)$

在上面四类最简真分式的积分中, (Ⅰ)和(Ⅱ)最简真分式的积分用第一类换元积分法就能容易地计算出来, (Ⅲ)和(Ⅳ)最简真分式的积分用配方化简、凑微分的方法, 也可计算求得, 因此, 任何真分式的积分都能被求出来, 从而有理函数的积分都能计算出来. 下面举例说明.

例6 求 $\displaystyle\int \dfrac{x+2}{x^2+4x+3}\mathrm{d}x$.

解题分析: 本题是真分式的积分, 要将被积函数分解为最简真分式之和.

解: 把被积函数的分母因式分解, 即

$$x^2+4x+3=(x+1)(x+3).$$

设 $\dfrac{x+2}{x^2+4x+3}=\dfrac{x+2}{(x+1)(x+3)}=\dfrac{A}{x+1}+\dfrac{B}{x+3}$, 其中 A, B 为待定系数.

上式两端去分母, 即两边同乘以 $(x+1)(x+3)$, 得

$$x+2=A(x+3)+B(x+1)$$

即

$$x+2=(A+B)x+3A+B.$$

比较上式两端 x 的同次幂的系数, 得到

$$\begin{cases} A+B=1 \\ 3A+B=2 \end{cases},$$

解这个方程组，得 $A = \dfrac{1}{2}$，$B = \dfrac{1}{2}$，从而得

$$\frac{x+2}{x^2+4x+3} = \frac{\frac{1}{2}}{x+1} + \frac{\frac{1}{2}}{x+3} = \frac{1}{2}\left(\frac{1}{x+1} + \frac{1}{x+3}\right).$$

因此
$$\int \frac{x+2}{x^2+4x+3}dx = \int \frac{1}{2}\left(\frac{1}{x+1} + \frac{1}{x+3}\right)dx$$

$$= \frac{1}{2}\left(\int \frac{1}{x+1}dx + \int \frac{1}{x+3}dx\right)$$

$$= \frac{1}{2}\left(\ln|x+1| + \ln|x+3|\right) + C$$

$$= \frac{1}{2}\ln|x^2+4x+3| + C$$

【即学即练】

求 $\displaystyle\int \frac{-4x+1}{x^2-5x+4}dx.$　　　　（答案：$\ln|x-1| - 5\ln|x-4| + C$）

例 7　求 $\displaystyle\int \frac{4x}{(1+x)(1+x^2)}dx.$

解题分析： 本题是真分式的积分，被积函数的分母已经因式分解了，只要用待定系数法将被积函数裂项为最简真分式之和即可.

解： 设 $\dfrac{4x}{(1+x)(1+x^2)} = \dfrac{A}{1+x} + \dfrac{Bx+C}{1+x^2}$，其中 A，B，C 为待定系数.

上式两端去分母，即两边同乘以 $(1+x)(1+x^2)$，得

$$4x = A(1+x^2) + (Bx+C)(1+x) = A + Ax^2 + Bx + Bx^2 + C + Cx$$

$$= (A+B)x^2 + (B+C)x + A + C$$

比较上式两端 x 的同次幂的系数，得到

$$\begin{cases} A+B = 0 \\ B+C = 4 \\ A+C = 0 \end{cases}$$

解这个方程组，得 $A = -2$，$B = 2$，$C = 2$，从而得

$$\frac{4x}{(1+x)(1+x^2)} = \frac{-2}{1+x} + \frac{2x+2}{1+x^2}$$

因此
$$\int \frac{4x}{(1+x)(1+x^2)}dx = \int \left(\frac{-2}{1+x} + \frac{2x+2}{1+x^2}\right)dx = -2\int \frac{1}{1+x}dx + \int \frac{2x+2}{1+x^2}dx$$

$$= -2\ln|1+x| + \int \frac{2x}{1+x^2}dx + 2\int \frac{1}{1+x^2}dx$$

$$= -2\ln|1+x| + \ln(1+x^2) + 2\arctan x + C$$

例 8 求 $\int \dfrac{x^3 + x^2 - 3}{x^2 - x} \mathrm{d}x$.

解题分析： 本题是假分式的积分，首先将被积函数化为一个多项式与一个真分式之和，然后用待定系数法将真分式裂项为最简真分式的和，然后再进行积分.

解： 因为 $\dfrac{x^3 + x^2 - 3}{x^2 - x} = \dfrac{(x^3 - x^2) + (2x^2 - 2x) + 2x - 3}{x^2 - x}$

$$= \dfrac{x^3 - x^2}{x^2 - x} + \dfrac{2x^2 - 2x}{x^2 - x} + \dfrac{2x - 3}{x^2 - x}$$

$$= x + 2 + \dfrac{2x - 3}{x^2 - x}$$

又设 $\dfrac{2x - 3}{x^2 - x} = \dfrac{2x - 3}{x(x - 1)} = \dfrac{A}{x} + \dfrac{B}{x - 1}$，其中 A，B 为待定系数.

上式两端去分母，即两边同乘以 $x(x - 1)$，得

$$2x - 3 = A(x - 1) + Bx = (A + B)x - A.$$

比较上式两端 x 的同次幂的系数，得到

$$\begin{cases} A + B = 2 \\ A = 3 \end{cases}$$

解这个方程组，得 $A = 3$，$B = -1$，从而得 $\dfrac{2x - 3}{x^2 - x} = \dfrac{3}{x} + \dfrac{-1}{x - 1}$，

所以 $\qquad \dfrac{x^3 + x^2 - 3}{x^2 - x} = x + 2 + \dfrac{2x - 3}{x^2 - x} = x + 2 + \dfrac{3}{x} + \dfrac{-1}{x - 1}$.

于是 $\qquad \int \dfrac{x^3 + x^2 - 3}{x^2 - x} \mathrm{d}x = \int \left(x + 2 + \dfrac{3}{x} + \dfrac{-1}{x - 1} \right) \mathrm{d}x$

$$= \dfrac{1}{2}x^2 + 2x + 3\,|x| - |x - 1| + C$$

综上所述，求有理函数积分的一般步骤如下：

（1）将有理函数分解成多项式与有理真分式之和；

（2）将有理真分式分解成部分分式（即最简真分式）之和；

（3）对多项式与各个部分分式（即最简真分式）逐项积分.

例 9 求 $\int \dfrac{2x + 3}{x^2 + 2x + 2} \mathrm{d}x$.

解题分析： 本题是真分式的积分，分母是单重二次因式，且不能因式分解，即被积函数已为最简真分式了. 将被积函数分解成分母相同的两项的代数和，其中一项的分子是分母的导数，另一项的分子是常数.

解： 设 $\dfrac{2x + 3}{x^2 + 2x + 2} = \dfrac{A(x^2 + 2x + 2)'}{x^2 + 2x + 2} + \dfrac{B}{x^2 + 2x + 2}$，其中 A，B 为待定常数. 则两端去分母，得

$$2x + 3 = A(x^2 + 2x + 2)' + B = 2Ax + 2A + B$$

比较上式两端 x 的同次幂的系数，得到

$$\begin{cases} 2A = 2 \\ 2A + B = 3 \end{cases}$$

解这个方程组，得 $A = 1$，$B = 1$.

又因为 $\dfrac{2x+3}{x^2+2x+2} = \dfrac{(x^2+2x+2)'}{x^2+2x+2} + \dfrac{1}{x^2+2x+2}$，

所以
$$\int \frac{2x+3}{x^2+2x+2}\mathrm{d}x = \int \left(\frac{(x^2+2x+2)'}{x^2+2x+2} + \frac{1}{x^2+2x+2} \right)\mathrm{d}x$$

$$= \int \frac{(x^2+2x+2)'}{x^2+2x+2}\mathrm{d}x + \int \frac{1}{(x+1)^2+1}\mathrm{d}x$$

$$= \int \frac{\mathrm{d}(x^2+2x+2)}{x^2+2x+2} + \int \frac{1}{(x+1)^2+1}\mathrm{d}(x+1)$$

$$= \ln(x^2+2x+2) + \arctan(x+1) + C$$

注：由上面的讨论可以看出，有理函数的积分虽说是有章可循，但计算比较烦琐，所以不到万不得已不选择计算，要尽量用其他简便方法来计算. 例如，例 6 用如下的凑微分法计算要简便得多.

$$\int \frac{x+2}{x^2+4x+3}\mathrm{d}x = \frac{1}{2}\int \frac{\mathrm{d}(x^2+4x+3)}{x^2+4x+3}\mathrm{d}x = \frac{1}{2}\ln|x^2+4x+3| + C$$

例 10　求 $\displaystyle\int \frac{\mathrm{d}x}{1+\tan x}$.

解：令 $\tan x = t$，则 $x = \arctan t$，$\mathrm{d}x = \dfrac{\mathrm{d}t}{1+t^2}$，于是

$$\int \frac{\mathrm{d}x}{1+\tan x} = \int \frac{1}{(1+t)(1+t^2)}\mathrm{d}t = \frac{1}{2}\int \left(\frac{1}{1+t} + \frac{1-t}{1+t^2} \right)\mathrm{d}t$$

$$= \frac{1}{2}\int \frac{1}{1+t}\mathrm{d}t + \frac{1}{2}\int \frac{1}{1+t^2}\mathrm{d}t - \frac{1}{4}\int \frac{1}{1+t^2}\mathrm{d}(1+t^2)$$

$$= \frac{1}{2}\ln|1+t| + \frac{1}{2}\arctan t - \frac{1}{4}\ln(1+t^2) + C$$

$$= \frac{1}{2}\ln|1+\tan x| + \frac{1}{2}x - \frac{1}{4}\ln(1+\tan^2 x) + C$$

5.5　练习题

1. 将 $\dfrac{x+3}{x^2-5x+6}$ 化为部分分式，并计算 $\displaystyle\int \frac{x+3}{x^2-5x+6}\mathrm{d}x$.

2. 求下列不定积分：

(1) $\displaystyle\int \frac{1}{x(x-1)^2}\mathrm{d}x$

(2) $\displaystyle\int \frac{x+1}{x^2-2x+5}\mathrm{d}x$

(3) $\displaystyle\int \frac{1}{(1+2x)(1+x^2)}\mathrm{d}x$

(4) $\displaystyle\int \frac{1}{x(1+x^2)}\mathrm{d}x$

(5) $\displaystyle\int \frac{x^2+1}{(1+x)^2(x-1)}\mathrm{d}x$ (6) $\displaystyle\int \frac{x\mathrm{d}x}{(1+x)(2+x)(3+x)}\mathrm{d}x$

(7) $\displaystyle\int \frac{x-3}{x^3-x^2-x+1}\mathrm{d}x$ (8) $\displaystyle\int \frac{x+1}{x^2-5x+6}\mathrm{d}x$

(9) $\displaystyle\int \frac{5x}{2x^2-3x-2}\mathrm{d}x$ (10) $\displaystyle\int \frac{3x+1}{x^2-3x+2}\mathrm{d}x$

(11) $\displaystyle\int \frac{4x^2+10x+1}{(2x-1)(x+3)}\mathrm{d}x$ (12) $\displaystyle\int \frac{x^3+1}{x(x-1)^3}\mathrm{d}x$

参考答案

1. $-5\ln(x-2)+6\ln(x-3)+C$

2.   (1) $\ln\left|\dfrac{x}{x-1}\right|-\dfrac{1}{x-1}+C$ (2) $\dfrac{1}{2}\ln(x^2-2x+5)+\arctan\dfrac{x-1}{2}+C$

   (3) $\dfrac{1}{5}(2\ln|1+2x|-\ln(1+x^2)+\arctan x)+C$ (4) $\ln\dfrac{|x|}{\sqrt{x^2+1}}+C$

   (5) $\dfrac{1}{x+1}+\ln\left|\dfrac{x-1}{x+1}\right|+C$ (6) $\dfrac{1}{4}\ln|x+1|-4\ln|x+2|+\dfrac{3}{2}\ln|x+3|+C$

   (7) $\ln\left|\dfrac{x-1}{x+1}\right|+\dfrac{1}{x-1}+C$ (8) $4\ln|x-3|-3\ln|x-2|+C$

   (9) $\ln|x-2|+\dfrac{1}{2}\ln|2x+1|+C$ (10) $\ln\left|\dfrac{(x-2)^7}{(x-1)^4}\right|+C$

   (11) $2x+\ln\left|\dfrac{2x-1}{x+3}\right|+C$ (12) $\ln|x(x-1)^2|-\dfrac{x}{(x-1)^2}+C$

总习题五

1. 选择题:

(1) $\sqrt{x}$ 是 ( ) 的一个原函数.

A. $\dfrac{1}{2x}$ B. $\dfrac{1}{2\sqrt{x}}$ C. $\ln x$ D. $\sqrt{x^3}$

(2) $\left(\displaystyle\int \arcsin x\mathrm{d}x\right)' = ($ $).$

A. $\dfrac{1}{\sqrt{1-x^2}}+C$ B. $\dfrac{1}{\sqrt{1-x^2}}$ C. $\arcsin x+C$ D. $\arcsin x$

(3) 若 $f(x)$ 是可导函数, 则下列等式成立的是 ( ).

A. $\mathrm{d}\displaystyle\int f(x)\mathrm{d}x=f(x)$ B. $\displaystyle\int \mathrm{d}f(x)=f(x)$

C. $\dfrac{\mathrm{d}}{\mathrm{d}x}\displaystyle\int f(x)\mathrm{d}x=f(x)$ D. $\displaystyle\int f'(x)\mathrm{d}x=f(x)$

（4）若 $\int f(x)\mathrm{d}x = -\mathrm{e}^{-\frac{x}{2}} + C$，则 $f'(x) = $（　　）.

A. $-\mathrm{e}^{-\frac{x}{2}}$　　　　　　B. $\dfrac{1}{2}\mathrm{e}^{-\frac{x}{2}}$　　　　　　C. $\dfrac{1}{4}\mathrm{e}^{-\frac{x}{2}}$　　　　　　D. $-\dfrac{1}{4}\mathrm{e}^{-\frac{x}{2}}$

（5）如果 $\int f(x)\mathrm{d}x = x^2 + \mathrm{e}^x + C$，则 $f(x) = $（　　）.

A. $x^2 + \mathrm{e}^x$　　　　　　B. $2x + \mathrm{e}^x$　　　　　　C. $2x\mathrm{e}^x$　　　　　　D. $\dfrac{1}{3}x^3 + \mathrm{e}^x$

（6）下列函数中，（　　）是 $x\sin x^2$ 的原函数.

A. $\dfrac{1}{2}\cos x^2$　　　　B. $2\cos x^2$　　　　C. $-\dfrac{1}{2}\cos x^2$　　　　D. $-2\cos x^2$

（7）已知 $f'(x) = 2x$，且 $f(1) = 2$，则 $f(x) = $（　　）.

A. $x^2 + 1$　　　　　　B. $x^2 + 2$　　　　　　C. $x + 1$　　　　　　D. $\dfrac{1}{2}x^2 + 2$

（8）若 $\int f(x)\mathrm{d}x = F(x) + C$，则 $\int \sin x f(\cos x)\mathrm{d}x = $（　　）.

A. $F(\sin x) + C$　　　　　　　　　　B. $-F(\sin x) + C$

C. $F(\cos x) + C$　　　　　　　　　　D. $-F(\cos x) + C$

（9）若曲线 $y = f(x)$ 在点 x 处的切线斜率为 $-x + 2$，且过点 $(2，5)$，则该曲线方程为
（　　）.

A. $y = -x^2 + 2x$　　　　　　　　　　B. $y = -\dfrac{1}{2}x^2 + 2x$

C. $y = -\dfrac{1}{2}x^2 + 2x + 3$　　　　　　D. $y = -x^2 + 2x + 5$

（10）$\int xf(x^2)f'(x^2)\mathrm{d}x = $（　　）.

A. $\dfrac{1}{2}f^2(x) + C$　　　　　　　　　　B. $\dfrac{1}{2}f^2(x^2) + C$

C. $\dfrac{1}{4}f^2(x) + C$　　　　　　　　　　D. $\dfrac{1}{4}f^2(x^2) + C$

2. 填空题：

（1）函数 $f'(x)$ 的不定积分是_____.

（2）若函数 $F(x)$ 与 $G(x)$ 是同一个连续函数的原函数，则 $F(x)$ 与 $G(x)$ 之间有关系式
_____.

（3）若 $f'(x)$ 存在且连续，则 $\left[\int \mathrm{d}f(x)\right]' = $_____.

（4）函数 $f(x) = \cos 2x$ 的全体原函数是_____.

（5）设 $f(x) = \ln x^2$ 在 $(-\infty，0) \cup (0，+\infty)$ 上连续，$\mathrm{d}\int \ln x^2 \mathrm{d}x = $_____.

（6）已知 e^{-x} 是 $f(x)$ 的一个原函数，则 $\int xf(x)\mathrm{d}x = $_____.

（7）若 $\int f(x)\mathrm{d}x = F(x) + C$，则 $\int \mathrm{e}^{-x}f(\mathrm{e}^{-x})\mathrm{d}x = $_____.

(8) 已知 $f(x) = \int (1-2x)^{100}dx$，则 $f(x) =$ _____.

(9) $\int (\sin x)' dx =$ _____.　　(10) $\int \sin^2 x \cos x \, dx =$ _____.

(11) $\int \sin x \, e^{\cos x} dx =$ _____.　　(12) $\int (200e)^x dx =$ _____.

(13) 若 $f'(x) = -\dfrac{1}{\sqrt{1-x^2}}$，且 $f(0) = \dfrac{3}{2}\pi$，则 $f(x) =$ _____.

(14) 若 $\int f(x)dx = e^{-x^2} + C$，则 $f(x) =$ _____.

(15) $\int \dfrac{f'(\ln x)}{x} dx =$ _____.

(16) $\int x f'(x^2) dx =$ _____.

(17) $\int_0^b x^2 e^{-2x^3} dx = -\dfrac{1}{6} \int_0^b e^{-2x^3} d\,(\underline{\quad\quad})$.

3. 判断题：

(1) 如果 $f'(x) = g'(x)$，则 $f(x) = g(x)$.　　　　　　　　(　)

(2) $y = \ln ax \,(a>1)$ 与 $y = \ln x$ 不是同一函数的原函数.　(　)

(3) $\left[\int f(x)dx \right]' = f(x) + C$.　　　　　　　　　　(　)

(4) $\int f(x)g(x)dx = \int f(x)dx \cdot \int g(x)dx$.　　　　　(　)

(5) $\dfrac{d}{dx} \int \dfrac{1}{1+x^2} dx = \arctan x$.　　　　　　　　(　)

(6) $\int [F(x_0)]' dx = F(x_0) + C$.　　　　　　　　　(　)

64

(7) $\int e^{\varphi(x)} \varphi'(x)dx = e^{\varphi(x)} + C$.　　　　　　　　(　)

4. 求下列不定积分：

(1) $\int \dfrac{x^3 - 3x^2 + 3x - 1}{x-1} dx$　　　　　(2) $\int \dfrac{t^4}{\sqrt[6]{1-t^5}} dt$

(3) $\int \dfrac{e^{3x}}{\sqrt{e^{3x}-1}} dx$　　　　　　　(4) $\int x^3 (1-x^4)^{15} dx$

(5) $\int \dfrac{dx}{\sqrt{(1+x^2)^3}}$　　　　　　　(6) $\int \dfrac{\sin \dfrac{1}{x}}{x^2} dx$

(7) $\int \dfrac{\ln x + 1}{x^3} dx$　　　　　　　(8) $\int x\sqrt{5-3x^2} \, dx$

(9) $\int \dfrac{1}{\sqrt{x(x-1)}} dx$　　　　　　(10) $\int \sqrt{\cos^5 x} \sin x \, dx$

(11) $\int (x^3 - x) \sin(x^4 - 2x^2 + 5) \, dx$

(12) $\int \dfrac{\sec^2 x}{\sqrt{\tan^3 x}} \, dx$

(13) $\int \sin^2 x \cos^2 x \, dx$

(14) $\int \cos(\cos x) \sin x \, dx$

(15) $\int \dfrac{1}{x^2 + 4} \, dx$

(16) $\int e^x \cos(e^x - 5) \, dx$

(17) $\int \sqrt{36 - x^2} \, dx$

(18) $\int (2x^2 - x) e^{-x} \, dx$

(19) $\int x \cos^2 x \, dx$

(20) $\int \dfrac{1}{x^2 \sqrt{1 + x^2}} \, dx$

(21) $\int x \ln^2 x \, dx$

(22) $\int \sin^4 x \, dx$

$^*(23)$ $\int \dfrac{1}{x^2(x-1)(x+1)} \, dx$

(24) $\int \arctan \sqrt{x} \, dx$

(25) $\int \dfrac{1 - \cos 4x}{1 + \cos 4x} \, dx$

(26) $\int \sin 5x \cos 4x \, dx$

$^*(27)$ $\int \dfrac{3x^3 + 12x - 2}{x^2 + 4} \, dx$

(28) $\int x^x (1 + \ln x) \, dx$

(29) $\int \dfrac{1}{x \cos^2(\ln x)} \, dx$

(30) $\sin(2x + \dfrac{\pi}{3}) \sin(2x - \dfrac{\pi}{3}) \, dx$

5. 已知 $\int f'(x^3) \, dx = x^3 + C$，求 $f(x)$.

6. 设 $I_n = \int (\sin x)^n dx$，证明递推公式：

$$I_n = -\dfrac{1}{n}(\sin x)^{n-1} \cdot \cos x + \dfrac{n-1}{n} I_{n-2} \ (n \geq 3).$$

7. 已知某产品的边际成本函数 $C'(Q) = 4Q - 3$（万元/百台），Q 为产量（百台），固定成本为 18（万元），求：（1）该产品的平均成本函数；（2）最低的平均成本.

8. 某产品的产量变化率是时间 t 的函数 $f(t) = t^2 + 1$，已知当时间 $t = 0$ 时，产量为 0，试求该产品的产量函数.

9. 设某产品每天生产 x 单位时边际成本函数为 $C'(x) = 0.5x$，固定成本为 4 000 元. 如果这种产品的销售价格为 $P = 150 - 0.5x$ 元，且产品可以全部售出.

（1）求总成本函数；

（2）求总收入函数；

（3）求总利润函数；

（4）问每天生产多少单位时才能获得最大利润？

（5）问如何确定销售价格才能使利润最大？

参考答案

1. （1）B　（2）D　（3）C　（4）B　（5）B　（6）C　（7）A　（8）D　（9）C　（10）D

2. (1) $f(x) + C$

(2) $F(x) = G(x) + C$

(3) $f'(x)$

(4) $\frac{1}{2}\sin 2x + C$

(5) $\ln x^2$

(6) $e^{-x}(x+1) + C$

(7) $-F(e^{-x}) + C$

(8) $-\frac{1}{202}(1-2x)^{101} + C$

(9) $\sin x + C$

(10) $\frac{\sin^3 x}{3} + C$

(11) $-e^{\cos x} + C$

(12) $\frac{(200e)^x}{\ln 200 + 1} + C$

(13) $\frac{3\pi}{2} - \arcsin x(\ 或\ \arccos x + \pi)$

(14) $-2xe^{-x^2}$

(15) $f(\ln x) + C$

(16) $\frac{1}{2}f(x^2) + C$

(17) $-2x^3$

3. (1) ×   (2) √   (3) ×   (4) ×   (5) ×   (6) √   (7) √

4. (1) $\frac{1}{3}x^3 - x^2 + x + C$

(2) $-\frac{6}{35}(1-t^5)^{\frac{7}{6}}C$

(3) $\frac{2}{3}\sqrt{e^{3x}-1} + C$

(4) $-\frac{1}{64}(1-x^4)^{16} + C$

(5) $\frac{x}{\sqrt{1+x^2}} + C$

(6) $\cos\frac{1}{x} + C$

(7) $-\frac{1}{2x^2}\ln x - \frac{3}{4x^2} + C$

(8) $-\frac{1}{9}(5-3x^2)^{\frac{3}{2}} + C$

(9) $2\arcsin\sqrt{x} + C$

(10) $-\frac{2}{7}\sqrt{\cos^7 x} + C$

(11) $-\frac{1}{4}\cos(x^4 - 2x^2 + 5) + C$

(12) $-\frac{2}{\sqrt{\tan x}} + C$

(13) $\frac{1}{8}x - \frac{1}{32}\sin 4x + C$

(14) $-\sin(\cos x) + C$

(15) $\frac{1}{2}\arctan\frac{x}{2} + C$

(16) $\sin(e^x - 5) + C$

(17) $18\arcsin\frac{x}{6} + \frac{x\sqrt{36-x^2}}{2} + C$

(18) $-(2x^2 + 3x + 3)e^{-x} + C$

(19) $\frac{1}{2}x + \frac{1}{4}\sin 2x + C$

(20) $-\frac{1}{\sqrt{1+x^2}} + C$

(21) $\frac{1}{2}x^2(\ln^2 x - \ln x + \frac{1}{2}) + C$

(22) $\frac{\cos^2 x \sin 2x}{8} - \frac{5}{16}\sin 2x + \frac{3}{8}x + C$

(23) $\frac{1}{x} + \frac{1}{2}\ln\left|\frac{x-1}{x+1}\right| + C$

(24) $(x+1)\arctan\sqrt{x} - \sqrt{x} + C$

(25) $\dfrac{1}{2}\tan 2x - x + C$

(26) $-\dfrac{1}{2}\left(\dfrac{1}{9}\cos 9x + \cos x\right) + C$

(27) $\dfrac{3}{2}x^2 - \arctan \dfrac{x}{2} + C$

(28) $x^x + C$

(29) $\tan(\ln x) + C$

(30) $-\dfrac{1}{8}\sin 4x - \dfrac{1}{4}x + C$

5. $f(x) = \dfrac{9}{5}x^{\frac{5}{3}} + C$

6. 略

7. (1) $\overline{C}(Q) = 2Q - 3 + \dfrac{18}{Q}$; (2) 9(万元/百台)

8. $Q(t) = \dfrac{t^3}{3} + t$

9. (1) 总成本函数：$C(x) = 0.25x^2 + 4\,000$

(2) 总收入函数：$R(x) = -0.5x^2 + 150x$

(3) 总利润函数：$L(x) = -0.75x^2 + 150x - 4\,000$

(4) 100 单位

(5) 100 元

第六章　定积分

本章讨论积分学的另一个基本问题——定积分. 从历史上说, 定积分是为了计算平面上封闭曲线围成的图形面积, 最后归结为有特定结构的和式的极限. 逐步地, 人们在实践中认识到, 这种特定结构的和式极限, 在现代社会, 不仅是计算图形面积的数学形式, 而且在计算许多实际问题时, 定积分也有着广泛的应用.

§6.1　定积分的概念

一、实例

(一) 求曲边梯形的面积

在初等几何学中, 我们会计算一些标准型的图形, 如矩形、三角形、梯形、圆形等的精确面积, 至于任意曲线所围成的平面图形如图 6-1-1 所示的面积, 最多只能求出近似值.

我们知道由任意曲线围成的平面图形, 总可以用两组互相垂直的平行线分割成如图 6-1-1 中的小块, 这些小块图形均可归类为如图 6-1-2 所示的曲边梯形. 因此, 求如图 6-1-1 的面积问题可转化为求类似如图 6-1-2 的曲边梯形面积之和问题.

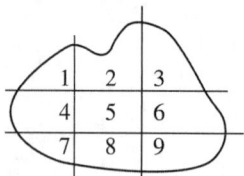

图 6-1-1

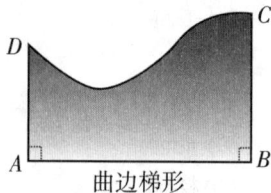

曲边梯形

图 6-1-2

1. 什么叫曲边梯形

所谓曲边梯形, 其形状特点是由两条直线都垂直第三条直线与第四边为曲线所围成的图形, 如图 6-1-2 所示. 在图 6-1-1 中, 2, 4, 6, 8 为曲边梯形, 特别地, 1, 3, 7, 9 所在图形可看成是曲边梯形的特殊情形(其中一条直线"缩短"为一点).

2. 计算曲边梯形的面积

下面我们讨论如何求图 6-1-2 所示曲边梯形 $ABCD$ 的面积, 设此面积为 A.

适当选择直角坐标系 xOy，如图 6－1－3(a)所示．将曲边梯形 $ABCD$ 的 AB 边放在 x 轴上，则把 A，B 在 x 轴上所在位置分别设为点 a 与 b．这样曲边梯形 $ABCD$ 的面积在直角坐标系中就是由连续曲线 $y=f(x)(f(x)\geqslant0)$、底边 x 轴及与底边垂直的两条直线 $x=a$，$x=b$ 所围成的面积．

我们知道，如果在闭区间 $[a，b]$ 上 $f(x)$ 是一个常数，即曲边成为直边，如图 6－1－3(b)所示，则曲边梯形将成为矩形，可由公式

$$矩形面积＝高×底$$

计算出矩形 $ABCD$ 面积 $S_{ABCD}=f(x)(b-a)$ 的值，但图 6－1－3(a)出现的问题是，在 $[a，b]$ 上 $f(x)$ 不是常数，即曲边梯形在以区间 $[a，b]$ 为底边上的各点处的高 $f(x)$ 是变化的，那么它的面积就不能简单地用矩形面积公式来计算，因此，这里不能用高×底来计算曲边梯形面积，这里存在的主要矛盾是，曲边梯形的高是变化的．

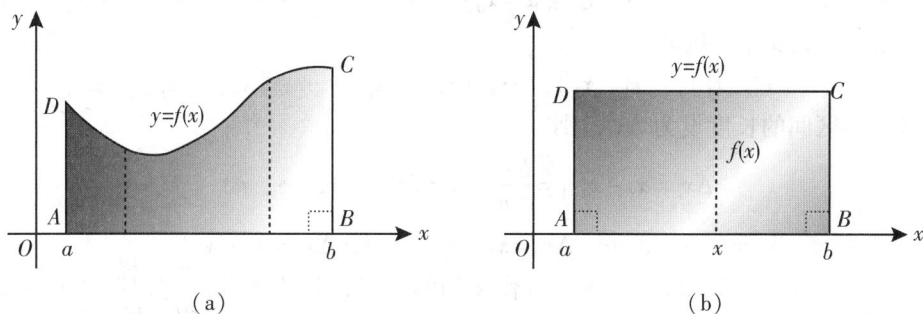

图 6－1－3

为解决此矛盾，我们借助于求圆的面积是用多边形面积逼近的思想，用"不变代变"的想法以无穷多个高度不变的小矩形的面积和来逼近以求得结果．做法如下：

用平行于 y 轴的多条直线把曲边梯形分割成多个小曲边梯形（"大化小"），如图 6－1－4 所示，对于每个小曲边梯形，由于它在 x 轴上底边 $x_i-x_{i-1}(i=1，2，3，\cdots，n)$ 很窄，曲边 $f(x)$ 又是连续变化的，所以它的高变化不大，可以把高度近似地看作不变的常数（"常代变，即直代曲"），这样，每一个小曲边梯形的面积可以用一个左、右同高，底上、下同宽的小矩形面积来近似代替，然后把所有这些小矩形的面积加起来得到和式，此和式就是整个曲边梯形的面积的近似值（"近似和"）．显然，分割得越细，小矩形的个数趋于无穷多个，也就是每个小矩形的底边长将趋于零，此时，和式近似值就越接近于曲边梯形的面积．因此，我们就可将无限细分时所得到的近似值的极限（"近似和极限"）定义为曲边梯形的面积．

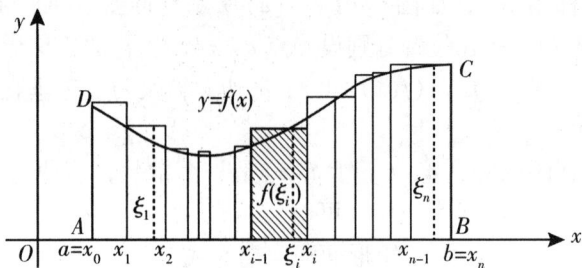

图 6-1-4

由以上分析,具体做法归纳成如下四个步骤:

第一步,分割("大化小",即将整个曲边梯形分割成 n 个小曲边梯形).

在区间 $[a, b]$ 内用 $n+1$ 个分点 $a = x_0 < x_1 < \cdots < x_{i-1} < x_i < \cdots < x_{n-1} < x_n = b$ 将区间 $[a, b]$ 任意分成 n 个小区间

$$[x_0, x_1], [x_1, x_2], \cdots, [x_{i-1}, x_i], \cdots, [x_{n-1}, x_n]$$

第 i 个小区间的长度设为 Δx_i,则

$$\Delta x_i = x_i - x_{i-1} = \frac{b-a}{n}(i = 1, 2, 3, \cdots, n)$$

即 $\Delta x_1 = x_1 - x_0, \Delta x_2 = x_2 - x_1, \cdots, \Delta x_i = x_i - x_{i-1}, \cdots, \Delta x_n = x_n - x_{n-1}.$

过各个分点 $x_i (i = 1, 2, \cdots, n-1)$ 作 x 轴的垂线,将原来的曲边梯形分成 n 个小曲边梯形,设第 i 个小曲边梯形的面积为 ΔA_i,则整个曲边梯形的面积 A 为

$$A = \Delta A_1 + \Delta A_2 + \cdots + \Delta A_n = \sum_{i=1}^{n} \Delta A_i$$

即
$$A = \sum_{i=1}^{n} \Delta A_i \tag{1}$$

第二步,取近似("常代变",即用小矩形的面积近似代替小曲边梯形 ΔA_i 的面积).

在 ΔA_i 中对应的每一个小区间 $[x_{i-1}, x_i]$ 上任取一点 $\xi_i (i = 1, 2, 3, \cdots, n)$,以这些小区间长度 Δx_i 为底、$f(\xi_i)$ 为高的小矩形面积 $f(\xi_i)\Delta x_i$ 作为第 i 个小曲边梯形面积的近似值

$$\Delta A_i \approx \Delta S_i \approx f(\xi_i)\Delta x_i (x_{i-1} \leqslant \xi_i \leqslant x_i, i = 1, 2, 3, \cdots, n) \tag{2}$$

第三步,求和得近似值("近似和",即求整个曲边梯形面积的近似值).

将 n 个小矩形面积相加,作为原曲边梯形面积的近似值 S_n

$$A \approx S_n = \sum_{i=1}^{n} \Delta A_i \approx \sum_{i=1}^{n} f(\xi_i)\Delta x_i (\leftarrow 将(2)代入(1))$$

即
$$A \approx S_n \approx \sum_{i=1}^{n} f(\xi_i)\Delta x_i \tag{3}$$

第四步,取极限("近似和极限",即求整个曲边梯形的面积的精确值).

当区间 $[a, b]$ 无限细分,分点数 n 无限增多,而且每个小区间的长度 Δx_i 无限减小趋于零时,近似值 $\sum_{i=1}^{n} f(\xi_i)\Delta x_i$ 的极限就是原曲边梯形的面积 A. 为保证每个小区间的长度都趋于零,只要小区间长度中的最大者趋于零. 为此,设 Δx 是所有小区间长度的最大者,

即 $$\Delta x = \max\{\Delta x_1,\ \Delta x_2,\ \cdots,\ \Delta x_i,\ \cdots,\ \Delta x_n\}$$

当 $\Delta x \to 0$ 时（$n \to +\infty$），和式 $\sum\limits_{i=1}^{n} f(\xi_i)\Delta x_i$ 的极限就是原曲边梯形的面积 A，

即 $$A = \lim_{\Delta x \to 0} S_n = \lim_{\Delta x \to 0}\sum_{i=1}^{n} f(\xi_i)\Delta x_i (\leftarrow 将（3）式右端取极限)$$

这是符合实际的．计算曲边梯形面积的过程可直观理解如图 6-1-5 所示．

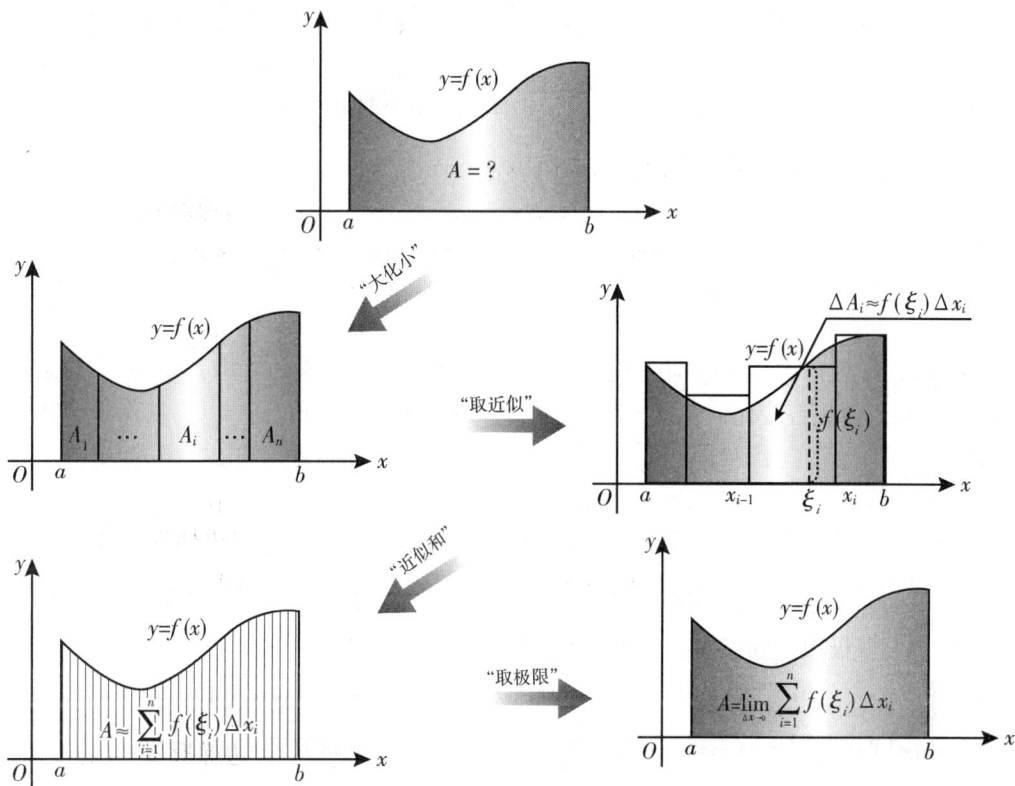

图 6-1-5

（二）变速直线运动的路程

上面求曲边梯形的面积的过程，可归结为计算具有特定结构的和式的极限的过程．这种过程也是计算许多实际问题(如变力做功、收益总量、立体的体积等等)的数学模型．下面再举一个物理方面的实际例子．

设一物体沿一直线做变速运动，已知速度 $v = v(t)$ 是时间区间 $[t_0, T]$ 上 t 的连续函数，且 $v(t) \geqslant 0$，求这物体在这段时间内所经过的路程 S．

我们知道如果物体是匀速(等速)运动，速度 $v(t) = k$ 是常数，则物体从时刻 t_0 到时刻 T 的运动路程 S 是

$$路程 = 速度 \times 时间 = S = k(T - t_0)$$

但是变速运动遇到的困难是，速度是时刻在变化的，即速度 $v(t)$ 不是常数．然而变速

运动的路程也不是一个孤立的概念,它与匀速直线运动是有着联系的,在很短的时间段内速度变化不大,能够近似看成匀速的,于是在时间间隔很短的条件下,可以用"匀速"来近似代替"变速",从而求得每一小段时间内路程的近似值. 然后,将各小段上的路程的近似值加起来,就得到整段时间 $[t_0, T]$ 内路程 S 的近似值,最后通过对时间间隔的无限细分取极限的过程,就可以由路程 S 的近似值过渡到它的精确值.

具体做法也归纳成如下四个步骤:

第一步,分割. 任取分点 $t_0 < t_1 < t_2 < \cdots t_{i-1} < t_i \cdots < t_{n-1} < t_n = T$,把时间区间 $[t_0, T]$ 分成 n 个小区间(见下图)$[t_0, t_1]$,$[t_1, t_2]$,$\cdots$,$[t_{i-1}, t_i]$,$\cdots$,$[t_{n-1}, t_n]$,记第 i 个小区间 $[t_{i-1}, t_i]$ 的长度为 $\Delta t_i = t_i - t_{i-1}$,物体在第 i 个时间段内所过走的路程为 $\Delta S_i (i = 1, 2, 3, \cdots, n)$.

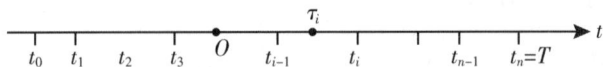

第二步,取近似. 在小区间 $[t_{i-1}, t_i]$ 上认为运动是匀速的,用其中任一时刻 τ_i 的速度 $v(\tau_i)$ 来近似代替变化的速度 $v(t)$,即 $v(\tau_i) \approx v(t)$,$t \in [t_{i-1}, t_i]$,从而得到 ΔS_i 的近似值:

$$\Delta S_i \approx v(\tau_i) \Delta t_i$$

第三步,求近似和. 把 n 段时间上的路程近似值相加,得到总路程的近似值:

$$S_n = \Delta S_1 + \Delta S_2 + \Delta S_3 + \cdots + \Delta S_i + \cdots + \Delta S_n = \sum_{i=1}^{n} \Delta S_i \approx \sum_{i=1}^{n} v(\tau_i) \Delta t_i$$

第四步,取极限达到精确. 最大的小区间长度为

$$\Delta t = \max\{\Delta t_1, \Delta t_2, \Delta t_3, \cdots, \Delta t_{i-1}, \Delta t_i, \cdots, \Delta t_n\}$$

当 $\Delta t \to 0$ 时(此时 $n \to +\infty$),和式 $\sum_{i=1}^{n} v(\tau_i) \Delta t_i$ 的极限就是路程 S 的精确值,即

$$S = \lim_{\Delta t \to 0} \sum_{i=1}^{n} v(\tau_i) \Delta t_i$$

若 $S = S(t)$,$t_0 \leqslant t \leqslant T$ 表示路程函数,则 $v(t) = S'(t)$,可见问题实质也是已知路程函数的变化率,求 $S(t)$ 在时间段 $[t_0, T]$ 内的累积量 $S(T) - S(t_0)$.

(三) 由总收益的变化率计算总收益

在经济方面也有类似的实际例子,设某项投资总收益的变化率(简称收益率)是时间 t 的函数 $r = r(t)$,即是在 t 时刻单位时间所得的收益为 $r(t)$. 假设从时刻 $t = 0$ 到时刻 $t = T$ 这段时间内,该项投资的收益是连续进行的,求在时间段 $[0, T]$ 内的总收益 R.

当 $r(t)$ 为常数时,从时刻 $t = 0$ 到时刻 $t = T$ 这段时间内的总收益等于收益率与时间的乘积. 但是,一般说来,收益率不是常数而是随时间 t 变化的. 若时间间隔很小,则收益率的变动不大,可以近似看成一个常数. 这样可以仿照上面计算曲边梯形面积、变速直线运动的路程的思路,用"分割→取近似→求和得近似→取极限达到精确"的过程来求出总收益 R.

第一步，把时间区间 $[0, T]$ 任意分成 n 个小时间段 $[t_{i-1}, t_i]$ $(i=1, 2, \cdots, n)$；第二步，在分割出的每一个小时间段 $[t_{i-1}, t_i]$ 内求收益 ΔR_i 的近似值 $\Delta R_i \approx r(\xi_i) \Delta t_i$；第三步，求整段时间 $[0, T]$ 内总收益 R 的近似值 $R \approx \sum\limits_{i=1}^{n} \Delta R_i = \sum\limits_{i=1}^{n} r(\xi_i) \Delta t_i$；第四步，求在 $[0, T]$ 这段时间内总收益 R 的精确值：

$$R = \lim_{\Delta t \to 0} \sum_{i=1}^{n} r(\xi_i) \Delta t_i$$

从上述三个实例看到，虽然问题的实际意义完全不同，但从抽象的数量关系上来看，处理手法完全一样，结果都是函数在区间上具有特定结构的和式的极限．这类式的极限无论在理论上或在各个实际领域中都有着重要意义，为了深入研究这类和式的极限，引入以下定积分的概念．

二、定积分的定义

定义 6.1 设函数 $f(x)$ 在区间 $[a, b]$ 上有定义，取 $n+1$ 个分点

$$a = x_0 < x_1 < x_2 < \cdots < x_{n-1} < x_n = b,$$

把区间 $[a, b]$ 分成 n 个小区间：$[x_0, x_1]$，$[x_1, x_2]$，$\cdots$，$[x_{n-1}, x_n]$，每个小区间的长度记为 $\Delta x_i = x_i - x_{i-1}(i=1, 2, \cdots, n)$．在每一小区间 $[x_{i-1}, x_i]$ 上任取一点 $\xi_i(\xi_i \in [x_{i-1}, x_i])$，作函数值 $f(\xi_i)$ 与小区间长度 Δx_i 的乘积 $f(\xi_i) \cdot \Delta x_i(i=1, 2, \cdots, n)$，并作出和式

$$S_n = \sum_{i=1}^{n} f(\xi_i) \cdot \Delta x_i,$$

其称为积分和．如果当 n 无限增大，且 Δx_i 中最大者 $\Delta x \to 0(\Delta x = \max\limits_{1 \leqslant i \leqslant n} \{\Delta x_i\})$ 时，积分和 S_n 的极限存在，且极限值与 $[a, b]$ 的划分方法及点 ξ_i 的取法无关，则称函数 $f(x)$ 在区间 $[a, b]$ 上可积，此极限值称为函数 $f(x)$ 在区间 $[a, b]$ 上的定积分，记作 $\int_a^b f(x) \mathrm{d}x$，即

$$\int_a^b f(x)\,\mathrm{d}x = \lim_{\Delta x \to 0} \sum_{i=1}^{n} f(\xi_i) \Delta x_i \tag{6.1.1}$$

其中，$f(x)$ 称为被积函数，$[a, b]$ 称为积分区间，a 称为积分下限，b 称为积分上限，x 称为积分变量，$f(x)\mathrm{d}x$ 称为被积表达式．

引出了定积分的概念后，本节前面三个实际例子中的问题可用定积分分别表示为：

（1）由连续曲线 $y = f(x) \geqslant 0$，直线 $x = a$，$x = b$ 及 x 轴所围成的曲边梯形的面积 A 等于函数 $f(x)$ 在区间 $[a, b]$ 上的定积分：

$$A = \lim_{\Delta x \to 0} \sum_{i=1}^{n} f(\xi_i) \Delta x_i = \int_a^b f(x) \mathrm{d}x$$

（2）以速度 $v(t)$ 做变速直线运动的物体，从时刻 t_0 到时刻 T 所经过的路程 S 等于速度函数 $v(t)$ 在时间区间 $[t_0, T]$ 上的定积分：

$$S = \lim_{\Delta x \to 0} \sum_{i=1}^{n} v(\tau_i) \Delta t_i = \int_{t_0}^{T} v(t)\,dt$$

（3）在时间区间 $[0, T]$ 内的总收益 R 等于收益率函数 $r(t)$ 在时间区间 $[0, T]$ 上的定积分：

$$R = \lim_{\Delta t \to 0} \sum_{i=1}^{n} r(\xi_i) \Delta t_i = \int_{0}^{T} r(t)\,dt$$

【即学即练】

用定积分表示以下问题：

1. 图（1）、图（2）中阴影部分的面积.

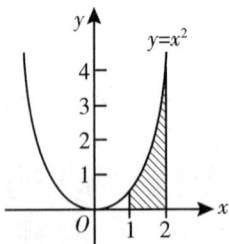

图（1）

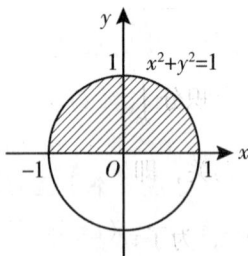

图（2）

2. 一物体做直线运动的速度 v 与时间 t 的关系为 $v = 2t + 5$，表示该物体由时刻 t_1 到时刻 $t_2 (t_1 < t_2)$ 所走的路程 S.

3. 设某投资公司投资化妆产品，总收益率 r 与时间 t 的关系为 $r = 100 + 10t - 0.5t^2$，表示从时刻 $t = 4$ 到时刻 $t = 8$ 这段时间内的总收益 R.

（答案：1. 图（1）$A = \int_{1}^{2} x^2\,dx$，图（2）$A = \int_{-1}^{1} \sqrt{1 - x^2}\,dx$

2. $S = \int_{t_1}^{t_2} (2t + 5)\,dt$　3. $R = \int_{4}^{8} (100 + 10t - 0.5t^2)\,dt$）

关于定积分的概念，应注意以下几点：

（1）函数 $f(x)$ 在区间 $[a, b]$ 上的定积分是积分和的极限. 如果这一极限存在，则它是一个确定的常量，即定积分 $\int_{a}^{b} f(x)\,dx$ 是一个数，则 $\dfrac{d}{dx}\left(\int_{a}^{b} f(x)\,dx \right) = 0$（为什么？）. 另外，定积分只与被积函数 $f(x)$ 和积分区间 $[a, b]$ 有关，而与积分变量使用字母的选取无关，例如，用 t 或 u 来表示积分变量 x，则有

$$\int_{a}^{b} f(x)\,dx = \int_{a}^{b} f(t)\,dt = \int_{a}^{b} f(u)\,du$$

即只要被积函数和积分区间都相同，则定积分就相等，在几何上直观理解为"面积 A 相同".

（2）在定积分的定义中，总是假设 $a < b$，如果 $b < a$，我们规定

$$\int_a^b f(x)\,\mathrm{d}x = -\int_b^a f(x)\,\mathrm{d}x \qquad (6.1.2)$$

即互换定积分的上限与下限，定积分要变号．

特别地，如果 $a = b$，可得

$$\int_a^a f(x)\,\mathrm{d}x = 0 \qquad (6.1.3)$$

（3）如果定积分 $\int_a^b f(x)\,\mathrm{d}x$ 存在，那么它与区间 $[a, b]$ 的划分方法及点 ξ_i 在 $[x_{i-1}, x_i]$ 中的取法无关，即极限 $\lim\limits_{\Delta x \to 0} \sum\limits_{i=1}^n f(\xi_i)\Delta x_i$ 总存在且相同，因此，若用定积分的定义求定积分 $\int_a^b f(x)\,\mathrm{d}x$ 时，为了计算简便，对区间 $[a, b]$ 可采用特殊的分法（例如用等分法．参见例1），对点 ξ_i 也采用特殊取法（例如取小区间端点的位置为点 ξ_i 所在位置，参见例1）．

（4）函数 $f(x)$ 在区间 $[a, b]$ 上应满足怎样的条件，才能保证定积分 $\int_a^b f(x)\,\mathrm{d}x$ 存在呢？下面不加证明，给出定积分存在的两个充分条件．

定理6.1　如果函数 $f(x)$ 在区间 $[a, b]$ 上连续，则 $f(x)$ 在 $[a, b]$ 上一定可积，即定积分 $\int_a^b f(x)\,\mathrm{d}x$ 必存在．

定理6.2　如果函数 $f(x)$ 在区间 $[a, b]$ 上有界，且仅有有限个间断点，则 $f(x)$ 在 $[a, b]$ 上可积．

三、定积分的几何意义

如果我们把定积分 $\int_a^b f(x)\,\mathrm{d}x$ 中的被积函数 $y = f(x)$ 理解为曲线方程，那么从例1中可以得到定积分的几何意义有下列三种关系：

（1）当区间 $[a, b]$ 上的连续函数 $f(x) \geqslant 0$ 时，定积分 $\int_a^b f(x)\,\mathrm{d}x$ 在几何上表示由曲边 $y = f(x)$ 以及直线 $x = a$，$x = b$ 和 x 轴所围成的曲边梯形的面积，如图 6-1-6 所示．

（2）当 $[a, b]$ 上的连续函数 $f(x) \leqslant 0$ 时，则 $-f(x) \geqslant 0$，此时由 $y = f(x)$，$x = a$，$x = b$ 和 x 轴所围成的曲边梯形位于 x 轴的下方，和式 $\lim\limits_{\Delta x \to 0} \sum\limits_{i=1}^n f(\xi_i)\Delta x_i$ 的每一项中，$f(x) \leqslant 0$，$\Delta x_i > 0$ 而面积总是正的，所以曲边梯形面积是：

$$A = \lim_{\Delta x \to 0} \sum_{i=1}^n |f(\xi_i)|\Delta x_i = \lim_{\Delta x \to 0} \sum_{i=1}^n [-f(\xi_i)]\Delta x_i$$

$$= - \lim_{\Delta x \to 0} \sum_{i=1}^{n} f(\xi_i) \Delta x_i = - \int_a^b f(x) \, dx$$

此时，当 $f(x) \leqslant 0$ 时，定积分 $\int_a^b f(x) \, dx$ 在几何上表示上述曲边梯形面积的负值，如图 6-1-7 所示，即当 $f(x) \leqslant 0$ 时，$A = - \int_a^b f(x) \, dx$.

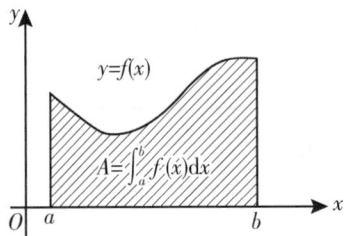

图 6-1-6

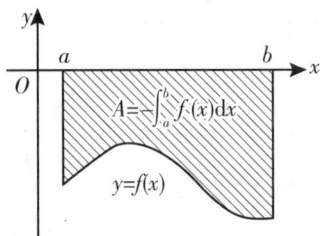

图 6-1-7

习惯上，我们把定积分 $\int_a^b f(x) \, dx$ 称为曲边梯形的代数面积，以示与几何上正值面积相区分.

(3) 若 $[a, b]$ 上的连续函数既取得正值又取得负值，即函数 $f(x)$ 的图形某些部分在 x 轴的上方，某些部分在 x 轴的下方，如图 6-1-8 所示.

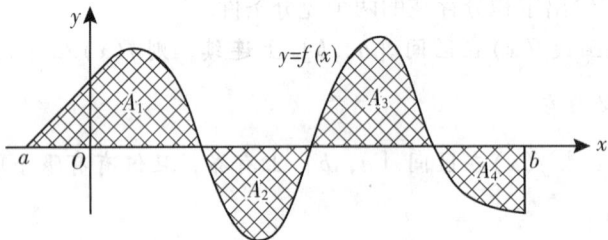

图 6-1-8

此时，积分 $\int_a^b f(x) \, dx$ 在几何上表示由曲线 $y = f(x)$ 及直线 $x = a$，$x = b$ 和 x 轴所围成各部分面积的代数和，即 x 轴上方图形的面积减去 x 轴下方图形的面积，因此有

$$\int_a^b f(x) \, dx = A_1 - A_2 + A_3 - A_4$$

例 1 用定积分的定义，计算定积分 $\int_0^1 x \, dx$ 的值.

解：根据定积分，建立如图 6-1-9 的坐标系，问题可看成是求以 $y = f(x) = x$ 为曲边（此时是直线），直线 $x = 0$，$x = 1$ 围成的曲边梯形的面积．因为 $f(x) = x$ 在区间 $[0, 1]$ 上连续，所以 $f(x) = x$ 在 $[0, 1]$ 上是可积的．求法步骤如下：

第一步，分割（将整个曲边梯形分割成 n 个小曲边梯形）．因为定积分值与对区间

$[0,1]$ 的分法无关，为了便于计算，将区间 $[0,1]$ 分为 n 等份，每个小区间的长度为 $\Delta x_i = \dfrac{1-0}{n} = \dfrac{1}{n} = \Delta x$，所有分点的坐标依次为

$$x_0 = 0,\ x_1 = \frac{1}{n},\ x_2 = \frac{2}{n},\ x_3 = \frac{3}{n},\ \cdots,\ x_n = \frac{n}{n} = 1.$$

第二步，取近似(即用小矩形的面积近似代替小曲边梯形的面积). 因为定积分值与点 ξ_i 在 $[x_{i-1},\ x_i]$ 中的取法无关，为了便于计算，取每个小区间 $\left[\dfrac{i-1}{n},\right.$ $\left.\dfrac{i}{n}\right]$ 右端点 $\dfrac{i}{n}$ 为 $\xi_i(i=1,\ 2,\ 3,\ \cdots,\ n)$，即

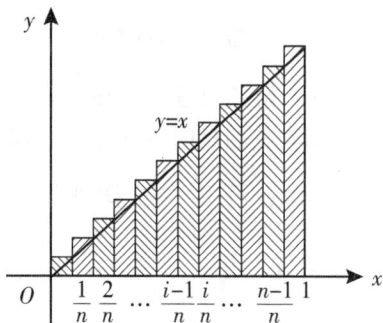

$$\xi_1 = x_1 = \frac{1}{n},\ \xi_2 = x_2 = \frac{2}{n},\ \xi_3 = x_3 = \frac{3}{n},\ \cdots,\ \xi_n = x_n = \frac{n}{n} = 1$$

图 6-1-9

则对应的高度为 $f(\xi_i) = \dfrac{i}{n}(\leftarrow f(x) = x)$，即

$$f(\xi_1) = \frac{1}{n},\ f(\xi_2) = \frac{2}{n},\ f(\xi_3) = \frac{3}{n},\ \cdots,\ f(\xi_n) = \frac{n}{n} = 1$$

从而得对应的小梯形面积近似为小矩形面积：

$$f(\xi_i)\Delta x_i = \frac{i}{n} \cdot \frac{1}{n} = \frac{i}{n^2}(i = 1,\ 2,\ 3,\ \cdots,\ n),$$

即

$$f(\xi_1)\Delta x_1 = \frac{1}{n} \cdot \frac{1}{n} = \frac{1}{n^2}$$

$$f(\xi_2)\Delta x_2 = f\left(\frac{2}{n}\right) \cdot \frac{1}{n} = \frac{2}{n} \cdot \frac{1}{n} = \frac{2}{n^2}$$

$$f(\xi_3)\Delta x_3 = f\left(\frac{3}{n}\right) \cdot \frac{1}{n} = \frac{3}{n} \cdot \frac{1}{n} = \frac{3}{n^2}$$

$$\vdots$$

$$f(\xi_n)\Delta x_n = f\left(\frac{n}{n}\right) \cdot \frac{1}{n} = \frac{n}{n^2}$$

第三步，作和(将 n 个小矩形的面积相加得曲边梯形面积的近似值)

$$\sum_{i=1}^{n} f(\xi_i)\Delta x_i \approx \sum_{i=1}^{n} \frac{i}{n^2}$$

即

$$\sum_{i=1}^{n} f(\xi_i)\Delta x_i \approx \sum_{i=1}^{n} \frac{i}{n^2} = \frac{1}{n^2} + \frac{2}{n^2} + \frac{3}{n^2} + \cdots + \frac{n}{n^2}$$

$$= \frac{1}{n^2}(1 + 2 + 3 + \cdots + n)$$

$$= \frac{1}{n^2} \frac{(1+n)n}{2}(\leftarrow 公式(1+2+3+\cdots+n) = \frac{(1+n)n}{2})$$

$$= \frac{1+n}{2n} = \frac{1}{2} + \frac{1}{2n}$$

第四步,取极限. 当 $\Delta x = \dfrac{1}{n} \to 0$ 时,$n \to \infty$,取上面和式的极限达到精确(此时得曲边梯形面积的精确值).

$$\lim_{x \to \infty} \sum_{i=1}^{n} \frac{i}{n} \cdot \frac{1}{n} = \lim_{x \to \infty} \left(\frac{1}{2} + \frac{1}{2n} \right) = \frac{1}{2}$$

所以,由定积分的定义可知 $\displaystyle\int_0^1 x\mathrm{d}x = \dfrac{1}{2}$.

注:解题过程中,在划分区间 $[0,1]$ 和在小区间 $[x_{i-1},x_i]$ 内取点时,分别用了等分和取右端点的特殊方法,称为"右侧矩形"法.

同理,可用"左侧矩形"法,即用等分划分,取小区间 $\left[\dfrac{i-1}{n},\dfrac{i}{n}\right]$ 内一点 ξ_i 为左端点 $\dfrac{i-1}{n}(i=1,2,3,\cdots,n)$,得对应函数值为高,也可求得相同结果 $\displaystyle\lim_{x \to \infty} \sum_{i=1}^{n} \frac{i-1}{n} \cdot \frac{1}{n} = \dfrac{1}{2}$. 读者不妨试试.

在坐标系中,例1的图形是标准几何图形,定积分 $\displaystyle\int_0^1 x\mathrm{d}x$ 也可用定积分的几何意义和初等方法求得,定积分 $\displaystyle\int_0^1 x\mathrm{d}x$ 可看作是底为1(区间 $[0,1]$ 的长度为1),高为 $f(1)=1$ 的三角形面积,由求三角形面积公式有

$$\int_0^1 x\mathrm{d}x = \frac{1}{2}(\text{底} \times \text{高}) = \frac{1}{2} \times 1 \times 1 = \frac{1}{2}$$

可见与定积分计算的结果是一致的.

从上面的例1可以看到,利用定积分的定义求积分的值,即使被积函数很简单,它的计算过程也是很繁琐的,若被积函数较复杂时,甚至无法用通常计算求出和式的极限. 为此,我们将在§6.3中介绍一种计算定积分的简便方法.

【即学即练】

利用定积分的几何意义验证 $\displaystyle\int_a^b \mathrm{d}x = \int_a^b 1 \cdot \mathrm{d}x = b-a$ 成立.

-----

§6.1 练习题

1. 利用定积分的几何意义计算下列定积分:

(1) $\displaystyle\int_a^b 1 \cdot \mathrm{d}x$

(2) $\displaystyle\int_1^2 x\mathrm{d}x$

(3) $\displaystyle\int_0^1 2x\mathrm{d}x$

(4) $\displaystyle\int_0^1 \sqrt{1-x^2}\mathrm{d}x$

2. 根据定积分的几何意义，说明下列各式的正确性：

(1) $\int_{-1}^{1} |x| \, dx = 2 \int_{0}^{1} x \, dx$　　　　　　　　(2) $\int_{0}^{2} \sqrt{4 - x^2} \, dx = \pi$

参考答案

1. (1) $b - a$　　　　(2) $\dfrac{3}{2}$　　　　(3) 1　　　　(4) $\dfrac{\pi}{4}$

2. 略

§6.2　定积分的性质

由定积分的定义及极限的运算法则与性质，可以得到定积分的几个简单性质．

性质1　被积函数中的常数因子可以提到积分号前面，即

$$\int_{a}^{b} \big[k \cdot f(x) \big] \, dx = k \int_{a}^{b} f(x) \, dx \, (k \in \mathbf{R}).$$

证：由定积分的定义，得

$$\int_{a}^{b} \big[kf(x) \big] \, dx = \lim_{\Delta x \to 0} \sum_{i=1}^{n} \big[kf(\xi_i) \big] \cdot \Delta x_i = \lim_{\Delta x \to 0} k \sum_{i=1}^{n} f(\xi_i) \cdot \Delta x_i$$

$$= k \lim_{\Delta x \to 0} \sum_{i=1}^{n} f(\xi_i) \cdot \Delta x_i = k \int_{a}^{b} f(x) \, dx$$

例如　$\int_{8}^{9} 7x^3 \, dx = 7 \int_{8}^{9} x^3 \, dx.$

性质2（线性性质）　可积函数的和（差）的定积分等于它们的定积分的和（差），即

$$\int_{a}^{b} \big[f(x) \pm g(x) \big] \, dx = \int_{a}^{b} f(x) \, dx \pm \int_{a}^{b} g(x) \, dx$$

证：$\displaystyle \int_{a}^{b} \big[f(x) \pm g(x) \big] \, dx = \lim_{\Delta x \to 0} \sum_{i=1}^{n} \big[f(\xi_i) \pm g(\xi_i) \big] \Delta x_i$

$$= \lim_{\Delta x \to 0} \sum_{i=1}^{n} f(\xi_i) f(\xi_i) \pm \lim_{\Delta x \to 0} \sum_{i=1}^{n} g(\xi_i) \Delta x$$

$$= \int_{a}^{b} f(x) \, dx \pm \int_{a}^{b} g(x) \, dx$$

即函数的代数和的定积分等于它们的定积分的代数和．

注：性质2可推广被积函数为有限多个的情形．

例1　已知 $\int_{0}^{1} x^2 \, dx = \dfrac{1}{3}$，$\int_{0}^{1} x^3 \, dx = \dfrac{1}{4}$，$\int_{0}^{1} \dfrac{1}{1 + x^2} \, dx = \dfrac{\pi}{4}$，求 $\int_{0}^{1} 2\left(x^2 + x^3 + \dfrac{1}{1 + x^2} \right) dx.$

解：$\displaystyle \int_{0}^{1} 2\left(x^2 + x^3 + \dfrac{1}{1 + x^2} \right) dx$

$$= 2 \int_{0}^{1} \left(x^2 + x^3 + \dfrac{1}{1 + x^2} \right) dx \, (\leftarrow 性质1)$$

$$= 2 \left[\int_{0}^{1} x^2 \, dx + \int_{0}^{1} x^3 \, dx + \int_{0}^{1} \dfrac{1}{1 + x^2} \, dx \right] \, (\leftarrow 性质2)$$

$$= 2\left(\frac{1}{3} + \frac{1}{4} + \frac{\pi}{4}\right) = \frac{3\pi + 7}{6} \quad (\leftarrow \text{代入已知条件})$$

性质 3（定积分对积分区间的可加性） 如果把积分区间 $[a, b]$ 分成 $[a, c]$，$[c, b]$ 两部分，且不论 $c \in [a, b]$，还是 $c \notin [a, b]$，则有

$$\int_a^b f(x) \, \mathrm{d}x = \int_a^c f(x) \, \mathrm{d}x + \int_c^b f(x) \, \mathrm{d}x \quad (a, b, c \text{ 为常数})$$

证：（1）当 $a < c < b$ 时，由于 $f(x)$ 在 $[a, b]$ 上可积，所以无论怎样分割区间 $[a, b]$，积分和式总是不变的，因此，在分割区间时，总可以把 c 作为一个固定的分点，于是 $[a, b]$ 上的积分和等于 $[a, c]$ 上的积分和加 $[c, b]$ 上的积分和，记为

$$\sum_{[a,b]} [f(\xi_i)] \Delta x_i = \sum_{[a,c]} {}^{(1)}[f(\xi_i)] \Delta x_i + \sum_{[c,b]} {}^{(2)}[f(\xi_i)] \Delta x_i \tag{1}$$

其中 $\sum\limits_{[a,b]} [f(\xi_i)] \Delta x_i$，$\sum\limits_{[a,c]} {}^{(1)}[f(\xi_i)] \Delta x_i$，$\sum\limits_{[c,b]} {}^{(2)}[f(\xi_i)] \Delta x_i$ 分别表示 $f(x)$ 在分割所得区间 $[a, b]$，$[a, c]$，$[c, b]$ 上的和式.

令 $\Delta x \to 0$ 在式（1）两端取极限，由于 $\int_a^c f(x) \, \mathrm{d}x$ 及 $\int_c^b f(x) \, \mathrm{d}x$ 均存在，于是得 $\lim\limits_{\Delta x \to 0} \sum\limits_{[a,b]} [f(\xi_i)] \Delta x_i = \lim\limits_{\Delta x \to 0} \sum\limits_{[a,c]} {}^{(1)}[f(\xi_i)] \Delta x_i + \lim\limits_{\Delta x \to 0} \sum\limits_{[c,b]} {}^{(2)}[f(\xi_i)] \Delta x_i$ 存在，由定积分定义

$$\int_a^b f(x) \, \mathrm{d}x = A_1 + A_2$$
$$= \int_a^c f(x) \, \mathrm{d}x + \int_c^b f(x) \, \mathrm{d}x$$

定积分对积分区间的可加性从几何意义上看就是平面图形面积的分块相加，如图 6-2-1 所示.

（2）当 a, b, c 是任意顺序排列时，设当 $a < b < c$ 时，

$$\int_a^c f(x) \, \mathrm{d}x = \int_a^b f(x) \, \mathrm{d}x + \int_b^c f(x) \, \mathrm{d}x,$$

于是 $\int_a^b f(x) \, \mathrm{d}x = \int_a^c f(x) \, \mathrm{d}x - \int_b^c f(x) \, \mathrm{d}x$

$$= \int_a^c f(x) \, \mathrm{d}x + \left[- \int_b^c f(x) \, \mathrm{d}x \right]$$
$$= \int_a^c f(x) \, \mathrm{d}x + \int_c^b f(x) \, \mathrm{d}x$$

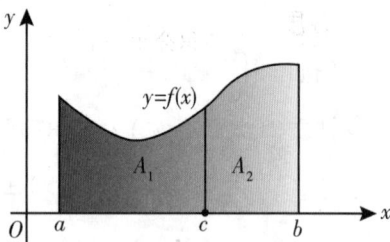

图 6-2-1

（3）当 $c < a < b$ 等情形可同理证明性质 3 也成立.

定积分对积分区间的可加性从几何意义上看就是平面图形面积的分块相加.

性质 4 如果在区间 $[a, b]$ 上，$f(x) \equiv 1$，则

$$\int_a^b 1 \cdot \mathrm{d}x = \int_a^b \mathrm{d}x = b - a$$

证：因为 $f(x) = 1$，所以 $f(\xi_i) = 1 (i = 1, 2, \cdots, n)$.
由定积分的定义，得

$$\int_a^b 1 \mathrm{d}x = \lim_{\Delta x \to 0} \sum_{i=1}^n 1 \cdot \Delta x_i = \lim_{\Delta x \to 0} \sum_{i=1}^n \Delta x_i = \lim_{\Delta x \to 0} (\Delta x_1 + \Delta x_2 + \cdots + \Delta x_n) = \lim_{\Delta x \to 0} (b - a) = b - a$$

性质 4 从几何意义可直观理解为：定积分 $\int_a^b 1\mathrm{d}x$ 等于以 $b-a$ 为底边长，1 为高的矩形的面积：$A=(b-a)\times 1=b-a$（见图 6 -2 -2）.

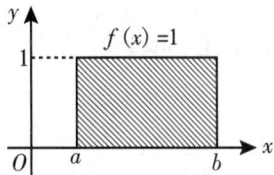

图 6 -2 -2

例如 $\int_{-1}^2 \mathrm{d}x = 2-(-1)=3$.

例 2 已知 $\int_{-12}^{-6} f(x)\,\mathrm{d}x = -6$ 及 $\int_{-6}^1 f(x)\,\mathrm{d}x = 12$，利用定积分性质求下列积分：

（1）$\int_{-7}^{-7} f(x)\,\mathrm{d}x$　（2）$\int_{-6}^{-12} f(x)\,\mathrm{d}x$　（3）$\int_{-12}^1 2f(x)\,\mathrm{d}x$

解：（1）$\int_{-7}^{-7} f(x)\,\mathrm{d}x = 0 (\leftarrow \int_a^a f(x)\,\mathrm{d}x = 0)$

（2）$\int_{-6}^{-12} f(x)\,\mathrm{d}x = -\int_{-12}^{-6} f(x)\,\mathrm{d}x (\leftarrow \int_a^b f(x)\,\mathrm{d}x = -\int_b^a f(x)\,\mathrm{d}x)$

$= -(-6) = 6 (\leftarrow$ 代入已知条件$)$

（3）$\int_{-12}^1 2f(x)\,\mathrm{d}x = 2\int_{-12}^1 f(x)\,\mathrm{d}x$　（←性质 1）

$= 2\left[\int_{-12}^{-6} f(x)\,\mathrm{d}x + \int_{-6}^1 f(x)\,\mathrm{d}x\right]$　（←性质 3）

$= 2(-6+12) = 12 (\leftarrow$ 代入已知条件$)$

性质 5（定积分的保号性）　如果在区间 $[a,b]$ 上有 $f(x)\leqslant g(x)$，那么

$$\int_a^b f(x)\,\mathrm{d}x \leqslant \int_a^b g(x)\,\mathrm{d}x \quad (a<b)$$

证： 因为 $\int_a^b g(x)\,\mathrm{d}x - \int_a^b f(x)\,\mathrm{d}x = \int_a^b [g(x)-f(x)]\,\mathrm{d}x$

$$= \lim_{\Delta x\to 0}\sum_{i=1}^n [g(\xi_i)-f(\xi_i)]\Delta x_i$$

由于 $f(x)\leqslant g(x)$ 且 $\Delta x_i > 0 (i=1,2,\cdots,n)$，则 $f(\xi_i)\leqslant g(\xi_i)$，即 $g(\xi_i)-f(\xi_i)\geqslant 0$. 所以 $\lim\limits_{\Delta x\to 0}\sum\limits_{i=1}^n [g(\xi_i)-f(\xi_i)]\Delta x_i$ 非负，因此有

$$\int_a^b g(x)\,\mathrm{d}x - \int_a^b f(x)\,\mathrm{d}x \leqslant 0$$

即

$$\int_a^b f(x)\,\mathrm{d}x \leqslant \int_a^b g(x)\,\mathrm{d}x$$

例 3 试比较下列积分的大小：

（1）$\int_0^1 x\mathrm{d}x$ 与 $\int_0^1 x^2\mathrm{d}x$　　　（2）$\int_{-\frac{\pi}{2}}^0 \sin x\mathrm{d}x$ 与 $\int_0^{\frac{\pi}{2}} \sin x\mathrm{d}x$

解：（1）因为 $x\geqslant x^2$，$x\in[0,1]$，x 不恒等于 x^2，故

$$\int_0^1 x\mathrm{d}x > \int_0^1 x^2\mathrm{d}x$$

（2）因为 $-\dfrac{\pi}{2}\leqslant x\leqslant 0$ 时，有 $\sin x\leqslant 0$，所以 $\int_{-\frac{\pi}{2}}^0 \sin x\mathrm{d}x \leqslant \int_{-\frac{\pi}{2}}^0 0\mathrm{d}x = 0$. 又因为 $0\leqslant x\leqslant \dfrac{\pi}{2}$

时，有 $\sin x \geqslant 0$，所以 $\int_0^{\frac{\pi}{2}} \sin x\mathrm{d}x \geqslant \int_0^{\frac{\pi}{2}} 0\mathrm{d}x = 0$，因此得

$$\int_{-\frac{\pi}{2}}^0 \sin x\mathrm{d}x \leqslant \int_0^{\frac{\pi}{2}} \sin x\mathrm{d}x$$

性质 6（积分估值定理）　如果函数 $f(x)$ 在 $[a, b]$ 上有最大值 M 和最小值 m，则

$$m(b-a) \leqslant \int_a^b f(x)\mathrm{d}x \leqslant M(b-a)$$

证：因为 $m \leqslant f(x) \leqslant M$，由性质 3、性质 5 得

$m\int_a^b \mathrm{d}x \leqslant \int_a^b f(x)\mathrm{d}x \leqslant M\int_a^b \mathrm{d}x$，由性质 4 得

$$\int_a^b \mathrm{d}x = b-a$$

于是得 $m(b-a) \leqslant \int_a^b f(x)\mathrm{d}x \leqslant M(b-a)$

注：此性质的几何意义是，如果把定积分解释为曲边梯形 $aABb$ 的面积，则定积分的下界 $m(b-a)$ 和上界 $M(b-a)$，分别表示在长度为 $(b-a)$ 的公共底边上的内接矩形 aA_1B_1b 和外接矩形 aA_2B_2b 的面积（图 6-2-3）.

例 4　证明不等式

$$2\mathrm{e}^{-\frac{1}{4}} \leqslant \int_0^2 \mathrm{e}^{x^2-x}\mathrm{d}x \leqslant 2\mathrm{e}^2$$

证明分析：这类问题往往是求出被积函数在积分区间上的最大值和最小值，然后利用估值定理（性质 6）证明.

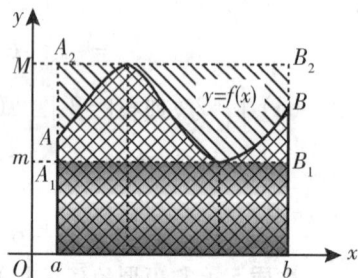

图 6-2-3

证：先求 $f(x) = \mathrm{e}^{x^2-x}$ 在 $[0, 2]$ 上的最大值和最小值.

由 $f'(x) = \mathrm{e}^{x^2-x}(2x-1)$，令 $f'(x) = 0$ 得驻点 $x = \dfrac{1}{2}$，

比较 $f(x)$ 在驻点及区间端点处的函数值，$f(0) = \mathrm{e}^0 = 1$，$f\left(\dfrac{1}{2}\right) = \mathrm{e}^{-\frac{1}{4}}$，$f(2) = \mathrm{e}^2$，

故求得 e^{x^2-x} 在区间 $[0, 2]$ 上的最大值、最小值分别为 e^2，$\mathrm{e}^{-\frac{1}{4}}$，所以

$$\mathrm{e}^{-\frac{1}{4}} \leqslant \mathrm{e}^{x^2-x} \leqslant \mathrm{e}^2,$$

由性质 6 得

$$\mathrm{e}^{-\frac{1}{4}}(2-0) \leqslant \int_0^2 \mathrm{e}^{x^2-x}\mathrm{d}x \leqslant \mathrm{e}^2(2-0)$$

即

$$2\mathrm{e}^{-\frac{1}{4}} \leqslant \int_0^2 \mathrm{e}^{x^2-x}\mathrm{d}x \leqslant 2\mathrm{e}^2.$$

【即学即练】

1. 试比较大小：$\int_1^2 x\mathrm{d}x$ 与 $\int_1^2 x^2\mathrm{d}x$.　　（答案：$\int_1^2 x\mathrm{d}x < \int_1^2 x^2\mathrm{d}x$）

2. 估计定积分 $\int_{-1}^1 \mathrm{e}^{-x^2}\mathrm{d}x$ 的值.　　（答案：$\dfrac{2}{\mathrm{e}} \leqslant \int_{-1}^1 \mathrm{e}^{-x^2}\mathrm{d}x \leqslant 2$）

性质 7 （定积分中值定理）　如果函数 $f(x)$ 在闭区间 $[a, b]$ 上连续，则在 $[a, b]$ 内至少存在一点 ξ(中值点)，使得

$$\int_a^b f(x)\mathrm{d}x = f(\xi)(b-a),\ \xi \in (a, b).$$

证： 因为函数 $f(x)$ 在闭区间 $[a, b]$ 上连续，所以，由闭区间上连续函数的最大值最小值定理，$f(x)$ 在 $[a, b]$ 上存在最大值 M 和最小值 m(见《微积分 I》§2.8)，又由性质 6 得 $m(b-a) \le \int_a^b f(x)\mathrm{d}x \le M(b-a)$

即

$$m \le \frac{1}{b-a}\int_a^b f(x)\mathrm{d}x \le M.$$

再由闭区间上连续函数的介值定理(见《微积分 I》§2.8)知，存在 $\xi \in [a, b]$，使得

$$f(\xi) = \frac{1}{b-a}\int_a^b f(x)\mathrm{d}x$$

即

$$\int_a^b f(x)\mathrm{d}x = f(\xi)(b-a).$$

积分中值定理有以下几何解释：若 $f(x)$ 在 $[a, b]$ 上连续且 $f(x) \ge 0$，表明在 $[a, b]$ 上至少存在一点 ξ，使得以 $[a, b]$ 为底边、曲线 $y = f(x)$ 为曲边的曲边梯形 aA_1B_1b 的面积，等于同底为 $[a, b]$、高为 $f(\xi)$ 的矩形 $aABb$ 的面积，如图 6-2-4 所示.

从几何角度看，$f(\xi)$ 可以看作曲边梯形的曲顶的平均高度；从函数值角度看，$f(\xi)$ 可视为 $f(x)$ 在 $[a, b]$ 上的平均值.

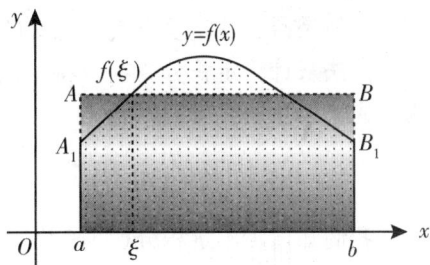

图 6-2-4

即

$$f(\xi) = \frac{1}{b-a}\int_a^b f(x)\mathrm{d}x$$

因此，积分中值定理解决了如何求一个连续变化量的平均值问题.

6.2　练习题

1. 设 $\int_0^1 2f(x)\mathrm{d}x = 6$，$\int_0^3 f(x)\mathrm{d}x = 8$，$\int_0^3 g(x)\mathrm{d}x = 2$，求：

(1) $\int_0^1 f(x)\mathrm{d}x$　　(2) $\int_3^1 f(x)\mathrm{d}x$　　(3) $\int_0^3 [5f(x) - 4g(x)]\mathrm{d}x$

2. 根据定积分的性质，比较下列各组定积分值的大小：

(1) $\int_0^1 x^2\mathrm{d}x$ 与 $\int_0^1 x^3\mathrm{d}x$ 　　　　　　　　(2) $\int_1^2 x^2\mathrm{d}x$ 与 $\int_1^2 x^3\mathrm{d}x$

(3) $\int_0^{\frac{\pi}{2}} x\mathrm{d}x$ 与 $\int_0^{\frac{\pi}{2}} \sin x\mathrm{d}x$ 　　　　　　(4) $\int_0^1 \mathrm{e}^x\mathrm{d}x$ 与 $\int_0^1 \mathrm{e}^{x^2}\mathrm{d}x$

3. 利用定积分的性质，估计下列定积分值：

$(1) I = \int_{\frac{1}{2}}^{1} x^4 \, \mathrm{d}x$ $(2) I = \int_{0}^{1} \mathrm{e}^x \, \mathrm{d}x$ $(3) I = \int_{1}^{4} (1 + x^2) \, \mathrm{d}x$

参考答案

1. (1) 3   (2) -5 (3) 32

2. (1) $>$ (2) $<$ (3) $>$ (4) $>$

3. (1) $\dfrac{1}{32} \leqslant \int_{\frac{1}{2}}^{1} x^4 \, \mathrm{d}x \leqslant \dfrac{1}{2}$ (2) $1 < \int_{0}^{1} \mathrm{e}^x \, \mathrm{d}x < \mathrm{e}$ (3) $6 \leqslant \int_{1}^{4} (1 + x^2) \, \mathrm{d}x \leqslant 51$

§6.3 微积分基本定理

（定积分与不定积分的关系与牛顿—莱布尼兹公式）

我们从 §6.1 例 1 利用定积分的定义来计算定积分可以看到，这种计算就是归结为计算和式的极限，计算过程是比较繁琐的，如果所给函数再复杂些，那更要进行复杂的计算，一般来讲，这是没有实际意义的. 为使定积分的计算有广泛的实用价值，必须寻求简单的方法来计算定积分. 本节将给出计算定积分的简便方法，导出牛顿—莱布尼兹公式，为此先了解一些必要的概念.

一、变上限的定积分

我们知道，不定积分（原函数）与定积分是从两个完全不同角度引进来的概念，它们之间是否有一定的关系呢？下面我们来讨论这个问题.

设函数 $f(x)$ 在区间 $[a, b]$ 上连续，则定积分 $\int_{a}^{b} f(x) \, \mathrm{d}x$ 是一个常数. 若固定下限 a，让上限在 $[a, b]$ 上变动，即取 x 为区间 $[a, b]$ 上的任意一点得区间 $[a, x]$. 由于 $f(x)$ 在 $[a, b]$ 上连续，因而在 $[a, x]$ 上也连续，所以 $f(x)$ 在区间 $[a, x]$ 上可积，即 $\int_{a}^{x} f(x) \, \mathrm{d}x$ 存在，如图 6-3-1 所示. 这里定积分的上限是变量 x，而积分变量也是 x，由于定积分的值与积分变量用什么字母无关，为了避免混淆起见，不妨将积分变量 x 换成 t，于是定积分可改写成 $\int_{a}^{x} f(t) \, \mathrm{d}t$. 显然，当积分上限 x 在区间 $[a, b]$ 上变动时，对于每一个取定的 x 值，定积分就有一个确定的值与它对应，因此，这个定积分在区间 $[a, b]$ 上定义了一个 x 的函数，记为：

$$\Phi(x) = \int_{a}^{x} f(t) \, \mathrm{d}t \, , \quad x \in [a, b] \tag{6.3.1}$$

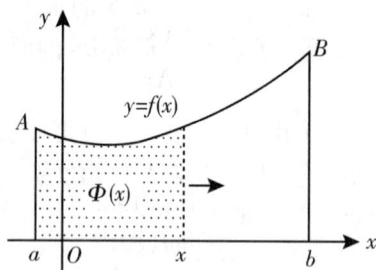

图 6-3-1

称 $\Phi(x)$ 为变上限的定积分.

变上限的定积分定义的函数 $\Phi(x)$，具有下面的重要性质：

定理 6.3 如果函数 $f(x)$ 在区间 $[a, b]$ 上连续，则变上限的定积分所定义的函数 $\Phi(x) = \int_a^x f(t)\,dt$. 在区间 $[a, b]$ 上是 x 的连续函数，且 $\Phi(x)$ 的导数等于被积函数在积分上限 x 处的值，即

$$\Phi'(x) = \left[\int_a^x f(t)\,dt \right]' = f(x),\ x \in [a, b] \qquad (6.3.2)$$

证：在 $[a, b]$ 上任取 x 及 $x + \Delta x$(如图 6-3-2 所示，其中 $\Delta x > 0$)，则函数 $\Phi(x)$ 的增量

$$\begin{aligned}
\Delta\Phi(x) &= \Phi(x + \Delta x) - \Phi(x) \\
&= \int_a^{x+\Delta x} f(t)\,dt - \int_a^x f(t)\,dt \quad (\leftarrow \text{由公式 } (6.3.1)) \\
&= \int_a^{x+\Delta x} f(t)\,dt + \int_x^a f(t)\,dt \quad (\leftarrow \text{由公式 } (6.1.2)) \\
&= \int_x^{x+\Delta x} f(t)\,dt \quad (\leftarrow \text{由性质 3}) \\
&= f(\xi)\Delta x \quad (\leftarrow \text{由积分中值定理的条件 } x < \xi < x + \Delta x)
\end{aligned}$$

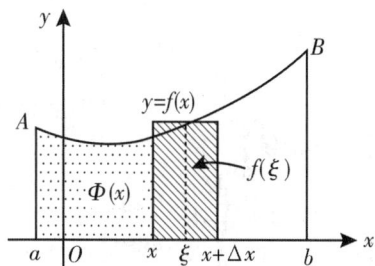

图 6-3-2

从而得

$$\frac{\Phi(x)}{\Delta x} = f(\xi).$$

当 $\Delta x \to 0$ 时，由 $x \leqslant \xi \leqslant x + \Delta x$，得 $\xi \to x$，又因为 $f(x)$ 是在 $[a, b]$ 上的连续函数，所以有 $\lim\limits_{\Delta x \to 0} f(\xi) = \lim\limits_{\xi \to x} f(\xi) = f(x)$.

故得 $\lim\limits_{\Delta x \to 0} \dfrac{\Phi(x)}{\Delta x} = \lim\limits_{\Delta x \to 0} f(\xi) = f(x)$，

即 $\Phi'(x) = f(x)$ 或 $\left[\int_a^x f(t)\,dt \right]' = \dfrac{d}{dx}\int_a^x f(t)\,dt = f(x)$.

因此，函数 $\Phi(x)$ 在 $[a, b]$ 上可导，且 $\Phi(x)$ 的导数等于被积函数在积分上限 x 处的值 $f(x)$，从而 $\Phi(x)$ 在 $[a, b]$ 上是连续的.

注：把变上限的定积分 $\int_a^x f(t)\,dt$ 的上限 x 换成一般的可导复合函数 $\varphi(x)$，得到 $\int_a^{\varphi(x)} f(t)\,dt$，利用复合函数的求导法则，可得

$$\left[\int_a^{\varphi(x)} f(t)\,dt \right]' = f[\varphi(x)] \cdot \varphi'(x) \qquad (6.3.3)$$

在计算有关可变上限定积分导数时，(6.3.2)式和 (6.3.3)式可作为公式使用.

由定理 6.3 可知：如果函数 $f(x)$ 在区间 $[a, b]$ 上连续，则函数 $\Phi(x) = \int_a^x f(t)\mathrm{d}t$ 就是 $f(x)$ 在区间 $[a, b]$ 上的一个原函数. 因此，根据原函数的定义，得到下面的原函数存在定理. 它们在证明微积分基本定理时有着重要作用.

定理 6.4（原函数存在定理） 如果 $f(x)$ 在区间 $[a, b]$ 上连续，那么在 $[a, b]$ 上 $f(x)$ 的原函数一定存在，且其中的一个原函数为 $\Phi(x) = \int_a^x f(t)\mathrm{d}t$.

定理 6.4 一方面肯定了连续函数一定存在原函数，这就回答了在第五章讨论不定积分时，曾提出什么样的函数存在原函数的问题；另一方面也揭示了定积分与不定积分（原函数）之间的联系，从而为通过被积函数的原函数来计算定积分开辟了简便易行的道路.

例 1 计算 $\dfrac{\mathrm{d}}{\mathrm{d}x} \int_0^x \mathrm{e}^{-t}\sin t\,\mathrm{d}t$.

解：$\dfrac{\mathrm{d}}{\mathrm{d}x} \int_0^x \mathrm{e}^{-t}\sin t\,\mathrm{d}t = \left(\int_0^x \mathrm{e}^{-t}\sin t\,\mathrm{d}t \right)' = \mathrm{e}^{-x}\sin x$.

【即学即练】

1. 计算 $\dfrac{\mathrm{d}}{\mathrm{d}x} \int_0^x \mathrm{e}^{-t^2}\mathrm{d}t$. （答案：$\mathrm{e}^{-x^2}$）

2. 计算 $\dfrac{\mathrm{d}}{\mathrm{d}x} \int_x^0 \mathrm{e}^{-t}\sin t\,\mathrm{d}t$. （答案：$-\mathrm{e}^{-x}\sin x$）

例 2 计算 $\dfrac{\mathrm{d}}{\mathrm{d}x} \int_0^{x^2} \cos t\,\mathrm{d}t$.

解：方法一 设 $u = x^2$，则

$$\int_0^{x^2} \cos t\,\mathrm{d}t = \int_0^u \cos t\,\mathrm{d}t = \Phi(u)$$

由此可知，$\int_0^{x^2} \cos t\,\mathrm{d}t = \Phi(u)$ 是 x 的复合函数，利用复合函数求导公式得

$$\frac{\mathrm{d}}{\mathrm{d}x} \int_0^{x^2} \cos t\,\mathrm{d}t = \frac{\mathrm{d}}{\mathrm{d}x} \left[\Phi(u) \right] = \Phi'(u) \cdot \frac{\mathrm{d}u}{\mathrm{d}x}$$

$$= \frac{\mathrm{d}}{\mathrm{d}u} \int_0^u \cos t\,\mathrm{d}t \cdot \frac{\mathrm{d}}{\mathrm{d}x}(x^2) = \cos u \cdot 2x = 2x\cos x^2$$

方法二 也可用公式（6.3.3）直接得结果：

$$\frac{\mathrm{d}}{\mathrm{d}x} \int_0^{x^2} \cos t\,\mathrm{d}t = \cos x^2 (x^2)' = 2x\cos x^2$$

例 3 计算 $\dfrac{\mathrm{d}}{\mathrm{d}x} \int_{x^3}^{x^2} \mathrm{e}^t\,\mathrm{d}t$.

解：因为积分 $\int_{x^3}^{x^2} \mathrm{e}^t\,\mathrm{d}t$ 的上限是函数 x^2，下限是函数 x^3，由定积分的性质 3（定积分可加性）得 $\int_{x^3}^{x^2} \mathrm{e}^t\,\mathrm{d}t = \int_{x^3}^0 \mathrm{e}^t\,\mathrm{d}t + \int_0^{x^2} \mathrm{e}^t\,\mathrm{d}t$

于是 $\dfrac{\mathrm{d}}{\mathrm{d}x}\displaystyle\int_{x^3}^{x^2}\mathrm{e}^t\mathrm{d}t = \dfrac{\mathrm{d}}{\mathrm{d}x}\Big(\displaystyle\int_{x^3}^{0}\mathrm{e}^t\mathrm{d}t + \displaystyle\int_{0}^{x^2}\mathrm{e}^t\mathrm{d}t\Big) = \dfrac{\mathrm{d}}{\mathrm{d}x}\Big(-\displaystyle\int_{0}^{x^3}\mathrm{e}^t\mathrm{d}t + \displaystyle\int_{0}^{x^2}\mathrm{e}^t\mathrm{d}t\Big)$

$$= -\dfrac{\mathrm{d}}{\mathrm{d}x}\int_{0}^{x^3}\mathrm{e}^t\mathrm{d}t + \dfrac{\mathrm{d}}{\mathrm{d}x}\int_{0}^{x^2}\mathrm{e}^t\mathrm{d}t = -\mathrm{e}^{x^3}\cdot(x^3)' + \mathrm{e}^{x^2}\cdot(x^2)'$$

$$= -\mathrm{e}^{x^3}\cdot 3x^2 + \mathrm{e}^{x^2}\cdot 2x = 2x\mathrm{e}^{x^2} - 3x^2\mathrm{e}^{x^3}$$

例 4 求 $\lim\limits_{x\to 0}\dfrac{1}{x^2}\displaystyle\int_{0}^{x}\ln(1+t)\mathrm{d}t$.

解: 因为当 $x\to 0$ 时, $\lim\limits_{x\to 0}x^2 = 0$, $\lim\limits_{x\to 0}\displaystyle\int_{0}^{x}\ln(1+t)\mathrm{d}t = \displaystyle\int_{0}^{0}\ln(1+t)\mathrm{d}t = 0$, 所以此极限为 $\dfrac{0}{0}$ 型不定式, 利用洛必达法则, 有

$$\lim\limits_{x\to 0}\dfrac{1}{x^2}\int_{0}^{x}\ln(1+t)\mathrm{d}t = \lim\limits_{x\to 0}\dfrac{\displaystyle\int_{0}^{x}\ln(1+t)\mathrm{d}t}{x^2} = \lim\limits_{x\to 0}\dfrac{\Big[\displaystyle\int_{0}^{x}\ln(1+t)\mathrm{d}t\Big]'}{(x^2)'}$$

$$= \lim\limits_{x\to 0}\dfrac{\ln(1+x)}{2x} = \lim\limits_{x\to 0}\dfrac{1}{2(1+x)} = \dfrac{1}{2}$$

【即学即练】

计算 $\dfrac{\mathrm{d}}{\mathrm{d}x}\displaystyle\int_{x}^{x^2}t^2\mathrm{d}t$.   (答案: $2x^5 - x^2$)

二、微积分基本定理: 牛顿—莱布尼兹公式

由定理 6.3 和 6.4 我们可得出计算定积分的简便方法.

定理 6.5 设 $f(x)$ 在区间 $[a, b]$ 上连续, $F(x)$ 是 $f(x)$ 的任意一个原函数, 则

$$\int_{a}^{b}f(x)\mathrm{d}x = F(b) - F(a) \tag{6.3.4}$$

证: 由定理 6.3, 可变上限的定积分所表示的函数 $\varPhi(x) = \displaystyle\int_{a}^{x}f(t)\mathrm{d}t$ 是 $f(x)$ 的一个原函数, 而函数 $F(x)$ 也是 $f(x)$ 的一个原函数, 所以, 由第五章 §5.1 不定积分原函数的概念可知, $\varPhi(x)$ 与 $F(x)$ 在区间 $[a, b]$ 上仅差一个常数 C, 从而有

$$\varPhi(x) = F(x) + C \qquad\qquad ①$$

在 $\varPhi(x) = \displaystyle\int_{a}^{x}f(t)\mathrm{d}t$ 中令 $x = a$, 则 $\varPhi(a) = \displaystyle\int_{a}^{a}f(t)\mathrm{d}t = 0$, 代入①式得

$$0 = F(a) + C,$$

故 $C = -F(a)$. 于是①式化为 $\varPhi(x) = F(x) - F(a)$

即 $$\int_{a}^{x}f(t)\mathrm{d}t = F(x) - F(a).$$

在上式中令 $x = b$, 则

$$\int_a^b f(t)\,dt = F(b) - F(a),$$

即 $$\int_a^b f(x)\,dx = F(b) - F(a) \quad (\leftarrow \text{由} \S 6.1 \text{定积分定义中注意}(1))$$

为了方便使用,我们通常把 $F(b) - F(a)$ 记为 $F(x)\big|_a^b$ 或 $\big[F(x)\big]_a^b$. 所以(6.3.4)又可写成

$$\int_a^b f(x)\,dx = F(x)\big|_a^b = F(b) - F(a)$$

定理6.5通常称为微积分基本定理,公式(6.3.4)也称为牛顿—莱布尼兹(Newton - Leibniz)公式. 这一定理揭示了定积分与被积函数的原函数或不定积分的联系,提供了定积分计算的有效方法,即要计算定积分 $\int_a^b f(x)\,dx$,只需首先求出 $f(x)$ 在区间 $[a, b]$ 上的一个原函数 $F(x)$,然后再求原函数在上下限的函数值之差 $F(b) - F(a)$,即 $F(x)$ 在积分区间 $[a, b]$ 上的增量就可以了. 下面举例说明.

例5 计算定积分 $\int_0^1 x^2\,dx$.

解: 因为 $\dfrac{x^3}{3}$ 是 x^2 的一个原函数 $\left(\leftarrow \int x^2\,dx = \dfrac{x^3}{3} + C\right)$,由牛顿—莱布尼兹公式(6.3.4)可知

$$\int_0^1 x^2\,dx = \frac{x^3}{3}\bigg|_0^1 = \frac{1^3}{3} - \frac{0^3}{3} = \frac{1}{3}$$

例6 求定积分 $\int_0^{\frac{\pi}{2}} \cos x\,dx$.

解: 因为 $\sin x$ 是 $\cos x$ 的一个原函数,由牛顿—莱布尼兹公式(6.3.4)可知

$$\int_0^{\frac{\pi}{2}} \cos x\,dx = \sin x\big|_0^{\frac{\pi}{2}}$$

$$= \sin\frac{\pi}{2} - \sin 0 = 1$$

例7 计算 $\int_1^{\sqrt{3}} \dfrac{dx}{1 + x^2}$.

解: 因为 $\arctan x$ 是 $\dfrac{1}{1 + x^2}$ 的一个原函数 $\left(\leftarrow \int \dfrac{dx}{1 + x^2} = \arctan x + C\right)$,由牛顿—莱布尼兹公式可知:

$$\int_1^{\sqrt{3}} \frac{dx}{1 + x^2} = \arctan x\bigg|_1^{\sqrt{3}}$$

$$= \big[\arctan\sqrt{3} - \arctan 1\big] \quad \left(\leftarrow \because \tan\frac{\pi}{3} = \sqrt{3},\ \tan\frac{\pi}{4} = 1\right)$$

$$= \frac{\pi}{3} - \frac{\pi}{4} = \frac{\pi}{12}$$

例8 计算 $\int_{-2}^{-1} \dfrac{dx}{x}$.

解: 当 $x < 0$ 时,$\dfrac{1}{x}$ 的一个原函数是 $\ln|x|$,现在积分区间是 $[-2, -1]$,由牛顿—

莱布尼兹公式可知：$\int_{-2}^{-1} \dfrac{\mathrm{d}x}{x} = \left[\ln|x|\right]\Big|_{-2}^{-1} = \ln1 - \ln2 = -\ln2$.

注： 我们应该特别注意，公式（6.3.4）中的函数 $F(x)$ 必须是 $f(x)$ 在该积分区间 $[a,b]$ 上的原函数．在运用牛顿—莱布尼兹公式时，如果被积函数 $f(x)$ 在积分区间 $[a,b]$ 上不满足可积条件（定理6.1、定理6.2），则不能利用该公式．如在例6中去掉条件 $x<0$ 时，积分区间改为 $[-2,3]$ 则 $\int_{-2}^{3} \dfrac{\mathrm{d}x}{x} = \left[\ln|x|\right]\Big|_{-2}^{3} = \ln3 - \ln2$ 做法是错误的．这是由于 $f(x) = \dfrac{1}{x}$ 在 $x=0$ 处间断，所以在 $[-2,3]$ 上不连续，此时就不能用（6.3.4）公式计算（这类问题的计算将在 §6.6 中讨论）．

【即学即练】

计算下列各题：

(1) $\displaystyle\int_{0}^{2}(2x-5)\,\mathrm{d}x$　　(2) $\displaystyle\int_{1}^{4}\dfrac{1}{\sqrt{x}}\mathrm{d}x$　　(3) $\displaystyle\int_{0}^{\frac{1}{2}}\dfrac{\mathrm{d}x}{\sqrt{1-x^2}}$

（答案：(1) -6　　(2) 2　　(3) $\dfrac{\pi}{6}$）

例 9　设 $f(x)=\begin{cases}1 & x\leqslant 0 \\ 1+x & 0<x\leqslant 1\end{cases}$，求 $\displaystyle\int_{-1}^{1}f(x)\,\mathrm{d}x$ 定积分．

解题分析： 本题的特点是被积函数是分段函数．由于在积分区间上，被积函数有不同的解析式，不能直接求出它的原函数，所以要用分段点 $x=0$ 将积分区间 $[-1,1]$ 划分，使得在每个小区间上被积函数的解析式是唯一的，然后利用定积分对积分区间的可加性（性质3）来求出被积函数的原函数．

解： 用被积函数的分段点 $x=0$ 将积分区间 $[-1,1]$ 分成两个区间：$[-1,0]$ 和 $[0,1]$，如图 6-3-3 所示．因此，由可加性有

$$\int_{-1}^{1}f(x)\,\mathrm{d}x = \int_{-1}^{0}f(x)\,\mathrm{d}x + \int_{0}^{1}f(x)\,\mathrm{d}x$$

$$= \int_{-1}^{0}1\cdot\mathrm{d}x + \int_{0}^{1}(1+x)\,\mathrm{d}x$$

$$= x\Big|_{-1}^{0} + \left(x+\dfrac{1}{2}x^2\right)\Big|_{0}^{1}$$

$$= 0-(-1)+\left(1+\dfrac{1}{2}\right)-0 = \dfrac{5}{2}$$

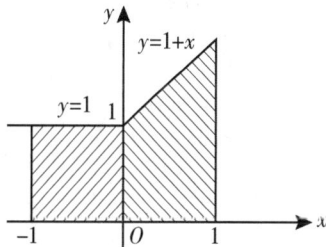

图 6-3-3

例 10　求定积分 $\displaystyle\int_{0}^{2}|1-x|\,\mathrm{d}x$.

解题分析： 本题的特点是被积函数中含有绝对值符号．由于在积分区间上，不能直接求出它的原函数，所以要去掉绝对值符号，即把被积函数表示成分段函数，再用例9的方法即可．

解： 由 $|1-x|=0$，得 $x=1$，

从而

$$|1-x| = \begin{cases} 1-x & x \leqslant 1 \\ x-1 & 1 < x \end{cases}.$$

用被积函数的分段点 $x=1$ 将积分区间 $[0, 2]$ 分成两个区间：$[0, 1]$ 和 $[1, 2]$，因此，由可加性有

$$\int_0^2 |1-x| \mathrm{d}x = \int_0^1 (1-x)\mathrm{d}x + \int_1^2 (x-1)\mathrm{d}x$$

$$= \left(x - \frac{1}{2}x^2\right)\Big|_0^1 + \left(\frac{1}{2}x^2 - x\right)\Big|_1^2$$

$$= (1 - \frac{1}{2}) - 0 + (\frac{1}{2} \times 4 - 2) - (\frac{1}{2} - 1) = 1$$

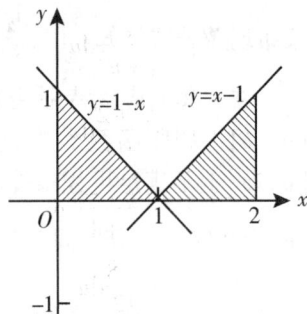

图 6-3-4

如图 6-3-4 所示.

例 9、例 10 两例说明，当被积函数为分段函数或含绝对值符号时，由绝对值的性质找出去掉绝对值符号的分界点，用分界点把积分区间分为若干个子区间，然后利用定积分的可加性把原定积分分成几个定积分之和，使每个定积分都能用牛顿—莱布尼兹公式来计算，从而求出原定积分的结果.

【即学即练】

计算定积分 $\int_{-1}^2 |1-x| \mathrm{d}x$.　　　（答案：$\frac{5}{2}$）

6.3　练习题

1. 求下列函数的导数：

(1) $\dfrac{\mathrm{d}}{\mathrm{d}x}\displaystyle\int_0^x \sin t^2 \mathrm{d}t$

(2) $\dfrac{\mathrm{d}}{\mathrm{d}x}\displaystyle\int_2^x \sqrt{1+t^2}\,\mathrm{d}t$

(3) $\dfrac{\mathrm{d}}{\mathrm{d}x}\displaystyle\int_x^1 \mathrm{e}^{-t^2}\mathrm{d}t$

(4) $\dfrac{\mathrm{d}}{\mathrm{d}x}\displaystyle\int_{\sqrt{x}}^x \mathrm{e}^{-t^2}\mathrm{d}t$

2. 求下列极限：

(1) $\displaystyle\lim_{x\to 0}\frac{\mathrm{e}^x}{x}\int_0^x \sin t\,\mathrm{d}t$

(2) $\displaystyle\lim_{x\to 0}\frac{\displaystyle\int_0^x \cos t^2 \mathrm{d}t}{x}$

(3) $\displaystyle\lim_{x\to 1}\frac{\displaystyle\int_1^x \frac{\ln t}{t+1}\mathrm{d}t}{(x-1)^2}$

(4) $\displaystyle\lim_{x\to 0}\frac{\displaystyle\int_0^{x^2} \sqrt{1+t^2}\,\mathrm{d}t}{x^2}$

3. 设 $f(x)$ 连续，且 $x \geqslant 0$，$\displaystyle\int_0^{x^2} f(t)\mathrm{d}t = x^2(1+x)$，求 $f(2)$.

4. 用牛顿—莱布尼兹公式计算下列定积分：

(1) $\displaystyle\int_0^6 (x^2 - 6x + 5)\mathrm{d}x$

(2) $\displaystyle\int_0^1 (\mathrm{e}^x + 100^x)\mathrm{d}x$

$(3) \int_1^{\sqrt{3}} \dfrac{1}{1+u^2} \mathrm{d}u$ $\qquad$ $(4) \int_0^{\frac{\pi}{4}} \tan^2 x \, \mathrm{d}x$

$(5) \int_9^{16} \dfrac{\sqrt{x}+2}{x} \mathrm{d}x$ $\qquad$ $(6) \int_{\frac{\pi}{2}}^{\pi} (\sin x + \cos x) \, \mathrm{d}x$

$(7) \int_0^1 \dfrac{x^3+x-2}{x^2+1} \mathrm{d}x$ $\qquad$ $(8) \int_0^4 (x^3 + \mathrm{e}^x) \, \mathrm{d}x$

$(9) \int_0^1 \dfrac{u^3-8}{u-2} \mathrm{d}u$

5. 求下列定积分：

(1) 设 $f(x) = \begin{cases} x+1 & x>1 \\ 2 & x \leqslant 1 \end{cases}$，求 $\int_{-2}^2 f(x) \mathrm{d}x$.

(2) 设 $f(x) = \begin{cases} \mathrm{e}^x & 0 \leqslant x < 1 \\ \dfrac{1}{2}x^2 & 1 \leqslant x < 2 \end{cases}$，求 $\int_0^2 f(x) \mathrm{d}x$.

(3) 设函数 $f(x) = \begin{cases} x^2 & -1 \leqslant x < 0 \\ 3\sqrt{x} & 0 \leqslant x \leqslant 1 \end{cases}$，求 $\int_{-1}^1 f(x) \mathrm{d}x$.

6. 求下列定积分：

$(1) \int_{-2}^1 x^2 |x| \mathrm{d}x$ $\quad$ $(2) \int_{-1}^2 |1-x| \mathrm{d}x$ $\quad$ $(3) \int_0^{2\pi} |\sin x| \mathrm{d}x$ $\quad$ $(4) \int_{\frac{1}{e}}^{e} |\ln x| \mathrm{d}x$

7. 求下列各题中 k 的值，其中 k 为常数.

$(1) \int_1^k \dfrac{1}{\sqrt[3]{x}} \mathrm{d}x = \dfrac{9}{2}$ $\qquad$ $(2) \int_1^3 k(2x+5) \mathrm{d}x = 4$

8. 已知某工厂的产品关于投资 x 的边际利润函数为 $ML = 0.15(1-\mathrm{e}^{-0.1x})$（万元），现拟投资 20 万元，可望获利多少？

参考答案

1. $(1) \sin x^2$ $\qquad$ $(2) \sqrt{1+x^2}$ $\qquad$ $(3) -\mathrm{e}^{-x^2}$ $\qquad$ $(4) \mathrm{e}^{-x^2} - \dfrac{1}{2\sqrt{x}} \mathrm{e}^{-x}$

2. $(1) 0$ $\qquad$ $(2) 1$ $\qquad$ $(3) \dfrac{1}{4}$ $\qquad$ $(4) 1$

3. $1 + \dfrac{3\sqrt{2}}{2}$

4. $(1) -6$ $\qquad$ $(2) \mathrm{e}-1+\dfrac{99}{\ln 100}$ $\qquad$ $(3) \dfrac{\pi}{12}$ $\qquad$ $(4) 1 - \dfrac{\pi}{4}$

   $(5) 2 + 4\ln\dfrac{4}{3}$ $\qquad$ $(6) 0$ $\qquad$ $(7) \dfrac{1}{2}(1-\pi)$ $\quad$ $(8) \mathrm{e}^4 + 63$

   $(9) \dfrac{16}{3}$

5. $(1) \dfrac{17}{12}$ $\qquad$ $(2) \mathrm{e} + \dfrac{1}{6}$ $\qquad$ $(3) \dfrac{7}{3}$

6. (1) 3 (2) $\dfrac{5}{2}$ (3) 4 (4) $2 - \dfrac{2}{e}$

7. (1) 8 (2) $\dfrac{2}{9}$

8. $1.5 + 1.5e^{-2}$ (万元)

§6.4 定积分的换元积分法与分部积分法

在上一节中应用牛顿—莱布尼兹公式，为计算定积分提供了一种简便易行的运算方法. 计算过程是首先通过求不定积分得到原函数，再求原函数在上、下限的函数值之差. 这种计算过程是把两步截然分开来计算的. 我们知道不定积分用换元积分法和分部积分法能求出某些函数的原函数. 本节将在不定积分换元积分法的基础上，建立相应的定积分的换元积分法，以简化一些计算.

一、定积分的换元积分法

例 1 求不定积分 $\displaystyle\int_1^4 \dfrac{1}{x + \sqrt{x}}\mathrm{d}x$.

解：方法一 用牛顿—莱布尼兹公式.

首先为了去掉根式，利用换元法求出原函数，再求出原函数上下限的差.

因为

$$\int \dfrac{1}{x + \sqrt{x}}\mathrm{d}x = \int \dfrac{2t\mathrm{d}t}{t^2 + t}\quad (\leftarrow 令 \sqrt{x} = t)$$

$$= 2\int \dfrac{\mathrm{d}t}{t + 1} = 2\ln(t + 1) + C \quad (\leftarrow 回代 \sqrt{x} = t)$$

$$= 2\ln(\sqrt{x} + 1) + C$$

得原函数 $2\ln(\sqrt{x} + 1)$.

所以 $\displaystyle\int_1^4 \dfrac{1}{x + \sqrt{x}}\mathrm{d}x = 2\ln(\sqrt{x} + 1)\Big|_1^4 = 2(\ln3 - \ln2) = 2\ln\dfrac{3}{2}$ （←由牛顿—莱布尼兹公式）.

方法二 用定积分的换元积分法（注意与不定积分的换元积分法的区别）.

如果我们在换元的同时，根据所设的代换 $t = \sqrt{x}$，由原定积分中积分变量的上下限相应地变化换元后新积分变量的上下限：

当 $x = 1$ 时代入 $t = \sqrt{x}$ 得 $t = \sqrt{1} = 1$；当 $t = 4$ 时代入 $t = \sqrt{x}$ 得 $t = \sqrt{4} = 2$，则原来的积分式中积分变量 x 及对应积分限（" $\displaystyle\int_1^4$ "）用积分变量 u 及对应的积分限（" $\displaystyle\int_1^2$ "）代替，得到换元后的新的定积分 $2\displaystyle\int_1^2 \dfrac{\mathrm{d}t}{t + 1}$，求此定积分就能求得原定积分结果.

具体做法如下：在原定积分 $\displaystyle\int_1^4 \dfrac{1}{x + \sqrt{x}}\mathrm{d}x$ 中，令 $t = \sqrt{x}$，则 $x = t^2$，$\mathrm{d}x = 2t\mathrm{d}t$，换积分限：

由 $t = \sqrt{x}$，当 $x = 1$（原变量上限）时，$t = \sqrt{1} = 1$（新变量上限）；当 $x = 4$（原变量下限）时，$t =$

$\sqrt{4}=2$（新变量下限）.

于是 $\quad\displaystyle\int_1^4\frac{1}{x+\sqrt{x}}\mathrm{d}x=\int_1^2\frac{2t\mathrm{d}t}{t^2+t}$（←原变量 x 的积分限"$\displaystyle\int_1^4$"，新变量 t 的积分限"$\displaystyle\int_1^2$"）

$$=2\int_1^2\frac{\mathrm{d}t}{t+1}=2\ln(t+1)\Big|_1^2=2\ln\frac{3}{2}$$

以上做法的正确性有以下定理保证.

定理 6.6 设函数 $f(x)$ 在区间 $[a,b]$ 上连续，作变换 $x=\varphi(t)$，如果

（1）$a=\varphi(\alpha)$，$b=\varphi(\beta)$，$a\leqslant\varphi(t)\leqslant b$；

（2）$x=\varphi(t)$ 在区间 $[\alpha,\beta]$ 上有连续导数 $\varphi'(t)$，当 t 在区间 $[\alpha,\beta]$ 上变化时，$\varphi(t)$ 的值从 $\varphi(\alpha)$ 单调地变到 $\varphi(\beta)$，则有

$$\int_a^b f(x)\mathrm{d}x=\int_\alpha^\beta f[\varphi(t)]\varphi'(t)\mathrm{d}t \tag{6.4.1}$$

（6.4.1）式称为定积分的换元公式.

证： 函数 $f(x)$ 在区间 $[a,b]$ 上连续，设函数 $F(x)$ 是 $f(x)$ 的一个原函数，则由牛顿—莱布尼兹公式，得

$$\int_a^b f(x)\mathrm{d}x=F(x)\Big|_a^b=F(b)-F(a). \qquad ①$$

再由不定积分的第一类换元积分法，可得

$$\int f[\varphi(t)]\varphi'(t)\mathrm{d}t=F[\varphi(t)]+C,$$

即 $F[\varphi(t)]$ 是 $f[\varphi(t)]\varphi'(t)$ 的一个原函数. 由牛顿—莱布尼兹公式，得

$$\int_\alpha^\beta f[\varphi(t)]\varphi'(t)\mathrm{d}t=F[\varphi(t)]\Big|_\alpha^\beta=F[\varphi(\beta)]-F[\varphi(\alpha)]=F(b)-F(a)$$

即 $$\int_\alpha^\beta f[\varphi(t)]\varphi'(t)\mathrm{d}t=F(b)-F(a) \qquad ②$$

由①，②得 $$\int_a^b f(x)\mathrm{d}x=\int_\alpha^\beta f[\varphi(t)]\varphi'(t)\mathrm{d}t.$$

在应用定积分的换元法公式（6.4.1）时应注意：

（1）从左到右应用时，相当于不定积分的第二类换元积分法. 计算时，用 $x=\varphi(t)$ 把原积分变量 x 换为新变量 t，积分限也必须由 a 和 b 换为新变量 t 的积分限 α 和 β（换元必换限），求出 $f[\varphi(t)]\varphi'(t)$ 的一个原函数 $F[\varphi(t)]$ 后，不必像求不定积分那样，再把 $F[\varphi(t)]$ 换回原积分变量 x 的函数，而只要把新变量 t 的上、下限依次代入 $F[\varphi(t)]$ 中，然后相减即可，这点与不定积分的第二类换元积分法是完全不同的.

（2）从右到左应用公式（6.4.1）时，相当于不定积分的第一类换元积分法（凑微分法），一般不用设出新的积分变量. 这时，原积分的上、下限不需改变（不换元积分限不变）. 只要求出被积函数的一个原函数，就可直接应用牛顿—莱布尼兹公式求出定积分的值. 再看下例.

例 2   计算 $\int_0^{\frac{\pi}{2}} \sin^2 x \cos x \, \mathrm{d}x$.

解：令 $\sin x = u$, $\cos x \mathrm{d}x = \mathrm{d}u$

换积分限：由 $\sin x = u$, 当 $x = 0$（原变量上限）时, $u = \sin 0 = 0$（新变量上限）；当 $x = \dfrac{\pi}{2}$

（原变量下限）时, $u = \sin \dfrac{\pi}{2} = 1$（新变量下限），

于是

原变量 x 的积分限 " $\int_0^{\frac{\pi}{2}}$ "

新变量 u 的积分限 $\int_0^1$ "

$$\int_0^{\frac{\pi}{2}} \sin^2 x \cos x \mathrm{d}x = \int_0^1 u^2 \mathrm{d}u = \frac{1}{3}u^3 \Big|_0^1 = \frac{1}{3}$$

用凑微分法解法如下：

原变量 x 的积分限 " $\int_0^{\frac{\pi}{2}}$ "

凑微分后原变量 x 的积分限 " $\int_0^{\frac{\pi}{2}}$ "

$$\int_0^{\frac{\pi}{2}} \sin^2 x \cos x \mathrm{d}x = \int_0^{\frac{\pi}{2}} \sin^2 x \mathrm{d}(\sin x)$$
$$= \frac{1}{3}\sin^3 x \ \Big|_0^{\frac{\pi}{2}} = \frac{1}{3}(1-0) = \frac{1}{3}$$

注：由解法二原变量 x 的积分限 " $\int_0^{\frac{\pi}{2}}$ ", 凑微分后没有出现新变量, 变量 x 的积分限不变, 仍然为 " $\int_0^{\frac{\pi}{2}}$ ".

【即学即练】

计算下面定积分：

$(1)\ \int_1^4 \dfrac{\mathrm{d}x}{\sqrt{x}+1}$ $(2)\ \int_0^{\ln 2} \sqrt{e^x - 1} \, \mathrm{d}x$

（答案：$(1)\, 2 + 2\ln\dfrac{2}{3}$ $(2)\, 2\left(1 - \dfrac{\pi}{4}\right)$）

例 3   求不定积分 $\int_0^2 \dfrac{x}{1+x^2}\mathrm{d}x$.

解：方法一   令 $u = 1 + x^2$, 则 $\mathrm{d}u = 2x\mathrm{d}x$,

由 $u = 1 + x^2$, 当 $x = 0$ 时, $u = 1$; 当 $x = 2$ 时, $u = 5$.

于是 $\int_0^2 \dfrac{x}{1+x^2}\mathrm{d}x = \dfrac{1}{2}\int_1^5 \dfrac{\mathrm{d}u}{u}$ （←原变量积分限 " $\int_0^2$ ", 新变量积分限 " $\int_1^5$ "）

$$= \frac{1}{2}\ln u \Big|_1^5 = \frac{1}{2}\ln 5$$

方法二（凑微分法）　可不需换元，则上下限也不必换，可以直接写成

$$\int_0^2 \frac{x}{1+x^2}\mathrm{d}x = \frac{1}{2}\int_0^2 \frac{\mathrm{d}(1+x^2)}{1+x^2} \quad (\leftarrow 不设新变量，不换限 \text{"}\int_0^2\text{"})$$

$$= \frac{1}{2}\ln(1+x^2)\Big|_0^2$$

$$= \frac{1}{2}\big[\ln(1+2^2)-\ln 1\big] = \frac{1}{2}\ln 5$$

上两例说明在定积分的换元积分法中用"凑微分法"时因为没出现新的变量，也就不必换上、下限.

【即学即练】

计算 $\int_0^{\frac{\pi}{2}}\cos^2 x\sin x\mathrm{d}x.$　　　　（答案：$\dfrac{1}{3}$）

例4　求定积分 $\int_{\sqrt{2}}^2 \dfrac{\mathrm{d}x}{x^2\sqrt{x^2-1}}.$

解：用三角换元.

令 $x=\sec t,\ (0<t<\dfrac{\pi}{2})$，则 $\mathrm{d}x=\sec t\cdot\tan t\mathrm{d}t$;

当 $x=2$ 时，$2=\sec t\Rightarrow 2=\dfrac{1}{\cos t}\Rightarrow\cos t=\dfrac{1}{2}\Rightarrow t=\dfrac{\pi}{3}$　$(\leftarrow\because\cos\dfrac{\pi}{3}=\dfrac{1}{2})$;

当 $x=\sqrt{2}$ 时，$\sqrt{2}=\sec t\Rightarrow\sqrt{2}=\dfrac{1}{\cos t}\Rightarrow\cos t=\dfrac{\sqrt{2}}{2}\Rightarrow t=\dfrac{\pi}{4}$　$(\leftarrow\because\cos\dfrac{\pi}{4}=\dfrac{\sqrt{2}}{2})$.

$$\sqrt{x^2-1}=\sqrt{\sec^2 t-1}=\tan t$$

于是

$$\int_{\sqrt{2}}^2 \frac{\mathrm{d}x}{x^2\sqrt{x^2-1}}=\int_{\frac{\pi}{4}}^{\frac{\pi}{3}}\frac{\sec t\cdot\tan t}{\sec^2 t\cdot\tan t}\mathrm{d}t \quad (\leftarrow 原积分限\text{"}\int_{\sqrt{2}}^2\text{"}，换元后的积分限\text{"}\int_{\frac{\pi}{4}}^{\frac{\pi}{3}}\text{"})$$

$$=\int_{\frac{\pi}{4}}^{\frac{\pi}{3}}\frac{1}{\sec t}\mathrm{d}t=\int_{\frac{\pi}{4}}^{\frac{\pi}{3}}\cos t\mathrm{d}t=\sin t\Big|_{\frac{\pi}{4}}^{\frac{\pi}{3}}=\frac{\sqrt{3}-\sqrt{2}}{2}$$

【即学即练】

求定积分 $\int_0^a \sqrt{a^2-x^2}\mathrm{d}x.$　　　　（答案：$\dfrac{1}{4}\pi a^2$）

例5　设函数 $f(x)$ 在区间 $[-a,\ a]$ 上连续$(a>0)$，证明：

(1)当 $f(x)$ 为偶函数时，有 $\int_{-a}^a f(x)\mathrm{d}x=2\int_0^a f(x)\mathrm{d}x$;

(2)当 $f(x)$ 为奇函数时，有 $\int_{-a}^a f(x)\mathrm{d}x=0.$

证：(1)等式左边由定积分的可加性把积分区间 $[-a, a]$ 分成两个区间 $[-a, 0]$ 和 $[0, a]$，有

$$\int_{-a}^{a} f(x)\,dx = \int_{-a}^{0} f(x)\,dx + \int_{0}^{a} f(x)\,dx \tag{$*$}$$

对等号右端的第一项，作变量代换. 令 $x = -t$，则 $dx = -dt$，

且当 $x = -a$ 时，$t = a$；当 $x = 0$ 时，$t = 0$.

于是　$\displaystyle\int_{-a}^{0} f(x)\,dx = -\int_{a}^{0} f(-t)\,dt$

$\qquad\qquad = \displaystyle\int_{0}^{a} f(-t)\,dt$（←交换上下限，定积分变号）

$\qquad\qquad = \displaystyle\int_{0}^{a} f(-x)\,dx$（←定积分与积分变量字母的选取无关）

$\qquad\qquad = \displaystyle\int_{0}^{a} f(x)\,dx$（←$f(x)$ 为偶函数）

所以，($*$)式可化为

$$\int_{-a}^{a} f(x)\,dx = \int_{0}^{a} f(x)\,dx + \int_{0}^{a} f(x)\,dx = 2\int_{0}^{a} f(x)\,dx$$

(2)类似于(1)的证明，请读者自行完成.

从几何直观上看，例4性质反映了积分区间为对称区间 $[-a, a]$ 上的偶函数为曲边，构成的面积是半区间 $[0, a]$ 上面积的两倍，奇函数为曲边，构成的面积正负面积相消. 如图 6-4-1 所示.

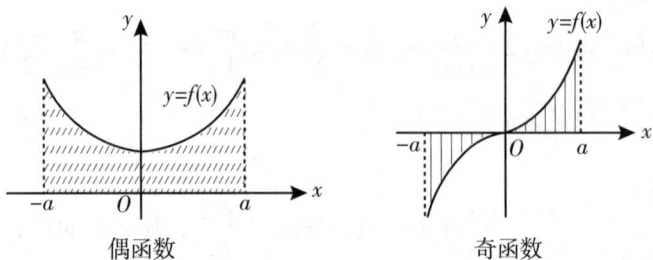

偶函数　　　　　　　　奇函数

图 6-4-1

例5 结论称为在定积分计算中奇、偶函数在对称区间上的积分性质，利用这一结果可使满足条件的定积分计算得到简化，因此 (6.4.2) 可以作为公式使用.

$$\int_{-a}^{a} f(x)\,dx = \begin{cases} 2\displaystyle\int_{0}^{a} f(x)\,dx & \text{当} f(x) \text{为偶函数} \\ 0 & \text{当} f(x) \text{为奇函数} \end{cases} \tag{6.4.2}$$

注：(1) 两个偶函数的和是偶函数，两个奇函数的和是奇函数；

（2）两个偶函数的乘积是偶函数，两个奇函数的乘积是偶函数，偶函数与奇函数的乘积是奇函数.

例 6 计算下列各定积分：

$$（1）\int_{-\frac{\pi}{4}}^{\frac{\pi}{4}} \frac{1+x^3}{\cos^2 x}\mathrm{d}x \qquad\qquad （2）\int_{-1}^{1}（x+\sqrt{1-x^2}）^2\mathrm{d}x$$

解：（1）因为积分区间 $\left[-\dfrac{\pi}{4},\ \dfrac{\pi}{4}\right]$ 是对称区间，且 $\dfrac{1+x^3}{\cos^2 x}=\dfrac{1}{\cos^2 x}+\dfrac{x^3}{\cos^2 x}$，其中 $\dfrac{1}{\cos^2 x}$

是偶函数，则 $\displaystyle\int_{-\frac{\pi}{4}}^{\frac{\pi}{4}}\dfrac{1}{\cos^2 x}\mathrm{d}x=2\int_{0}^{\frac{\pi}{4}}\dfrac{1}{\cos^2 x}\mathrm{d}x$；$\dfrac{x^3}{\cos^2 x}$ 是奇函数，则 $\displaystyle\int_{-\frac{\pi}{4}}^{\frac{\pi}{4}}\dfrac{x^3}{\cos^2 x}\mathrm{d}x=0$，

从而得

$$
\begin{aligned}
\int_{-\frac{\pi}{4}}^{\frac{\pi}{4}} \frac{1+x^3}{\cos^2 x}\mathrm{d}x &= \int_{-\frac{\pi}{4}}^{\frac{\pi}{4}}\left（\frac{1}{\cos^2 x}+\frac{x^3}{\cos^2 x}\right）\mathrm{d}x \\
&= \int_{-\frac{\pi}{4}}^{\frac{\pi}{4}}\frac{1}{\cos^2 x}\mathrm{d}x+\int_{-\frac{\pi}{4}}^{\frac{\pi}{4}}\frac{x^3}{\cos^2 x}\mathrm{d}x \\
&= 2\int_{0}^{\frac{\pi}{4}}\frac{1}{\cos^2 x}\mathrm{d}x+0=2\tan x\Big|_{0}^{\frac{\pi}{4}} \\
&= 2\left（\tan\frac{\pi}{4}-\tan 0\right）=2（1-0）=2
\end{aligned}
$$

（2）因为积分区间 $\left[-1,\ 1\right]$ 是对称区间，且被积函数

$$（x+\sqrt{1-x^2}）^2=x^2+2x\sqrt{1-x^2}+1-x^2=2x\sqrt{1-x^2}+1,$$

其中 $2x\sqrt{1-x^2}$ 是奇函数，1 是偶函数，所以

$$
\begin{aligned}
\int_{-1}^{1}（x+\sqrt{1-x^2}）^2\mathrm{d}x &= \int_{-1}^{1}（2x\sqrt{1-x^2}+1）\mathrm{d}x \\
&= \int_{-1}^{1}2x\sqrt{1-x^2}\mathrm{d}x+\int_{-1}^{1}1\mathrm{d}x=0+2\int_{0}^{1}1\mathrm{d}x=2
\end{aligned}
$$

例 7 已知 $g(x)$ 是奇函数且 $\displaystyle\int_{-9}^{-3}g(x)\mathrm{d}x=a$，求 $\displaystyle\int_{-9}^{3}g(x)\mathrm{d}x.$

解：$\displaystyle\int_{-9}^{3}g(x)\mathrm{d}x=\int_{-9}^{-3}g(x)\mathrm{d}x+\int_{-3}^{3}g(x)\mathrm{d}x=a+0=a$

【即学即练】

1. 利用积分区间是关于原点对称及函数的奇偶性计算下列积分：

$$（1）\int_{-1}^{1}x^2|x|\mathrm{d}x \qquad （2）\int_{-\frac{\pi}{2}}^{\frac{\pi}{2}}（x^5+1）\cos x\mathrm{d}x \qquad （答案：（1）\frac{1}{2}\quad（2）2）$$

2. 已知 $f(x)$ 是偶函数且 $\displaystyle\int_{-8}^{-4}f(x)\mathrm{d}x=a$，$\displaystyle\int_{0}^{4}f(x)\mathrm{d}x=b$，求 $\displaystyle\int_{-8}^{4}f(x)\mathrm{d}x.$

（答案：$a+2b$）

二、定积分的分部积分法

与不定积分的分部积分法相类似，我们可得到下面的定积分的分部积分法.

设 $u = u(x)$，$v = v(x)$ 在区间 $[a, b]$ 上具有连续导数 $u'(x)$，$v'(x)$. 根据乘积的微分公式

$$d(uv) = v \cdot du + u \cdot dv,$$

分别求上式两端在区间 $[a, b]$ 上的定积分，得

$$\int_a^b d(uv) = \int_a^b (v \cdot du + u \cdot dv) = \int_a^b v \cdot du + \int_a^b u \cdot dv$$

从上式中解出 $\int_a^b u \cdot dv$，得 $\int_a^b u \cdot dv = \int_a^b d(uv) - \int_a^b v \cdot du$

再由牛顿—莱布尼兹公式解出右端第一部分，则有

$$\int_a^b u\, v' dx = (uv) \Big|_a^b - \int_a^b v\, u' dx$$

于是可得定积分的分部积分法公式：

$$\int_a^b u dv = (uv) \Big|_a^b - \int_a^b v du \qquad (6.4.3)$$

或

$$\int_a^b u v' dx = (uv) \Big|_a^b - \int_a^b v u' dx \qquad (6.4.3)'$$

(6.4.3) 或 (6.4.3)′ 就是定积分的分部积分公式.

注：在用分部积分法求定积分中，选择 u 和 dv 的思路与方法与对应的不定积分是相同的.

例8 求定积分 $\int_0^{\frac{\pi}{2}} x^2 \sin x dx$.

解：（1）设 $u = x^2$，$dv = \sin x dx$，则 $du = 2x^2 dx$，$v = -\cos x$，代入分部积分公式 (6.4.3) $\int_a^b u dv = (uv) \Big|_a^b - \int_a^b v du$ 得

$$\int_0^{\frac{\pi}{2}} x^2 \sin x dx = -\int_0^{\frac{\pi}{2}} x^2 d(\cos x) = -x^2 \cos x \Big|_0^{\frac{\pi}{2}} + 2\int_0^{\frac{\pi}{2}} x \cos x dx$$

$$= 0 + 2\int_0^{\frac{\pi}{2}} x d\sin x \quad (\leftarrow 再次用分部积分公式，设 u = x，dv = \cos x dx)$$

$$= 2x \sin x \Big|_0^{\frac{\pi}{2}} - 2\int_0^{\frac{\pi}{2}} \sin x dx = \pi - 2$$

例9 计算 $\int_0^{\frac{1}{2}} \arcsin x dx$.

解：$\int_0^{\frac{1}{2}} \arcsin x dx = (x \arcsin x) \Big|_0^{\frac{1}{2}} - \int_0^{\frac{1}{2}} x d\arcsin x \quad (\leftarrow 设 u = \arcsin x，dv = x dx)$

$$= \frac{1}{2} \cdot \frac{\pi}{6} - \int_0^{\frac{1}{2}} \frac{x}{\sqrt{1-x^2}} \mathrm{d}x = \frac{\pi}{12} + \frac{1}{2} \int_0^{\frac{1}{2}} \frac{1}{\sqrt{1-x^2}} \mathrm{d}(1-x^2)$$

$$= \frac{\pi}{12} + \left[\sqrt{1-x^2}\right]\Big|_0^{\frac{1}{2}} = \frac{\pi}{12} + \frac{\sqrt{3}}{2} - 1$$

例 10 计算 $\int_0^1 \mathrm{e}^{\sqrt{x}} \mathrm{d}x$.

解： 首先换元，消掉根式.

令 $\sqrt{x} = t$，$x = t^2$，则 $\mathrm{d}x = 2t\mathrm{d}t$. 于是

$$\int_0^1 \mathrm{e}^{\sqrt{x}} \mathrm{d}x = 2 \int_0^1 t \mathrm{e}^t \mathrm{d}t \quad (\leftarrow 设\ u = t,\ \mathrm{d}v = \mathrm{e}^t \mathrm{d}t)$$

$$= 2 \int_0^1 t \mathrm{d}\mathrm{e}^t = 2(t\mathrm{e}^t)\Big|_0^1 - 2 \int_0^1 \mathrm{e}^t \mathrm{d}t = 2\mathrm{e} - 2\mathrm{e}^t\Big|_0^1 = 2$$

例 11 求定积分 $\int_0^{2\pi} \mathrm{e}^x \cos x \mathrm{d}x$.

解： 设 $u = \cos x$，$\mathrm{d}v = \mathrm{e}^x \mathrm{d}x$，则 $\mathrm{d}u = \mathrm{d}(\cos x) = -\sin x \mathrm{d}x$，$v = \mathrm{e}^x$，代入分部积分公式

(6.4.3) $\int_a^b u \mathrm{d}v = (uv)\Big|_a^b - \int_a^b v \mathrm{d}u$

$$\int_0^{2\pi} \mathrm{e}^x \cos x \mathrm{d}x = \int_0^{2\pi} \cos x \mathrm{d}(\mathrm{e}^x) = \mathrm{e}^x \cos x \Big|_0^{2\pi} - \int_0^{2\pi} \mathrm{e}^x \mathrm{d}(\cos x)$$

$$= (\mathrm{e}^{2\pi} - 1) + \int_0^{2\pi} \sin x \mathrm{d}(\mathrm{e}^x) \quad (\leftarrow 再用分部积分，设\ u = \sin x, \mathrm{d}v = \mathrm{e}^x \mathrm{d}x)$$

$$= (\mathrm{e}^{2\pi} - 1) + \mathrm{e}^x \sin x \Big|_0^{2\pi} - \int_0^{2\pi} \mathrm{e}^x \mathrm{d}(\sin x)$$

$$= (\mathrm{e}^{2\pi} - 1) - \int_0^{2\pi} \mathrm{e}^x \cos x \mathrm{d}x \quad (\leftarrow 注意和原题比较)$$

即
$$\int_0^{2\pi} \mathrm{e}^x \cos x \mathrm{d}x = (\mathrm{e}^{2\pi} - 1) - \int_0^{2\pi} \mathrm{e}^x \cos x \mathrm{d}x$$

把上面等式看成以 " $\int_0^{2\pi} \mathrm{e}^x \cos x \mathrm{d}x$ " 为变量的方程解出，得

$$2 \int_0^{2\pi} \mathrm{e}^x \cos x \mathrm{d}x = \mathrm{e}^{2\pi} - 1$$

所以
$$\int_0^{2\pi} \mathrm{e}^x \cos x \mathrm{d}x = \frac{1}{2}(\mathrm{e}^{2\pi} - 1).$$

【即学即练】

计算定积分：（1）$\int_0^2 x \mathrm{e}^{2x} \mathrm{d}x$ （2）$\int_0^{\frac{\pi}{2}} x \sin x \mathrm{d}x$

（答案：（1）$\frac{3\mathrm{e}^4}{4} + \frac{1}{4}$ （2）1）

6.4 练习题

1. 计算下列定积分：

(1) $\int_{-1}^{3}(3x-4)^3\mathrm{d}x$

(2) $\int_{-1}^{2}4x\sqrt{2x^2+1}\,\mathrm{d}x$

(3) $\int_{1}^{2}\dfrac{e^x-1}{e^x-x+1}\mathrm{d}x$

(4) $\int_{0}^{\frac{\pi}{2}}\sin(2x+\pi)\mathrm{d}x$

(5) $\int_{0}^{\frac{\pi}{2}}\cos^5 x\sin x\mathrm{d}x$

(6) $\int_{0}^{2}\dfrac{1}{4+x^2}\mathrm{d}x$

(7) $\int_{1}^{e}\dfrac{2+\ln x}{x}\mathrm{d}x$

(8) $\int_{-1}^{1}\dfrac{x\mathrm{d}x}{\sqrt{5-4x}}$

(9) $\int_{1}^{16}\dfrac{\mathrm{d}x}{\sqrt{x}(\sqrt{x}+1)}$

(10) $\int_{1}^{e}\dfrac{\ln x}{x}\mathrm{d}x$

(11) $\int_{1}^{2}\dfrac{1}{3x-1}\mathrm{d}x$

(12) $\int_{0}^{\ln 2}e^x(1+e^x)^2\mathrm{d}x$

(13) $\int_{0}^{\frac{\pi}{2}}\cos^3\varphi\sin\varphi\mathrm{d}\varphi$

(14) $\int_{-\sqrt{3}}^{\sqrt{3}}\dfrac{x}{\sqrt{x^2+1}}\mathrm{d}x$

(15) $\int_{0}^{5}x^2 e^{x^3}\mathrm{d}x$

(16) $\int_{\frac{1}{2}}^{1}e^{\sqrt{2x-1}}\mathrm{d}x$

(17) $\int_{0}^{2}\dfrac{5x^4-8x^3}{x^5-2x^4+8}\mathrm{d}x$

(18) $\int_{0}^{4}\dfrac{x-1}{x^2-2x+3}\mathrm{d}x$

(19) $\int_{1}^{4}\dfrac{\sqrt{x}}{1+x^{\frac{3}{2}}}\mathrm{d}x$

2. 计算下列定积分：

(1) $\int_{0}^{1}\dfrac{1}{\sqrt{4-x^2}}\mathrm{d}x$

(2) $\int_{0}^{\frac{\sqrt{3}}{3}}\dfrac{1}{9x^2+1}\mathrm{d}x$

(3) $\int_{1}^{2}\dfrac{e^{2t}}{\sqrt{e^{2t}-1}}\mathrm{d}t$

(4) $\int_{1}^{e^2}\dfrac{\mathrm{d}x}{x\sqrt{1+\ln x}}$

(5) $\int_{0}^{1}\dfrac{\mathrm{d}x}{1+e^x}$

(6) $\int_{0}^{\frac{\sqrt{2}}{2}}(1-x^2)^{-\frac{3}{2}}\mathrm{d}x$

(7) $\int_{-2}^{1}\dfrac{1}{(11-5x)^3}\mathrm{d}x$

(8) $\int_{2}^{5}\dfrac{1}{1+\sqrt{x-1}}\mathrm{d}x$

(9) $\int_{0}^{8}\dfrac{1}{1+\sqrt[3]{x}}\mathrm{d}x$

(10) $\int_{0}^{1}\dfrac{x^2}{\sqrt{1-x^2}}\mathrm{d}x$

(11) $\int_{0}^{\frac{\pi}{2}}\sqrt{\sin x-\sin^3 x}\mathrm{d}x$

(12) $\int_{0}^{\ln 2}\sqrt{e^x-1}\mathrm{d}x$

(13) $\int_{0}^{a}x(a^2-x^2)^{\frac{3}{2}}\mathrm{d}x$

(14) $\int_{4}^{9}\dfrac{\sqrt{x}}{\sqrt{x}-1}\mathrm{d}x$

3. 利用适当代换，证明下列各题：

(1) 若 $f(x)=\int_{1}^{x}\dfrac{\ln t}{1+t^2}\mathrm{d}t$，证明 $f(x)=f(\dfrac{1}{x})$.

(2) 若 $f(x)$ 在 $[-a,a]$ 上连续，证明 $\int_{-a}^{a}f(x)\mathrm{d}x-\int_{-a}^{a}f(-x)\mathrm{d}x=0$.

4. 利用函数的奇偶性计算下列积分：

(1) $\int_{-\frac{\pi}{3}}^{\frac{\pi}{3}}\cos^3 x\mathrm{d}x$

(2) $\int_{-5}^{5}\dfrac{x^3\sin^2 x}{x^4+2x^2+1}\mathrm{d}x$

(3) $\int_{-1}^{1}\sqrt{1-x^2}\mathrm{d}x$

$(4)\int_{-\frac{1}{2}}^{\frac{1}{2}} \frac{x^3}{\sqrt{x^2+2}}\mathrm{d}x$ $\qquad$ $(5)\int_{-\pi}^{\pi} \sin^2 \frac{x}{2}\cos \frac{x}{2}\mathrm{d}x$ $\qquad$ $(6)\int_{-\frac{\pi}{2}}^{\frac{\pi}{2}} (x^2+1)\cos x\mathrm{d}x$

5. 用分部积分法计算下列定积分：

$(1)\int_{1}^{e} x\ln x\mathrm{d}x$ $\qquad$ $(2)\int_{0}^{\ln2} x\mathrm{e}^{-3x}\mathrm{d}x$ $\qquad$ $(3)\int_{\frac{\pi}{2}}^{\pi} x\sin2x\mathrm{d}x$

$(4)\int_{0}^{1} x^3\mathrm{e}^{-x^2}\mathrm{d}x$ $\qquad$ $(5)\int_{1}^{e} \sin(\ln x)\mathrm{d}x$ $\qquad$ $(6)\int_{0}^{\frac{\pi}{3}} \mathrm{e}^{2x}\cos x\mathrm{d}x$

$(7)\int_{0}^{\frac{1}{2}} \arcsin x\mathrm{d}x$ $\qquad$ $(8)\int_{1}^{4} \frac{1}{\sqrt{x}}\ln x\mathrm{d}x$ $\qquad$ $(9)\int_{0}^{1} x\sqrt{\mathrm{e}^x}\mathrm{d}x$

$(10)\int_{1}^{2} x^2\ln x\mathrm{d}x$ $\qquad$ $(11)\int_{1}^{e} (x+1)\mathrm{e}^x\ln x\mathrm{d}x$ $\qquad$ $(12)\int_{\frac{1}{e}}^{e} |\ln x|\mathrm{d}x$

参考答案

1. $(1)-148$ $\qquad$ $(2)18-2\sqrt{3}$ $\qquad$ $(3)\ln(\mathrm{e}^2-1)-1$ $\qquad$ $(4)-1$

$(5)\dfrac{1}{6}$ $\qquad$ $(6)\dfrac{\pi}{8}$ $\qquad$ $(7)\dfrac{5}{2}$ $\qquad$ $(8)\dfrac{1}{6}$

$(9)2\ln2$ $\qquad$ $(10)\dfrac{1}{2}$ $\qquad$ $(11)\dfrac{1}{3}\ln\dfrac{5}{2}$ $\qquad$ $(12)\dfrac{19}{3}$

$(13)\dfrac{1}{4}$ $\qquad$ $(14)0$ $\qquad$ $(15)\dfrac{1}{3}(\mathrm{e}^{125}-1)$ $\qquad$ $(16)1$

$(17)0$ $\qquad$ $(18)\dfrac{1}{2}\ln\dfrac{11}{3}$ $\qquad$ $(19)\dfrac{2}{3}\ln\dfrac{9}{2}$

2. $(1)\dfrac{\pi}{6}$ $\qquad$ $(2)\dfrac{\pi}{9}$ $\qquad$ $(3)\sqrt{\mathrm{e}^4-1}-\sqrt{\mathrm{e}^2-1}$

$(4)2(\sqrt{3}-1)$ $\qquad$ $(5)1-\ln\dfrac{2}{1+\mathrm{e}}$ $\qquad$ $(6)1$

$(7)\dfrac{51}{512}$ $\qquad$ $(8)2(1+\ln\dfrac{2}{3})$ $\qquad$ $(9)3\ln3$

$(10)\dfrac{\pi}{4}$ $\qquad$ $(11)\dfrac{2}{3}$ $\qquad$ $(12)2-\dfrac{\pi}{2}$

$(13)\dfrac{a^2}{5}$ $\qquad$ $(14)7+\ln4$

3. 略

4. $(1)\dfrac{3\sqrt{3}}{4}$ $\qquad$ $(2)0$ $\qquad$ $(3)\dfrac{\pi}{2}$

$(4)0$ $\qquad$ $(5)\dfrac{\pi}{4}$ $\qquad$ $(6)2$

5. $(1)\dfrac{\mathrm{e}^2}{4}+\dfrac{1}{4}$ $\qquad$ $(2)\dfrac{7-3\ln2}{72}$ $\qquad$ $(3)-\dfrac{\pi}{4}$

$(4)\dfrac{1}{2}-\dfrac{1}{\mathrm{e}}$ $\qquad$ $(5)\dfrac{\mathrm{e}}{2}(\sin1-\cos1)+\dfrac{1}{2}$ $\qquad$ $(6)\dfrac{\sqrt{3}+2}{10}\mathrm{e}^{\frac{2}{3}\pi}-\dfrac{2}{5}$

$(7) -\dfrac{5\pi}{12}+\dfrac{\sqrt{3}}{2}$ 　　　$(8) 4(2\ln 2 - 1)$ 　　　$(9) 4 - 2e^{\frac{1}{2}}$

$(10) \dfrac{8}{3}\ln 2 - \dfrac{7}{9}$ 　　　$(11)(e-1)e^e + e$ 　　　$(12) 2 - \dfrac{2}{e}$

§6.5　定积分的应用

在§6.5前，我们讨论了定积分的概念、性质和计算方法．在这里主要介绍定积分在几何学与经济学中的简单应用．

利用定积分解决实际问题的关键是，如何把实际问题抽象为定积分问题，建立定积分表达式．下面我们介绍一种把实际问题归结为用定积分计算的常用的方法——微元法．关于微元法不作具体介绍，只是通过定积分的定义及几何意义给出使用微元法的方法．

一、"微元法"的基本思路

定积分是分布在区间上的整体量，因为整体是局部组成的，所以将实际问题抽象为定积分，必须从整体着眼，从局部入手，这里所说的"局部"是指小区间在极限过程中（$\Delta x \to 0$）缩小为一"点"的过程，我们看待这个"点"，仍具有小区间的意义．例如，它的长是 $\mathrm{d}x$．具体做法是，首先将区间上的整体量化成区间上每一点的微分，也称微元，这是"化整为零"，然后对区间上的微分无限累加，这是"积零为整"，这就得到了欲求的定积分．整个过程是在"分割—取近似—作和—取极限"中提炼得到的．微元法几何意义如图 6 - 5 - 1 所示．

设整体量为 Φ，它符合用定积分表示总量的以下条件：

（1）Φ 的值与某个变量 x 的变化区间 $[a, b]$ 有关；

（2）总量 Φ 对于给定的区间具有可加性；

（3）相应于小区间 $[x_{i-1}, x_i]$ 上的部分量 $\Delta\Phi_i$ 可近似表示为 Δx_i 的一次式 $\Delta f(\xi_i)\Delta x_i$，即 $\Delta\Phi_i \approx \Delta f(\xi_i)\Delta x_i (i = 1, 2, \cdots, n)$．其中 $\Delta x_i = x_i - x_{i-1}$，$\xi_i$ 是小区间 $[x_{i-1}, x_i]$ 上的任意一点，且 $\Delta\Phi_i$ 与 $\Delta f(\xi_i)\Delta x_i$ 之间只相差一个比 Δx_i 高阶无穷小，也即 $\Delta f(\xi_i)\Delta x_i$ 是 $\Delta\Phi_i$ 的线性主部．当所求量 Φ 可考虑用定积分表达时，通常可省略下标 i，用区间 $[x, x + \mathrm{d}x]$ 来代替任一小区间 $[x_{i-1}, x_i]$ 并取 ξ_i 为小区间的左端点 x．

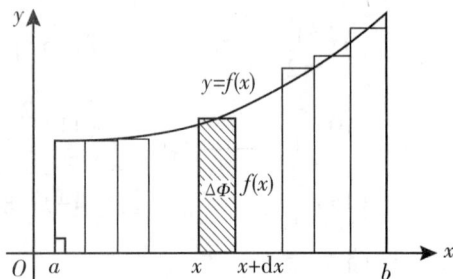

图 6 - 5 - 1

由以上条件保证，求总量 Φ 的定积分表达式的具体步骤为：

第一步，根据具体实际问题的情况，选取某变量，例如 x 为积分变量，并确定它的变化区间 $[a, b]$．

第二步，设想把区间 $[a, b]$ 分成 n 个小区间，任取其中的一个代表性区间，并记作 $[x, x + \mathrm{d}x]$．求出相应于这个小区间的小平面图形的面积(一般称为部分量)$\Delta\Phi$ 的近似值, 将其表示为 $[a, b]$ 上的某个连续函数在 x 处的值 $f(x)$ 与 dx 的乘积 $f(x)dx$, 则称 $f(x)dx$ 为所求总量 Φ 的"微元", 记作

$$d\Phi = f(x)dx$$

第三步, 以 $d\Phi = f(x)dx$ 为被积表达式, 在闭区间 $[a, b]$ 上取定积分 $\int_a^b d\Phi = \int_a^b f(x)dx$

得

$$\Phi = \int_a^b f(x)dx$$

以上方法就是所谓的微元法. 在用定积分解决实际问题中, 往往所求的总量(如面积、路程、经济总量函数或经济总量函数在某个范围内的增量等)都具有可加性, 只要适当选取积分变量和"微元", 都可用微元法求总量.

二、定积分在几何中的应用

在§6.1 我们知道求任意曲线围成的平面图形面积问题总可转化为求曲边梯形面积问题.

为方便理解, 我们将曲边梯形在直角坐标系 xOy 下所处位置的不同, 将图形分为"$X-$型"和"$Y-$型"两种称谓.

所谓 $X-$型平面图形的特点是: 图形曲边投影在 x 轴上的区间为 $[a, b]$, 此时图形正好夹在两条垂直于 x 轴的直线 $x = a$ 和 $x = b(a < b)$ 之间 (特殊情形直线缩成一个点), 图形的上边界只有一条曲线 $y = f(x)$ (特别地, 为直线或 x 轴), 下边界也只有一条曲线 $y = g(x)$ (特别地, 为直线或 x 轴), 而且如果用平行于 y 轴的直线穿过所围区域内部, 形象地理解为如同电视屏幕上的扫描线扫描完整个图形区域内部, 在扫描整个过程中直线与图形的边界相交都不多于两点, 则称这样的图形为"$X-$型"图形. 例如图 $6-5-2$ 中 (a)、(b)、(c)、(d) 所示几种, 都可看成 $X-$型图形.

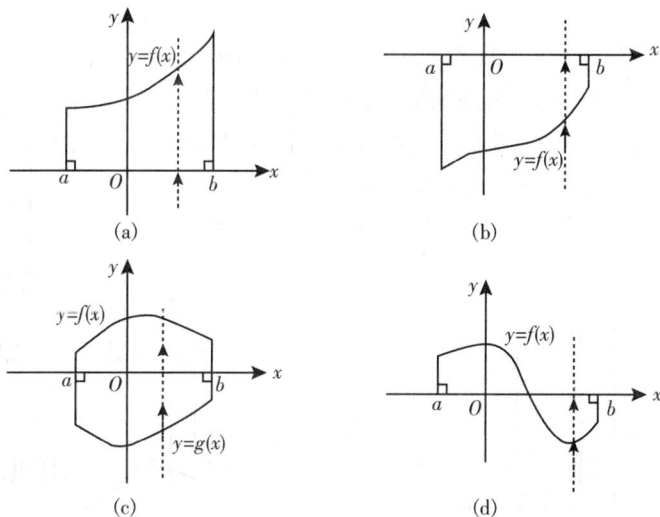

图 $6-5-2$

Y -型平面图形的特点是：图形投影在 y 轴上的区间为 $[c, d]$ ，此时图形正好夹在两条垂直于 y 轴的直线 $y = c$ 和 $y = d(c < d)$ 之间（特殊情形直线缩成一个点），它的上边界只有一条曲线 $x = \varphi(y)$ （特别地，为直线或 y 轴），下边界也只有一条曲线 $x = \psi(y)$ （特别地，为直线或 y 轴），而且如果用平行于 x 轴的直线穿过所围区域内部扫描完整个图形区域内部，直线与图形的边界相交都是不多于两点，则称这样的图形为 " Y -型" 图形.

如图 6 – 5 – 3(a)、(b)、(c)、(d)中所示几种，都可看成 " Y -型" 图形.

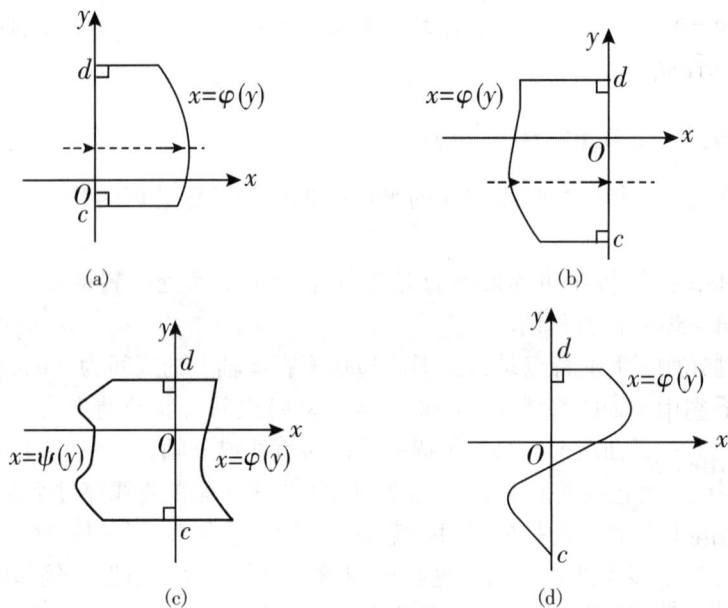

图 6 – 5 – 3

注： (1) 用定积分计算 X -型图形的面积时，通常曲线的表达式表示为习惯的表示，即 $y = f(x)$ ，积分变量为 x . 计算 Y -型图形的面积时，曲线的表达式为 $x = \varphi(y)$ ，积分变量为 y .

(2) 构成 X -型或 Y -型图形的两条直线，有时也可能蜕化为点在 x 轴上或 y 轴上.

1. 直角坐标系下 X -型平面图形的面积计算

由一条连续曲线 $y = f(x)$ 围成的 X -型曲边梯形面积的求法.

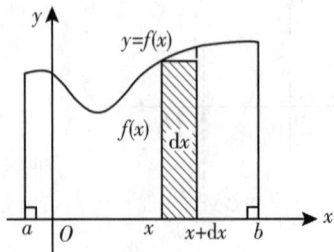

图 6 – 5 – 4

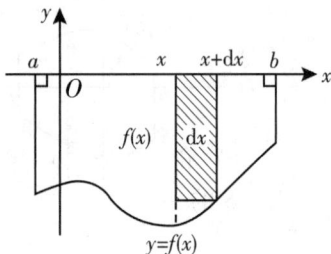

图 6 – 5 – 5

（1）如图$6-5-4$所示，若曲线$y=f(x)\geqslant0$（曲线位于x轴上方），与x轴，直线$x=a$和$x=b(a<b)$所围成的平面图形的面积S为

$$S=\int_a^b\mathrm{d}S=\int_a^bf(x)\mathrm{d}x \tag{6.5.1}$$

其中，$\mathrm{d}S=f(x)\mathrm{d}x$称为面积微元，它表示高为$f(x)$，底为$\mathrm{d}x$的小矩形面积.

（2）如图$6-5-5$所示，若曲线$y=f(x)\leqslant0$（曲线位于x轴下方），则它与直线$x=a$，$x=b(a<b)$所围成的平面图形的面积S为

$$S=\int_a^b\mathrm{d}S=-\int_a^bf(x)\mathrm{d}x \tag{6.5.2}$$

其中面积微元$\mathrm{d}S=-f(x)\mathrm{d}x$，它表示高为$-f(x)$，底为$\mathrm{d}x$的小矩形面积.

（3）如图$6-5-6$所示，当在区间$[a,b]$上连续函数$f(x)$有时正有时负（即曲线$y=f(x)$不一定都位于x轴的上方或下方）时，由曲线$y=f(x)$，$x=a$，$x=b$及x轴所围成的平面图形（此图中有$x=b=0$）的面积为

$$S=\int_a^bf(x)\mathrm{d}x=S_1+S_2+S_3+\cdots+S_i+\cdots+S_{13}+S_{14}$$
$$=\int_a^{c_1}f(x)\mathrm{d}x-\int_{c_1}^{c_2}f(x)\mathrm{d}x+\cdots-\int_{c_{i-1}}^{c_i}f(x)\mathrm{d}x+\cdots+\int_{c_{22}}^{c_{23}}f(x)\mathrm{d}x-\int_{c_{23}}^bf(x)\mathrm{d}x$$

即当$f(x)$在某些x处取正值而在另一些x处取负值，且$a<b$时，那么$\int_a^bf(x)\mathrm{d}x$的值等于位于x轴上方的各面积(取正值)与位于x轴下方的各面积(取负值)的和.

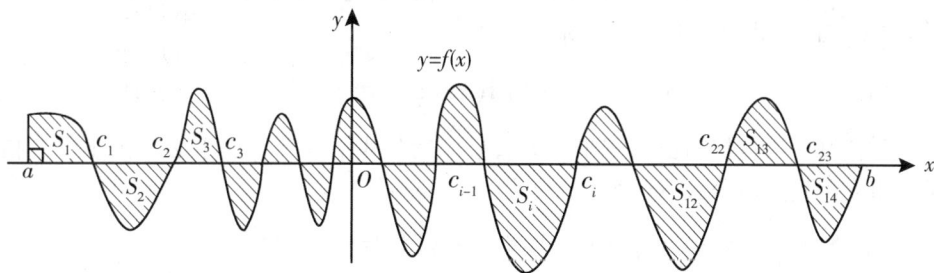

图$6-5-6$

综合（6.5.1）和（6.5.2）可得，由曲线$y=f(x)$，直线$x=a$，$x=b$及x轴所围成的曲边梯形的面积S的一般公式为

$$S = \int_a^b dS = \int_a^b |f(x)| dx = \begin{cases} \int_a^b f(x) dx & f(x) > 0 \\ -\int_a^b f(x) dx & f(x) < 0 \end{cases} \qquad (6.5.3)$$

其中面积微元为 $dS = |f(x)| dx = \begin{cases} f(x) dx & f(x) > 0 \\ -f(x) dx & f(x) < 0 \end{cases}$.

用微元法计算由一条曲线围成的 X – 型平面图形的面积参考步骤如下：

第一步，画出草图，选取横坐标 x 为积分变量，将曲线表示成 y 是 x 的表达式 $y = f(x)$，其变化区间为 $[a, b]$（图形在 x 轴上的投影）；

第二步，在 $[a, b]$ 上任取一小区间 $[x, x + dx]$，在这个小区间内的小平面图形的面积近似等于高为 $|f(x)|$，底为 dx 的窄条小矩形的面积，从而得到面积元素相应于小矩形面积 $|f(x)| dx$；

第三步，以面积微元为被积表达式，在区间 $[a, b]$ 上取定积分 $S = \int_a^b |f(x)| dx$ 并计算结果.

例1 求由曲线 $y = x^2 + 1$，直线 $x = 2$，x 轴及 y 轴所围成的平面图形的面积（如图 6 – 5 – 7 所示）.

解：（第一步）取 x 为积分变量，由图可知平面图形投影在 x 轴上的区间为 $[0, 2]$.

（第二步）在 $[0, 2]$ 上任取一小区间 $[x, x + dx]$，在这个小区间内的小平面图形的面积近似等于高为 $f(x) = x^2 + 1$，底为 dx 的窄条小矩形的面积，从而得到面积元素为

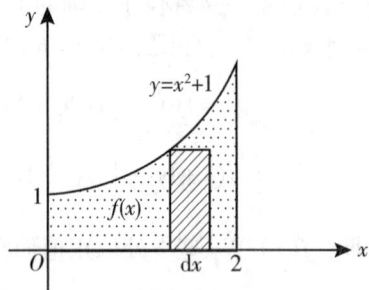

图 6 – 5 – 7

$$dS = |f(x)| dx = |x^2 + 1| dx = (x^2 + 1) dx.$$

（第三步）由公式（6.5.1），所求面积为

$$S = \int_0^2 (x^2 + 1) dx = \left(\frac{x^3}{3} + x \right) \Big|_0^2 = \frac{14}{3}$$

注：熟悉以后可直接写出第三步，即直接应用公式来计算，而不必写出步骤及指出面积微元，如上例直接由公式（6.5.1）可得

$$S = \int_0^2 f(x) dx = \int_0^2 (x^2 + 1) dx \quad (\leftarrow f(x) = x^2 + 1 > 0)$$

$$= \left(\frac{x^3}{3} + x \right) \Big|_0^2 = \frac{14}{3}$$

例2 求由曲线 $y = -x^2$，直线 $x = 2$ 及 x 轴所围成的平面图形的面积（如图 6 – 5 – 8 所示）.

解：取 x 为积分变量，平面图形的横向范围积分区间为 $[0, 2]$.

由公式（6.5.2），所求面积为

$$S = -\int_0^2 f(x)\,\mathrm{d}x = -\int_0^2 (-x^2)\,\mathrm{d}x = \left(\frac{x^3}{3}\right)\Big|_0^2 = \frac{8}{3}$$

或由公式（6.5.3）得

$$S = \int_0^2 |f(x)|\,\mathrm{d}x = \int_0^2 |-x^2|\,\mathrm{d}x$$

$$= \int_0^2 -(-x^2)\,\mathrm{d}x\,(\leftarrow y = f(x) = -x^2 < 0)$$

$$= \int_0^2 x^2\,\mathrm{d}x = \left(\frac{x^3}{3}\right)\Big|_0^2 = \frac{8}{3}$$

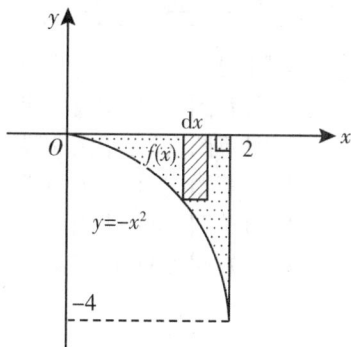

图 6-5-8

例 3　计算由图 6-5-9 给出的问题：

（1）分别求图中阴影部分 S_1 与 S_2 的面积.

（2）计算定积分 $\int_{-2}^3 (x^2 - 4)\,\mathrm{d}x$.

（3）求由曲线 $y = x^2 - 4$，直线 $x = 3$ 及 x 轴所围成图形的面积.

（4）由（2）和（3）观察出什么结论？

解：（1）在区间 $[-2, 2]$ 上，$f(x) = x^2 - 4 \leqslant 0$，则由公式(6.5.2)，面积 S_1 为：

$$S_1 = -\int_{-2}^2 f(x)\,\mathrm{d}x$$

$$= -\int_{-2}^2 (x^2 - 4)\,\mathrm{d}x\,(\leftarrow 利用积分区间对称于原点且$$

被积函数为偶函数）

$$= -2\int_0^2 (x^2 - 4)\,\mathrm{d}x = -2\left(\frac{1}{3}x^3 - 4x\right)\Big|_0^2 = \frac{32}{3}$$

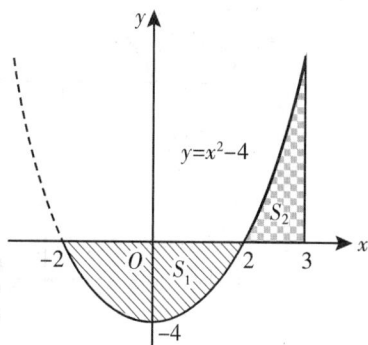

图 6-5-9

在区间 $[2, 3]$ 上，$f(x) = x^2 - 4 \geqslant 0$，则由公式(6.5.1)，面积 S_2 为

$$S_2 = \int_2^3 f(x)\,\mathrm{d}x = \int_2^3 (x^2 - 4)\,\mathrm{d}x = \left(\frac{1}{3}x^3 - 4x\right)\Big|_2^3 = \frac{7}{3}$$

（2）$\int_{-2}^3 (x^2 - 4)\,\mathrm{d}x = \left(\frac{1}{3}x^3 - 4x\right)\Big|_{-2}^3 = -\frac{25}{3}$.

（3）由曲线 $y = x^2 - 4$，直线 $x = 3$ 及 x 轴所围成图形的面积为

$$S = -\int_{-2}^2 f(x)\,\mathrm{d}x + \int_2^3 f(x)\,\mathrm{d}x = \frac{32}{3} + \frac{7}{3} = 13$$

（4）由（2）看出定积分 $\int_{-2}^3 (x^2 - 4)\,\mathrm{d}x$ 的值是 $S_2 - S_1 = \frac{7}{3} - \frac{32}{3} = -\frac{25}{3}$；而（3）中所求的面积是 $S_1 + S_2 = \frac{32}{3} + \frac{7}{3} = 13$，因此 $\int_{-2}^3 (x^2 - 4)\,\mathrm{d}x \neq S_1 + S_2$.

注：由例 3 看到计算定积分与利用定积分计算曲线围成图形的面积是不完全相同的（（2）与（3）的区别）. 两者区别在于定积分是一种积分和的极限，它可为正，也可为负或零；而平面图形的面积在一般意义上总为正，一般情况下，可借助定积分分别求出每一部分图形的面积，然后将它们加在一起. 因此，必须注意，当计算由曲线位于 x 轴的上方及下方围成图形的面积时，不能简单地用求总的积分区间上的定积分作为总面积.

【即学即练】

1. 计算图（1）中由曲线 $y=2x$ 与直线 $x=1$ 与 $y=0$（x 轴）所围成的平面图形的面积.

2. 计算图（2）中由曲线 $y=-2x$ 与直线 $x=1$ 与 $y=0$（x 轴）所围成的平面图形的面积.

3. 计算图（3）中由曲线 $y=x^2$，x 轴，直线 $x=1$ 及 $x=3$ 所围成的平面图形的面积.

4. 计算图（4）中由曲线 $y=x^2-3$，x 轴，y 轴及直线 $x=1$ 所围成的平面图形的面积.

5. 计算图（5）中阴影部分的面积.

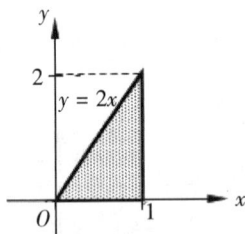

图（1）

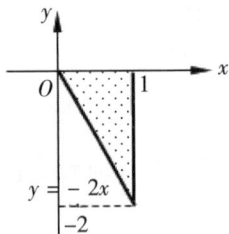

图（2）

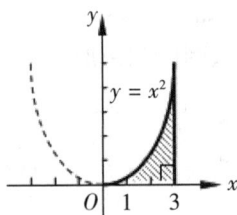

图（3）

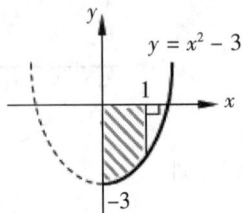

图（4）

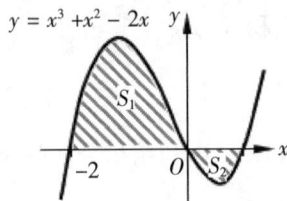

图（5）

（答案：1. $S=1$　2. $S=1$　3. $S=\dfrac{26}{3}$　4. $S=\dfrac{8}{3}$　5. $S=\dfrac{37}{12}$）

上面所讨论的是由一条连续曲线所围成的 X - 型曲边梯形面积的求法，下面介绍由两条曲线 $y=f(x)$ 及 $y=g(x)$ 围成的 X - 型平面图形的面积的求法.

设 $y=f(x)$ 及 $y=g(x)$ 为区间 $[a,b]$ 上的单值连续函数，且 $f(x)\geqslant g(x)\geqslant 0$，求由上下两条曲线 $y=f(x)$ 与 $y=g(x)$ 及左右两条直线 $x=a$ 与 $x=b(a<b)$ 所围成的平面图形(如图 6 - 5 - 10 所示)的面积.

同样采用微元法，步骤如下：

第一步，画出草图，选取横坐标 x 为积分变量，该平面图形的横向范围为积分区间 $[a,b]$（图形在 x 轴上的投影）.

第二步，在区间 $[a,b]$ 上任取其中的一个代表性小区间，$[x,x+\mathrm{d}x]$ 在这个小区间内的小平面图形的面积 ΔS 近似等于高为 $f(x)-g(x)$，

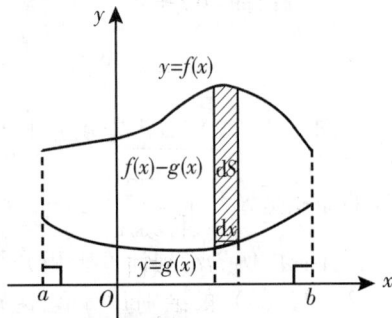

图 6 - 5 - 10

底为 dx 的窄小矩形面积，即 $\Delta S \approx [f(x) - g(x)]dx$.

因此，面积微元为

$$dS = [f(x) - g(x)]dx$$

第三步，上式求在闭区间 $[a, b]$ 上的定积分，得到所求的平面图形的面积公式为：

$$S = \int_a^b [f(x) - g(x)]dx \tag{6.5.4}$$

或

$$S = \int_a^b f(x)dx - \int_a^b g(x)dx$$

公式（6.5.4）也可由定积分的几何意义直观理解，如图 6-5-11 所示.

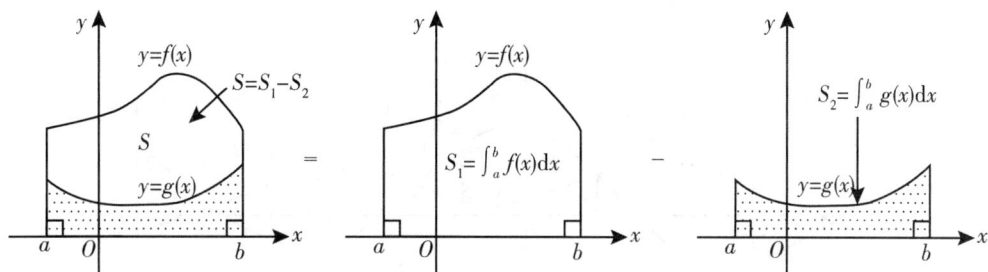

图 6-5-11

$$S = S_1 - S_2 = \int_a^b f(x)dx - \int_a^b g(x)dx = \int_a^b [f(x) - g(x)]dx$$

注：如果两条曲线 $y = f(x)$ 及 $y = g(x)$ 不一定完全位于 x 轴的上方，则我们可以把两条曲线同时沿着 y 轴正向平移相同个单位的幅度，使得两条曲线都位于 x 轴的上方，所求的平面图形的面积为

$$S = \int_a^b \{[f(x) + \text{"相同个单位的幅度"}] - [g(x) + \text{"相同个单位的幅度"}]\}dx$$

$$= \int_a^b [f(x) - g(x)]dx$$

由此说明，由两条曲线围成的平面图形面积用定积分计算时，不论两条曲线位于 x 轴的上方还是下方，被积函数总是在同一区间（x 轴上），上边一条曲线的函数表达式减去下边一条函数表达式.

例如，如图 6-5-12 所示，两曲线向上平移 c 个单位所围面积不变.

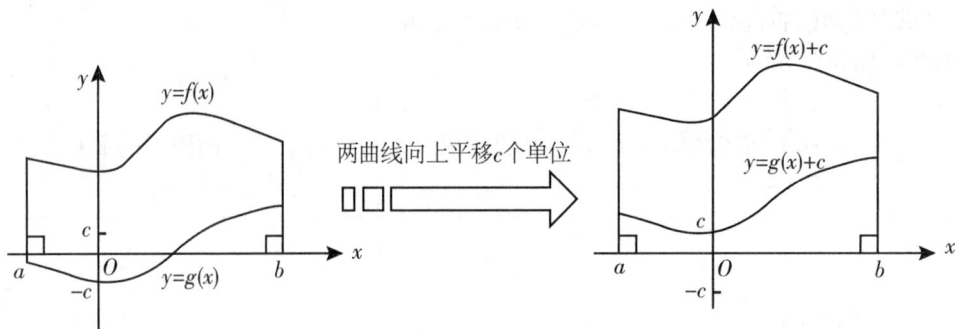

两曲线向上平移c个单位

图 6 - 5 - 12

又如，求图 6 - 5 - 13 中，平面区域阴影部分的面积 S，其中区域是由连续曲线 $y = f(x)$，$y = g(x)$ 及直线 $x = a$，$x = b$ 所围成.

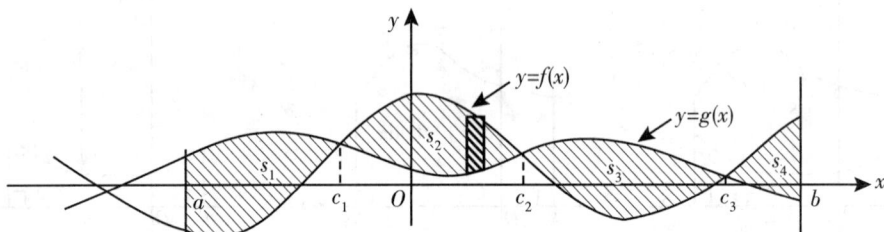

图 6 - 5 - 13

图 6 - 5 - 13 中阴影部分的面积由两条曲线 $y = f(x)$，$y = g(x)$ 的交点（图中点 c_1，c_2 与 c_3）及直线所决定，因此，所求面积等于四块面积 s_1，s_2，s_3，s_4 的和，于是由公式 (6.5.4) 得所求面积为：

$$S = s_1 + s_2 + s_3 + s_4$$
$$= \int_a^{c_1} [g(x) - f(x)] dx + \int_{c_1}^{c_2} [f(x) - g(x)] dx + \int_{c_2}^{c_3} [g(x) - f(x)] dx +$$
$$\int_{c_3}^{b} [f(x) - g(x)] dx$$

例4 求由曲线 $y = x^2$ 及直线 $x + y = 2$ 所围成的图形（如图 6 - 5 - 14 所示）在 $[-2, 1]$ 上的面积 S.

解： 选取横坐标 x 为积分变量，积分区间为 $[-2, 1]$，由 $x + y = 2$，得 $y = 2 - x$，即图形的上边界为曲线 $f(x) = 2 - x$.

由 $y = x^2$，得图形的下边界曲线 $g(x) = x^2$.

面积元素为：

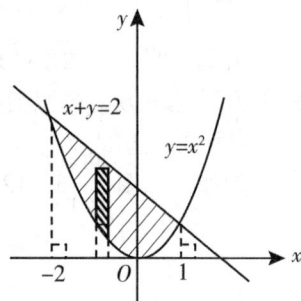

图 6 - 5 - 14

$$dS = |f(x) - g(x)| dx$$
$$= |(2 - x) - x^2| dx$$
$$= [(2 - x) - x^2] dx \quad (\leftarrow (2 - x) > x^2)$$

由公式 (6.5.4)，所求的平面图形的面积为

$$S = \int_{-2}^{1} [f(x) - g(x)] \mathrm{d}x$$

$$= \int_{-2}^{1} [(2 - x) - x^2] \mathrm{d}x$$

$$= \left[2x - \frac{x^2}{2} - \frac{x^3}{3} \right] \Big|_{-2}^{1} = \frac{9}{2}$$

【即学即练】

1. 求由曲线 $y = -x^2 + 5x - 3$ 及直线 $y = -x + 2$ 所围成图（1）中阴影部分的面积 S.

2. 求由曲线 $y = x^2$，$y = \sqrt{x}$ 所围成的图（2）中阴影部分的面积 S.

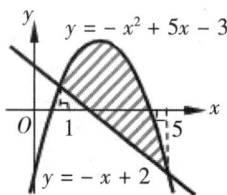

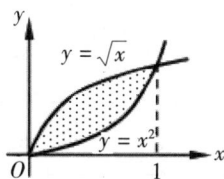

图（1）　　　　　　　　图（2）

（答案：1. $S = \dfrac{32}{3}$　2. $S = \dfrac{1}{3}$）

以上我们用"微元法"给出了 X – 型平面图形面积的求法. 类似地，可求 Y – 型平面图形的面积.

2. 直角坐标系下 Y – 型平面图形的面积计算

（1）若在区间 $[c, d]$ 上单值连续函数 $x = \varphi(y) \geq 0$（曲线位于 y 轴的右边），则由曲线 $x = \varphi(y)$，直线 $y = c$，$y = d(c < d)$ 及 y 轴所围成的图形（如图 6 – 5 – 15（Ⅰ）所示）的面积 S 为

$$S = \int_{a}^{b} \varphi(y) \mathrm{d}y \qquad (6.5.5)$$

其中面积微元：$\mathrm{d}S = \varphi(y) \mathrm{d}y$.

（2）若在区间 $[c, d]$ 上单值连续函数 $x = \varphi(y) \leq 0$（曲线位于 y 轴的左边），则由曲线 $x = \varphi(y)$，直线 $y = c$，$y = d(c < d)$ 及 y 轴所围成的图形如图 6 – 5 – 15（Ⅱ）所示.

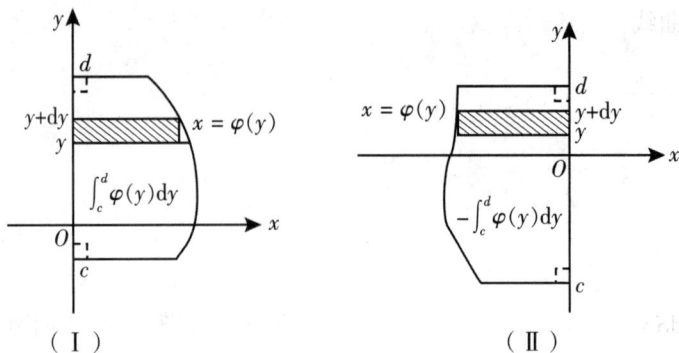

（Ⅰ）　　　　　　　　　　（Ⅱ）

图 6 - 5 - 15

面积 S 为

$$S = -\int_c^d \varphi(y)\,\mathrm{d}y \qquad\qquad (6.5.6)$$

其中面积微元：$\mathrm{d}S = -\varphi(y)\,\mathrm{d}y$.

　　（3）当在区间 $[c,d]$ 上连续函数 $x = \varphi(y)$ 有时正有时负（即曲线 $x = \varphi(y)$ 不一定都位于 y 轴的左方或右方）时，由曲线 $x = \varphi(y)$，$y = c$，$y = d$ 及 y 轴所围成的平面图形如图 6 - 5 - 16（Ⅲ）所示.

　　所围成的面积 S 为

$$S = S_1 + S_2 = -\int_c^e \varphi(y)\,\mathrm{d}y + \int_e^d \varphi(y)\,\mathrm{d}y$$

　　即当 $\varphi(y)$ 在某些 y 处取正值而在另一些 y 处取负值，且 $c < d$ 时，那么 $\int_c^d \varphi(y)\,\mathrm{d}y$ 的值等于位于 y 轴右方的各面积（取正值）与位于 x 轴左方的各面积（取负值）的和.

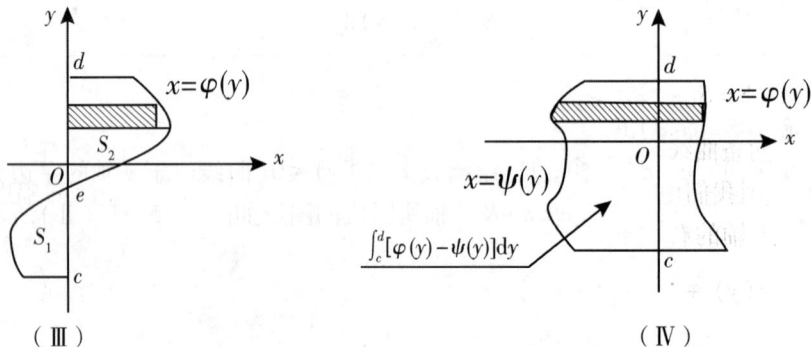

（Ⅲ）　　　　　　　　　　（Ⅳ）

图 6 - 5 - 16

一般地，由曲线 $x = \varphi(y)$，直线 $y = c$，$y = d$ 及 y 轴所围成的曲边梯形的面积 S 为：

$$S = \int_c^d |\varphi(y)| \, \mathrm{d}y = \begin{cases} \int_c^d \varphi(y) \, \mathrm{d}y & \text{当 } \varphi(y) > 0 \\[2mm] -\int_c^d \varphi(y) \, \mathrm{d}y & \text{当 } \varphi(y) < 0 \end{cases} \tag{6.5.7}$$

其中面积微元：$\mathrm{d}S = |\varphi(y)| \, \mathrm{d}y.$

（4）设 $x = \varphi(y)$ 及 $x = \psi(y)$ 为区间 $[c, d]$ 上的单值连续函数，且 $\varphi(y) \geq \psi(y)$，则由左边界曲线 $x = \psi(y)$，右边界曲线 $x = \varphi(y)$ 及上下两条直线 $y = d$ 与 $y = c(d > c)$ 所围成的平面图形（如图 6 - 5 - 16 中（Ⅳ）所示）的面积为

$$S = \int_c^d [\varphi(y) - \psi(y)] \, \mathrm{d}y \tag{6.5.8}$$

或 $\qquad S = \int_c^d [\varphi(y) \, \mathrm{d}y - \int_c^d \psi(y)] \, \mathrm{d}y$

其中面积微元：$\mathrm{d}S = [\varphi(y) - \psi(y)] \, \mathrm{d}y.$

公式 (6.5.8) 还可由定积分的几何意义理解，如图 6 - 5 - 17 所示：

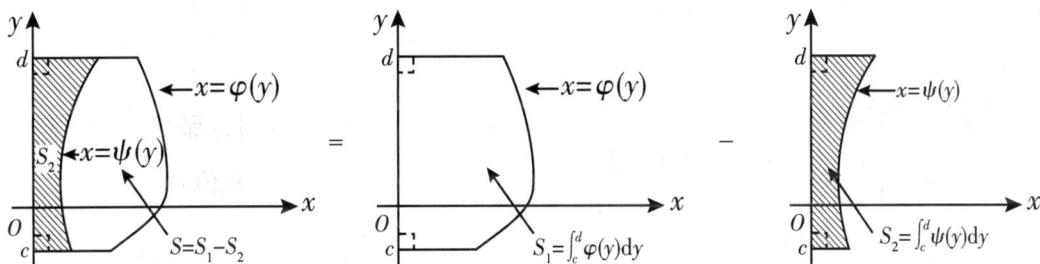

图 6 - 5 - 17

$$S = S_1 - S_2 = \int_c^d [\varphi(y) - \psi(y)] \, \mathrm{d}y = \int_c^d \varphi(y) \, \mathrm{d}y - \int_c^d \psi(y) \, \mathrm{d}y$$

注：如果两条曲线 $x = \varphi(y)$ 及 $x = \psi(y)$ 不一定完全位于 y 轴的左方或右方（如图 6 - 5 - 18 所示），则我们可以把两条曲线同时沿着 x 轴正向平移相同个单位的幅度，使得两条曲线都位于 y 轴的右方，从而所求的平面图形的面积为：

$$S = \int_c^d \{ [\varphi(y) + \text{"相同个单位的幅度"}] - [\psi(y) + \text{"相同个单位的幅度"}] \} \mathrm{d}y$$

$$= \int_c^d [\varphi(y) - \psi(y)] \, \mathrm{d}y$$

即 $S = \int_c^d [\varphi(y) - \psi(y)] \mathrm{d}y$，公式（6.5.8）仍然成立.

由此说明，由两条曲线围成的平面图形面积用定积分计算时，不论两条曲线位于 y 轴的左方还是右方，被积函数总是在同一区间（y 轴上），右边一条曲线的函数表达式减去左边一条函数表达式.

例如，如图 $6-5-18$ 所示，两曲线向右平移 c_1 个单位所围面积不变.

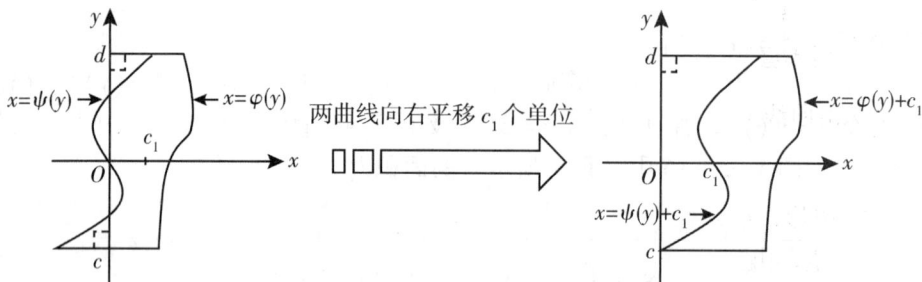

两曲线向右平移 c_1 个单位

图 $6-5-18$

例如，求图 $6-5-19$ 中阴影部分的面积 S，其中区域是由连续曲线 $x = \varphi(y)$ 与 $x = \psi(y)$ 及 $y = c$，$y = d$ 所围成.

在图中我们可以找出两条曲线 $x = \varphi(y)$，$x = \psi(y)$ 的交点 $a_1 = c$，a_2，a_3，$a_4 = d = 0$，所求面积等于三块图形面积 s_1，s_2，s_3 的和，于是由公式（6.5.8）得所求面积为

$$S = s_1 + s_2 + s_3$$
$$= \int_{a_1}^{a_2} [\varphi(y) - \psi(y)] \mathrm{d}y + \int_{a_2}^{a_3} [\psi(y) - \varphi(y)] \mathrm{d}y +$$
$$\int_{a_3}^{a_4} [\varphi(y) - \psi(y)] \mathrm{d}y$$

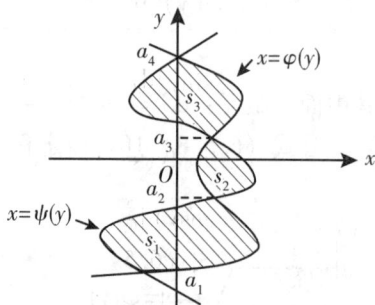

图 $6-5-19$

其中面积微元：$\mathrm{d}S = |\varphi(y) - \psi(y)| \mathrm{d}y$.

用微元法计算 Y - 型平面图形的面积参考步骤如下：

第一步，画出草图，选取纵坐标 y 为积分变量，将曲线表示成 x 是 y 的表达式 $x = \varphi(y)$，其变化区间在 y 轴上为 $[c, d]$（图形在 y 轴上的投影）.

第二步，设在区间 $[c, d]$ 上任取其中的一个代表性小区间，相应于这个小区间上的小矩形面积为面积微元为 $|\varphi(y)| \mathrm{d}y$（两条曲线围成时为 $|\varphi(y) - \psi(y)| \mathrm{d}y$）.

第三步，以面积微元为被积表达式，在区间 $[c, d]$ 上取定积分，便可求得面积.

例 5 选择积分变量为 y，求由曲线 $x = -y^2$ 及直线 $y - x = 2$ 所围成的图形（如图 $6-5-20$ 所示）在 y 轴上的区间 $[-2, 1]$ 上的面积 S.

解：（第一步）选取纵坐标 y 为积分变量，图形的纵向范围的积分区间为 $[-2, 1]$. 由右边界曲线 $x = -y^2$，得 $x = \varphi(y)$ 即 $x = -y^2$；

由左边界曲线 $y - x = 2$，得 $x = \psi(y)$ 即 $x = y - 2$.

（第二步）面积元素为

$$dS = [\varphi(y) - \psi(y)]dy = [-y^2 - (y - 2)]dy$$

（第三步）由公式（6.5.8）所求的平面图形的面积为

$$S = \int_{-2}^{1} dS = \int_{-2}^{1} [-y^2 - (y - 2)]dy$$

$$= \left[-\frac{y^3}{3} - \frac{1}{2}y^2 + 2y \right] \Big|_{-2}^{1} = \frac{19}{6}$$

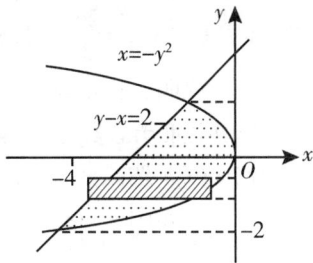

图 6 - 5 - 20

注：熟悉后不必写出步骤.

例 6　求由曲线 $y = \arcsin x$，直线 $x = \frac{\pi}{2}$，$x = -\frac{\pi}{2}$ 及 x 轴围成的面积，如图 6 - 5 - 21 中阴影部分.

解：根据图形，可知是属于 $Y -$ 型平面图形，选择 y 为积分变量，由 $y = \arcsin x$，得 $x = \varphi(y) = \sin y$. 所求的平面图形的面积为：

$$S = \int_{-\frac{\pi}{2}}^{\frac{\pi}{2}} |\varphi(y)|dy = \int_{-\frac{\pi}{2}}^{\frac{\pi}{2}} |\sin y|dy$$

$$= 2\int_{0}^{\frac{\pi}{2}} |\sin y|dy (\leftarrow |\sin y| \text{为偶函数})$$

$$= 2\int_{0}^{\frac{\pi}{2}} \sin y dy (\leftarrow \text{由公式}(6.5.7), \sin y > 0)$$

$$= 2(-\cos y)\Big|_{0}^{\frac{\pi}{2}} = 2(-0 + 1) = 2$$

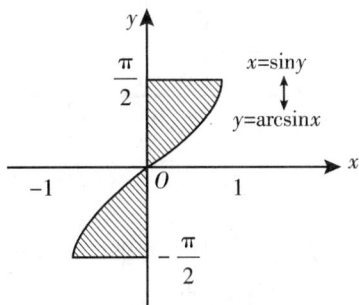

图 6 - 5 - 21

也可用公式（6.5.5）、（6.5.6）分别求出两块面积后再相加得结果，读者可试试看.

【即学即练】

1. 求由图（1）中曲线 $x = y^2$，y 轴，直线 $y = -1$ 及 $y = -3$ 所围成的平面图形的面积.

2. 求由曲线 $x = y^2$ 及直线 $y = x - 2$ 所围成的图（2）所示在 y 轴的区间 $[0, 2]$ 上的面积 S.

3. 图(3)中所示曲线为 $x = y^3 - 2y^2 - 3y$ 的图像，求阴影部分的面积.

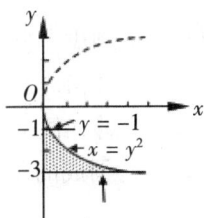

图（1）

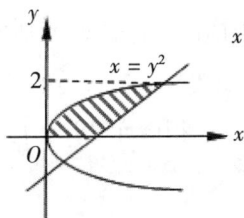

图（2）

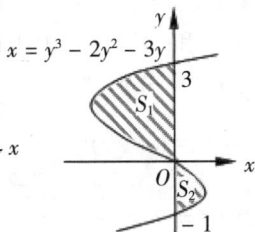

图（3）

（答案：1. $S = \dfrac{26}{3}$ 2. $S = \dfrac{10}{3}$ 3. $S = \dfrac{71}{6}$）

例 7 求由直线 $x - y + 2 = 0$ 与曲线 $y = x^2$ 所围成的平面图形的面积.

解：建立坐标系，画草图，如图 6 – 5 – 22 或 6 – 5 – 23 所示，确定两条曲线的交点坐标，为此解方程组 $\begin{cases} x - y + 2 = 0 \\ y = x^2 \end{cases}$，得直线与抛物线的交点 $A(-1, 1)$，$B(2, 4)$.

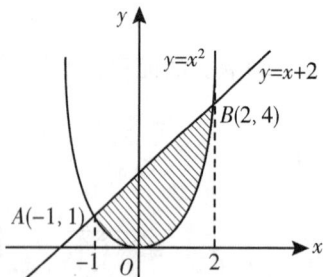

图 6 – 5 – 22

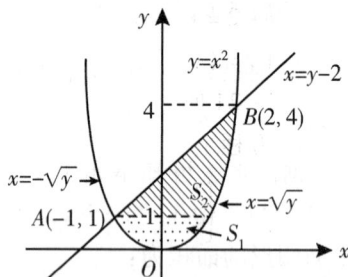

图 6 – 5 – 23

方法一 选取横坐标 x 为积分变量，即把图形看成是 X – 型平面图形（如图 6 – 5 – 22 所示），则由交点及图形确定积分区间为 $[-1, 2]$，此时将围成平面图形的曲线表示成 $y = x + 2$ 及 $y = x^2$.

从而面积为

$$S = \int_{-1}^{2} [(x + 2) - x^2] \mathrm{d}x \quad (\leftarrow 面积微元 \ \mathrm{d}S = [(x + 2) - x^2] \mathrm{d}x)$$

$$= \left(\frac{1}{2} x^2 + 2x - \frac{1}{3} x^3 \right) \Big|_{-1}^{2} = \frac{9}{2}$$

方法二 选取纵坐标 y 为积分变量，即把图形看成是 Y – 型平面图形（如图 6 – 5 – 23 所示），将围成平面图形的曲线表示成 $x = y - 2$ 及 $x = \pm\sqrt{y}$，即整个图形在 $y = 0$ 和 $y = 4$ 之间. 则 y 的变化区间为 $[0, 4]$.

由于在区间 $[0, 1]$ 和 $[1, 4]$ 上组成平面图形的左边界曲线是不相同的（在 $[0, 1]$ 中左边界是抛物线，而在 $[1, 4]$ 中左边界是直线），导致两者的面积元素不一样，因此，要把图形的面积分成两部分来计算.

设在 $[0, 1]$ 和 $[1, 4]$ 上平面图形的面积分别为 S_1 和 S_2，因此所求面积应为 $S_1 + S_2$，由公式（6.5.4）分别求：

$$S_1 = \int_0^1 [(\sqrt{y}) - (-\sqrt{y})] \mathrm{d}y (\leftarrow 面积微元 \ \mathrm{d}S = \int_0^1 [(\sqrt{y}) - (-\sqrt{y})] \mathrm{d}y)$$

$$= 2\int_0^1 \sqrt{y} \mathrm{d}y = 2 \times \frac{2}{3} x^{\frac{3}{2}} \Big|_0^1 = \frac{4}{3}$$

$$S_2 = \int_1^4 [\sqrt{y} - (y - 2)] \mathrm{d}y (\leftarrow 面积微元 \ \mathrm{d}S = [\sqrt{y} - (y - 2)] \mathrm{d}y)$$

$$= \left[\frac{2}{3}y^{\frac{3}{2}} - \frac{1}{2}(y-2)^2 \right]\Big|_1^4 = \frac{19}{6}$$

于是
$$S = S_1 + S_2 = \frac{4}{3} + \frac{19}{6} = \frac{9}{2}.$$

例 8 求由曲线 $y = 4 - x^2$ 与 $y = x^2 - 4x - 2$ 所围成的平面图形的面积.

解： 为画草图，先由函数 $y = x^2 - 4x - 2$ 配方右边得

$$y = x^2 - 4x - 2 = (x-2)^2 - 6, \quad 即 \; y = (x-2)^2 - 6$$

由 $y = 4 - x^2$ 和 $y = (x-2)^2 - 6$ 画出所围平面图形的面积如图 $6-5-24$ 所示.

为求交点，解方程组

$$\begin{cases} y = 4 - x^2 \\ y = x^2 - 4x - 2 \end{cases}$$

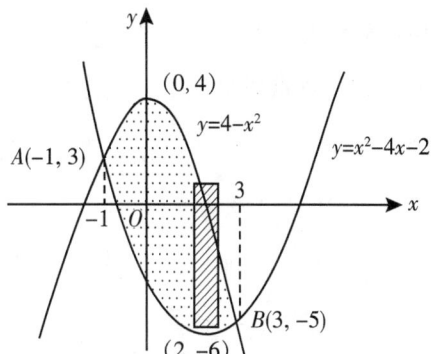

图 $6-5-24$

得交点为：$(-1,\ 3),\ (3,\ -5)$

由图形观察，选取 x 为积分变量，即把图形看成是 $X-$型平面图形，则 x 的变化区间为 $[-1,\ 3]$，于是由公式 $(6.5.4)$ 得

$$S = \int_{-1}^{3} \left[(4 - x^2) - (x^2 - 4x - 2) \right] \mathrm{d}x$$

$$= \int_{-1}^{3} (6 + 4x - 2x^2)\mathrm{d}x = \left(6x + 2x^2 - \frac{2}{3}x^3 \right)\Big|_{-1}^{3} = 21\frac{1}{3}$$

例 9 由曲线 $y = x^2 - 8$，直线 $2x + y + 8 = 0$ 与 $y = -4$ 所围成阴影部分的面积，如图 $6-5-25$ 所示，分别选择 x 为积分变量和选择 y 为积分变量两种方法求面积.

解： 解方程组（确定积分区间）

$$\begin{cases} y = x^2 - 8 \\ y = -4 \end{cases} \quad 和 \quad \begin{cases} 2x + y + 8 = 0 \\ y = -4 \end{cases}$$

求得交点为

$$A(-2,\ -4),\ B(2,\ -4),\ C(0,\ -8)$$

（1）选取横坐标 x 为积分变量（$X-$型），则 x 的变化区间为 $[-2,2]$，由于围成的图形在区间 $[-2,2]$ 上的上、下曲线不完全相同，因此，要将图形以围成不同的上下曲线分成两部分，设面积为 S_1，S_2，其积分区间分别为 $[-2,0]$ 及 $[0,2]$.

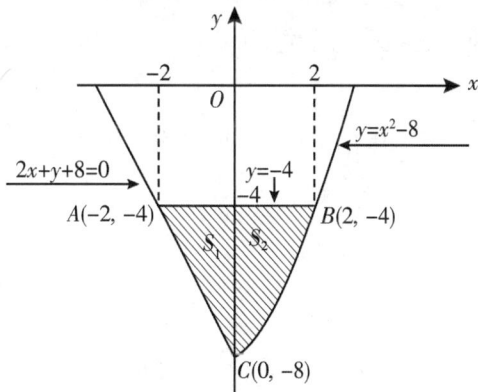

图 $6-5-25$

S_1 所围曲线由 $y = -4$，$y = -2x - 8$ 及 y 轴围成，S_2 所围曲线由 $y = -4$，$y = x^2 - 8$ 及 y 轴围成，于是

$$S_1 = \int_{-2}^{0} \left[-4 - (-2x - 8) \right] \mathrm{d}x$$

$$= \int_{-2}^{0} (2x + 4) \mathrm{d}x = (x^2 + 4x) \big|_{-2}^{0} = 4$$

$$S_2 = \int_{0}^{2} [-4 - (x^2 - 8)] \mathrm{d}x = \int_{0}^{2} (-x^2 + 4) \mathrm{d}x = (-\frac{x^3}{3} + 4x) \Big|_{0}^{2} = \frac{16}{3}$$

所求面积为 $S = S_1 + S_2 = 4 + \frac{16}{3} = \frac{28}{3}$

（2）选取纵坐标 y 为积分变量（Y-型），则 y 的变化区间为 $[-8, -4]$，所求面积图形在区间 $[-8, -4]$ 上的左右曲线分别是 $x = -\frac{1}{2}y - 4$，$x = \sqrt{y+8}$.

于是所求面积为

$$S = \int_{-8}^{-4} [\sqrt{y+8} - (-\frac{1}{2}y - 4)] \mathrm{d}y$$

$$= \int_{-8}^{-4} (\sqrt{y+8} + \frac{1}{2}y + 4) \mathrm{d}y = [\frac{2}{3}(y+8)^{\frac{3}{2}} + \frac{1}{4}y^2 + 4y] \Big|_{-8}^{-4} = \frac{28}{3}$$

注：从例 7 可看出方法一比方法二计算简单，从例 9 可看出（2）比（1）简单．因此，计算平面图形面积时，适当选取积分变量及其变化区间是很有必要的，这关系到计算量的繁简.

例 10　用定积分的方法求半径为 2 的圆的面积.

解：建立如图 6 - 5 - 26 直角坐标系，则圆方程为 $x^2 + y^2 = 4$. 选择积分变量为 x，根据圆的对称性，用定积分计算，所求面积，就是求由曲线 $y = \sqrt{4 - x^2}$ 与直线 $x = 0$，$y = 0$ 所围的平面图形的面积在第一象限部分面积的 4 倍．因此

$$S = 4 \int_{0}^{2} \sqrt{4 - x^2} \mathrm{d}x$$

令 $x = 2\sin t$，则 $\mathrm{d}x = 2\cos t \mathrm{d}t$，当 $x = 0$ 时，$t = 0$；

当 $x = 2$ 时，$t = \frac{\pi}{2}$.

$$S = 4 \int_{0}^{\frac{\pi}{2}} \sqrt{4 - 4\sin^2 t} \cdot 2\cos t \mathrm{d}t$$

$$= 16 \int_{0}^{\frac{\pi}{2}} \sqrt{1 - \sin^2 t} \cdot \cos t \mathrm{d}t$$

$$= 16 \int_{0}^{\frac{\pi}{2}} \cos^2 t \mathrm{d}t$$

$$= 16 \int_{0}^{\frac{\pi}{2}} \frac{1 + \cos 2t}{2} \mathrm{d}t = 8(t + \frac{1}{2}\sin 2t) \Big|_{0}^{\frac{\pi}{2}} = 4\pi$$

图 6 - 5 - 26

此例告诉我们，如果求图形是对称图形的面积时，可简化为求出图形在部分投影区间上面积的倍数.

由以上讨论，可总结得到求一般平面图形面积的参考步骤：

第一步，根据题意画出草图.

第二步，计算所给曲线的交点（解方程组），用于确定选择积分变量及积分区间，由图形及交点确定是选取 X - 型（积分变量为 x）还是选取 Y - 型（积分变量为 y）计算平

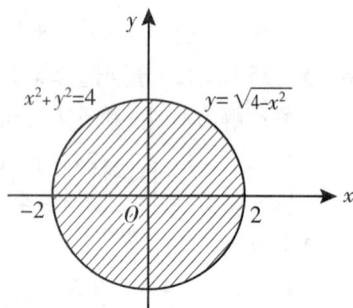

面图形（或可能两种都有）.

选择 X – 型还是 Y – 型的一般原则是，在容易求出原函数的前提下图形尽量不分块.

第三步，建立所求面积的定积分公式. 找被积函数时，应注意它在积分区间上的符号，另外，如果图形是对称图形，可利用图形的对称性及规则，以简化计算.

第四步，计算定积分，求出面积.

【即学即练】

求由曲线 $y^2 = 2x$ 与直线 $y = -2x + 2$ 所围成图形的面积 S.

（答案：$S = \dfrac{9}{4}$）

三、旋转体的体积

前面，我们学会了计算二维空间中平面图形的面积，下面我们将讨论三维空间中旋转体体积的计算.

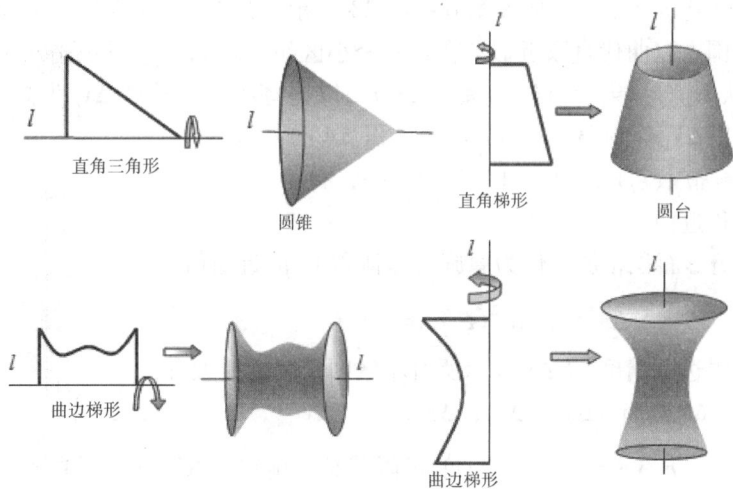

图 6 – 5 – 27

由一个平面图形绕这平面内的一条直线 l 旋转一周而成的空间立体称为旋转体，其中直线 l 称为该旋转体的旋转轴. 例如圆锥可以看成是由直角三角形绕它的一条直角边旋转一周而成的旋转体；圆台可以看成是由直角梯形绕它的一条直角边旋转一周而成的旋转体等等，如图 6 – 5 – 27 所示. 一般地，若以旋转体的旋转轴作为一条坐标轴，建立直角坐标系，则旋转体可看成是由平面上的曲边梯形绕某条坐标轴旋转一周而成的立体.

下面我们用求曲边梯形面积的思路，推出求旋转体体积的公式.

1. X – 型曲边梯形绕 x 轴旋转所得旋转体的体积（记作 V_x）

设一立体是由连续曲线 $y = f(x)$，直线 $x = a$，$x = b (a < b)$ 及 x 轴所围成的曲边梯形绕

x 轴旋转一周而成的旋转体，如图 6-5-28 所示.

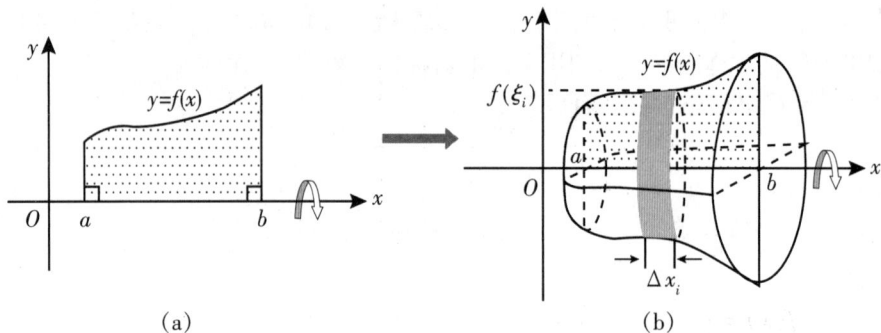

(a)　　　　　　　　　　　　　(b)

图 6-5-28

由定积分的概念，体积 V_x 公式推导如下：

（1）假设将区间 $[a, b]$ 分成 n 个子区间 $[x_0, x_1]$，$[x_1, x_2]$，…，$[x_{n-1}, x_n]$，第 i 个小区间的长度为 $\Delta x_i = x_i - x_{i-1}$ $(i = 1, 2, 3, \cdots, n)$. 过各分点作 x 轴的垂线，将原来的旋转体分成 n 个小旋转体如图 6-5-28 所示，第 i 个小旋转体的体积为 ΔV_i.

（2）小范围内以曲代直取近似. 在每一个小区间 $[x_{i-1}, x_i]$ 上任取一点 ξ_i $(i = 1, 2, 3, \cdots, n)$，认为 $f(x) \approx f(\xi_i)$ $(x_{i-1} \leqslant \xi_i \leqslant x_i)$. 以这些小区间长度 Δx_i 为高，$f(\xi_i)$ 为半径的小圆柱体体积 ΔV_i 作为第 i 个小圆柱体体积 ΔA_i 的近似值：

$$\Delta A_i \approx \Delta V_i \approx \pi f^2(\xi_i) \Delta x_i \quad (i = 1, 2, 3, \cdots, n)$$

（3）求和得近似.

将 n 个小矩形面积相加，作为原旋转体体积 V_n 的近似值：

$$V_n = \sum_{i=1}^{n} \Delta A_i \approx \sum_{i=1}^{n} \pi f^2(\xi_i) \Delta x_i \qquad ①$$

（4）取极限达到精确 以 Δx 表示所有小区间长度的最大者，

$$\Delta x = \max\{\Delta x_1, \Delta x_2, \Delta x_3, \cdots, \Delta x_{i-1}, \Delta x_i, \cdots, \Delta x_n\},$$

当 $\Delta x \to 0$ 时 $(n \to +\infty)$，和式①的极限就是原旋转体的体积 V_x，$V_x = \lim\limits_{\Delta x \to 0} V_n = \lim\limits_{\Delta x \to 0} \sum\limits_{i=1}^{n} \pi f^2(\xi_i) \Delta x_i = \pi \int_a^b [f(x)]^2 \mathrm{d}x$

即 X-型曲边梯形绕 x 轴旋转所得旋转体的体积计算公式为

$$V_x = \int_a^b \mathrm{d}V = \pi \int_a^b [f(x)]^2 \mathrm{d}x \qquad (6.5.9)$$

其中 $\pi[f(x)]^2 \mathrm{d}x$ 为体积微元 $\mathrm{d}V$.

例 11 求由曲线 $y = x^2$，x 轴及直线 $x = 1$ 和 $x = 2$ 所围成的曲面绕 x 轴旋转所得旋转体的体积，如图 6-5-29 所示.

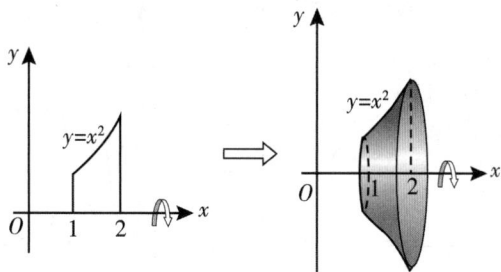

图 6 – 5 – 29

解： 将 $y = f(x) = x^2$，$a = 1$，$b = 2$ 代入公式（6.5.9）得所求体积为

$$V_x = \pi \int_1^2 (x^2)^2 dx = \pi \int_1^2 x^4 dx = \pi \frac{1}{5} x^5 \Big|_1^2 = \frac{31}{5} \pi$$

例 12 $y = \sin x (0 \leqslant x \leqslant \pi)$ 绕 x 轴旋转一周所得的旋转体体积 V_x（图 6 – 5 – 30）.

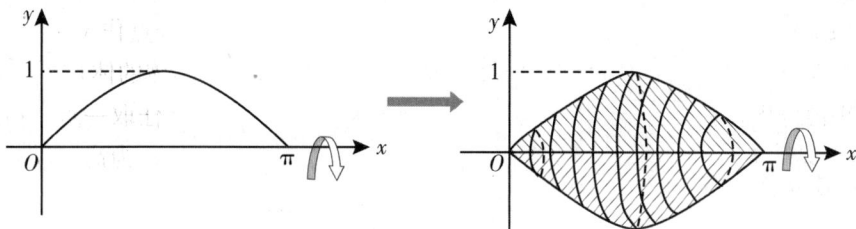

图 6 – 5 – 30

解： 将 $f(x) = \sin x$，$a = 0$，$b = \pi$ 代入公式（6.5.9），得所求体积为

$$V_x = \pi \int_a^b [f(x)]^2 dx = \pi \int_0^\pi (\sin x)^2 dx$$

$$= \frac{\pi}{2} \int_0^\pi (1 - \cos 2x) dx$$

$$= \frac{\pi}{2} \Big[x - \frac{\sin 2x}{2} \Big] \Big|_0^\pi = \frac{\pi^2}{2}$$

【即学即练】

求由曲线 $y = \sqrt{x}$，x 轴及直线 $x = 1$ 所围成的区间，绕 x 轴旋转所得旋转体的体积.

（答案：$\frac{\pi}{2}$）

2. Y – 型曲边梯形绕 y 轴旋转所得旋转体的体积（记作 V_y）

同理可得，立体是由连续曲线 $x = \varphi(y)$，直线 $y = c$，$y = d(c < d)$ 及 y 轴所围成的平面图形（Y – 型曲边梯形）绕 y 轴旋转而成的旋转体，如图 6 – 5 – 31 所示.

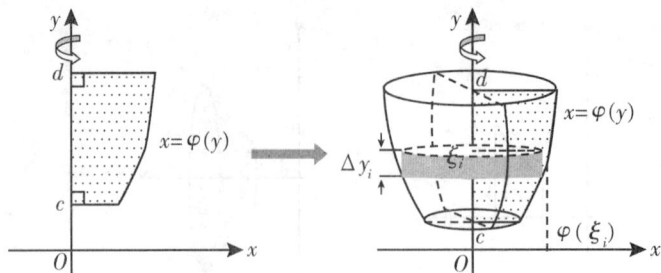

图 6 − 5 − 31

Y − 型曲边梯形绕 y 轴旋转所得旋转体的体积计算公式为

$$V_y = \pi \int_c^d [\varphi(y)]^2 \mathrm{d}y \qquad\qquad (6.5.10)$$

其中 $\pi [\varphi(y)]^2 \mathrm{d}y$ 为体积微元.

例 13 求由抛物线 $y = \sqrt{x}$ 与直线 $y = 0$，$y = 1$ 和 y 轴围成的平面图形，绕 y 轴旋转而成的旋转体的体积 V_y(图 6 − 5 − 32).

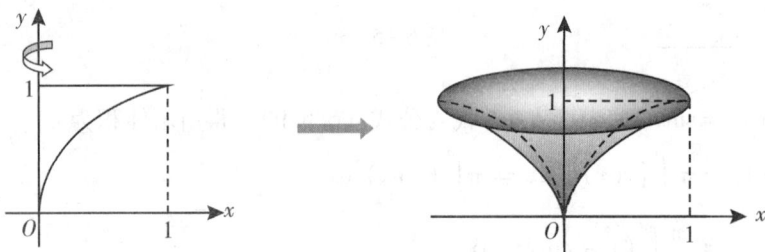

图 6 − 5 − 32

解：因为绕 y 轴旋转，积分变量是 y，积分区间是 $[0，1]$，从抛物线方程 $y = \sqrt{x}$ 中解出 $x = y^2$，所以由公式 (6.5.10) 得所求旋转体的体积为

$$V_y = \pi \int_0^1 [(y)^2]^2 \mathrm{d}y = \pi \int_0^1 y^4 \mathrm{d}y = \frac{\pi}{5} y^5 \big|_0^1 = \frac{\pi}{5}$$

例 14 计算椭圆 $\dfrac{x^2}{a^2} + \dfrac{y^2}{b^2} = 1 (a > b > 0)$ 绕 x 轴及 y 轴旋转而成的椭球体的体积 V_x 及 V_y.

解：(1) 从 $\dfrac{x^2}{a^2} + \dfrac{y^2}{b^2} = 1$ 中，解出 $y^2 = \dfrac{b^2}{a^2}(a^2 - x^2)$，即 $y = \pm \dfrac{b}{a}\sqrt{a^2 - x^2}$，绕 x 轴旋转，旋转椭球体如图 6 − 5 − 33 所示.

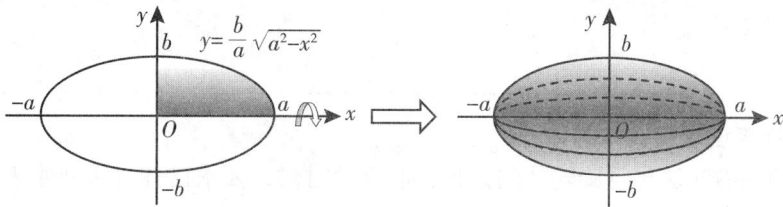

图 6 – 5 – 33

由于图形与坐标轴对称，因此可看作第一象限内的椭圆 $y = \dfrac{b}{a}\sqrt{a^2 - x^2}$ 曲线及 x 轴围成的曲边梯形绕 x 轴旋转而成的体积的 2 倍，由公式（6.5.9）得

$$V_x = 2\pi \int_0^a y^2 \mathrm{d}x = 2\pi \int_0^a \left(\frac{b}{a}\sqrt{a^2 - x^2}\right)^2 \mathrm{d}x = \frac{2\pi b^2}{a^2}\int_0^a (a^2 - x^2)\mathrm{d}x$$

$$= \frac{2\pi b^2}{a^2}\left[a^2 x - \frac{x^3}{3}\right]\Big|_0^a = \frac{4}{3}\pi a b^2$$

（2）从 $\dfrac{x^2}{a^2} + \dfrac{y^2}{b^2} = 1$ 中，解出 $x^2 = \dfrac{a^2}{b^2}(b^2 - y^2)$，即 $x = \pm\dfrac{a}{b}\sqrt{b^2 - y^2}$，绕 y 轴旋转，旋转椭球体如图 6 – 5 – 34 所示.

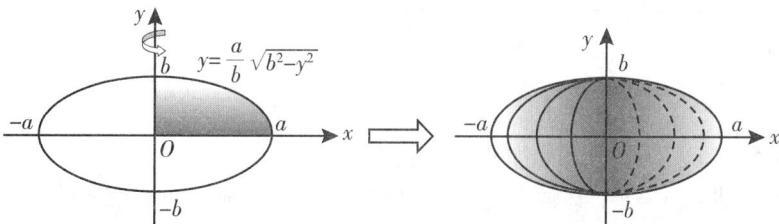

图 6 – 5 – 34

由对称性，旋转体可看作第一象限内椭圆 $x = \dfrac{a}{b}\sqrt{b^2 - y^2}$ 及 y 轴围成的曲边梯形绕 y 轴旋转而成的体积的 2 倍，由公式(6.5.10)得

$$V_y = 2\pi \int_0^b x^2 \mathrm{d}y = 2\pi \int_0^b \left(\frac{a}{b}\sqrt{b^2 - y^2}\right)^2 \mathrm{d}y = \frac{2\pi a^2}{b^2}\int_0^b (b^2 - y^2)\mathrm{d}y$$

$$= \frac{2\pi a^2}{b^2}\left[b^2 y - \frac{y^3}{3}\right]\Big|_0^b = \frac{4}{3}\pi a^2 b$$

当 $a = b = R$ 时，椭球体就是球体，因此球体的体积 $V_{球} = \dfrac{4}{3}\pi R^3$.

- -

【即学即练】

由曲线 $y = x^3$，y 轴及直线 $y = 8$ 所围成的区间绕 y 轴旋转，求所得旋转体的体积.

（答案：$\dfrac{96\pi}{5}$）

---

3. 利用柱壳法求旋转体的体积

前面我们用微元法求得旋转体的体积，但有的时候，要求已知 X - 型曲边梯形绕 y 轴旋转的体积或求已知 Y - 型图形的曲边梯形绕 x 轴旋转的体积的问题用上面的方法有时不太简便. 这里不加推导，给出另外计算公式.

（1）X - 型图形的曲边梯形围成的曲面绕 y 轴旋转所得旋转体的体积公式.

设立体是由连续曲线 $y = f(x)$，直线 $x = a$，$x = b(a < b)$ 及 x 轴所围成的曲边梯形，如图 6 - 5 - 28 所示，绕 y 轴旋转一周而成的体积计算公式为

$$V_y = 2\pi \int_a^b x \,|f(x)|\, \mathrm{d}x \qquad (6.5.11)$$

（2）Y - 型图形的曲边梯形围成的曲面绕 x 轴旋转所得旋转体的体积公式.

设立体是由连续曲线 $x = \varphi(y)$，直线 $y = c$，$y = d(c < d)$ 及 y 轴所围成的平面图形绕 x 轴旋转而成的旋转体，如图 6 - 5 - 29 所示，其体积 V_x 计算公式为

$$V_x = \int_c^d 2\pi y \,|\varphi(y)|\, \mathrm{d}y \qquad (6.5.12)$$

公式（6.5.11），（6.5.12）也称"柱壳法".

例 15 求由曲线 $y = x^2$，x 轴及直线 $x = 1$ 及 $x = 2$ 所围成的曲面绕 y 轴旋转，所得旋转体的体积 V_y 如图 6 - 5 - 35 所示.

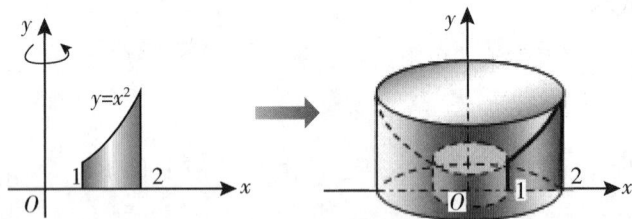

图 6 - 5 - 35

解：由公式（6.5.11）得

$$V_y = 2\pi \int_a^b x \,|f(x)|\, \mathrm{d}x = 2\pi \int_1^2 x \,|x^2|\, \mathrm{d}x = 2\pi \int_1^2 x^3 \,\mathrm{d}x = \frac{15}{2}\pi$$

读者试利用公式(6.5.10)做做看.

求曲线 $y = \sin x (0 \leqslant x \leqslant \pi)$ 绕 y 轴旋转一周所得的旋转体（图 6 – 5 – 30）体积 V_y．（提示：用公式（6.5.13））

（答案：$2\pi^2$）

四、定积分在经济等方面的应用

我们用微元法通过定积分不但可以求平面图形面积的问题，也可求已知经济量函数的变化率，求经济量函数或经济量函数在某个范围内的值的问题．这里的经济量函数是指描述经济问题的函数，例如需求函数、供给函数、总成本函数、总收入函数、总利润函数、生产函数等等．

用微元法对所给问题，首先选取某个变量，例如时间 t、产量 x 等积分变量，这些变量在某个范围内变化，设变化区间为 $[a, b]$．在区间 $[a, b]$ 上任取其中的一个代表性小区间，相应于这个小区间上的变化率(边际)微元为边际函数乘变量微分．然后以变化率(边际)微元为被积表达式，在区间 $[a, b]$ 上取定积分便可求得经济总量在某个范围内的增量．

一般地，设 $\Phi(x)$ 是 $f(x)$ 在区间 $[a, b]$ 上的一个原函数，即 $\Phi'(x) = f(x)$，由 §6.1 定理 6.3 中式子 $\int_0^x f(t) \mathrm{d}t = \Phi(x) - \Phi(0)$，得出求原函数的定积分表示为：

$$\Phi(x) = \Phi(0) + \int_0^x f(t) \mathrm{d}t \tag{6.5.13}$$

又由牛顿—莱布尼兹公式，可求出函数 $\Phi(x)$ 从 a 到 b 的增量(或改变量)：

$$\Delta\Phi = \Phi(b) - \Phi(a) = \int_a^b f(x) \mathrm{d}x \tag{6.5.14}$$

利用(6.5.13)可根据已知经济量函数的边际函数，求出经济量函数(即原函数)，利用(6.5.14)可根据已知经济量函数的边际函数求出经济量函数在区间 $[a, b]$ 上的增量(或改变量)．

下面是由(6.5.13)及(6.5.14)得出几个常见求经济总量函数或经济总量函数在某个范围内的增量的问题．

(1)已知某产品的总产量 $Q(t)$ 的变化率是时间的连续函数 $f(t)$，设 $Q'(t) = f(t)$，则该产品在时间 $[t_0, t]$ 内的总产量(总量函数的增量)为

$$Q(t) = Q(t_0) + \int_{t_0}^t f(t) \mathrm{d}t, \ t > t_0 \tag{6.5.15}$$

其中 $t_0 \geqslant 0$ 为某个规定的初始时刻，通常，取 $t_0 = 0$，这时 $Q(0) = 0$，即刚投产时总产量为零.

由上式可得，从 t_0 到 $t_1(0 \leqslant t_0 < t_1)$ 这段时间内总产量的增量

$$\Delta Q = Q(t_1) - Q(t_0) = \int_{t_0}^{t_1} Q'(t)\, dt \tag{6.5.16}$$

(2)已知某产品的边际成本函数 $MC(x) = C'(x)$，则总成本函数 $C(x)$ 为：

$$C(x) = C(0) + \int_0^x C'(t)\, dt (\leftarrow 总成本 = 固定成本 + 可变成本) \tag{6.5.17}$$

其中，$C_0 = C(0)$ 为固定成本.

于是可变成本 $C_1(x)$ 是边际成本在 $[0, x]$ 上的定积分

$$C_1(x) = \int_0^x C'(t)\, dt \tag{6.5.18}$$

该产品从产量为 a 到产量为 b 时增加的成本为

$$\Delta C = \int_a^b C'(x)\, dx \tag{6.5.19}$$

(3)已知某产品的边际收益函数 $MR(x) = R'(x)$，则总收益函数 $R(x)$ 是边际收益函数在 $[0, x]$ 上的定积分(因为 $R(0) = 0$)

$$R(x) = \int_0^x R'(t)\, dt \tag{6.5.20}$$

该产品的销售量从 a 个单位上升到 b 个单位时，增加的收益为

$$\Delta R = \int_a^b R'(x)\, dx \tag{6.5.21}$$

(4)已知某产品的边际利润函数为 $ML(x) = L'(x)$，则该产品的销售量从 a 个单位上升到 b 个单位时，增加的利润为

$$\Delta L = \int_a^b L'(x)\, dx \tag{6.5.22}$$

该产品的总利润函数 $L(x)$ 为

$$L(x) = R(x) - C(x) (\leftarrow 总利润 = 总收入 - 总成本)$$

$$= \int_0^x R'(t)\, dt - \left[C(0) + \int_0^x C'(t)\, dt \right]$$

$$= \int_0^x [R'(t) - C'(t)]\, dt - C(0) = \int_0^x L'(t)\, dt - C(0)$$

即

$$L(x) = \int_0^x L'(t)\, dt - C(0) \tag{6.5.23}$$

其中，$C(0)$ 为固定成本，边际利润 $L'(x) = R'(x) - C'(x)$.

例16 若一年内 12 个月的销售额随着时间的增长而增长，其每月销售量为 $f(t) = 100e^{0.02t}$(万元/月)，求一年内的销售总额.

解：一年内的销售总额就是每月销售量的变化率 $f(t) = 100e^{0.02t}$ 在时间 $[0, 12]$ 上的积分，由公式(6.5.21)得一年内的销售总额

$$\Delta R = \int_{t_1}^{t_2} f(t)\, dt = \int_0^{12} 100e^{0.02t}\, dt = \frac{100}{0.02} e^{0.02t} \Big|_0^{12} = 1\,356(万元)$$

例 17 已知某产品生产 x 个单位时的边际成本函数为 $C'(x) = 2\mathrm{e}^{0.2x}$，且固定成本 $C_0 = 9$，求产量 x 由 100 增加至 200 时总成本增加多少.

解：方法一 产量由 100 增加至 200 时总成本增加 ΔC，由公式(6.5.19)得

$$\Delta C = \int_{100}^{200} C'(x)\,\mathrm{d}x = \int_{100}^{200} 2\mathrm{e}^{0.2x}\,\mathrm{d}x = \frac{2}{0.2}\mathrm{e}^{0.2x}\Big|_{100}^{200} = 10(\mathrm{e}^{40} - \mathrm{e}^{20}).$$

方法二 由(6.5.18)求出可变成本

$$C_1(x) = \int_0^x C'(t)\,\mathrm{d}t = \int_0^x 2\mathrm{e}^{0.2t}\,\mathrm{d}t = 10\mathrm{e}^{0.2t}\Big|_0^x = 10(\mathrm{e}^{0.2x} - 1)$$

于是总成本函数为

$$C(x) = C(0) + \int_0^x C'(t)\,\mathrm{d}t \quad (\leftarrow公式\ (6.5.17))$$

$$= 9 + 10(\mathrm{e}^{0.2x} - 1) \quad (\leftarrow C_0 = C(0) = 9)$$

从而产量 x 由 100 增加至 200 时总成本增加为

$$\Delta C = C(200) - C(100)$$

$$= \left[9 + 10(\mathrm{e}^{0.2 \times 200} - 1)\right] - \left[9 + 10(\mathrm{e}^{0.2 \times 100} - 1)\right]$$

$$= 10(\mathrm{e}^{40} - \mathrm{e}^{20})$$

例 18 已知企业的产品边际成本为 $C'(x) = \dfrac{x}{2} - 150$（百元/件），固定成本为 10 000（百元），边际收入为 $R'(x) = 50$（百元/件），试求利润函数 $L(x)$.

解： 设可变成本为 $C_1 = C_1(x)$，则总成本为 $C(x) = C_1(x) + C_0$，$C_0 = 10\,000$，$R'(x) = 50$
利润函数 $\qquad\qquad L(x) = R(x) - C(x)$

因为 $C_1(x) = \displaystyle\int_0^x C'(t)\,\mathrm{d}t = \int_0^x \left(\dfrac{t}{2} - 150\right)\mathrm{d}t$

$$= \frac{x^2}{4} - 150x \quad (\leftarrow由公式(6.5.18))$$

从而，总成本函数为 $C(x) = \dfrac{x^2}{4} - 150x + 10\,000$

总收益函数为

$$R(x) = \int_0^x R'(t)\,\mathrm{d}t = \int_0^x 50\,\mathrm{d}t = 50x \quad (\leftarrow由公式(6.5.20))$$

于是所求利润函数为

$$L(x) = R(x) - C(x) = 50x - \left(\frac{x^2}{4} - 150x + 10\,000\right) = -\frac{x^2}{4} + 100x - 10\,000$$

即 $\qquad\qquad\qquad L(x) = -\dfrac{x^2}{4} + 100x - 10\,000$

例 19 已知某地区在 2014 年的本地生产总值 y 为 14 720 亿元，假设生产总值 y 随时间的变化如下

$$\frac{\mathrm{d}y}{\mathrm{d}t} = 588.8\mathrm{e}^{\frac{t}{25}}（亿元/年）$$

其中 t 表示从 2014 年起的年数，且 $0 \leqslant t \leqslant 10$.

求：(1)该地区的生产总值于 2014 年至 2024 年间的改变；

（2）该地区在 2024 年的本地生产总值.

解：（1）该地区的生产总值于 2014 年至 2024 年间的改变为：

$$\Delta y = \int_0^{10} \frac{dy}{dt} dt (\leftarrow \text{由公式}(6.5.16))$$

$$= 588.8 \times \int_0^{10} e^{\frac{t}{25}} dt = 588.8 \times 25 e^{\frac{t}{25}} \Big|_0^{10} = 7\,240(亿元)$$

（2）该地区在 2019 年的本地生产总值等于在 2014 年的本地生产总值 14 720 亿元与本地区的生产总值于 2014 年至 2024 年间的改变值 7 240 亿元之和

$$14\,720 + 7\,240 = 21\,960(亿元).$$

【即学即练】

1. 某产品的边际收益为 $MR = 1\,500 - 75\sqrt{x}$，求当该产品的生产从 225 个单位上升到 400 个单位时增加的收益.　　　　　　　　　　　　　　　　　　（答案：31 250）

2. 某产品边际成本 $C'(x) = 3 + x$（万元/百台），边际收入 $R'(x) = 12 - x$（万元/百台），固定成本 5（万元）. 求：

（1）使利润达到最大的产量及最大利润；

（2）若在最大利润产量的基础上再生产 200 台，总利润将发生什么变化？说明其经济意义.

（答案：（1）4.5（百台），最大利润为 15.25（万元）；（2）-4（万元）在最大利润产量的基础上再生产 200 台，此时总利润将减少）

6.5　练习题

1. 求下列各题由所给曲线或直线围成的平面图形的面积.

（1）由 $y = 2x^2 + 3$，$x = -2$，$x = 1$ 与 x 轴所围成的图形.

（2）由 $y = e^x$，$y = e$ 与 $x = 0$ 所围成的图形.

（3）由 $y^2 = 2x$，$y = x - 4$ 所围成的图形.

（4）由 $y = x^2$，$y = x$ 与 $y = 2x$ 所围成的图形.

（5）由 $y = x^2$ 与 $y = \sqrt{x}$ 所围成的图形.

（6）由 $y = x^3$，$y = 1$ 和 $x = 0$ 所围成的图形.

（7）由 $y = \cos x$ 在区间 $[0, \pi]$ 上与轴所围成的图形.

2. 求由曲线 $y = \frac{1}{x}$ 及直线 $y = x$，$x = 2$ 所围成的平面图形的面积.

3. 求由直线 $y = 2x + 3$ 与曲线 $y = x^2$ 所围成的平面图形的面积.

4. $y = e^x$，$y = e^{-x}$ 与直线 $x = 1$ 所围成的平面图形的面积.

5. $y = \ln x$，y 轴与直线 $y = \ln a$，$y = \ln b (b > a > 0)$ 所围成的平面图形的面积.

6. 求由抛物线 $y = -x^2 + 4$ 与 $y = x^2 - 2x$ 所围成的平面图形的面积.

7. 求由抛物线 $y = -x^2 + 4x - 3$ 及其在点 $(0, -3)$ 和 $(3, 0)$ 处的切线所围成的图形的面积.

8. 求 $y = \sin x$ 与 $y = \cos x$ 在 $x = 0$ 与 $x = \pi$ 之间所围成的图形的面积.

9. 求由 $y = \dfrac{x^2}{2}$ 与 $x^2 + y^2 = 8$ 所围成的平面图形的面积(两部分都要求计算).

10. 设 $y = x^2$, $x \in [0, 1]$, 问 t 为何值时, 下图中阴影部分的面积 S_1 与 S_2 之和最小? 最大?

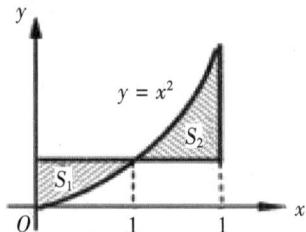

11. 求由 $y = x^3$, $x = 2$, $y = 0$ 所围成的图形, 分别绕 x 轴及 y 轴旋转所得的两个不同的旋转体的体积.

12. 求由曲线 $y = \mathrm{e}^x$, 直线 $y = \mathrm{e}^2$ 及 y 轴所围成的平面图形分别绕 x 轴和 y 轴旋转, 所得旋转体的体积.

13. 已知边际成本 $C'(Q) = 12\mathrm{e}^{0.5Q}$, 固定成本为 26, 求总成本函数.

14. 某新产品的销售率为 $f(x) = 100 - 90\mathrm{e}^{-x}$, 式中是产品上市的天数. 求前 4 天的销售总量.

15. 某产品边际成本为 $C'(Q) = 3 + \dfrac{1}{3}Q$(万元/百台), 固定成本为 $C(0) = 1$(万元), 边际收入 $R'(Q) = 7 - Q$(万元/百台), 其中 Q(百台)为产量. 试求:

(1)产量 Q 等于多少时, 利润 $L(Q)$ 最大? 最大利润为多少?

(2)当在使利润最大的产量的基础上再生产 1 百台, 利润将变化多少? 是增加了还是减少了?

16. 某种产品的销售增长率为 $f(t) = 1\,340 - 850\mathrm{e}^{-t}$, 式中以年度量, 求前 5 年的总销售量.

17. 已知生产某种产品 Q 件时总收入的变化率是 $R'(Q) = 100 - \dfrac{Q}{20}$(元/件), 试求生产此种产品 1 000 件时的总收入和平均收入, 以及从 1 000 件到 2 000 件所增加的收入.

18. 设某产品的总成本 C 的变化率是产量 Q 的函数 $C'(Q) = 6 + \dfrac{Q}{2}$(万元/百台), 且总收入 R 的变化率也是产量 Q 的函数 $R'(Q) = 12 - Q$(万元/百台).

(1)求产量从 1 百台增加到 3 百台时, 总成本与总收入各增加多少?

(2)求产量为多少时, 总利润 $L(Q)$ 最大?

(3)已知固定成本 $C(0) = 5$(万元)时, 求总成本、总利润与产量 Q 的函数关系.

(4)若在最大利润产量的基础上再增加生产 2 万台, 问总利润将会发生什么样的变化, 增加了还是减少了?

19. 某种产品在日产量 Q 件时的边际成本为 $0.4Q + 1$(元/件), 且固定成本为 375 元, 每件售价为 21 元. 假若产品可以全部售出, 试问此种产品的日产量为多少时, 可获得最大利润? 最大利润值是多少?

20. 已知生产某种产品总收入的变化率是时间 t(单位: 年)的函数 $f(t) = 2t + 5$($t \geqslant 0$), 试求第一个五年和第二个五年的总收入各为多少?

参考答案

1. (1) 15　　(2) 1　　(3) 18　　(4) $\dfrac{7}{6}$

　(5) $\dfrac{1}{3}$　　(6) $\dfrac{3}{4}$　　(7) 2

2. $\dfrac{3}{2} - \ln 2$　　3. $\dfrac{32}{3}$　　4. $e + e^{-1} - 2$　　5. $b - a$

6. 9　　7. $\dfrac{9}{4}$　　8. $2\sqrt{2}$

9. $S_{上} = 2\pi + \dfrac{4}{3}$，$S_{下} = 6\pi - \dfrac{4}{3}$　　10. $\dfrac{1}{2}$ 时，$S_{\min} = \dfrac{1}{4}$；1 时，$S_{\max} = \dfrac{2}{3}$

11. $V_x = \dfrac{128}{7}\pi$，$V_y = \dfrac{64}{5}\pi$

12. $V_x = 2\pi(e^2 + 1)$，$V_y = 2\pi(e^2 - 1)$

13. $C(Q) = 24e^{0.5Q} + 2$

14. $310 + 90e^{-4}$

15. (1) 3(百台)，5(万元)　　(2) -0.67(万元)，利润是减少了.

16. $5\,850 + 850e^{-5}$

17. 75 000(元)，75(元/件)，25 000(元)

18. (1) 14，20　　(2) 4 百台

(3) 总成本 $C(Q) = 6Q + \dfrac{Q^2}{4} + 5$，总利润 $L(Q) = 6Q - \dfrac{3}{4}Q^2 - 5$

(4) 利润减少 3(万元)

19. 50(件)；325(元)　　20. 50；100

§6.6　广义积分与 Γ 函数

一、广义积分

我们讨论定积分 $\displaystyle\int_a^b f(x)\,dx$ 求法的前提是，积分区间 $[a, b]$ 是有限的，并且被积函数 $f(x)$ 在区间 $[a, b]$ 上是有界的. 但在某些实际问题中，我们会遇到积分的上限、下限为无穷，或被积函数是无界的积分，例如在概率论与统计学中通常会有这样的积分. 我们将无限区间上的积分或无界函数的积分称为广义积分(或反常积分)，为区别起见，前面学的定积分就称为常义积分(或正常积分).

(一) 无限区间的广义积分

在 §6.5 中，讨论由总收益的变化率计算总收益时，由定积分可知：在时间区间 $[0, T]$ 内的总收益 R 等于收益率函数 $r(t)$ 在时间区间 $[0, T]$ 上的定积分，即 $R = \displaystyle\int_0^T r(t)$

dt. 现在进一步问，在不考虑利息的情况下，当收益期为无限时，此时的总收益就应等于收益率函数 $r(t)$ 在无限时间区间 $[0, +\infty)$ 上的积分了，类似定积分的记法，此时的总收益就是 $R = \int_0^{+\infty} r(t)\mathrm{d}t$，这个积分如何计算？除此之外我们还会有诸如

$$\int_0^\infty x\mathrm{e}^{-x}\mathrm{d}x, \int_{-\infty}^1 \mathrm{e}^{4x}\mathrm{d}x, \int_{-\infty}^{+\infty} \frac{2}{1+x^2}\mathrm{d}x$$

等积分的含义要解释，像这样的积分我们称为无限区间上的广义积分．下面，介绍无限区间上的广义积分的一般概念及其计算方法．

我们以计算函数 $y = f(x) = x\mathrm{e}^{-x}$ 的广义积分 $\int_0^\infty x\mathrm{e}^{-x}\mathrm{d}x$ 为例．首先考虑从 0 到任意一个有限数 b 的积分 $\int_0^b x\mathrm{e}^{-x}\mathrm{d}x$，如图$(a)$不管取什么正值，它都有意义．

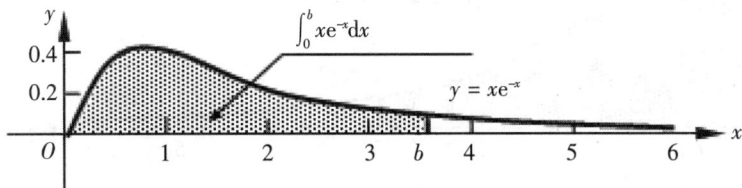

图 (a)

用分部积分法可得

$$\begin{aligned}
\int_0^b x\mathrm{e}^{-x}\mathrm{d}x &= (-x\mathrm{e}^{-x})\,\big|_0^b + \int_0^b \mathrm{e}^{-x}\,\mathrm{d}x \\
&= -b\mathrm{e}^{-b} - \mathrm{e}^{-x}\,\big|_0^b \\
&= -b\mathrm{e}^{-b} - \mathrm{e}^{-b} + 1 \\
&= 1 - \mathrm{e}^{-b} - b\mathrm{e}^{-b}
\end{aligned}$$

取 $b = 1$ 时，得 $\int_0^1 x\mathrm{e}^{-x}\mathrm{d}x = 1 - \mathrm{e}^{-1} - \mathrm{e}^{-1} \approx 0.264\,2$，如图$(b)$阴影部分．

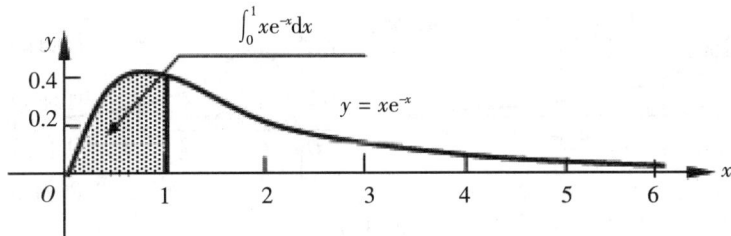

图 (b)

取 $b = 2$ 时，得 $\int_0^2 x\mathrm{e}^{-x}\mathrm{d}x = 1 - \mathrm{e}^{-2} - 2\mathrm{e}^{-2} \approx 0.594\,0$，如图$(c)$阴影部分．

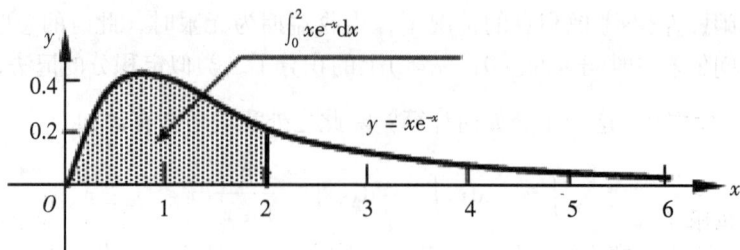

图（c）

取 $b=3$ 时，得 $\int_0^3 x\mathrm{e}^{-x}\mathrm{d}x = 1 - \mathrm{e}^{-3} - 3\mathrm{e}^{-3} \approx 0.800\,9$，如图（d）阴影部分.

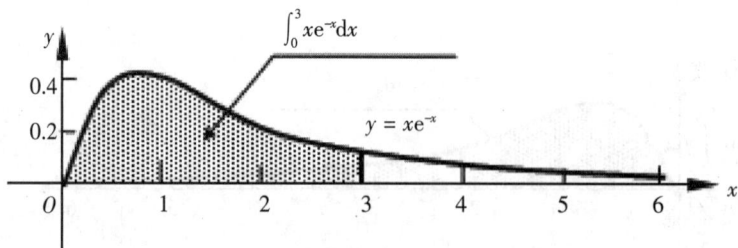

图（d）

$\vdots$

当我们不断增大积分上限时，此例积分的结果明显不是无界的.

其次，我们设想 b 的值越取越大（即不断增大积分上限）时，如果让 $b \to \infty$，根据上面的计算有极限 $\lim\limits_{b\to\infty}\int_0^b x\mathrm{e}^{-x}\mathrm{d}x = \lim\limits_{b\to\infty}(1 - \mathrm{e}^{-b} - b\mathrm{e}^{-b}) = 1$，说明当 $b \to \infty$ 时，有限积 $\int_0^b x\mathrm{e}^{-x}\mathrm{d}x$ 的值收敛于 1，如图（e）所示：

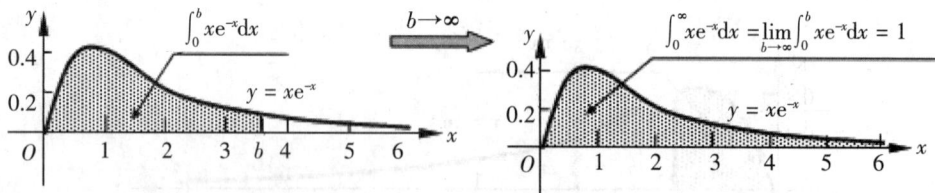

图（e）

由上例分析，很自然地，我们可以引进无限区间上的广义积分的定义及求法.

由区间端点的特点，给出三种情形下广义积分的定义：

第一种区间，右端为无限 $[a,\ +\infty)$；

第二种区间，左端为无限 $(-\infty,\ b]$；

第三种区间，左右端均为无限$(-\infty, +\infty)$.

第一种区间，右端为无限的区间$[a, +\infty)$:

定义 6.2　设函数$f(x)$在区间$[a, +\infty)$上连续，如果极限

$$\lim_{b \to +\infty} \int_a^b f(x)\,dx \quad (a < b)$$

存在，则称此极限值为$f(x)$在无限区间$[a, +\infty)$上的广义积分(或反常积分)，记作

$$\int_a^{+\infty} f(x)\,dx = \lim_{b \to +\infty} \int_a^b f(x)\,dx \tag{6.6.1}$$

这时也称广义积分$\int_a^{+\infty} f(x)\,dx$存在或收敛；如果极限$\lim\limits_{b \to +\infty} \int_a^b f(x)\,dx$不存在，则称广义积分$\int_a^{+\infty} f(x)\,dx$发散.

当极限$\lim\limits_{b \to +\infty} \int_a^b f(x)\,dx$不存在时，函数$f(x)$在无限区间$[a, +\infty)$上的广义积分$\int_a^{+\infty} f(x)\,dx$就没有意义，这时记号$\int_a^{+\infty} f(x)\,dx$不再表示数值了，习惯上称广义积分$\int_a^{+\infty} f(x)\,dx$是发散的.

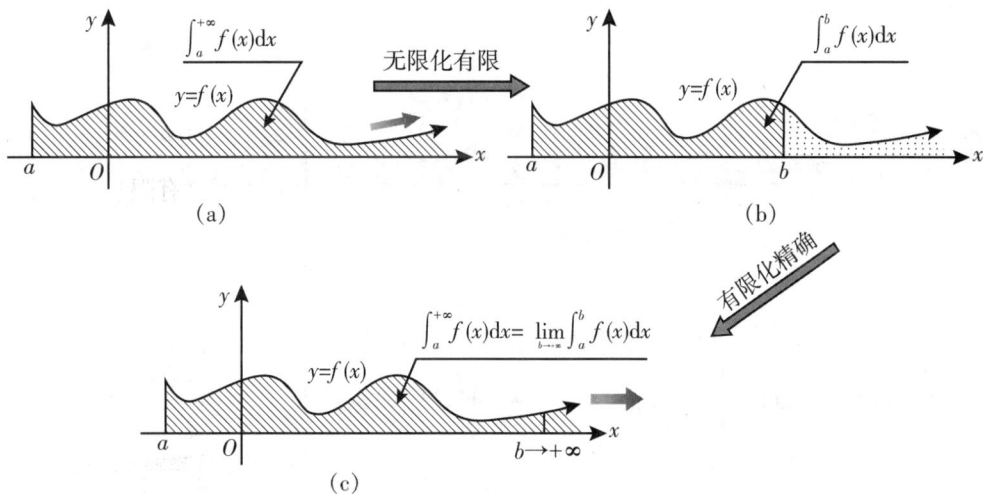

图 6-6-1

广义积分$\int_a^{+\infty} f(x)\,dx$的几何解释：当$f(x) \geqslant 0$时，广义积分$\int_a^{+\infty} f(x)\,dx$表示位于曲线$y = f(x)$的下方，$x$轴的上方，直线$x = a$的右边，并向右侧延伸至无穷的"右开口"图形的面积. 如图 6-6-1 所示，图 6-6-1(a)、(b)、(c)揭示了其运算步骤.

由定义及几何解释可得到广义积分 $\int_a^{+\infty} f(x)\mathrm{d}x$ 的计算(判断)参考步骤:

第一步,计算定积分 $\int_a^b f(x)\mathrm{d}x\ (a<b)$;

第二步,计算极限 $\lim\limits_{b\to +\infty}\int_a^b f(x)\mathrm{d}x$. 若极限存在,则广义积分收敛;若极限不存在,则广义积分发散.

第二种区间,左端为无限区间 $(-\infty,\ b]$:

类似地,可以定义函数 $f(x)$ 在无限区间 $(-\infty,\ b]$ 上的广义积分 $\int_{-\infty}^b f(x)\mathrm{d}x$:

$$\int_{-\infty}^b f(x)\mathrm{d}x = \lim_{a\to -\infty}\int_a^b f(x)\ \mathrm{d}x\ (a<b) \tag{6.6.2}$$

在式(6.6.2)中,如果等式右端的极限存在,则称广义积分 $\int_{-\infty}^b f(x)\mathrm{d}x$ 收敛,否则,就称广义积分 $\int_{-\infty}^b f(x)\mathrm{d}x$ 发散.

广义积分 $\int_{-\infty}^b f(x)\mathrm{d}x$ 的几何解释:当 $f(x)\geqslant 0$ 时,广义积分 $\int_{-\infty}^b f(x)\mathrm{d}x$ 表示位于曲线 $y=f(x)$ 的下方,x 轴的上方,直线 $x=b$ 的左边,并向左侧延伸至无穷的"左开口"图形的面积,如图 6-6-2 所示.

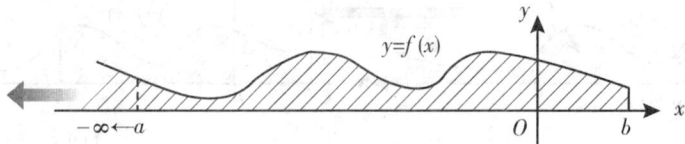

图 6-6-2

第三种区间,左右端点均为无限的区间 $(-\infty,\ +\infty)$:

同样,可得当区间右端为无限 $[a,\ +\infty)$ 时,广义积分 $\int_{-\infty}^b f(x)\mathrm{d}x$ 计算(判断)步骤:

第一步,计算定积分 $\int_a^b f(x)\mathrm{d}x\ (a<b)$;

第二步,计算极限 $\lim\limits_{a\to -\infty}\int_a^b f(x)\mathrm{d}x$.

类似地,还有函数 $f(x)$ 在无限区间 $(-\infty,\ +\infty)$ 上的广义积分定义为:

$$\int_{-\infty}^{+\infty} f(x)\mathrm{d}x = \int_{-\infty}^c f(x)\mathrm{d}x + \int_c^{+\infty} f(x)\ \mathrm{d}x \tag{6.6.3}$$

其中 c 为任意实数. 在式(6.6.3)中, 当且仅当等式右端的两个广义积分都收敛时, 则称广义积分 $\int_{-\infty}^{+\infty} f(x)\mathrm{d}x$ 收敛, 否则, 称广义积分 $\int_{-\infty}^{+\infty} f(x)\mathrm{d}x$ 发散, 即广义积分 $\int_{-\infty}^{+\infty} f(x)\mathrm{d}x$ 收敛的充要条件是 $\int_{-\infty}^{c} f(x)\mathrm{d}x$ 与 $\int_{c}^{+\infty} f(x)\mathrm{d}x$ 都收敛.

广义积分 $\int_{-\infty}^{+\infty} f(x)\mathrm{d}x$ 的几何解释: 当 $f(x) \geqslant 0$ 时, 广义积分 $\int_{-\infty}^{+\infty} f(x)\mathrm{d}x$ 表示位于曲线 $y = f(x)$ 的下方, x 轴的上方, 向左右两侧延伸至无穷的"左右开口"图形的面积, 如图 6-6-3 所示.

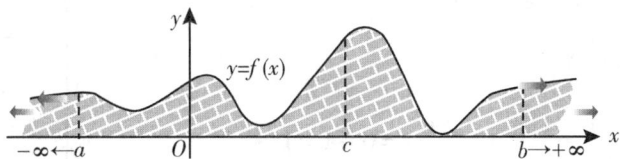

图 6-6-3

于是可得当左右端点均为无限区间 $(-\infty, +\infty)$ 时, 广义积分 $\int_{-\infty}^{+\infty} f(x)\mathrm{d}x$ 计算(判断)步骤:

第一步, 在区间 $(-\infty, +\infty)$ 内取任意实数 c, 计算极限 $\lim\limits_{a \to -\infty} \int_{a}^{c} f(x)\mathrm{d}x$, $\lim\limits_{b \to +\infty} \int_{c}^{b} f(x)\mathrm{d}x$ 若两极限均存在, 做第二步, 否则结论 $\int_{-\infty}^{+\infty} f(x)\mathrm{d}x$ 发散.

第二步, 满足充要条件计算 $\int_{-\infty}^{+\infty} f(x)\mathrm{d}x = \int_{-\infty}^{c} f(x)\mathrm{d}x + \int_{c}^{+\infty} f(x)\mathrm{d}x$.

上述三种广义积分(6.6.1)、(6.6.2)与(6.6.3)统称为无限区间上的广义积分.

如果 $F(x)$ 是 $f(x)$ 的原函数, 则有 $\int_{a}^{b} f(x)\mathrm{d}x = F(x) \big|_{a}^{b} = F(b) - F(a)$, 从而

$$\int_{a}^{+\infty} f(x)\mathrm{d}x = \lim_{b \to +\infty} \int_{a}^{b} f(x)\mathrm{d}x$$
$$= \lim_{b \to +\infty} [F(b) - F(a)] = \lim_{b \to +\infty} F(b) - F(a)$$

因此, 为了方便使用, 利用计算定积分(常义积分)中的牛顿—莱布尼兹公式的记号, 以记号 "$F(x) \big|_{a}^{+\infty}$" 表示 $\lim\limits_{x \to +\infty} F(x) - F(a)$, 当无限区间上的广义积分存在时, 有简便记法:

$$\int_{a}^{+\infty} f(x)\mathrm{d}x = F(x) \big|_{a}^{+\infty} = \lim_{x \to +\infty} F(x) - F(a) \tag{6.6.4}$$

类似地, 有

$$\int_{-\infty}^{b} f(x)\mathrm{d}x = F(x) \big|_{-\infty}^{b} = F(b) - \lim_{x \to -\infty} F(x) \tag{6.6.5}$$

$$\int_{-\infty}^{+\infty} f(x)\mathrm{d}x = F(x) \big|_{-\infty}^{+\infty} = \lim_{x \to +\infty} F(x) - \lim_{x \to -\infty} F(x) \tag{6.6.6}$$

这样一来, 无限区间上的广义积分的计算与定积分的计算就很"相似", 首先求出被

积函数 $f(x)$ 的一个原函数 $F(x)$，然后计算 $F(x)$ 在积分区间上的增量，不同的是，当积分上限或下限为无穷时，代入上限或下限求函数值时换为求极限值 $\lim\limits_{x \to +\infty} F(x)$ 或 $\lim\limits_{x \to -\infty} F(x)$.

例 1 计算广义积分 $\displaystyle\int_1^{+\infty} \frac{1}{x^2}\mathrm{d}x$.

解： 根据定义式(6.6.1)，得

$$\int_1^{+\infty} \frac{1}{x^2}\mathrm{d}x = \lim_{b \to +\infty}\int_1^b \frac{1}{x^2}\mathrm{d}x$$

$$= \lim_{b \to +\infty}\left(-\frac{1}{x}\right)\Big|_1^b = \lim_{b \to +\infty}\left(-\frac{1}{b}+1\right) = 1$$

或根据记号公式(6.6.4)，得

$$\int_1^{+\infty} \frac{1}{x^2}\mathrm{d}x = \left(-\frac{1}{x}\right)\Big|_1^{+\infty}$$

$$= \lim_{x \to +\infty}\left(-\frac{1}{x}\right) - \left(-\frac{1}{1}\right) = 0+1 = 1$$

这个无限区间上的广义积分值的几何意义是：由曲线 $y = \dfrac{1}{x^2}$，

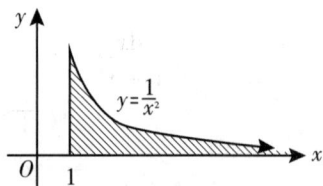

图 6-6-4

直线 $x=1$ 及 x 轴所围成的"右开口"且向右侧无限延伸的图形的面积等于 1，如图 6-6-4 所示.

例 2 计算广义积分 $\displaystyle\int_0^{+\infty} x\mathrm{e}^{-x}\mathrm{d}x$.

解： $\displaystyle\int_0^{+\infty} x\mathrm{e}^{-x}\mathrm{d}x = \lim_{b \to \infty}\int_0^b x\mathrm{e}^{-x}\mathrm{d}x = \lim_{b \to \infty}\int_0^b -x\mathrm{d}\mathrm{e}^{-x}$

$$= \lim_{b \to +\infty}\left[(-x\mathrm{e}^{-x})\Big|_0^b + \int_0^b \mathrm{e}^{-x}\,\mathrm{d}x\right] (\leftarrow 分部积分)$$

$$= \lim_{b \to +\infty}\left[-b\mathrm{e}^{-b} - \mathrm{e}^{-x}\Big|_0^b\right] = \lim_{b \to +\infty}\left[-b\mathrm{e}^{-b} - \mathrm{e}^{-b} + 1\right]$$

$$= -\lim_{b \to +\infty}\frac{b}{\mathrm{e}^b} - \lim_{b \to +\infty}\mathrm{e}^{-b} + 1$$

$$= -\lim_{b \to +\infty}\frac{1}{\mathrm{e}^b} + 1 = 1 (\leftarrow 计算 \lim_{b \to +\infty}\frac{b}{\mathrm{e}^b} 时，应用洛必达法则)$$

或根据简便记号公式(6.6.4)解得

$$\int_0^{+\infty} x\mathrm{e}^{-x}\mathrm{d}x = \int_0^{+\infty} x\mathrm{e}^{-x}\mathrm{d}x = \int_0^{+\infty} -x\mathrm{d}\mathrm{e}^{-x} = -\int_0^{+\infty} x\mathrm{d}\mathrm{e}^{-x}$$

$$= -\left[(x\mathrm{e}^{-x})\Big|_0^{+\infty} - \int_0^{+\infty} \mathrm{e}^{-x}\mathrm{d}x\right] (\leftarrow 分部积分)$$

$$= -\left[(x\mathrm{e}^{-x})\Big|_0^{+\infty} + \mathrm{e}^{-x}\Big|_0^{+\infty}\right] = -\left[x\mathrm{e}^{-x} + \mathrm{e}^{-x}\right]\Big|_0^{+\infty}$$

$$= -\lim_{x \to +\infty}\left[x\mathrm{e}^{-x} + \mathrm{e}^{-x}\right] + 1 = -\lim_{x \to +\infty}\frac{x}{\mathrm{e}^x} - \lim_{x \to +\infty}\frac{1}{\mathrm{e}^x} + 1$$

$$= -\lim_{b \to +\infty}\frac{1}{\mathrm{e}^b} + 1 = 1 (\leftarrow 计算 \lim_{x \to +\infty}\frac{x}{\mathrm{e}^x} 时，应用洛必达法则)$$

例3 计算广义积分 $\int_{-\infty}^{+\infty} \dfrac{\mathrm{d}x}{1+x^2}$.

解：方法一 由公式 (6.6.3)

$$\int_{-\infty}^{+\infty} f(x)\,\mathrm{d}x = \int_{-\infty}^{c} f(x)\,\mathrm{d}x + \int_{c}^{+\infty} f(x)\,\mathrm{d}x$$

$$= \lim_{a \to -\infty} \int_{a}^{c} f(x)\,\mathrm{d}x + \lim_{b \to +\infty} \int_{c}^{b} f(x)\,\mathrm{d}x$$

取 $c = 0$ 得

$$\int_{-\infty}^{+\infty} \dfrac{\mathrm{d}x}{1+x^2} = \int_{-\infty}^{0} \dfrac{\mathrm{d}x}{1+x^2} + \int_{0}^{+\infty} \dfrac{\mathrm{d}x}{1+x^2}.$$

因为

$$\int_{-\infty}^{0} \dfrac{\mathrm{d}x}{1+x^2} = \lim_{a \to -\infty} \int_{a}^{0} \dfrac{\mathrm{d}x}{1+x^2} = \lim_{a \to -\infty} \arctan x \Big|_{a}^{0} = \lim_{a \to -\infty} \big[\, 0 - \arctan a \,\big]$$

$$= 0 - \lim_{a \to -\infty} \arctan a = -\left(-\dfrac{\pi}{2} \right) = \dfrac{\pi}{2}$$

而

$$\int_{0}^{+\infty} \dfrac{\mathrm{d}x}{1+x^2} = \lim_{b \to +\infty} \int_{0}^{+\infty} \dfrac{\mathrm{d}x}{1+x^2} = \lim_{b \to +\infty} \arctan x \Big|_{0}^{b}$$

$$= \lim_{b \to +\infty} \big[\, \arctan b - 0 \,\big] = \lim_{b \to +\infty} \arctan b - 0 = \dfrac{\pi}{2}$$

所以由公式 (6.6.3) 得：$\int_{-\infty}^{+\infty} \dfrac{\mathrm{d}x}{1+x^2} = \dfrac{\pi}{2} + \dfrac{\pi}{2} = \pi$.

方法二 因为 $\lim\limits_{x \to +\infty} \arctan x = \dfrac{\pi}{2}$，$\lim\limits_{x \to -\infty} \arctan x = -\dfrac{\pi}{2}$，$\int \dfrac{1}{1+x^2}\,\mathrm{d}x = \arctan x + C$，所以

$\arctan x$ 是 $\dfrac{1}{1+x^2}$ 的一个原函数，于是由计算公式 (6.6.6)，得

$$\int_{-\infty}^{+\infty} \dfrac{\mathrm{d}x}{1+x^2} = \arctan x \Big|_{-\infty}^{+\infty}$$

$$= \lim_{x \to +\infty} \arctan x - \lim_{x \to -\infty} \arctan x = \dfrac{\pi}{2} - \left(-\dfrac{\pi}{2} \right) = \pi$$

这个无限区间上的广义积分值的几何意义是：位于曲线 $y = \dfrac{1}{1+x^2}$ 的下方，x 轴的上方，并向左、右两侧无限延伸的"左右开口"图形的面积等于 π. 如图 6 - 6 - 5 所示.

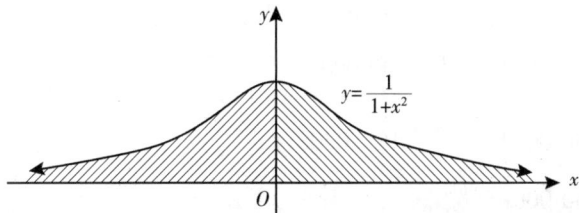

图 6 - 6 - 5

例 4 证明广义积分 $\int_a^{+\infty} \dfrac{\mathrm{d}x}{x^p}$ $(a>0)$，当 $p>1$ 时收敛，当 $p\leqslant 1$ 时发散.

证：（1）当 $p=1$ 时，

$$\int_a^{+\infty} \frac{\mathrm{d}x}{x^p} = \int_a^{+\infty} \frac{\mathrm{d}x}{x} = \left[\ln x\right]_a^{+\infty} = \lim_{x\to+\infty}\ln x - \ln a = +\infty$$

即广义积分发散.

（2）当 $p<1$ 时，有 $1-p>0$，从而

$$\int_a^{+\infty} \frac{\mathrm{d}x}{x^p} = \int_a^{+\infty} x^{-p}\mathrm{d}x = \left[\frac{1}{1-p}x^{1-p}\right]_a^{+\infty}$$

$$= \lim_{x\to+\infty}\frac{x^{1-p}}{1-p} - \frac{a^{1-p}}{1-p} = +\infty \quad (\leftarrow\because 1-p>0 \therefore \lim_{b\to+\infty}b^{1-p}=+\infty)$$

即广义积分发散.

（3）当 $p>1$ 时，有 $1-p<0$，从而

$$\int_a^{+\infty} \frac{\mathrm{d}x}{x^p} = \int_a^{+\infty} x^{-p}\mathrm{d}x = \left[\frac{1}{1-p}x^{1-p}\right]_a^{+\infty} = \lim_{x\to+\infty}\frac{x^{1-p}}{1-p} - \frac{a^{1-p}}{1-p}$$

$$= \frac{0}{1-p} + \frac{a^{1-p}}{p-1} \quad (\leftarrow\because 1-p<0 \therefore \lim_{x\to+\infty}x^{1-p} = \lim_{x\to+\infty}\frac{1}{x^{p-1}}=0)$$

$$= \frac{a^{1-p}}{p-1}$$

即广义积分收敛.

综上（1）、（2）、（3）得：

当 $p>1$ 时，这个广义积分收敛，其值为 $\dfrac{a^{1-p}}{p-1}$；当 $p\leqslant 1$ 时，这个广义积分发散，即

$$\int_a^{+\infty} \frac{\mathrm{d}x}{x^p} = \begin{cases} +\infty & p\leqslant 1 \text{（发散）} \\ \dfrac{a^{1-p}}{p-1} & p\neq 1 \text{（收敛）} \end{cases}$$

例 5 设某公司希望从今后的年度收益关于 t 年的函数为 $f(t)$（万元），利息以每年增长率 r 连续复利增长，那么现在衡量所有将来的收益为

$$FP = \int_0^{+\infty} \mathrm{e}^{-rt}f(t)\mathrm{d}t$$

求当 $r=0.08$，且 $f(t)=100\,000$ 时 FP 的值.

解： 当 $r=0.08$，且 $f(t)=100\,000$ 时的收益为

$$FP = \int_0^{+\infty} \mathrm{e}^{-rt}f(t)\mathrm{d}t = \int_0^{+\infty} 100\,000\mathrm{e}^{-0.08t}\mathrm{d}t$$

$$= -1\,250\,000\int_0^{+\infty} \mathrm{e}^{-0.08t}\mathrm{d}(-0.08t)$$

$$= -1\,250\,000\,\mathrm{e}^{-0.08t}\Big|_0^{+\infty}$$

$$= -1\,250\,000(\lim_{t\to+\infty}\mathrm{e}^{-0.08t} - 1)$$

$$= 1\,250\,000\,(\text{万元})$$

计算下列广义积分：

$(1) \int_{-\infty}^{1} \frac{x}{(1+x^2)^2} dx$ $(2) \int_{0}^{+\infty} e^{-2x} dx$ $(3) \int_{1}^{+\infty} \frac{1}{x} dx$ $(4) \int_{-\infty}^{+\infty} \frac{e^x}{(1+e^x)^2} dx$

（答案：(1) $-\frac{1}{4}$ (2) $\frac{1}{2}$ (3) $+\infty$，发散   (4)1）

（二）无界函数的广义积分

在定积分概念中，总是假定被积函数 $f(x)$ 在整个积分区间 $[a, b]$ 上是有界的，但在实际应用定积分中被积函数有的是无界的，如 $\int_{-2}^{3} \frac{dx}{x}$，$\int_{0}^{1} x^{-2} dx$ 等．这样的积分称为无界函数的广义积分．如果函数 $f(x)$ 在点 x_0 的任意邻域内都无界，那么点 x_0 称为 $f(x)$ 的无界间断点(也称瑕点)．无界函数的广义积分又称为瑕积分．

无界函数的广义积分如何计算呢？我们知道在讨论无限区间上的广义积分的计算是通过转化为有限区间上的定积分与极限运算相结合来计算的．类似地，无界函数的定积分的计算也可用有界函数的定积分与极限运算相结合来得到．

无界函数的广义积分也有三种情形，第一种，被积函数在左端点为无界；第二种，被积函数在右端点为无界；第三种，被积函数在区间内某点为无界．

下面给出一般的概念及其计算方法．

第一种被积函数在左端点为无界，连续区间为 $(a, b]$，即 $\lim\limits_{x \to a^+} f(x) = \infty$：

定义 6.3 设函数 $f(x)$ 在 $(a, b]$ 上连续，且 $\lim\limits_{x \to a^+} f(x) = \infty$，点 a 为 $f(x)$ 的瑕点，在 (a, b) 上任取一点 t，如果极限

$$\lim_{t \to a^+} \int_{t}^{b} f(x) dx$$

存在，则称此极限值为函数 $f(x)$ 在 $(a, b]$ 上的广义积分，记作

$$\int_{a}^{b} f(x) dx = \lim_{t \to a^+} \int_{t}^{b} f(x) dx \tag{6.6.7}$$

这时也称广义积分 $\int_{a}^{b} f(x) dx$ 收敛．如果上述极限不存在，就称广义积分 $\int_{a}^{b} f(x) dx$ 发散．

无界函数的广义积分 $\int_{a}^{b} f(x) dx$（下限 a 为瑕点）的几何解释：当 $f(x) \geqslant 0$ 时，$\int_{a}^{b} f(x) dx$ 表示由曲线 $y = f(x)$，直线 $x = a$，$x = b$ 及 x 轴所围成的"左上方开口"并且"开口"无限延伸的图形的面积，如图 6-6-6(a)所示．

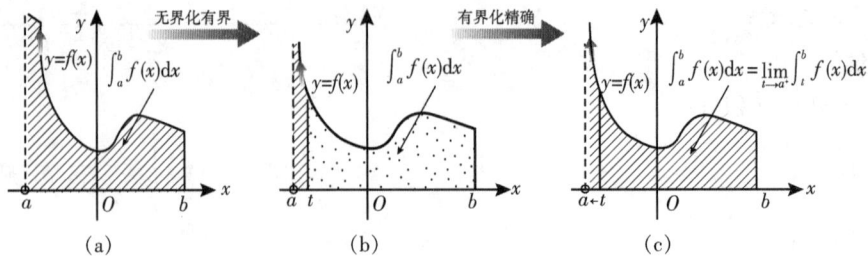

图 6-6-6

为找出计算方法可以按下面的两步进行：首先在图 6-6-6（a）中（a, b]上任取一点 t，计算 $f(x)$ 在 $[t, b]$ 上的定积分 $\int_t^b f(x)\mathrm{d}x$，如图 6-6-6（b）所示（无界化有界）；其次，让这个定积分 $\int_t^b f(x)\mathrm{d}x$ 的下限 t 无限趋向于瑕点 a（有界化为精确的广义积分），即计算极限 $\lim\limits_{t\to a^+}\int_t^b f(x)\mathrm{d}x$，如果极限存在的话，自然此极限值就为所要求的"上开口"的曲边梯形的面积（见图 6-6-6（c）），也就得到以下限为 a 瑕点的无界函数的广义积分 $\int_a^b f(x)\mathrm{d}x$.

由定义 6.3 及几何解释可得到计算以下限 a 为瑕点的无界函数的广义积分 $\int_a^b f(x)\mathrm{d}x$ 的步骤：

第一步，将广义积分 $\int_a^b f(x)\mathrm{d}x$ 化为定积分 $\int_t^b f(x)\mathrm{d}x$（$a < t < b$）（去掉瑕点 a 化无界为有界），计算定积分 $\int_t^b f(x)\mathrm{d}x$（$a < t < b$）；

第二步，计算极限 $\lim\limits_{t\to a^+}\int_t^b f(x)\mathrm{d}x$，若极限存在，则广义积分收敛（还原原广义积分的精确值）；若极限不存在，则广义积分发散.

类似地，第二种被积函数 $f(x)$ 在右端点为无界，连续区间为 $[a, b)$，即 $\lim\limits_{x\to b^-}f(x) = \infty$，有：

定义 6.4 设函数 $f(x)$ 在 $[a, b)$ 上连续，且 $\lim\limits_{x\to b^-}f(x) = \infty$，在 (a, b) 上任取一点 t，如果极限

$$\lim_{t\to b^-}\int_a^t f(x)\mathrm{d}x \quad (a < t < b)$$

存在，则称此极限为函数 $f(x)$ 在 $(a, b]$ 上的广义积分，记作

$$\int_a^b f(x)\mathrm{d}x = \lim_{t\to b^-}\int_a^t f(x)\mathrm{d}x \tag{6.6.8}$$

140

这时也称广义积分 $\int_a^b f(x)\mathrm{d}x$ 收敛. 如果上述极限不存在，就称广义积分 $\int_a^b f(x)\mathrm{d}x$ 发散.

上限 b 为瑕点的广义积分 $\int_a^b f(x)\mathrm{d}x$ 的几何解释：当 $f(x)\geqslant 0$ 时，$\int_a^b f(x)\mathrm{d}x$ 表示位于曲线 $y=f(x)$ 的下方，x 轴的上方，直线 $x=a$ 与 $x=b$ 之间的"右上方开口"并且"开口"无限延伸的图形的面积，如图 $6-6-7$ 所示. 自行写出第二种计算步骤

第三种被积函数在区间内某点为无界，连续区间为 $[a,c)\cup (c,b]$（即 c 为瑕点）.

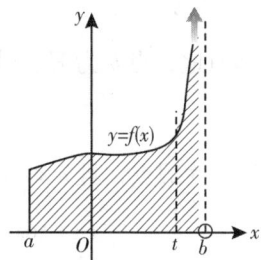
图 $6-6-7$

定义 6.5 设函数 $f(x)$ 在 $[a,b]$ 上除点 $c(a<c<b)$ 外都连续，且 $\lim\limits_{x\to c}f(x)=\infty$. 如果两个广义积分 $\int_a^c f(x)\mathrm{d}x$ 与 $\int_c^b f(x)\mathrm{d}x$ 都收敛，则称广义积分 $\int_a^b f(x)\mathrm{d}x$ 收敛，记作

$$\int_a^b f(x)\mathrm{d}x = \int_a^c f(x)\mathrm{d}x + \int_c^b f(x)\mathrm{d}x \tag{6.6.9}$$

否则，就称广义积分 $\int_a^b f(x)\mathrm{d}x$ 发散.

注：广义积分 $\int_a^b f(x)\mathrm{d}x$（c 为瑕点且 $a<c<b$）收敛的充要条件是，$\int_a^c f(x)\mathrm{d}x$ 与 $\int_c^b f(x)\mathrm{d}x$ 都收敛；若 $\int_a^c f(x)\mathrm{d}x$ 发散或者 $\int_c^b f(x)\mathrm{d}x$ 发散，则广义积分 $\int_a^b f(x)\mathrm{d}x$ 发散.

广义积分 $\int_a^b f(x)\mathrm{d}x$（c 为瑕点且 $a<c<b$）的几何解释，如图 $6-6-8$ 所示：

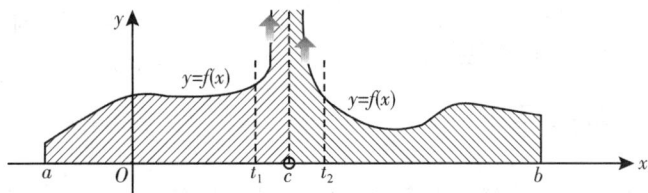
图 $6-6-8$

当 $f(x)\geqslant 0$ 时，$\int_a^b f(x)\mathrm{d}x$ 表示由曲线 $y=f(x)$，直线 $x=a$，$x=b$ 及 x 轴所围成的在 $x=c$ 处"向上开口"并无限延伸的图形的面积. 自行写出第三种计算步骤.

上述三种广义积分 $(6.6.7)$、$(6.6.8)$ 与 $(6.6.9)$ 统称为无界函数的广义积分.

与无限区间上的广义积分的计算类似，计算无界函数的广义积分时，如果 $F(x)$ 是 $f(x)$ 的原函数，当 a 为瑕点时，我们以记号 $F(x)\big|_a^b$ 表示 $F(b)-\lim\limits_{x\to a^+}F(x)$，从而有简便

记法：

$$\int_a^b f(x)\,\mathrm{d}x = F(x)\,\big|_a^b = F(b) - \lim_{x \to a^+} F(x) \qquad (6.6.10)$$

类似地，当 b 为瑕点时，有

$$\int_a^b f(x)\,\mathrm{d}x = F(x)\,\big|_a^b = \lim_{x \to b^-} F(x) - F(a) \qquad (6.6.11)$$

当 c 为瑕点，且 $a < c < b$ 时，有

$$\int_a^b f(x)\,\mathrm{d}x = F(x)\,\big|_a^c + F(x)\,\big|_c^b = \lim_{x \to c^-} F(x) - F(a) + F(b) - \lim_{x \to c^+} F(x) \qquad (6.6.12)$$

注：找瑕点一般从积分区间上使函数间断的点中找.

例6　计算广义积分 $\displaystyle\int_0^a \frac{\mathrm{d}x}{\sqrt{a^2 - x^2}}\,(a > 0)$.

解：因为 $\displaystyle\lim_{x \to a^-} \frac{1}{\sqrt{a^2 - x^2}} = +\infty$，所以积分上限 a 是瑕点，于是由公式（6.6.8）得

$$\int_0^a \frac{\mathrm{d}x}{\sqrt{a^2 - x^2}} = \lim_{t \to a^-} \int_0^t \frac{\mathrm{d}x}{a\sqrt{1 - \left(\frac{x}{a}\right)^2}} = \lim_{t \to a^-} \int_0^t \frac{1}{\sqrt{1 - \left(\frac{x}{a}\right)^2}}\,\mathrm{d}\left(\frac{x}{a}\right)$$

$$= \lim_{t \to a^-} \arcsin \frac{x}{a}\,\bigg|_0^t = \lim_{t \to a^-} \arcsin \frac{t}{a} - \lim_{t \to a^-} \arcsin \frac{0}{a}$$

$$= \arcsin \frac{a}{a} - \arcsin 0 = \arcsin 1 = \frac{\pi}{2}$$

或用简便记法（6.6.11）解得

$$\int_0^a \frac{\mathrm{d}x}{\sqrt{a^2 - x^2}} = \int_0^a \frac{\mathrm{d}x}{a\sqrt{1 - \left(\frac{x}{a}\right)^2}} = \int_0^a \frac{1}{\sqrt{1 - \left(\frac{x}{a}\right)^2}}\,\mathrm{d}\left(\frac{x}{a}\right)$$

$$= \arcsin \frac{x}{a}\,\bigg|_0^a = \lim_{x \to a^-} \arcsin \frac{x}{a} - \arcsin \frac{0}{a}$$

$$= \arcsin \frac{a}{a} - \arcsin 0$$

$$= \arcsin 1 = \frac{\pi}{2}$$

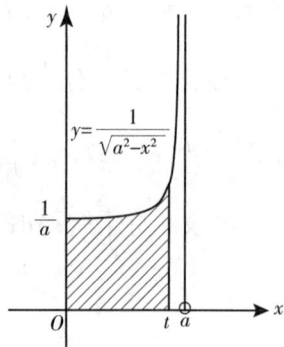

图 6 - 6 - 9

这个无界函数的广义积分值的几何意义是：位于曲线 $y = \dfrac{1}{\sqrt{a^2 - x^2}}$ 的下方，x 轴的上方，直线 $x = 0$ 与 $x = a$ 之间的"右上方开口"并无限延伸的图形的面积，如图 6 - 6 - 9 所示.

例7　讨论广义积分 $\displaystyle\int_{-1}^1 \frac{1}{x^2}\,\mathrm{d}x$ 的收敛性.

解：$\displaystyle\lim_{x \to 0} \frac{1}{x^2} = +\infty$，所以 $x = 0$ 为瑕点，且瑕点在积分区间内.

于是由定义 6.4，公式（6.6.9）得

$$\int_{-1}^{1} \frac{1}{x^2} dx = \int_{-1}^{0} \frac{dx}{x^2} + \int_{0}^{1} \frac{dx}{x^2}$$

又因为 $\int_{-1}^{0} \frac{1}{x^2} dx = -\frac{1}{x} \Big|_{-1}^{0} = \lim_{x \to 0^-} (-\frac{1}{x}) - 1 = +\infty$，即广义积分 $\int_{-1}^{0} \frac{1}{x^2} dx$ 发散，所以广义积分 $\int_{-1}^{1} \frac{1}{x^2} dx$ 发散.（←由充要条件 $\int_{-1}^{0} \frac{dx}{x^2}$ 和 $\int_{0}^{1} \frac{dx}{x^2}$ 均收敛）

例8 证明广义积分 $\int_{0}^{1} \frac{1}{x^q} dx$，当 $q < 1$ 时收敛；当 $q \geq 1$ 时发散.

证：（1）当 $q = 1$ 时，

$$\int_{0}^{1} \frac{1}{x^q} dx = \int_{0}^{1} \frac{1}{x} dx = [\ln x]_{0}^{1} = \ln 1 - \lim_{x \to 0^+} \ln x = +\infty$$

即广义积分发散.

（2）当 $q > 1$ 时，有 $q - 1 > 0$，$\lim_{x \to 0^+} x^{1-q} = \lim_{x \to 0^+} \frac{1}{x^{q-1}} = +\infty$，从而

$$\int_{0}^{1} \frac{1}{x^q} dx = \int_{0}^{1} x^{-q} dx = \left[\frac{1}{1-q} x^{1-q} \right]_{0}^{1} = \frac{1}{1-q} - \lim_{x \to 0^+} \frac{1}{1-q} x^{1-q} = +\infty$$

即广义积分发散.

（3）当 $q < 1$ 时，有 $1 - q > 0$，$\lim_{x \to 0^+} x^{1-q} = 0$，从而

$$\int_{0}^{1} \frac{1}{x^q} dx = \int_{0}^{1} x^{-q} dx = \left[\frac{1}{1-q} x^{1-q} \right]_{0}^{1} = \frac{1}{1-q} - \lim_{x \to 0^+} \frac{1}{1-q} x^{1-q}$$

$$= \frac{1}{1-q} - 0 = \frac{1}{1-q}$$

即广义积分收敛.

综上（1）、（2）、（3）得：

当 $q < 1$ 时，广义积分 $\int_{0}^{1} \frac{1}{x^q} dx$ 收敛；当 $q \geq 1$ 时，广义积分 $\int_{0}^{1} \frac{1}{x^q} dx$ 发散.

【即学即练】

计算广义积分 $\int_{0}^{1} \frac{1}{\sqrt{1-x^2}} dx$.　　　（答案：$\frac{\pi}{2}$）

二、Γ 函数

Γ 函数是概率论与数理统计、物理与工程技术中常用的函数，它是被积函数中含有参变量且积分区间为无穷限的广义积分.下面给出它的定义及简单性质.

（一）Γ 函数的定义

定义6.6 含有参变量 r 的广义积分

$$\Gamma(r) = \int_0^{+\infty} x^{r-1} e^{-x} dx \ (r > 0) \tag{6.6.13}$$

称为 Γ 函数（或 Gamma 函数）.

可以证明式（6.6.13）等号右端的广义积分是收敛的（证明略）.

在定义式（6.6.13）中，令 $x = t^2$，则 $dx = 2t dt$，得到 Γ 函数的另一种形式

$$\Gamma(r) = 2\int_0^{+\infty} t^{2r-1} e^{-t^2} dt \tag{6.6.14}$$

特别地，在式（6.6.14）中，当 $r = \dfrac{1}{2}$ 时，有 $\Gamma\left(\dfrac{1}{2}\right) = 2\int_0^{+\infty} e^{-t^2} dt$.

以后，可以证明 $\displaystyle\int_0^{+\infty} e^{-t^2} dt = \dfrac{\sqrt{\pi}}{2}$（参考 §8.7 例 11），因此，得

$$\Gamma\left(\frac{1}{2}\right) = 2\int_0^{+\infty} e^{-t^2} dt = \sqrt{\pi}.$$

（二）Γ 函数的性质

性质 1 $\Gamma(1) = \displaystyle\int_0^{+\infty} e^{-x} dx = 1$ (6.6.15)

性质 2   递推公式 $\Gamma(r+1) = r\Gamma(r)$ $(r > 0)$ (6.6.16)

特别地，当 r 为正整数时得

性质 3 $\Gamma(n+1) = n!$ $(n \in \mathbf{N}^+)$ (6.6.17)

证明性质 2（6.6.16），性质 3（6.6.17）

$$\Gamma(r+1) = r\Gamma(r) \ \ (r > 0)$$

证：由定义（6.6.13）得

$$\Gamma(r+1) = \int_0^{+\infty} x^{r+1-1} e^{-x} dx = \int_0^{+\infty} x^r e^{-x} dx = -\int_0^{+\infty} x^r d e^{-x}$$

$$= \left[-x^r e^{-x} \right]_0^{+\infty} + r\int_0^{+\infty} x^{r-1} e^{-x} dx \ (\leftarrow 广义、分部积分)$$

$$= -\lim_{b \to +\infty} b^r e^{-b} + r\Gamma(r)$$

$$= -\lim_{b \to +\infty} \frac{b^r}{e^b} + r\Gamma(r) \ \ (\leftarrow 其中 \lim_{x \to +\infty} \frac{x^r}{e^x} 用洛必达法则求)$$

$$= -\lim_{b \to \infty} \frac{rb^{r-1}}{e^b} + r\Gamma(r) = -\lim_{b \to \infty} \frac{r(r-1)b^{r-2}}{e^b} + r\Gamma(r)$$

$$= -\lim_{b \to \infty} \frac{r(r-1)(r-2)b^{r-3}}{e^b} + r\Gamma(r)$$

$$= \cdots = -\lim_{b \to \infty} \frac{r(r-1)(r-2)\cdots 2 \cdot 1}{e^b} + r\Gamma(r)$$

$$= 0 + r\Gamma(r) = r\Gamma(r)$$

由性质 2 $\Gamma(r+1) = r\Gamma(r)$，得

$$\Gamma(2) = 1 \cdot \Gamma(1) = 1,$$
$$\Gamma(3) = 2 \cdot \Gamma(2) = 2 \times 1 = 2!,$$
$$\Gamma(4) = 3 \cdot \Gamma(3) = 3 \times 2! = 3!,$$
$$\vdots$$

一般地，对任何正整数 n，有 $\Gamma(n+1) = n!$.

有了性质 2 里的递推公式，可使计算 Γ 函数的任意一个函数值都转化为求 Γ 函数在 $[0，1]$ 上的函数值. 并且在概率论与数理统计的计算中专门有 $[0，1]$ 区间上的 Γ 函数值表供查阅.

例 9 将函数值 $\Gamma(3.4)$ 化为 $[0，1]$ 区间上的 Γ 函数值.

解： 由递推公式 $\Gamma(r+1) = r\Gamma(r)$ $(r>0)$，得

$$\Gamma(3.4) = \Gamma(2.4+1) = 2.4\Gamma(2.4)$$
$$= 2.4\Gamma(1.4+1) = 2.4 \times 1.4\Gamma(1.4)$$
$$= 2.4 \times 1.4\Gamma(0.4+1) = 2.4 \times 1.4 \times 0.4\Gamma(0.4) = 1.344\Gamma(0.4)$$

例 10 计算下列各值：

$$(1)\ \frac{\Gamma(7)}{2\Gamma(3)} \qquad\qquad (2)\ \frac{\Gamma\left(\frac{5}{2}\right)}{\Gamma\left(\frac{1}{2}\right)}$$

解： (1) $\dfrac{\Gamma(7)}{2\Gamma(3)} = \dfrac{6!}{2 \cdot 2!} = \dfrac{6 \cdot 5 \cdot 4 \cdot 3 \cdot 2 \cdot 1}{2 \cdot 2} = 180$ （←由公式 (6.6.17) $\Gamma(n+1)$ $= n!$）

$$(2)\ \frac{\Gamma\left(\frac{5}{2}\right)}{\Gamma\left(\frac{1}{2}\right)} = \frac{\Gamma\left(\frac{3}{2}+1\right)}{\Gamma\left(\frac{1}{2}\right)} = \frac{\frac{3}{2}\Gamma\left(\frac{3}{2}\right)}{\Gamma\left(\frac{1}{2}\right)}$$

$$= \frac{\frac{3}{2} \cdot \frac{1}{2}\Gamma\left(\frac{1}{2}\right)}{\Gamma\left(\frac{1}{2}\right)} = \frac{3}{4} \quad (\text{←由公式 (6.6.16) } \Gamma(r+1) = r\Gamma(r))$$

例 11 计算广义积分：

$$(1)\ \int_0^{+\infty} x^3 \mathrm{e}^{-x}\mathrm{d}x \qquad\qquad (2)\ \int_0^{+\infty} x^4 \mathrm{e}^{1-x}\mathrm{d}x$$

解： (1) $\displaystyle\int_0^{+\infty} x^3 \mathrm{e}^{-x}\mathrm{d}x = \int_0^{+\infty} x^{4-1}\mathrm{e}^{-x}\mathrm{d}x$ （←变成定义 6.5 中 (6.6.13) 式的结构）

$$= \Gamma(4) = 3! = 6 \ (\text{←由公式(6.6.17) } \Gamma(n+1) = n!)$$

$$(2)\ \int_0^{+\infty} x^4 \mathrm{e}^{1-x}\mathrm{d}x = \int_0^{+\infty} x^{5-1}\mathrm{e}^1 \cdot \mathrm{e}^{-x}\mathrm{d}x$$

$$= \mathrm{e}\int_0^{+\infty} x^{5-1}\mathrm{e}^{-x}\mathrm{d}x \ (\text{←变成定义 6.5 中 (6.6.13) 式的结构})$$

$$= \mathrm{e}\Gamma(5) = 4! = 4 \cdot 3 \cdot 2 \cdot 1 = 24\mathrm{e}$$

注：例 10 用广义积分的一般方法计算是比较麻烦的．这里将其恒等变形成为 Γ 函数定义的结构 $\Gamma(r)=\displaystyle\int_0^{+\infty}x^{r-1}\mathrm{e}^{-x}\mathrm{d}x\ (r>0)$ 结合性质，运算就较为简捷．

【即学即练】

1. 求 $\Gamma(2.6)$ 在区间 $[0，1]$ 上的函数值．　　　　（答案：$0.96\Gamma(0.6)$）

2. 求 （1）$\dfrac{\Gamma(7)}{4\Gamma(3)}$；（2）$\Gamma\left(\dfrac{5}{2}\right)$.　　　（答案：（1）90；（2）$\dfrac{3}{4}\sqrt{\pi}$）

3. 求 $\displaystyle\int_0^{+\infty}\sqrt{x}\mathrm{e}^{-x}\mathrm{d}x$.　　　　　　　　　　（答案：$\dfrac{1}{2}\sqrt{\pi}$）

6.6　练习题

1. 判别下列积分中哪些是广义积分？哪些是定积分？

（1）$\displaystyle\int_0^{+\infty}\dfrac{\mathrm{d}x}{x^2+4}$ 　　（2）$\displaystyle\int_0^1\dfrac{\mathrm{d}x}{x^2+4}$ 　　（3）$\displaystyle\int_0^2\dfrac{\mathrm{d}x}{(x-1)^2}$ 　　（4）$\displaystyle\int_0^1\dfrac{\sin x}{x}\mathrm{d}x$

（5）$\displaystyle\int_1^5\dfrac{\mathrm{d}t}{\sqrt{5-t}}$ 　　（6）$\displaystyle\int_1^4\dfrac{\mathrm{d}t}{\sqrt{5-t}}$ 　　（7）$\displaystyle\int_0^e\ln x\mathrm{d}x$ 　　（8）$\displaystyle\int_1^e\ln x\mathrm{d}x$

2. 判断下列广义积分的敛散性，若收敛，求其值：

（1）$\displaystyle\int_1^{+\infty}\dfrac{1}{x^2}\mathrm{d}x$ 　　　（2）$\displaystyle\int_0^{+\infty}\dfrac{1}{x^2}\mathrm{d}x$ 　　　（3）$\displaystyle\int_0^{+\infty}\mathrm{e}^{-2x}\mathrm{d}x$

（4）$\displaystyle\int_{-\infty}^0 x\mathrm{e}^{-x^2}\mathrm{d}x$ 　　（5）$\displaystyle\int_4^{+\infty}\dfrac{1}{\sqrt{x}}\mathrm{d}x$ 　　（6）$\displaystyle\int_{\frac{\pi}{2}}^{+\infty}\dfrac{\sin\dfrac{1}{x}}{x^2}\mathrm{d}x$

（7）$\displaystyle\int_1^{+\infty}\dfrac{\ln x}{x^2}\mathrm{d}x$ 　　（8）$\displaystyle\int_e^{+\infty}\dfrac{1}{x\ln x}\mathrm{d}x$ 　　（9）$\displaystyle\int_{-\infty}^{+\infty}\dfrac{\mathrm{e}^x}{(1+\mathrm{e}^x)^2}\mathrm{d}x$

*（10）$\displaystyle\int_0^{+\infty}\mathrm{e}^{-2x}\sin x\mathrm{d}x$ 　　（11）$\displaystyle\int_0^1\ln x\mathrm{d}x$ 　　（12）$\displaystyle\int_0^2\dfrac{\mathrm{d}x}{(x-1)^2}$

（13）$\displaystyle\int_0^1\dfrac{x}{\sqrt{1-x^2}}\mathrm{d}x$

3. 计算下列各式：

（1）$\dfrac{\Gamma(7)}{2\Gamma(4)\Gamma(3)}$ 　　　　　　（2）$\dfrac{\Gamma(3)\Gamma\left(\dfrac{3}{2}\right)}{\Gamma\left(\dfrac{9}{2}\right)}$

（3）$\displaystyle\int_0^{+\infty}x^3\mathrm{e}^{-x}\mathrm{d}x$ 　　　　　（4）$\displaystyle\int_0^{+\infty}x^{r-1}\mathrm{e}^{-\lambda x}\mathrm{d}x$

1. 广义积分：(1) $\int_0^{+\infty} \dfrac{\mathrm{d}x}{x^2+4}$ (3) $\int_0^2 \dfrac{\mathrm{d}x}{(x-1)^2}$

           (5) $\int_1^5 \dfrac{\mathrm{d}t}{\sqrt{5-t}}$ (7) $\int_0^e \ln x \mathrm{d}x$

定积分：   (2) $\int_0^1 \dfrac{\mathrm{d}x}{x^2+4}$ (4) $\int_0^1 \dfrac{\sin x}{x}\mathrm{d}x$

           (6) $\int_1^4 \dfrac{\mathrm{d}t}{\sqrt{5-t}}$ (8) $\int_1^e \ln x \mathrm{d}x$

2. (1) 收敛，1   (2) 发散   (3) 收敛，$\dfrac{1}{2}$

   (4) 收敛，$-\dfrac{1}{2}$ (5) 发散   (6) 收敛，$1-\cos\dfrac{2}{\pi}$

   (7) 收敛，1   (8) 发散   (9) 收敛，1

   (10) 收敛，$\dfrac{1}{5}$ (11) 收敛，-1 (12) 发散

   (13) 收敛，1

3. (1) 30   (2) $\dfrac{16}{105}$ (3) 6   (4) $\dfrac{\Gamma(r)}{\lambda^r}$

总习题六

1. 选择题：

(1) 下列式子中，正确的是 (　　).

A. $\int_{-1}^1 2x\mathrm{d}x = 2$ B. $\int_{-1}^{16} \mathrm{d}x = 15$

C. $\int_{-\pi}^\pi \cos x\mathrm{d}x = 0$ D. $\int_{-\pi}^\pi \sin x\mathrm{d}x = 0$

(2) 下列式子中，正确的是 (　　).

A. $\int_2^2 f(x)\mathrm{d}x = 0$ B. $\int_a^b f(x)\mathrm{d}x = \int_b^a f(x)\mathrm{d}x$

C. $\int_0^1 x^2\mathrm{d}x \geqslant \int_0^1 x\mathrm{d}x$ D. $\left[\int_0^{\frac{\pi}{2}} \cos x\mathrm{d}t\right]' = \cos x$

(3) 下列等式中，正确的是 (　　).

A. $\int f'(x)\mathrm{d}x = f(x)$ B. $\left[\int f(x)\mathrm{d}x\right]' = f(x) + C$

C. $\left[\int_a^b f(x)\mathrm{d}x\right]' = f(x)$ D. $\left[\int_a^b f(x)\mathrm{d}x\right]' = 0$

(4) 定积分 $\int_{-3}^3 (x^3\cos x - 5x + 2)\mathrm{d}x = $ (　　).

A. 0   B. 2   C. 6   D. 12

(5) 若 $f(x)$ 是 $[-a, a]$ 上连续的偶函数，则 $\int_{-a}^{a} f(x)\,\mathrm{d}x = ($).

A. $\int_{-a}^{0} f(x)\,\mathrm{d}x$　　　　　　　　　　B. 0

C. $2\int_{-a}^{0} f(x)\,\mathrm{d}x$　　　　　　　　　D. $2\int_{0}^{a} f(x)\,\mathrm{d}x$

(6) 若 $f(x)$ 与 $g(x)$ 是 $[a, b]$ 上的两条光滑曲线，则由这两条曲线及直线 $x = a$，$x = b$ 所围图形的面积为 ( ).

A. $\int_{a}^{b} |f(x) - g(x)|\,\mathrm{d}x$　　　　　　B. $\int_{a}^{b} [f(x) - g(x)]\,\mathrm{d}x$

C. $\int_{a}^{b} [g(x) - f(x)]\,\mathrm{d}x$　　　　　D. $\left| \int_{a}^{b} (f(x) - g(x))\,\mathrm{d}x \right|$

(7) 下列广义积分中收敛的是 ( ).

A. $\int_{1}^{+\infty} \frac{1}{x}\,\mathrm{d}x$　　　　　　　　　B. $\int_{1}^{+\infty} \frac{1}{x^2}\,\mathrm{d}x$

C. $\int_{0}^{+\infty} \mathrm{e}^{x}\,\mathrm{d}x$　　　　　　　　　D. $\int_{1}^{+\infty} \sin x\,\mathrm{d}x$

2. 填空题：

(1) $\lim\limits_{x \to 0} \dfrac{\int_{0}^{x} \cos t\,\mathrm{d}t}{x} = $ _____.

(2) $\dfrac{\mathrm{d}}{\mathrm{d}x} \int_{1}^{e} \ln(x^2 + 1)\,\mathrm{d}x = $ _____.

(3) $\int_{2}^{+\infty} \dfrac{1}{x^2 + x - 2}\,\mathrm{d}x = $ _____.

(4) 在区间 $[0, 2\pi]$ 上，曲线 $y = \sin x$ 和 x 轴所围成的图形的面积为 _____.

(5) $\int_{-1}^{1} x\sin^2 x\,\mathrm{d}x = $ _____.

(6) $\dfrac{\mathrm{d}}{\mathrm{d}x} \int_{x}^{a} \ln(t^2 + 1)\,\mathrm{d}t = $ _____.

3. 根据定积分的几何意义计算下列各题：

(1) $\int_{-1}^{1} x\,\mathrm{d}x$　　　　　　　　(2) $\int_{-R}^{R} \sqrt{R^2 - x^2}\,\mathrm{d}x$

4. 设物体以速度 $v = 2t + 1$ 做直线运动，用定积分表示当时间 t 从 0 到 5 时该物体移动的路程 S.

5. 用定积分的定义计算定积分 $\int_{a}^{b} c\,\mathrm{d}x$，其中 $c > 0$ 为一定常数.

6. 利用定积分定义计算 $\int_{0}^{1} x^2\,\mathrm{d}x$.

7. 利用定积分的估值公式，估计定积分 $\int_{-1}^{1} \mathrm{e}^{-x^2}\,\mathrm{d}x$ 的值.

8. 利用定积分的性质说明定积分 $\int_{0}^{1} \mathrm{e}^{x}\,\mathrm{d}x$ 与 $\int_{0}^{1} \mathrm{e}^{x^2}\,\mathrm{d}x$，哪个积分值较大？

9. 证明：$\dfrac{\sqrt{2}}{2}\ln2 < \displaystyle\int_{\frac{\pi}{4}}^{\frac{\pi}{2}} \dfrac{\sin x}{x}\mathrm{d}x < \ln2$.

10. 求函数 $f(x) = \sqrt{1-x^2}$ 在闭区间 $[-1，1]$ 上的平均值.

11. 设 $f(x)$ 在 $[0，1]$ 上连续且单调递减，试证对任何 $a \in (0，1)$ 有
$$\int_0^a f(x)\,\mathrm{d}x \geqslant a\int_0^1 f(x)\,\mathrm{d}x .$$

12. 设 $f(x) = \begin{cases} x+1 & x \leqslant 1 \\ \dfrac{1}{2}x^2 & x > 1 \end{cases}$ ，求 $\displaystyle\int_0^2 f(x)\,\mathrm{d}x$.

13. 计算下列定积分：

(1) $\displaystyle\int_0^4 |2-x|\,\mathrm{d}x$ (2) $\displaystyle\int_{-2}^1 x^2|x|\,\mathrm{d}x$

14. 求下列极限：

(1) $\displaystyle\lim_{x\to1}\dfrac{\int_1^x \sin\pi t\,\mathrm{d}t}{1+\cos\pi x}$ (2) $\displaystyle\lim_{x\to0}\dfrac{\int_0^x \arctan t\,\mathrm{d}t}{1-\cos2x}$

15. 设 $f(x) = \displaystyle\int_0^x (t-1)\,\mathrm{d}t$ ，求 $f(x)$ 的极小值.

16. 计算下列定积分：

(1) $\displaystyle\int_0^1 xe^{x^2}\,\mathrm{d}x$ (2) $\displaystyle\int_1^e \dfrac{\ln x}{2x}\,\mathrm{d}x$ (3) $\displaystyle\int_0^1 \dfrac{\mathrm{d}x}{100+x^2}$

(4) $\displaystyle\int_0^{\frac{\pi}{4}} \dfrac{\tan x}{\cos x}\,\mathrm{d}x$ (5) $\displaystyle\int_0^4 \sqrt{16-x^2}\,\mathrm{d}x$ (6) $\displaystyle\int_0^{\frac{\pi}{2}} \sin x\cos^3 x\,\mathrm{d}x$

(7) $\displaystyle\int_{-1}^1 \dfrac{x\,\mathrm{d}x}{\sqrt{5-4x}}$ (8) $\displaystyle\int_1^4 \dfrac{\mathrm{d}x}{\sqrt{x}+1}$ (9) $\displaystyle\int_0^{\frac{\pi}{2}} \sin^3 x\,\mathrm{d}x$

(10) $\displaystyle\int_1^{e^2} \dfrac{\mathrm{d}x}{x\sqrt{1+\ln x}}$ (11) $\displaystyle\int_{-2}^0 \dfrac{\mathrm{d}x}{x^2+2x+2}$ (12) $\displaystyle\int_0^1 \dfrac{1}{\sqrt{4-x^2}}\,\mathrm{d}x$

(13) $\displaystyle\int_1^2 \dfrac{e^x-1}{e^x-x+1}\,\mathrm{d}x$

17. 计算下列定积分：

(1) $\displaystyle\int_0^{e-1} \ln(x+1)\,\mathrm{d}x$ (2) $\displaystyle\int_0^1 e^{\pi x}\cos\pi x\,\mathrm{d}x$

(3) $\displaystyle\int_0^1 (x^3+3^x+e^{3x})x\,\mathrm{d}x$ (4) $\displaystyle\int_1^4 \dfrac{\ln x}{\sqrt{x}}\,\mathrm{d}x$

(5) $\displaystyle\int_0^1 x\arctan x\,\mathrm{d}x$ (6) $\displaystyle\int_0^2 xe^{\frac{x}{2}}\,\mathrm{d}x$

(7) $\displaystyle\int_0^{\frac{\pi}{2}} x\sin x\,\mathrm{d}x$ (8) $\displaystyle\int_{\frac{1}{e}}^e |\ln x|\,\mathrm{d}x$

18. 利用函数的奇偶性计算下列积分：

(1) $\displaystyle\int_{-1}^1 (x+\sqrt{1-x^2})^2\,\mathrm{d}x$ (2) $\displaystyle\int_{-\frac{\pi}{2}}^{\frac{\pi}{2}} 4\cos^4 x\,\mathrm{d}x$

$(3)\ \displaystyle\int_{-5}^{5}\dfrac{x^3\sin^2 x}{x^4+2x^2+1}\mathrm{d}x$ $\qquad\qquad$ $(4)\ \displaystyle\int_{-a}^{a}(x\cos x-5\sin x+2)\mathrm{d}x$

19. 如果 $b>0$，且 $\displaystyle\int_{1}^{b}\ln x\mathrm{d}x=1$，求 b.

20. 设 $f(x)$ 在 $[0,2a]$ 上连续，证明：$\displaystyle\int_{0}^{2a}f(x)\mathrm{d}x=\int_{0}^{a}[f(x)+f(2a-x)]\mathrm{d}x$.

21. 设 $f''(x)$ 在 $[a,b]$ 上连续，证明：

$$\int_{a}^{b}xf''(x)\mathrm{d}x=[bf'(b)-f(b)]-[af'(a)-f(a)].$$

22. 求由曲线 $xy=1$ 及直线 $y=x$，$y=2$ 所围成的平面图形的面积

23. 求由曲线 $y=x^2$，$y=(x-2)^2$ 与 x 轴所围成的平面图形的面积.

24. 求由曲线 $y=x^2+1$ 及直线 $y=0$，$x=1$，$x=0$ 所围成的平面图形分别绕 x 轴及 y 轴旋转一周所得旋转体的体积.

25. 设某产品的生产是连续进行的，总产量 Q 是时间 t 的函数. 如果总产量的变化率为

$$Q'(t)=\frac{324}{t^2}\mathrm{e}^{-\frac{9}{t}}\ (\text{单位：吨/日})$$

求投产后从 $t=3$ 到 $t=30$ 这 27 天的总产量.

26. 设某种产品边际收入函数为 $R'(Q)=10(10-Q)\mathrm{e}^{-\frac{Q}{10}}$，其中 Q 为销售量，$R(Q)$ 为总收入，求该产品的总收入函数.

27. 设某产品投放市场后都转化为商品，当销售量为 Q（百台）时，其边际成本函数为 $C'(Q)=4+\dfrac{1}{4}Q$（万元/百台），其边际收益函数为 $R'(Q)=8-Q$（万元/百台），求：

（1）总成本函数 $C(Q)$ 和总收益函数 $R(Q)$；

（2）问月销售量为多少台时，才能获得最大利润，并求出获得最大利润时的总收益 R 和平均收益 $\bar{R}$，假若固定成本 $C_0=1$（万元）.

28. 下列广义积分是否收敛？若收敛，求出其值：

$(1)\ \displaystyle\int_{1}^{+\infty}\mathrm{e}^{-100x}\mathrm{d}x$ $\qquad\qquad$ $(2)\ \displaystyle\int_{1}^{+\infty}\dfrac{\arctan x}{x^2}\mathrm{d}x$

$(3)\ \displaystyle\int_{0}^{+\infty}\dfrac{\mathrm{d}x}{100+x^2}$ $\qquad\qquad$ $(4)\ \displaystyle\int_{1}^{+\infty}\dfrac{1}{(x+1)^3}\mathrm{d}x$

$(5)\ \displaystyle\int_{0}^{+\infty}\dfrac{1}{x\ln x}\mathrm{d}x$ $\qquad\qquad$ $(6)\ \displaystyle\int_{0}^{+\infty}\dfrac{\mathrm{d}x}{(1+x^2)(1+x)}$

29. 下列广义积分是否收敛？若收敛，求出其值：

$(1)\ \displaystyle\int_{0}^{1}\dfrac{\arcsin x}{\sqrt{1-x^2}}\mathrm{d}x$ $\qquad\qquad$ $(2)\ \displaystyle\int_{0}^{6}(x-4)^{-\frac{2}{3}}\mathrm{d}x$

$(3)\ \displaystyle\int_{0}^{1}\dfrac{\arcsin\sqrt{x}}{\sqrt{x(1-x)}}\mathrm{d}x$ $\qquad\qquad$ $(4)\ \displaystyle\int_{a}^{b}\dfrac{\mathrm{d}x}{\sqrt{(x-a)(b-x)}}\ (b>a)$

30. 证明广义积分 $\displaystyle\int_{a}^{b}\dfrac{\mathrm{d}x}{(x-a)^q}$，当 $q<1$ 时收敛；当 $q\geqslant 1$ 时发散.

参考答案

1. （1）D　（2）A　（3）A　（4）D　（5）D　（6）A　（7）B

2. （1）1　（2）0　（3）$-\dfrac{1}{3}\ln 4$　（4）4　（5）0　（6）$-\ln(x^2+1)$

3. （1）1　（2）$\dfrac{\pi R^2}{2}$

4. $\displaystyle\int_0^5 (2t+1)\,\mathrm{d}t$

5. $c(b-a)$

6. $\dfrac{1}{3}$

7. $\dfrac{2}{\mathrm{e}} \leqslant \displaystyle\int_{-1}^1 \mathrm{e}^{-x^2}\,\mathrm{d}x \leqslant 2$

8. $>$

9. 略

10. $\dfrac{\pi}{4}$

11. 略

12. $\dfrac{8}{3}$

13. （1）4　（2）$\dfrac{17}{4}$

14. （1）$-\dfrac{1}{\pi}$　（2）$\dfrac{1}{4}$

15. $-\dfrac{1}{2}$

16. （1）$\dfrac{\mathrm{e}-1}{2}$　　　　　　（2）$\dfrac{1}{4}$　　　　　　（3）$\dfrac{1}{10}\arctan\dfrac{1}{10}$

　　（4）$\dfrac{1}{2}\left(\dfrac{\sqrt{2}}{2}-1\right)$　　（5）4π　　　　　　（6）$\dfrac{1}{4}$

　　（7）$\dfrac{1}{6}$　　　　　　（8）$2\left(1+\ln\dfrac{3}{2}\right)$　　（9）$\dfrac{2}{3}$

　　（10）$2(\sqrt{3}-1)$　　　（11）$\dfrac{\pi}{2}$　　　　　　（12）$\dfrac{\pi}{6}$

　　（13）$\ln(\mathrm{e}^2-1)-1$

17. （1）1　　　　　　　　（2）$-\dfrac{1}{2\pi}(\mathrm{e}^{\pi}+1)$　　（3）$\dfrac{2}{\ln 3}+\dfrac{\mathrm{e}^3}{3}-\dfrac{1}{2}$

　　（4）$4(\ln 4-1)$　　　　（5）$\dfrac{\pi}{4}-\dfrac{1}{2}$　　　　（6）4

　　（7）1　　　　　　　　（8）$2-\dfrac{2}{\mathrm{e}}$

18. （1）2   （2）3π （3）0   （4）$4a$

19. $b = e$

20. 略

21. 略

22. $\dfrac{3}{2} - \ln 2$

23. $\dfrac{2}{3}$

24. $\dfrac{28}{15}\pi$

25. $36\left(e^{-\frac{3}{10}} - e^{-3}\right)$

26. $R(Q) = 100Qe^{-\frac{Q}{10}}$

27. （1）$C(Q) = \dfrac{1}{8}Q^2 + 4Q + 1$，$R(Q) = 8Q - \dfrac{1}{2}Q^2$

   （2）5（百台），9.625（万元），17.5（万元），3.5（万元）

28. （1）$\dfrac{1}{100}e^{-100}$ （2）发散   （3）$\dfrac{\pi}{20}$

   （4）$\dfrac{1}{8}$ （5）0   （6）$\dfrac{\pi}{4}$

29. （1）$\dfrac{\pi^2}{8}$ （2）$3(\sqrt[3]{2} + \sqrt[3]{4})$

   （3）$\dfrac{\pi^2}{2}$ （4）π

30. 略

第七章　无穷级数简介

在初等数学里，我们已经学习了有限个数量相加的问题. 例如，

$$1 + 2 + 3 + \cdots + n = \frac{n(n+1)}{2}$$

$$\underbrace{a + a + a + \cdots + a}_{n\uparrow} = na$$

$$a + aq + aq^2 + \cdots + aq^{n-1} = \frac{a(1 - q^n)}{1 - q} \quad (q \neq 1)$$

等等. 在科学研究和经济活动中会遇到无穷多个数量(项)相加的问题. 例如，有一厂商第一年的收益为 a_1，第二年的收益为 a_2，$\cdots$，第 n 年的收益为 a_n，等等. 假设该厂商的收益期为无限，且不考虑货币的利息，则该厂商在无限期内的总收益为 $a_1 + a_2 + \cdots + a_n + \cdots$.

上式涉及无穷多个数量相加的问题. 因此，我们有必要将有限个数量相加的问题进行推广，即要探讨无穷多个数量(项)相加的问题，这就是属于无穷级数的问题. 无穷级数是表示函数，方便研究函数的性质以及进行数值计算的一种有效工具.

§7.1　无穷级数的基本概念

一、无穷级数的概念

定义 7.1　设有一个数列

$$u_1, \ u_2, \ \cdots, \ u_n, \ \cdots$$

则由该数列的所有项相加构成的表达式 $u_1 + u_2 + \cdots + u_n + \cdots$ 称为无穷级数，简称级数. 记作 $\sum\limits_{n=1}^{\infty} u_n$，即 $\sum\limits_{n=1}^{\infty} u_n = u_1 + u_2 + \cdots + u_n + \cdots$ 其中，第 n 项 u_n 称为级数的一般项.

例如，由所有的正整数构成的级数为：$1 + 2 + 3 + \cdots + n + \cdots$，简记 $\sum\limits_{n=1}^{\infty} n$，即

$$\sum_{n=1}^{\infty} n = 1 + 2 + 3 + \cdots + n + \cdots$$

又如调和级数：$1 + \dfrac{1}{2} + \dfrac{1}{3} + \cdots + \dfrac{1}{n} + \cdots$. 它的一般项是 $\dfrac{1}{n}$，简记 $\sum\limits_{n=1}^{\infty} \dfrac{1}{n}$，即

$$\sum_{n=1}^{\infty} \frac{1}{n} = 1 + \frac{1}{2} + \frac{1}{3} + \cdots + \frac{1}{n} + \cdots$$

再如等比级数(或几何级数)：$a + aq + aq^2 + \cdots + aq^{n-1} + \cdots$. 它的一般项是 aq^{n-1}，简

记 $\sum\limits_{n=1}^{\infty} aq^{n-1}$，即 $\sum\limits_{n=1}^{\infty} aq^{n-1} = a + aq + aq^2 + \cdots + aq^{n-1} + \cdots$

还如 p 级数：$1 + \dfrac{1}{2^p} + \dfrac{1}{3^p} + \cdots + \dfrac{1}{n^p} + \cdots$. 它的一般项是 $\dfrac{1}{n^p}$，简记 $\sum\limits_{n=1}^{\infty} \dfrac{1}{n^p}$，即

$$\sum_{n=1}^{\infty} \frac{1}{n^p} = 1 + \frac{1}{2^p} + \frac{1}{3^p} + \cdots + \frac{1}{n^p} + \cdots.$$

还有级数 $\dfrac{1}{1 \times 2} + \dfrac{1}{2 \times 3} + \dfrac{1}{3 \times 4} + \cdots + \dfrac{1}{n \times (n+1)} + \cdots = \sum\limits_{n=1}^{\infty} \dfrac{1}{n \times (n+1)}$ 等等.

由无穷级数的定义可知，无穷级数本质上就是无穷多个数量（项）相加的问题. 那么无穷多个数量（项）相加如何运算呢？按照把"未知问题"转化为"已知问题"来解决的思想，可把"无限问题"转化为"有限问题"来解决. 我们可以按下面的两步进行：首先将它转化为有限个数量（项）相加；其次，将有限个数量（项）相加的结果逼近无限. 为此，我们引入无穷级数部分和的概念.

定义 7.2 一个级数 $\sum\limits_{n=1}^{\infty} u_n$ 的前面 n 项的和

$$s_n = u_1 + u_2 + \cdots + u_n = \sum_{i=1}^{n} u_i$$

称为该级数的部分和.

例如，级数 $1 + 2 + 3 + \cdots + n + \cdots$ 的部分和是

$$s_n = 1 + 2 + 3 + \cdots + n = \frac{n(n+1)}{2}$$

又如调和级数 $1 + \dfrac{1}{2} + \dfrac{1}{3} + \cdots + \dfrac{1}{n} + \cdots$ 的部分和是

$$s_n = 1 + \frac{1}{2} + \frac{1}{3} + \cdots + \frac{1}{n}$$

再如等比级数（或几何级数）$a + aq + aq^2 + \cdots + aq^{n-1} + \cdots$ 的部分和是

$$s_n = a + aq + aq^2 + \cdots + aq^{n-1} = \begin{cases} \dfrac{a(1-q^n)}{1-q} & q \neq 1 \\ na & q = 1 \end{cases},$$

等等.

一个级数与其部分和有着密切的联系. 已知一个级数 $\sum\limits_{n=1}^{\infty} u_n$，则可以得到它的部分和 $s_n = u_1 + u_2 + \cdots + u_n = \sum\limits_{i=1}^{n} u_i$；反之，已知一个级数的部分和 s_n，也可以得到它的第 1 项 $u_1 = s_1$ 与一般项 $u_n = s_n - s_{n-1} (n \geq 2)$，因此就能确定出该级数，即

$$s_1 + (s_2 - s_1) + (s_3 - s_2) + \cdots + (s_n - s_{n-1}) + \cdots = u_1 + u_2 + u_3 + \cdots + u_n + \cdots$$

例如，已知一个级数的部分和是 $s_n = \dfrac{n(n+1)}{2}$，则

$$s_1 = 1$$

$$s_{n-1} = \frac{(n-1)n}{2}$$

$$u_n = s_n - s_{n-1} = \frac{n(n+1)}{2} - \frac{(n-1)n}{2}$$

$$= \frac{n(n+1)-(n-1)n}{2} = \frac{n^2+n-n^2+n}{2} = n(n \geqslant 2)$$

从而，得 $u_1 = s_1 = 1$，$u_2 = s_2 - s_1 = 2$，$u_3 = s_3 - s_2 = 3$，$\cdots$，$u_n = s_n - s_{n-1} = n$，$\cdots$

因此，得到该级数为

$$s_1 + (s_2 - s_1) + (s_3 - s_2) + \cdots + (s_n - s_{n-1}) + \cdots$$
$$= 1 + 2 + 3 + \cdots + n + \cdots$$

二、级数收敛与发散的概念

定义 7.3　如果级数 $\sum_{n=1}^{\infty} u_n$ 的部分和数列 $\{s_n\}$ 有极限 s，即 $\lim_{n \to \infty} s_n = s$，则称级数 $\sum_{n=1}^{\infty} u_n$ 收敛，极限值 s 叫做级数 $\sum_{n=1}^{\infty} u_n$ 的和，可写成 $s = \sum_{n=1}^{\infty} u_n$.

如果级数 $\sum_{n=1}^{\infty} u_n$ 的部分和数列 $\{s_n\}$ 无极限，则称级数 $\sum_{n=1}^{\infty} u_n$ 发散.

由定义 7.3 可知，级数 $\sum_{n=1}^{\infty} u_n$ 与其部分和数列 $\{s_n\}$ 的敛散性是相同的，而且当收敛时，有 $\sum_{n=1}^{\infty} u_n = \lim_{n \to \infty} s_n$，即 $\sum_{n=1}^{\infty} u_n = \lim_{n \to \infty} \sum_{i=1}^{n} u_i$.

注：如果级数 $\sum_{n=1}^{\infty} u_n$ 发散，则 $\sum_{n=1}^{\infty} u_n$ 仅仅为一个记号，不代表任何实数. 只有当级数收敛时，它才有数值的意义.

例 1　讨论等比级数（或几何级数）

$$\sum_{n=1}^{\infty} aq^{n-1} = a + aq + aq^2 + \cdots + aq^{n-1} + \cdots$$

的敛散性，其中首项 $a \neq 0$，q 称为级数的公比.

解：① 当 $|q| < 1$ 时，该几何级数的部分和是

$$s_n = a + aq + aq^2 + \cdots + aq^{n-1} = \frac{a(1-q^n)}{1-q}$$

因为此时有 $\lim_{n \to \infty} q^n = 0$，所以 $\lim_{n \to \infty} s_n = \lim_{n \to \infty} \frac{a(1-q^n)}{1-q} = \frac{a}{1-q}$，因此级数收敛.

② 当 $|q| > 1$ 时，该几何级数的部分和是

$$s_n = a + aq + aq^2 + \cdots + aq^{n-1} = \frac{a(1-q^n)}{1-q}$$

因为此时有 $\lim_{n \to \infty} q^n = \infty$，所以 $\lim_{n \to \infty} s_n = \lim_{n \to \infty} \frac{a(1-q^n)}{1-q} = \infty$，因此级数发散.

③ 当 $q = 1$ 时，原几何级数变为

$$\sum_{n=1}^{\infty} a = a + a + a + \cdots + a + \cdots,$$

它的部分和是

$$s_n = a + a + a + \cdots + a = na,$$

因为 $\lim_{n \to \infty} s_n = \lim_{n \to \infty} na = \infty$，所以级数发散.

④ 当 $q = -1$ 时，原几何级数变为

$$\sum_{n=1}^{\infty} a(-1)^{n-1} = a - a + a - a + \cdots + (-1)^{n-1} a + \cdots,$$

它的部分和是

$$s_n = a - a + a - a + \cdots + (-1)^{n-1} a.$$

因为当 n 为奇数时，部分和 $s_n = a$；当 n 为偶数时，部分和 $s_n = 0$，所以 s_n 的极限不存在，原级数也发散.

综合上面四种情况，得到结论：

几何级数 $\sum_{n=1}^{\infty} aq^{n-1}$ 当且仅当 $|q| < 1$ 时收敛，且和为 $\frac{a}{1-q}$；当 $|q| \geqslant 1$ 时发散.

通过对例 1 的讨论，我们已经知道了等比级数（或几何级数）的敛散性的情况. 在后面级数问题的讨论中，常常用到等比级数（或几何级数）的敛散性，因此，要求学生们掌握并会运用.

例如，级数 $\sum_{n=1}^{\infty} \frac{1}{2^{n-1}} = \sum_{n=1}^{\infty} \left(\frac{1}{2} \right)^{n-1}$ 是等比级数，其首项 $a = 1$，公比 $q = \frac{1}{2}$，而且 $|q| = \frac{1}{2} < 1$，因此它是收敛的，其和 $S = \frac{1}{1 - \frac{1}{2}} = 2$.

又如，级数 $\sum_{n=1}^{\infty} (-1)^n \frac{4^n}{3^n} = \sum_{n=1}^{\infty} \left(-\frac{4}{3} \right)^n$ 也是等比级数，公比 $q = -\frac{4}{3}$，但 $|q| = \frac{4}{3} > 1$，因此它发散.

【即学即练】

1. 判别级数 $\sum_{n=1}^{\infty} \frac{1}{(-2)^n}$ 的敛散性.　　　　　　　　　　　　　　（答案：收敛）

2. 判别级数 $\sum_{n=1}^{\infty} \frac{3^n}{2^n}$ 的敛散性.　　　　　　　　　　　　　　　（答案：发散）

例 2　设某项投资每年末可获得 5 万元回报，年利率为 2.5%，假设该项投资的收益期为无限，以年复利计算利息，求该项投资回报的现值.

解：因为以年复利计算利息的单笔资金现值计算公式为

$$PV = \frac{FV}{(1+i)^t}$$

其中 PV 是资金的现在价值（即现值），FV 是资金的未来价值，i 是年利率，t 是年份数.
所以，有

第一年末获得的 5 万元回报的现值为：$\frac{5}{(1+2.5\%)^1} = \frac{5}{1.025}$；

第二年末获得的 5 万元回报的现值为：$\frac{5}{(1+2.5\%)^2} = \frac{5}{1.025^2}$；

第三年末获得的 5 万元回报的现值为：$\frac{5}{(1+2.5\%)^3} = \frac{5}{1.025^3}$；

$$\vdots$$

第 n 年末获得的 5 万元回报的现值为：$\dfrac{5}{(1+2.5\%)^n}=\dfrac{5}{1.025^n}$.

因为该项投资的收益期为无限，因此，该项投资回报总的现值是：

$$\frac{5}{1.025}+\frac{5}{1.025^2}+\frac{5}{1.025^3}+\cdots+\frac{5}{1.025^n}+\cdots$$

上式是一个首项 $a=\dfrac{5}{1.025}$，公比 $q=\dfrac{1}{1.025}<1$ 的等比级数，它收敛，其和是

$$\frac{5}{1.025}+\frac{5}{1.025^2}+\frac{5}{1.025^3}+\cdots+\frac{5}{1.025^n}+\cdots=\frac{\dfrac{5}{1.025}}{1-\dfrac{1}{1.025}}=200$$

所以该项投资回报的现值是 200 万元．换言之，若现在存入 200 万元，年利率为 2.5%，按年复利计算，每年末可以获得 5 万元的回报直到永远．

例 3 判别级数 $\sum\limits_{n=1}^{\infty}\dfrac{1}{(n+2)(n+3)}$ 的敛散性.

解： 因为级数的一般项可裂项为

$$u_n=\frac{1}{(n+2)(n+3)}=\frac{1}{n+2}-\frac{1}{n+3}$$

所以它的部分和是

$$s_n=\frac{1}{3\times4}+\frac{1}{4\times5}+\frac{1}{5\times6}+\cdots+\frac{1}{(n+2)\times(n+3)}$$

$$=\left(\frac{1}{3}-\frac{1}{4}\right)+\left(\frac{1}{4}-\frac{1}{5}\right)+\left(\frac{1}{5}-\frac{1}{6}\right)+\cdots+\left(\frac{1}{n+2}-\frac{1}{n+3}\right)$$

$$=\frac{1}{3}-\frac{1}{4}+\frac{1}{4}-\frac{1}{5}+\frac{1}{5}-\frac{1}{6}+\cdots+\frac{1}{n+2}-\frac{1}{n+3}$$

$$=\frac{1}{3}-\frac{1}{n+3}$$

从而，得

$$\lim_{n\to\infty}s_n=\lim_{n\to\infty}\left(\frac{1}{3}-\frac{1}{n+3}\right)=\lim_{n\to\infty}\frac{1}{3}-\lim_{n\to\infty}\frac{1}{n+3}=\frac{1}{3}-0=\frac{1}{3}$$

因此这个级数收敛，它的和是 $\dfrac{1}{3}$.

【即学即练】

判别级数 $\sum\limits_{n=1}^{\infty}\dfrac{1}{n(n+1)}$ 的敛散性.　　　　　　　　　　　（答案：收敛）

例 4 判别级数 $\sum\limits_{n=1}^{\infty}\ln\dfrac{n+1}{n}$ 的敛散性.

解： 级数的一般项

$$u_n = \ln \frac{n+1}{n} = \ln(n+1) - \ln n$$

它的部分和是

$$s_n = \ln \frac{2}{1} + \ln \frac{3}{2} + \ln \frac{4}{3} + \cdots + \ln \frac{n+1}{n}$$

$$= [\ln 2 - \ln 1] + [\ln 3 - \ln 2] + [\ln 4 - \ln 3] + \cdots + [\ln(n+1) - \ln n]$$

$$= \ln 2 - \ln 1 + \ln 3 - \ln 2 + \ln 4 - \ln 3 + \cdots + \ln(n+1) - \ln n$$

$$= \ln(n+1) - \ln 1 \to +\infty \quad (n \to \infty)$$

因此，级数发散.

【即学即练】

判别级数 $\sum\limits_{n=1}^{\infty} n$ 的敛散性.　　　　　　　　　　　（答案：发散）

例5　证明调和级数

$$\sum_{n=1}^{\infty} \frac{1}{n} = 1 + \frac{1}{2} + \frac{1}{3} + \cdots + \frac{1}{n} + \cdots$$

是发散的.

证：（用反证法）假设级数 $\sum\limits_{n=1}^{\infty} \frac{1}{n}$ 收敛，其和为 s，又设它的部分和为 s_n，则 $\lim\limits_{n \to \infty} s_n = s$；

显然，对该级数的前面 $2n$ 项的和 s_{2n}，也有 $\lim\limits_{n \to \infty} s_{2n} = s$. 于是，一方面有

$$\lim_{n \to \infty}(s_{2n} - s_n) = \lim_{n \to \infty} s_{2n} - \lim_{n \to \infty} s_n = s - s = 0$$

但是，另一方面有

$$s_{2n} - s_n = (1 + \frac{1}{2} + \frac{1}{3} + \cdots + \frac{1}{n} + \frac{1}{n+1} + \frac{1}{n+2} + \cdots + \frac{1}{2n}) - (1 + \frac{1}{2} + \frac{1}{3} + \cdots + \frac{1}{n})$$

$$= \frac{1}{n+1} + \frac{1}{n+2} + \cdots + \frac{1}{2n}$$

$$> \frac{1}{2n} + \frac{1}{2n} + \cdots + \frac{1}{2n} = \frac{n}{2n} = \frac{1}{2}$$

从而，得 $\lim\limits_{n \to \infty}(s_{2n} - s_n) \neq 0$. 这与假设级数 $\sum\limits_{n=1}^{\infty} \frac{1}{n}$ 收敛时得到 $\lim\limits_{n \to \infty}(s_{2n} - s_n) = 0$ 是矛盾的，这矛盾说明级数 $\sum\limits_{n=1}^{\infty} \frac{1}{n}$ 一定发散. 证毕.

7.1　练习题

1. 已知级数 $\sum\limits_{n=1}^{\infty} u_n$，其中 $u_1 = 1$，$u_2 = 1$，$u_n = u_{n-1} + u_{n-2}$ $(n \geqslant 3)$，求出 u_3，u_4，u_5，u_6，u_7，u_8 的值.

2. 写出下面级数的一般项：

(1) $1 + \dfrac{1}{2} + \dfrac{1}{2^2} + \cdots + \dfrac{1}{2^n} + \cdots$

(2) $1 - \dfrac{1}{5} + \dfrac{1}{5^2} - \dfrac{1}{5^3} + \cdots + (-1)^n \dfrac{1}{5^n} + \cdots$

(3) $1 + \dfrac{1}{2} + \dfrac{1}{2^2 \cdot 2!} + \cdots + \dfrac{1}{2^n \cdot n!} + \cdots$

(4) $1 - \dfrac{1}{3!} + \dfrac{1}{5!} - \cdots + \dfrac{(-1)^{n-1}}{(2n-1)!} + \cdots$

(5) $1 - \dfrac{1}{2!} + \dfrac{1}{4!} - \cdots + \dfrac{(-1)^n}{(2n)!} + \cdots$

(6) $1 - \dfrac{1}{2} + \dfrac{1}{4} - \dfrac{1}{8} + \dfrac{1}{16} - \dfrac{1}{32} + \cdots$

3. 已知一个级数的部分和 $s_n = n$，写出该级数.

4. 判别下列级数的敛散性，若收敛，则求其和：

(1) $\displaystyle\sum_{n=1}^{\infty} \left(\dfrac{1}{\sqrt{n}} - \dfrac{1}{\sqrt{n+1}} \right)$

(2) $\displaystyle\sum_{n=1}^{\infty} \left(\sqrt{n+1} - \sqrt{n} \right)$

(3) $\displaystyle\sum_{n=2}^{\infty} \dfrac{1}{(n-1)(n+1)}$

(4) $1 + \dfrac{1}{2} + \dfrac{1}{2^2} + \cdots + \dfrac{1}{2^n} + \cdots$

(5) $1 - \dfrac{1}{5} + \dfrac{1}{5^2} - \dfrac{1}{5^3} + \cdots + (-1)^n \dfrac{1}{5^n} + \cdots$

(6) $1 - \dfrac{4}{3} + \dfrac{4^2}{3^2} - \dfrac{4^3}{3^3} + \cdots + (-1)^n \dfrac{4^n}{3^n} + \cdots$

(7) $\displaystyle\sum_{n=1}^{\infty} \dfrac{x^n}{3^n}$，其中 x 为任意实数.

(8) $\displaystyle\sum_{n=1}^{\infty} (-1)^{n-1} x^{n-1}$，其中 x 为任意实数.

5. 已知级数 $\displaystyle\sum_{n=1}^{\infty} u_n = s$，证明级数 $\displaystyle\sum_{n=1}^{\infty} (u_n + u_{n+1}) = 2s - u_1$.

6. 已知级数 $\displaystyle\sum_{n=1}^{\infty} u_n = s$，证明级数 $\displaystyle\sum_{n=1}^{\infty} (u_n - u_{n+1}) = -u_1$.

7. 假设有一只乌龟第一次跑了 100 米，然后从第二次起，它所跑的路程是前面一次的十分之一，按照这样永远跑下去，问这只乌龟一共跑了多少路程？

参考答案

1. $u_3 = 2$，$u_4 = 3$，$u_5 = 5$，$u_6 = 8$，$u_7 = 13$，$u_8 = 21$

2. (1) $a_n = \dfrac{1}{2^{n-1}}$，$n = 1, 2, 3, \cdots$　　　(2) $a_n = (-1)^{n-1} \dfrac{1}{5^{n-1}}$，$n = 1, 2, 3, \cdots$

(3) $a_n = \dfrac{1}{2^n n!}$, $n = 1, 2, 3, \cdots$ 　　(4) $a_n = \dfrac{(-1)^{n-1}}{(2n-1)!}$, $n = 1, 2, 3, \cdots$

(5) $a_n = \dfrac{(-1)^{n-1}}{(2(n-1))!}$, $n = 1, 2, 3, \cdots$

(6) $a_n = \dfrac{(-1)^{n-1}}{2^{n-1}} = \left(-\dfrac{1}{2}\right)^{n-1}$, $n = 1, 2, 3, \cdots$

3. $1 + 1 + 1 + 1 + \cdots$

4. (1) 收敛, $S = 1$　　(2) 发散　　(3) 收敛, $S = \dfrac{3}{4}$　　(4) 收敛, $S = 2$

(5) 收敛, $S = \dfrac{5}{6}$　　(6) 发散

(7) 当 $|x| < 3$ 时, 收敛, $\dfrac{3}{3-x}$; 当 $|x| \geqslant 3$ 时, 发散

(8) 当 $|x| < 1$ 时收敛, 当 $|x| \geqslant 1$ 时发散

5. 略

6. 略

7. $\dfrac{1\,000}{9}$ 米

§7.2　无穷级数的基本性质

在第一节里，我们引出了级数、级数的部分和及级数的收敛与发散的概念，现在我们开始讨论级数的一些规律，即无穷级数的几个性质.

性质 1　如果级数

$$\sum_{n=1}^{\infty} u_n = u_1 + u_2 + \cdots + u_n + \cdots$$

160

收敛，其和为 S，则级数 $\sum_{n=1}^{\infty} cu_n = \sigma_n = cu_1 + cu_2 + \cdots + cu_n + \cdots$

也收敛，且有 $\sum_{n=1}^{\infty} cu_n = cS$，其中 $c \neq 0$ 为常数.

证：设级数 $\sum_{n=1}^{\infty} u_n$ 与级数 $\sum_{n=1}^{\infty} cu_n$ 的部分和分别为 s_n 与 σ_n，即

$$s_n = u_1 + u_2 + \cdots + u_n$$

$$\sigma_n = cu_1 + cu_2 + \cdots + cu_n$$

则 $\sigma_n = cu_1 + cu_2 + \cdots + cu_n = c(u_1 + u_2 + \cdots + u_n) = cs_n$，而且 $\lim\limits_{n \to \infty} s_n = S$.

于是，有 $\lim\limits_{n \to \infty} \sigma_n = \lim\limits_{n \to \infty} cs_n = c\lim\limits_{n \to \infty} s_n = cS$. 这表明级数 $\sum_{n=1}^{\infty} cu_n$ 收敛，且和为 cS.

注：由于 $\sigma_n = cs_n$（$c \neq 0$，为常数），所以部分和数列 $\{s_n\}$ 与 $\{\sigma_n\}$ 的敛散性相同，从而级数 $\sum_{n=1}^{\infty} u_n$ 与级数 $\sum_{n=1}^{\infty} cu_n$ 的敛散性相同，因此，得到结论：一个级数的每一项同乘以一个不为零的常数后，它的敛散性不会改变.

例 1   判别级数 $\sum\limits_{n=1}^{\infty} 5\left(-\dfrac{4}{3}\right)^n$ 的敛散性.

解：由 §7.1 的例 1 可知，几何级数 $\sum\limits_{n=1}^{\infty}\left(-\dfrac{4}{3}\right)^n$ 发散，根据性质 1 的结论，级数

$\sum\limits_{n=1}^{\infty} 5\left(-\dfrac{4}{3}\right)^n$ 也发散.

例 2   判别级数 $\sum\limits_{n=1}^{\infty}\dfrac{3}{(n+2)(n+3)}$ 的敛散性.

解：由 §7.1 的例 2 可知，级数 $\sum\limits_{n=1}^{\infty}\dfrac{1}{(n+2)(n+3)}$ 收敛，根据性质 1 的结论，级数

$\sum\limits_{n=1}^{\infty}\dfrac{3}{(n+2)(n+3)}$ 也收敛.

【即学即练】

判别级数 $\sum\limits_{n=1}^{\infty}\dfrac{4}{n(n+1)}$ 的敛散性.   （答案：收敛）

性质 2   如果级数

$$\sum_{n=1}^{\infty} u_n = u_1 + u_2 + \cdots + u_n + \cdots$$

和级数

$$\sum_{n=1}^{\infty} v_n = v_1 + v_2 + \cdots + v_n + \cdots$$

都收敛，则它们对应项相加（减）构成的级数 $\sum\limits_{n=1}^{\infty}(u_n \pm v_n)$ 也收敛，且有

$$\sum_{n=1}^{\infty}(u_n \pm v_n) = \sum_{n=1}^{\infty} u_n \pm \sum_{n=1}^{\infty} v_n$$

证：不妨设级数 $\sum\limits_{n=1}^{\infty} u_n$ 与级数 $\sum\limits_{n=1}^{\infty} v_n$ 的和分别为 s 与 σ，即

$$s = \sum_{n=1}^{\infty} u_n \quad \text{与} \quad \sigma = \sum_{n=1}^{\infty} v_n$$

同时设 $\sum\limits_{n=1}^{\infty} u_n$ 与 $\sum\limits_{n=1}^{\infty} v_n$ 的部分和分别为 s_n 与 σ_n，即

$$s_n = u_1 + u_2 + \cdots + u_n \quad \text{与} \quad \sigma_n = v_1 + v_2 + \cdots + v_n$$

则级数 $\sum\limits_{n=1}^{\infty}(u_n \pm v_n)$ 的部分和为

$$
\begin{aligned}
w_n &= (u_1 \pm v_1) + (u_2 \pm v_2) + \cdots + (u_n \pm v_n) \\
&= (u_1 + u_2 + \cdots + u_n) \pm (v_1 + v_2 + \cdots + v_n) \\
&= s_n \pm \sigma_n
\end{aligned}
$$

因为 $\lim\limits_{n\to\infty} s_n = s$，$\lim\limits_{n\to\infty}\sigma_n = \sigma$，所以，得

$$\lim_{n\to\infty} w_n = \lim_{n\to\infty}(s_n \pm \sigma_n) = \lim_{n\to\infty} s_n \pm \lim_{n\to\infty}\sigma_n = s \pm \sigma$$

这就表明级数 $\sum\limits_{n=1}^{\infty}(u_n \pm v_n)$ 收敛，且其和为 $s \pm \sigma$，即 $\sum\limits_{n=1}^{\infty}(u_n \pm v_n) = \sum\limits_{n=1}^{\infty} u_n \pm \sum\limits_{n=1}^{\infty} v_n$.

注：性质 2 说明两个收敛的级数可以逐项相加与逐项相减.

【即学即练】

1. 若级数 $\sum\limits_{n=1}^{\infty} u_n$ 收敛，而级数 $\sum\limits_{n=1}^{\infty} v_n$ 发散，问级数 $\sum\limits_{n=1}^{\infty} (u_n \pm v_n)$ 的敛散性是如何的？

(答案：发散)

2. 若级数 $\sum\limits_{n=1}^{\infty} u_n$ 与级数 $\sum\limits_{n=1}^{\infty} v_n$ 都发散，问级数 $\sum\limits_{n=1}^{\infty} (u_n \pm v_n)$ 的敛散性是如何的？

(答案：不确定)

例3　判别级数 $\sum\limits_{n=1}^{\infty} \left[(\frac{1}{2})^n - (-\frac{2}{3})^n \right]$ 的敛散性.

解：级数 $\sum\limits_{n=1}^{\infty} (\frac{1}{2})^n$ 是等比级数，其首项 $a_1 = \frac{1}{2}$，公比 $q_1 = \frac{1}{2}$，而且 $|q_1| = \frac{1}{2} < 1$，因

此它是收敛的，其和 $s = \dfrac{\frac{1}{2}}{1 - \frac{1}{2}} = 1$；又级数 $\sum\limits_{n=1}^{\infty} (-\frac{2}{3})^n$ 也是等比级数，其首项 $a_1 = -\frac{2}{3}$，

公比 $q_2 = -\frac{2}{3}$，且 $|q_2| = \frac{2}{3} < 1$，因此它是收敛的，其和 $\sigma = \dfrac{-\frac{2}{3}}{1 - (-\frac{2}{3})} = -\frac{2}{5}$. 从而，级

数 $\sum\limits_{n=1}^{\infty} \left[(\frac{1}{2})^n - (-\frac{2}{3})^n \right]$ 收敛，它的前和是 $s - \sigma = 1 - (-\frac{2}{5}) = \frac{7}{5}$.

性质3　在一个级数中去掉、加上或改变有限项，不会改变级数的敛散性.

例如，等比级数

$$1 + \frac{1}{2} + (\frac{1}{2})^2 + (\frac{1}{2})^3 + \cdots + (\frac{1}{2})^{n-1} + \cdots$$

是收敛的，现在去掉它的两项，得到级数

$$(\frac{1}{2})^2 + (\frac{1}{2})^3 + \cdots + (\frac{1}{2})^{n-1} + \cdots$$

也是收敛的；给它加上一项(如加上 $\frac{5}{3}$)得到级数

$$\frac{5}{3} + 1 + \frac{1}{2} + (\frac{1}{2})^2 + (\frac{1}{2})^3 + \cdots + (\frac{1}{2})^{n-1} + \cdots$$

也是收敛的(因为新的级数的部分和数列收敛).

对于发散的级数可类似验证，读者自己举例说明.

性质4　如果一个级数收敛，则对这个级数的项任意加括号后所成的级数仍收敛，且其和不变.(即收敛级数满足结合律)

注：发散的级数加括号后有可能收敛，即加括号后所成的级数收敛，不能断定原级数收敛.

例如，级数

$$1 - 1 + 1 - 1 + \cdots + (-1)^{n+1} + \cdots$$

是发散的(它是等比级数,且$|q|=1$,它发散),而从它的开头起,把相邻两项加括号,得到新的级数

$$(1-1)+(1-1)+\cdots+(1-1)+\cdots$$

是收敛的(因为新的级数的部分和数列的极限等于零).

这个例子也说明,收敛的级数去括号后所成的级数不一定收敛.

根据性质4可得如下的结论.

推论 如果加括号后所成的级数发散,则原级数也发散.

证:(用反证法)假设原级数收敛,则根据性质4可知,加括号后所成的级数一定收敛,与已知加括号后所成的级数发散是矛盾的,这矛盾说明原级数一定发散. 证毕.

性质5 (级数收敛的必要条件)如果级数$\sum\limits_{n=1}^{\infty}u_n$收敛,则它的一般项$u_n$趋于零,即$\lim\limits_{n\to\infty}u_n=0.$

证:设级数$\sum\limits_{n=1}^{\infty}u_n$的部分和为$s_n$,且$\lim\limits_{n\to\infty}s_n=s.$

因为$u_n=s_n-s_{n-1}$,所以,得

$$\lim_{n\to\infty}u_n=\lim_{n\to\infty}(s_n-s_{n-1})=\lim_{n\to\infty}s_n-\lim_{n\to\infty}s_{n-1}=s-s=0$$

根据性质5可得到如下一个判断级数发散的结论.

推论 若级数$\sum\limits_{n=1}^{\infty}u_n$的一般项不趋于零,即$\lim\limits_{n\to\infty}u_n\neq0$,则级数$\sum\limits_{n=1}^{\infty}u_n$发散.

证:(用反证法)假设级数$\sum\limits_{n=1}^{\infty}u_n$收敛,则根据性质5可知,$\lim\limits_{n\to\infty}u_n=0$,与已知$\lim\limits_{n\to\infty}u_n\neq0$是矛盾的,这矛盾说明级数$\sum\limits_{n=1}^{\infty}u_n$一定发散. 证毕.

注:级数的一般项趋于零只是级数收敛的必要条件,并不是级数收敛的充分条件. 有些级数虽然一般项趋于零,但仍然是发散的. 例如,由§7.1的例4可知,级数$\sum\limits_{n=1}^{\infty}\ln\dfrac{n+1}{n}$发散,但它的一般项的极限

$$\lim_{n\to\infty}\ln\frac{n+1}{n}=\lim_{n\to\infty}\ln\left(1+\frac{1}{n}\right)=\ln(1+0)=\ln1=0$$

又如,由§7.1的例5可知,调和级数$\sum\limits_{n=1}^{\infty}\dfrac{1}{n}$发散,但它的一般项的极限$\lim\limits_{n\to\infty}\dfrac{1}{n}=0.$

注:级数收敛的必要条件是判断级数发散的一个简便方法,判断级数敛散时应首先验证是否满足收敛的必要条件.

例4 判断级数$\sum\limits_{n=1}^{\infty}n\sin\dfrac{1}{n}$的敛散性.

解:级数的一般项$u_n=n\sin\dfrac{1}{n}$,因为

$$\lim_{n\to\infty}u_n=\lim_{n\to\infty}n\sin\frac{1}{n}=\lim_{n\to\infty}\frac{\sin\dfrac{1}{n}}{\dfrac{1}{n}}=1\neq0$$

故该级数发散.

例5 判断级数 $\sum\limits_{n=1}^{\infty}(1+\dfrac{1}{n})^n$ 的敛散性.

解： 级数的一般项 $u_n=(1+\dfrac{1}{n})^n$，因为

$$\lim_{n\to\infty}u_n=\lim_{n\to\infty}(1+\frac{1}{n})^n=e\neq0$$

故该级数发散.

【即学即练】

1. 判别级数 $\sum\limits_{n=1}^{\infty}n\sin\dfrac{3}{n}$ 的敛散性. （答案：发散）

2. 判别级数 $\sum\limits_{n=1}^{\infty}\ln(1+\dfrac{1}{n})^n$ 的敛散性. （答案：发散）

7.2 练习题

1. 判断下列级数的敛散性：

(1) $\sum\limits_{n=1}^{\infty}\dfrac{6}{(-5)^n}$ (2) $\sum\limits_{n=1}^{\infty}\dfrac{e^{n+1}}{3^n}$

(3) $\sum\limits_{n=1}^{\infty}\dfrac{5^{n-1}}{(-8)^n}$ (4) $\sum\limits_{n=1}^{\infty}\dfrac{\pi^{n+1}}{2^n}$

(5) $\sum\limits_{n=1}^{\infty}\dfrac{2^n+4^n}{5^n}$ (6) $\sum\limits_{n=1}^{\infty}\left(\dfrac{1}{\pi^n}+\dfrac{1}{n(n+1)}\right)$

(7) $\sum\limits_{n=1}^{\infty}\left(\dfrac{1}{2^n}+\dfrac{1}{3^n}\right)$ (8) $\sum\limits_{n=1}^{\infty}(\dfrac{1}{2^n}+\dfrac{1}{n})$

(9) $\sum\limits_{n=1}^{\infty}2^n\sin\dfrac{1}{2^n}$ (10) $\sum\limits_{n=1}^{\infty}(1+\dfrac{2}{n})^n$

(11) $\sum\limits_{n=1}^{\infty}\dfrac{2n^2+1}{n^2+3}$ (12) $\sum\limits_{n=1}^{\infty}\ln(1+\dfrac{3}{n})^n$

(13) $\dfrac{1}{2}+\dfrac{2}{3}+\dfrac{3}{4}+\dfrac{4}{5}+\dfrac{5}{6}+\cdots$

(14) $\dfrac{1}{2}+\dfrac{3}{4}+\dfrac{5}{6}+\dfrac{7}{8}+\dfrac{9}{10}+\cdots$

2. 已知级数 $\sum\limits_{n=1}^{\infty}u_n$ 收敛，求极限 $\lim\limits_{n\to\infty}(u_n^2-u_n+1)$.

参考答案

1. (1) 收敛   (2) 收敛   (3) 收敛   (4) 发散   (5) 收敛

   (6) 收敛   (7) 收敛   (8) 发散   (9) 发散   (10) 发散

   (11) 发散   (12) 发散   (13) 发散   (14) 发散

2. $\lim\limits_{n \to \infty}(u_n^2 - u_n + 1) = 1$

§7.3　正项级数

在本节里，我们要讨论一类特殊级数——正项级数敛散性的一些判别方法.

一、正项级数的定义

定义 7.4　如果一个级数的各项都是正数或零，则称该级数为正项级数，或者如果级数 $\sum\limits_{n=1}^{\infty}u_n = u_1 + u_2 + \cdots + u_n + \cdots$ 的一般项满足 $u_n \geqslant 0 (n = 1, 2, \cdots)$，则称该级数为正项级数.

由于正项级数的各项都是正数或零，所以它的部分和数列 $\{s_n\}$ 递增，即

$$s_1 \leqslant s_2 \leqslant \cdots \leqslant s_n \leqslant \cdots.$$

如果数列 $\{s_n\}$ 有界，即 $s_n \leqslant M(M \geqslant 0)$，根据单调有界的数列必有极限的准则，它的部分和数列 $\{s_n\}$ 收敛，从而正项级数收敛；反之，一个正项级数收敛，则它的部分和数列 $\{s_n\}$ 必收敛，根据收敛的数列必有界的性质可知，数列 $\{s_n\}$ 有界，因此，我们得到正项级数收敛的充要条件如下.

定理 7.1　正项级数 $\sum\limits_{n=1}^{\infty}u_n$ 收敛的充分必要条件是它的部分和数列 $\{s_n\}$ 有界.

由于正项级数 $\sum\limits_{n=1}^{\infty}u_n$ 的各项都是正数或零，所以它的部分和 $s_n \geqslant 0$，由定理 7.1 可知，若正项级数 $\sum\limits_{n=1}^{\infty}u_n$ 发散，则它的部分和数列 $\{s_n\}$ 无界，且 $\lim\limits_{n \to \infty}s_n = +\infty$，即级数

$$\sum\limits_{n=1}^{\infty}u_n = +\infty.$$

定理 7.1 说明，由正项级数的部分和数列 $\{s_n\}$ 是否有界就可判别正项级数的敛散性. 因此，根据定理 7.1，可得到如下判别正项级数敛散性的一个方法.

二、正项级数的比较判别法

定理 7.2　(比较判别法)设有两个正项级数

$$\sum\limits_{n=1}^{\infty}u_n = u_1 + u_2 + \cdots + u_n + \cdots \text{ 及 } \sum\limits_{n=1}^{\infty}v_n = v_1 + v_2 + \cdots + v_n + \cdots$$

且 $u_n \leqslant v_n (n = 1, 2, \cdots)$.

(1) 如果级数 $\sum\limits_{n=1}^{\infty}v_n$ 收敛，则级数 $\sum\limits_{n=1}^{\infty}u_n$ 收敛.

(2) 如果级数 $\sum\limits_{n=1}^{\infty}u_n$ 发散，则级数 $\sum\limits_{n=1}^{\infty}v_n$ 发散.

证：设正项级数 $\sum\limits_{n=1}^{\infty}u_n$ 与 $\sum\limits_{n=1}^{\infty}v_n$ 的部分和分别为 s_n 与 σ_n，即

$$s_n = u_1 + u_2 + \cdots + u_n \text{ 与 } \sigma_n = v_1 + v_2 + \cdots + v_n$$

因为 $u_n \leqslant v_n (n = 1, 2, \cdots)$，所以 $s_n \leqslant \sigma_n$.

(1) 如果级数 $\sum\limits_{n=1}^{\infty}v_n$ 收敛，则由定理 7.1 可知，它的部分和 σ_n 有界，从而级数 $\sum\limits_{n=1}^{\infty}u_n$ 的

部分和 s_n 也有界，再由定理 7.1 可知，级数 $\sum\limits_{n=1}^{\infty} u_n$ 收敛.

（2）如果级数 $\sum\limits_{n=1}^{\infty} u_n$ 发散，则由定理 7.1 可知，它的部分和 s_n 无界，从而级数 $\sum\limits_{n=1}^{\infty} v_n$ 的部分和 σ_n 也无界，再由定理 7.1 可知，级数 $\sum\limits_{n=1}^{\infty} u_n$ 发散.

注：定理 7.2 可简单理解为，对于两个正项级数，其中较大的级数收敛，则较小的级数一定收敛；反之，较小的级数发散，则较大的级数也发散.

由无穷级数的性质 1 可知，一个级数的每一项同乘以一个不为零的常数后，它的敛散性不会改变. 因此，我们可将定理 7.2 推广，得到如下的推论.

推论 1 设有两个正项级数

$$\sum_{n=1}^{\infty} u_n = u_1 + u_2 + \cdots + u_n + \cdots \ \text{及} \ \sum_{n=1}^{\infty} v_n = v_1 + v_2 + \cdots + v_n + \cdots$$

且 $u_n \leq c v_n (n = 1, 2, \cdots; c$ 是大于 0 的常数$)$.

（1）如果级数 $\sum\limits_{n=1}^{\infty} v_n$ 收敛，则级数 $\sum\limits_{n=1}^{\infty} u_n$ 收敛.

（2）如果级数 $\sum\limits_{n=1}^{\infty} u_n$ 发散，则级数 $\sum\limits_{n=1}^{\infty} v_n$ 发散.

在具体应用定理 7.2 时，若要判别某个级数收敛，我们就必须找出一个比该级数大而且收敛的级数（如收敛的等比级数、收敛的 p 级数），才能断定该级数收敛；若要判别某个级数发散，我们就必须找出一个比该级数小而且发散的级数（如调和级数、发散的等比级数、发散的 p 级数），才能确定该级数发散.

例 1 判断级数 $\sum\limits_{n=1}^{\infty} \dfrac{1}{2n-1}$ 的敛散性.

解：因为 $2n-1 < 2n$，所以，得 $\dfrac{1}{2n} < \dfrac{1}{2n-1}$，而且调和级数 $\sum\limits_{n=1}^{\infty} \dfrac{1}{n}$ 是发散的，从而级数 $\sum\limits_{n=1}^{\infty} \dfrac{1}{2n}$ 发散，根据定理 7.2 可知，级数 $\sum\limits_{n=1}^{\infty} \dfrac{1}{2n-1}$ 也发散.

例 2 判断级数 $\sum\limits_{n=0}^{\infty} \sin \dfrac{1}{2^n}$ 的敛散性.

解：因为 $\sin \dfrac{1}{2^n} \leq \dfrac{1}{2^n}$，而且级数 $\sum\limits_{n=0}^{\infty} \dfrac{1}{2^n} = \sum\limits_{n=0}^{\infty} \left(\dfrac{1}{2}\right)^n$ 是收敛的等比级数，根据定理 7.2 可知，级数 $\sum\limits_{n=0}^{\infty} \sin \dfrac{1}{2^n}$ 也收敛.

例 3 证明：级数 $\sum\limits_{n=2}^{\infty} \dfrac{1}{\sqrt{n(n-1)}}$ 发散.

解：因为 $n(n-1) < n^2$，即 $\sqrt{n(n-1)} < \sqrt{n^2} = n$，从而得 $\dfrac{1}{n} < \dfrac{1}{\sqrt{n(n-1)}} (n \geq 2)$，而且调和级数 $\sum\limits_{n=2}^{\infty} \dfrac{1}{n}$ 是发散的，根据定理 7.2 可知，级数 $\sum\limits_{n=2}^{\infty} \dfrac{1}{\sqrt{n(n-1)}}$ 也发散.

例 4 讨论 p 级数 $1 + \dfrac{1}{2^p} + \dfrac{1}{3^p} + \cdots + \dfrac{1}{n^p} + \cdots$ 的敛散性.

166

解：（1）当 $p \leqslant 1$ 时，因为 $n^p \leqslant n$，从而，得 $\dfrac{1}{n} \leqslant \dfrac{1}{n^p}$，而且 $\displaystyle\sum_{n=1}^{\infty} \dfrac{1}{n^p}$ 发散，所以 p 级数 $\displaystyle\sum_{n=1}^{\infty} \dfrac{1}{n^p}$ 发散.

（2）当 $p > 1$ 时，可以证明 p 级数 $\displaystyle\sum_{n=1}^{\infty} \dfrac{1}{n^p}$ 收敛.

综合得到，p 级数 $\displaystyle\sum_{n=1}^{\infty} \dfrac{1}{n^p}$ 当 $p > 1$ 时收敛；当 $p \leqslant 1$ 时发散.

例如，级数 $\displaystyle\sum_{n=1}^{\infty} \dfrac{1}{n^{\frac{3}{2}}}$ 是 p 级数，而且 $p = \dfrac{3}{2} > 1$，因此它收敛；而级数 $\displaystyle\sum_{n=1}^{\infty} \dfrac{1}{n^{\frac{1}{2}}}$ 也是 p 级数，但是 $p = \dfrac{1}{2} < 1$，因此它发散.

例 5　判断级数 $\displaystyle\sum_{n=1}^{\infty} \dfrac{1}{n\sqrt{n+1}}$ 的敛散性.

解：因为 $n\sqrt{n+1} > n\sqrt{n}$，从而得 $\dfrac{1}{n\sqrt{n+1}} < \dfrac{1}{n\sqrt{n}} = \dfrac{1}{n^{\frac{3}{2}}}$，而且 p 级数 $\displaystyle\sum_{n=1}^{\infty} \dfrac{1}{n^{\frac{3}{2}}}$ 收敛（因为 $p = \dfrac{3}{2} > 1$），根据定理 7.2 可知，级数 $\displaystyle\sum_{n=1}^{\infty} \dfrac{1}{n\sqrt{n+1}}$ 也收敛.

【即学即练】

判别级数 $\displaystyle\sum_{n=1}^{\infty} \dfrac{1}{\sqrt{n}}$ 的敛散性.　　　　　　　　　　　（答案：发散）

由上面的例子看到，应用比较判别法判别某个级数 $\displaystyle\sum_{n=1}^{\infty} u_n$ 的敛散性时，要把它的一般项 u_n 进行放大（或缩小），以便得到合适的不等式，而这个步骤一般是不容易的. 我们有时用商的极限形式的比较方法就更为方便，由此得到下面的推论.

推论 2　（比较判别法的极限形式）设有两个正项级数 $\displaystyle\sum_{n=1}^{\infty} u_n$ 与 $\displaystyle\sum_{n=1}^{\infty} v_n$，且 $\displaystyle\lim_{n \to \infty} \dfrac{u_n}{v_n} = l$.

（1）当 $0 < l < +\infty$ 时，则级数 $\displaystyle\sum_{n=1}^{\infty} u_n$ 与 $\displaystyle\sum_{n=1}^{\infty} v_n$ 其中一个收敛，另一个必定收敛；其中一个发散，另一个必定发散.

（2）当 $l - 0$ 且级数 $\displaystyle\sum_{n=1}^{\infty} v_n$ 收敛时，则级数 $\displaystyle\sum_{n=1}^{\infty} u_n$ 收敛.

（3）当 $l = +\infty$ 且级数 $\displaystyle\sum_{n=1}^{\infty} v_n$ 发散时，则级数 $\displaystyle\sum_{n=1}^{\infty} u_n$ 发散.

例 6　判断级数 $\displaystyle\sum_{n=1}^{\infty} \sin\dfrac{1}{n}$ 的敛散性.

解：因为 $\displaystyle\lim_{n \to \infty} \dfrac{\sin\dfrac{1}{n}}{\dfrac{1}{n}} = 1 \neq 0$，而且调和级数 $\displaystyle\sum_{n=1}^{\infty} \dfrac{1}{n}$ 发散，所以根据定理 7.2 可知，级数

$\sum\limits_{n=1}^{\infty}\sin\dfrac{1}{n}$ 发散.

【即学即练】

判别级数 $\sum\limits_{n=1}^{\infty}\sin\dfrac{1}{3^n}$ 的敛散性.　　　　　　　　　　　　　　　　（答案：收敛）

正项级数的比较判别法是将未知敛散性的级数与另一个已知敛散性的级数作比较，才能确定未知敛散性的级数是收敛(或发散)，而要找出这个已知敛散性的级数，有时相当困难. 我们知道，一个级数的敛散性是由它自身决定的，因此，有些级数自身作比较就能判定它的敛散性了，从而得到下面的正项级数敛散性的比值判别法.

三、正项级数的比值判别法

定理 7.3(比值判别法)　设 $\sum\limits_{n=1}^{\infty}u_n$ 为正项级数，如果 $\lim\limits_{n\to\infty}\dfrac{u_{n+1}}{u_n}=l$，则

(1) 当 $l<1$ 时，级数收敛；

(2) 当 $l>1$ 时，级数发散；

(3) 当 $l=1$ 时，不能用此法判别级数的敛散性.

证：(1) 如果 $\lim\limits_{n\to\infty}\dfrac{u_{n+1}}{u_n}=l<1$，则根据极限的定义，对 $\varepsilon=\dfrac{1-l}{2}>0$，存在 N，当 $n\geqslant N$ 时，就有 $\left|\dfrac{u_{n+1}}{u_n}-l\right|<\varepsilon$，即 $-\varepsilon<\dfrac{u_{n+1}}{u_n}-l<\varepsilon$ 成立，由 $\dfrac{u_{n+1}}{u_n}-l<\varepsilon$，即

$$\dfrac{u_{n+1}}{u_n}<l+\varepsilon=l+\dfrac{1-l}{2}=\dfrac{1+l}{2}.$$

记 $q=\dfrac{1+l}{2}$，则 $0<q<1$. 从而得 $0\leqslant\dfrac{u_{n+1}}{u_n}<q$，因此，当 $n\geqslant N$ 时，有

$$\dfrac{u_{N+1}}{u_N}<q,\ \dfrac{u_{N+2}}{u_{N+1}}<q,\ \cdots,\ \dfrac{u_n}{u_{n-1}}<q,\ \cdots,$$

上式依次相乘，得 $\dfrac{u_n}{u_N}<q^{n-1}$，即 $u_n<u_Nq^{n-1}$. 由 $0<q<1$，可知等比级数 $\sum\limits_{n=1}^{\infty}u_Nq^{n-1}$ 收敛，根据定理 7.2 可知，级数 $\sum\limits_{n=1}^{\infty}u_n$ 收敛.

(2) 如果 $\lim\limits_{n\to\infty}\dfrac{u_{n+1}}{u_n}=l>1$，则根据极限的定义，对 $\varepsilon=\dfrac{l-1}{2}>0$，存在 N，当 $n\geqslant N$ 时，就有 $\left|\dfrac{u_{n+1}}{u_n}-l\right|<\varepsilon$，即 $-\varepsilon<\dfrac{u_{n+1}}{u_n}-l<\varepsilon$ 成立，由 $-\varepsilon<\dfrac{u_{n+1}}{u_n}-l$，即 $\dfrac{u_{n+1}}{u_n}>l-\varepsilon$，得 $\dfrac{u_{n+1}}{u_n}>l-\varepsilon=l-\dfrac{l-1}{2}=\dfrac{l+1}{2}>1$，可见 $\{u_n\}$ 往后递增，又 $u_n\geqslant0$，从而 $\lim\limits_{n\to\infty}u_n\neq0$，因此级数发散.

(3) 当 $l=1$ 时，级数可能收敛也可能发散，不能用此法判别级数的敛散性. 例如，

级数 $\sum\limits_{n=1}^{\infty} \dfrac{1}{n(n+1)}$ 收敛，它满足 $\lim\limits_{n \to \infty} \dfrac{u_{n+1}}{u_n} = 1$；而级数 $\sum\limits_{n=1}^{\infty} \dfrac{1}{n}$ 发散，它也满足 $\lim\limits_{n \to \infty} \dfrac{u_{n+1}}{u_n} = 1$.

比值判别法是由级数自身作比较就能判定它的敛散性，因此，通常一般项中含有因子 $n!$，n^n 或 $a^n(a \neq 0$ 为常数$)$ 的级数敛散性一般用比值判别法来判别就比较简便.

例7 讨论级数 $\sum\limits_{n=1}^{\infty} nx^{n-1}(x > 0)$ 的敛散性.

解： 因为级数的一般项 $u_n = nx^{n-1}$，从而 $u_{n+1} = (n+1)x^n$，所以

$$\lim_{n \to \infty} \frac{u_{n+1}}{u_n} = \lim_{n \to \infty} \frac{(n+1)x^n}{nx^{n-1}} = \lim_{n \to \infty} \frac{n+1}{n}x = x \lim_{n \to \infty} \frac{n+1}{n} = x$$

因此，当 $0 < x < 1$ 时，级数收敛；当 $x > 1$ 时，级数发散；当 $x = 1$ 时，级数为 $\sum\limits_{n=1}^{\infty} n$，发散.

例8 判断级数 $\sum\limits_{n=1}^{\infty} \dfrac{2^{n+1}n!}{n^n}$ 的敛散性.

解： 因为级数的一般项 $u_n = \dfrac{2^{n+1}n!}{n^n}$，从而 $u_{n+1} = \dfrac{2^{n+2}(n+1)!}{(n+1)^{n+1}}$，$\dfrac{1}{u_n} = \dfrac{n^n}{2^{n+1}n!}$，所以，有

$$\lim_{n \to \infty} \frac{u_{n+1}}{u_n} = \lim_{n \to \infty} \frac{2^{n+2}(n+1)!}{(n+1)^{n+1}} \cdot \frac{n^n}{2^{n+1}n!} = \lim_{n \to \infty} \frac{2n^n}{(n+1)^n} = 2 \lim_{n \to \infty} \left(\frac{n}{n+1}\right)^n$$

$$= 2 \lim_{n \to \infty} \left(\frac{1}{1 + \dfrac{1}{n}}\right)^n = 2 \lim_{n \to \infty} \frac{1}{\left(1 + \dfrac{1}{n}\right)^n} = \frac{2}{e} < 1$$

因此级数收敛.

注： 对正项级数 $\sum\limits_{n=1}^{\infty} u_n$，若仅有 $\dfrac{u_{n+1}}{u_n} < 1$，其敛散性不能确定. 例如对级数 $\sum\limits_{n=1}^{\infty} \dfrac{1}{n}$ 和 $\sum\limits_{n=1}^{\infty} \dfrac{1}{n^2}$，

均有 $\dfrac{u_{n+1}}{u_n} < 1$，但前者发散，后者收敛.

7.3 练习题

1. 用比较判别法或其极限形式判定下列级数的敛散性：

（1）$\sum\limits_{n=1}^{\infty} \dfrac{3}{2n-1}$

（2）$\sum\limits_{n=1}^{\infty} \dfrac{2}{n^3+1}$

（3）$\sum\limits_{n=1}^{\infty} \sin \dfrac{1}{3n}$

（4）$\sum\limits_{n=1}^{\infty} \sin \dfrac{1}{n^2}$

（5）$\sum\limits_{n=1}^{\infty} \sin \dfrac{1}{3^n}$

（6）$\sum\limits_{n=1}^{\infty} \dfrac{\sin^2 n}{n^5+3}$

（7）$\sum\limits_{n=1}^{\infty} \dfrac{2^n}{5^n+3}$

（8）$\sum\limits_{n=1}^{\infty} \dfrac{1}{\sqrt{n^2+1}}$

2. 用比值判别法判定下列级数的敛散性：

（1）$1 + \dfrac{1}{2!} + \dfrac{1}{3!} + \dfrac{1}{4!} + \dfrac{1}{5!} + \cdots$

(2) $1 + \dfrac{1}{2} + \dfrac{1}{2^2 \cdot 2!} + \cdots + \dfrac{1}{2^n \cdot n!} + \cdots$

(3) $1 + \dfrac{1}{3!} + \dfrac{1}{5!} + \cdots + \dfrac{1}{(2n-1)!} + \cdots$

(4) $1 + \dfrac{1}{2!} + \dfrac{1}{4!} + \cdots + \dfrac{1}{(2n)!} + \cdots$

(5) $\displaystyle\sum_{n=1}^{\infty} \dfrac{3^{n+1} n!}{n^n}$ (6) $\displaystyle\sum_{n=1}^{\infty} \dfrac{n^n}{3^{n+1} n!}$ (7) $\displaystyle\sum_{n=1}^{\infty} 3^n \sin \dfrac{1}{2^n}$ (8) $\displaystyle\sum_{n=1}^{\infty} n^2 \cdot \tan \dfrac{\pi}{5^n}$

3. 判定下列级数的敛散性:

(1) $\displaystyle\sum_{n=1}^{\infty} \left(\dfrac{1}{2^n} + \dfrac{1}{n\sqrt{n}} \right)$ (2) $\displaystyle\sum_{n=1}^{\infty} \left(\dfrac{1}{3^n} + \dfrac{1}{\sqrt{n}} \right)$ (3) $\displaystyle\sum_{n=1}^{\infty} \left(1 - \cos \dfrac{\pi}{n} \right)$

4. 已知正项级数 $\displaystyle\sum_{n=1}^{\infty} u_n$ 收敛,证明级数 $\displaystyle\sum_{n=1}^{\infty} u_n^2$ 也收敛;举例说明反之不成立.

5. 已知正项级数 $\displaystyle\sum_{n=1}^{\infty} u_n$ 收敛,证明级数 $\displaystyle\sum_{n=1}^{\infty} \dfrac{\sqrt{u_n}}{n}$ 与级数 $\displaystyle\sum_{n=1}^{\infty} \dfrac{u_n}{n}$ 都收敛.

6. 已知 $u_n \geq 0$, $v_n \geq 0$, 而且级数 $\displaystyle\sum_{n=1}^{\infty} u_n$ 与 $\displaystyle\sum_{n=1}^{\infty} v_n$ 都收敛,证明 $\displaystyle\sum_{n=1}^{\infty} u_n v_n$ 也收敛.

参考答案

1. (1) 发散   (2) 收敛   (3) 发散   (4) 收敛

    (5) 收敛   (6) 收敛   (7) 收敛   (8) 发散

2. (1) 收敛   (2) 收敛   (3) 收敛   (4) 收敛

    (5) 发散   (6) 收敛   (7) 发散   (8) 收敛

3. (1) 收敛   (2) 发散   (3) 收敛

4. 略   5. 略   6. 略

总习题七

1. 选择题:

(1) 设级数 $\displaystyle\sum_{n=1}^{\infty} u_n$ 收敛,则下列结论中不正确的是 (   ).

A. 级数 $\displaystyle\sum_{n=1}^{\infty} u_{2n-1} + u_{2n}$ 收敛

B. 级数 $\displaystyle\sum_{n=1}^{\infty} k u_n$ 收敛

C. 级数 $\displaystyle\sum_{n=1}^{\infty} u_n^2$ 收敛

D. $\displaystyle\lim_{n \to \infty} u_n = 0$

(2) 级数 $\displaystyle\sum_{n=1}^{\infty} \dfrac{a}{q^n}$($a$ 为常数)收敛的充分条件是 (   ).

A. $|q| > 1$ B. $q = 1$ C. $|q| < 1$ D. $q < 1$

(3) 关于级数 $\displaystyle\sum_{n=1}^{\infty} u_n$, $\displaystyle\sum_{n=1}^{\infty} v_n$, $\displaystyle\sum_{n=1}^{\infty} (u_n + v_n)$, 下列说法中错误的是 (   ).

A. $\displaystyle\sum_{n=1}^{\infty} u_n$ 收敛,$\displaystyle\sum_{n=1}^{\infty} v_n$ 收敛,则 $\displaystyle\sum_{n=1}^{\infty} (u_n + v_n)$ 收敛

B. $\sum\limits_{n=1}^{\infty}u_n$ 发散，$\sum\limits_{n=1}^{\infty}v_n$ 发散，则 $\sum\limits_{n=1}^{\infty}(u_n+v_n)$ 发散

C. $\sum\limits_{n=1}^{\infty}u_n$ 收敛，$\sum\limits_{n=1}^{\infty}v_n$ 发散，则 $\sum\limits_{n=1}^{\infty}(u_n+v_n)$ 发散

D. $\sum\limits_{n=1}^{\infty}u_n$ 发散，$\sum\limits_{n=1}^{\infty}v_n$ 发散，则 $\sum\limits_{n=1}^{\infty}(u_n+v_n)$ 既可以收敛，也可以发散

（4）$\lim\limits_{n\to\infty}u_n=0$ 是级数 $\sum\limits_{n=1}^{\infty}u_n$ 收敛的（　　　）.

A. 必要条件　　　　　　　　　　B. 充分条件

C. 充要条件　　　　　　　　　　D. 既非充分又非必要条件

（5）当下列条件（　　　）成立时，级数 $\sum\limits_{n=1}^{\infty}u_n$ 收敛.

A. $\lim\limits_{n\to\infty}u_n=0$ 　　　　　　　　B. 部分和数列有界

C. $\lim\limits_{n\to\infty}\dfrac{u_{n+1}}{u_n}<1$ 　　　　　　　D. $\lim\limits_{n\to\infty}(u_1+u_2+\cdots+u_n)$ 存在

（6）正项级数 $\sum\limits_{n=1}^{\infty}u_n$ 的前 n 项部分和数列有界是它收敛的（　　　）.

A. 必要条件　　　　　　　　　　B. 充分条件

C. 充要条件　　　　　　　　　　D. 既非充分又非必要条件

（7）下列级数中收敛的是（　　　）.

A. $\sum\limits_{n=1}^{\infty}\dfrac{1}{\sqrt[3]{n}}$ 　　　　　　　　　　B. $\sum\limits_{n=1}^{\infty}\dfrac{3n^3-2}{2n^3+1}$

C. $\sum\limits_{n=1}^{\infty}\left(\dfrac{n+1}{n}\right)^n$ 　　　　　　　　D. $\sum\limits_{n=1}^{\infty}\dfrac{3}{n\sqrt{n}}$

2. 填空题：

（1）已知级数 $\sum\limits_{n=1}^{\infty}(2-3u_n)$ 收敛，则 $\lim\limits_{n\to\infty}u_n=$ _____.

（2）当_____时，无穷级数 $\sum\limits_{n=0}^{\infty}aq^n$（$a\neq0$ 为常数）收敛，和为_____.

（3）级数 $\sum\limits_{n=0}^{\infty}\left(-\dfrac{2}{3}\right)^n=$ _____.

（4）当 $|x|<1$ 时，级数 $\sum\limits_{n=1}^{\infty}x^n$ 的和为_____.

（5）当_____时，无穷级数 $\sum\limits_{n=1}^{\infty}\dfrac{1}{n^p}$ 收敛.

（6）若 $\lim\limits_{n\to\infty}u_n\neq0$，则级数 $\sum\limits_{n=1}^{\infty}u_n$ 必_____.

（7）若 $\lim\limits_{n\to\infty}u_n=a$，则级数 $\sum\limits_{n=1}^{\infty}(u_{n+1}-u_n)$ 收敛于_____.

（8）若级数 $\sum\limits_{n=1}^{\infty}u_n$ 收敛于 s，则级数 $\sum\limits_{n=1}^{\infty}(u_{n+1}-u_n)$ 收敛于_____.

（9）若级数 $\sum\limits_{n=1}^{\infty}u_n$ 的前 n 项部分和 $s_n=\dfrac{n}{n+1}$，则它的一般项 $u_n=$ _____，$\sum\limits_{n=1}^{\infty}u_n=$

_____.

3. 判定下列级数的敛散性：

(1) $\displaystyle\sum_{n=1}^{\infty}\frac{2^n}{n^3}$

(2) $\displaystyle\sum_{n=1}^{\infty}\frac{6^n-n}{n3^n}$

(3) $\displaystyle\sum_{n=1}^{\infty}\frac{1}{1+a^n}\quad(a>0)$

(4) $\displaystyle\sum_{n=1}^{\infty}\frac{3^n n!}{n^n}\sin\frac{\pi}{3n}$

(5) $\displaystyle\sum_{n=1}^{\infty}\left[\ln(n+2)-\ln n\right]$

(6) $\displaystyle\sum_{n=1}^{\infty}\frac{n^{n+1}}{(n+1)^{n+3}}$

(7) $\displaystyle\sum_{n=1}^{\infty}\frac{n^2+5^n}{4^n}$

(8) $\displaystyle\sum_{n=1}^{\infty}\frac{n^2}{(n^2+1)(n^2+4)}$

(9) $\displaystyle\sum_{n=1}^{\infty}\frac{n\sin^2\frac{n\pi}{3}}{4^n}$

(10) $\displaystyle\sum_{n=1}^{\infty}\left[\frac{3\times4^n}{5^n}-\frac{1}{(n+1)(n+2)}\right]$

4. 已知级数 $\displaystyle\sum_{n=1}^{\infty}\frac{1+k^n}{n^3}$（$k\geq0$），讨论 k 为何值时，它收敛；k 为何值时，它发散.

5. 判别级数 $\displaystyle\sum_{n=1}^{\infty}\frac{3n^2-2}{a^n}$ 的敛散性，其中 $a>0$.

6. 已知 $u_n\geq0$，$v_n\geq0$，而且级数 $\displaystyle\sum_{n=1}^{\infty}u_n$ 与 $\displaystyle\sum_{n=1}^{\infty}v_n$ 都收敛，证明 $\displaystyle\sum_{n=1}^{\infty}(u_n+v_n)^2$ 也收敛.

参考答案

1. (1) C　(2) A　(3) B　(4) A　(5) D　(6) C　(7) D

2. (1) $\lim\limits_{n\to\infty}u_n=\dfrac{2}{3}$　(2) $|q|<1$；$\dfrac{a}{1-q}$　(3) $\dfrac{3}{5}$

(4) $\dfrac{x}{1-x}$　(5) $p>1$　(6) 发散

(7) $a-u_1$　(8) $-u_1$　(9) $\dfrac{1}{n(n+1)}$；1

3. (1) 发散　(2) 发散　(3) $0<a\leq1$，发散；$a>1$，收敛　(4) 发散　(5) 发散　(6) 收敛　(7) 发散　(8) 收敛　(9) 收敛　(10) 收敛

4. $|k|>1$，发散；$|k|\leq1$，收敛

5. $a>1$，收敛；$0<a\leq1$，发散

6. 略

第八章 多元函数

在一元微积分中我们讨论了含有一个自变量的函数，称为一元函数，而在实际问题中，还会遇到多于一个自变量的函数，也就是本章要讨论的多元函数。这里我们着重讨论二元函数，有关的结论都可类推到三元及三元以上的多元函数。

§8.1 空间解析几何简介

一、空间直角坐标系

（一）空间直角坐标系

我们学习平面解析几何是在二维空间中进行的，做法是先建立一个平面直角坐标系，将平面上的点与一对有序数组对应起来；将平面上的一条直线或曲线与一个代数方程对应起来，这样就可以用代数方法来研究几何问题。空间解析几何是平面解析几何的进一步推广，它是在三维空间中进行研究的。

和平面解析几何类似，我们先建立一个空间直角坐标系，空间中任意固定一点 O，过 O 点作三条具有相同的长度单位，而且相互垂直的数轴，点 O 称为坐标原点，简称原点，三条数轴成为坐标轴 Ox 轴，Oy 轴，Oz 轴，Ox 轴又称为 x 轴（或横轴），Oy 轴又称为 y 轴（或纵轴），Oz 轴又称为 z 轴（或竖轴），它们统称为坐标轴。它们构成一个空间直角坐标系，也称为 $Oxyz$ 坐标系。由任意两条坐标轴所确定的平面称为坐标平面，通过三条坐标轴我们可以确定三个坐标平面。

习惯上，总把 x 轴和 y 轴放置在水平面上，即 xOy 面放置在水平面上，并规定 x 轴，y 轴，z 轴的位置关系遵循"右手定则"，即当右手的四个手指指向 x 的正向，然后握拳从 x 轴正向旋转 $90°$ 时为 y 轴正向，则大拇指方向应为 z 轴的正向，如图 8-1-1 所示。

三个坐标平面，它们相互垂直且交于坐标原点 O，其中，垂直于 Ox 轴的平面叫做 yOz 坐标面，垂直于 Oy 轴的平面叫做 zOx 坐标面，垂直于 Oz 轴的平面叫做 xOy 坐标面，如图 8-1-2 所示。

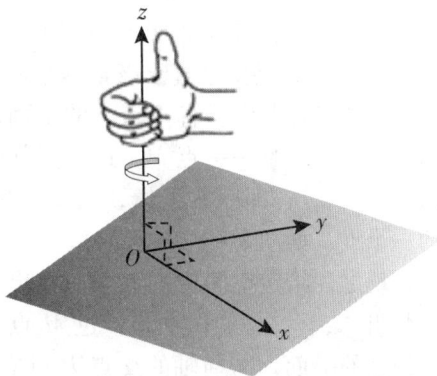

图 8-1-1

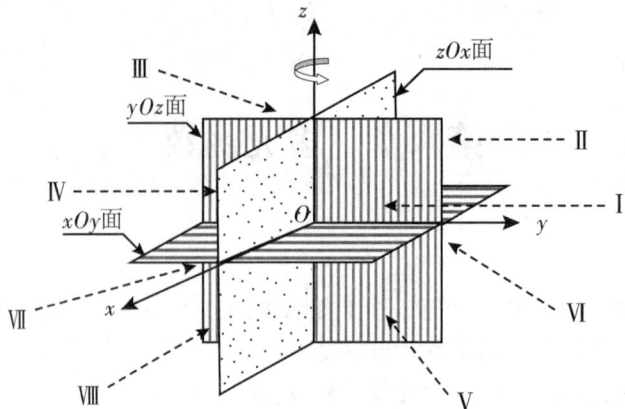

图 8 − 1 − 2

在空间直角坐标系中，三个坐标平面把整个空间分成了八个部分，每一部分叫做一个卦限. 含有三个正半轴的卦限叫做第一卦限，它位于 xOy 面的上方. 在 xOy 面的上方，按逆时针方向依次排列着第二卦限、第三卦限和第四卦限. 在 xOy 面的下方，与第一卦限对应的是第五卦限，按逆时针方向依次排列着第六卦限、第七卦限和第八卦限. 如图 8 − 1 − 2 所示，八个卦限分别用字母 Ⅰ 、Ⅱ 、Ⅲ 、Ⅳ 、Ⅴ 、Ⅵ 、Ⅶ 、Ⅷ 表示.

（二）空间内点的直角坐标

我们知道数轴上的点与实数 x 一一对应，实数全体表示直线（一维空间），记为 R，平面直角坐标系中的点与二元有序数组 (x, y) 一一对应，平面上的点 (x, y) 全体表示平面（二维空间），记为 R^2. 同样，建立了空间直角坐标系 $Oxyz$ 后，空间中的点就与三元有序数组 (x, y, z) 之间建立了一一对应关系，(x, y, z) 全体表示空间（三维空间），记为 R^3，n 维数组 $(x_1, x_2, \cdots, x_n)$ 全体称为 n 维空间，记为 R^n. 下面我们主要讨论三维空间的概念.

对给定一个三元有序数组 (x, y, z)，找出数组在空间中的位置，具体做法如下：分别过横轴上与实数 x 对应的点作垂直于该轴的平面，过纵轴上与实数 y 对应的点作垂直于该轴的平面，过竖轴上与实数 z 对应的点作垂直于该轴的平面，则这三个平面必定相交于唯一一点 M，这个点就是三元有序数组 (x, y, z)，即序数组 (x, y, z) 唯一确定空间中的一个点，如图 8 − 1 − 3 所示.

反之，给定空间中一点 M，找出与它对应的三元数组 (x, y, z) 的做法是：过 M 点，分别作垂直于横轴的平面，与横轴的交点 P 对应实数 x；作垂直于纵轴的平面，与纵轴的交点 Q 对应实数 y；作

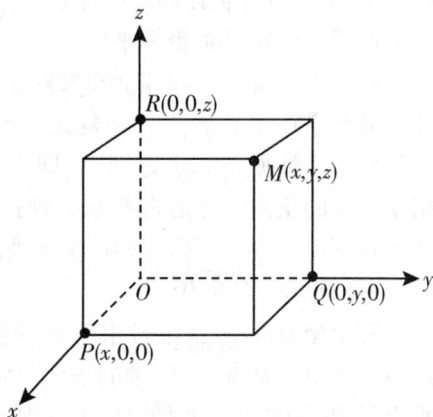

图 8 − 1 − 3

垂直于竖轴的平面，与竖轴的交点 R 对应实数 z. 点 P, Q, R 称为点 M 在坐标轴上的投影，则由上面的做法，得到空间中的点 M 有唯一一个有序三元数组 (x, y, z) 与之对应，我们称该有序三元数组 (x, y, z) 为点 M 的坐标，其中 x 称为点 M 的横坐标，y 称为点 M 的纵坐标，z 称为点 M 的竖坐标，如图 $8-1-3$ 所示.

从上述两个方面，我们知道，在建立空间直角坐标系后，空间中的点 M 可以由它的坐标唯一确定，即点 M 与有序数组 (x, y, z) 之间建立了一一对应的关系，通常记为 $M(x, y, z)$.

与在平面上讨论点一样，下面我们讨论空间中原点 O、坐标轴上的点及坐标面上的点的特征.

原点 O 的横坐标、纵坐标、竖坐标都为 0，因此原点 O 的坐标记为 $O(0, 0, 0)$；设 M 点在 x 轴上，由于过 M 作垂直于 y 轴的平面与 y 轴的交点或作垂直于 z 轴的平面与 z 轴的交点都是原点 O，故点 M 的纵坐标 $y=0$ 和竖坐标 $z=0$，此时点 M 的坐标表示为 $M(x, 0, 0)$，这就是点 M 在坐标轴上的坐标表示. 同理，如果点 M 在 y 轴、z 轴上，坐标形式分别表示为 $M(0, y, 0)$，$M(0, 0, z)$；一般来说，如果一个点有两个坐标等于零，那么这个点就一定位于某个坐标轴上；设点 M 在 xOy 坐标面上，它的竖坐标 $z=0$，即点 M 为 $M(x, y, 0)$. 这就是点 M 在坐标平面上的坐标表示，同理，如果 M 在 yOz 坐标面，在 zOx 坐标面上用坐标表示分别为 $M(0, y, z)$，$M(x, 0, z)$. 一般来说，如果一个点有一个坐标等于零，那么这个点就一定位于某个坐标面内. 若点 M 既不是原点，又不在坐标轴或某个特定的坐标面上，则它的三个坐标 x, y, z 都不是 0，三个坐标的符号由点 M 在空间中的位置确定. 不难看出，第一卦限中点的对应坐标 (x, y, z) 满足 $x>0$, $y>0$, $z>0$，第二卦限中点的对应坐标 (x, y, z) 满足 $x<0$, $y>0$, $z>0$，第三卦限中点的对应坐标 (x, y, z) 满足 $x<0$, $y<0$, $z>0$，第四卦限中点的对应坐标 (x, y, z) 满足 $x>0$, $y<0$, $z>0$，依次可类推其余四卦限中点的坐标正负号情况，留给读者完成.

【即学即练】

在空间直角坐标系中，指出下列各点位置的特点：

$A(0, -3, 0)$；$B(2, -1, 0)$；$C(5, 0, 3)$ $D(2, 0, 0)$；$E(0, 3, -2)$；$F(0, 0, -8)$.

（答案：点 A 在 y 轴上；点 B 在 xOy 面上；点 C 在 zOx 面上；点 D 在 x 轴上；点 E 在 yOz 面上；点 F 在 z 轴上.）

（三）空间直角坐标系中点与点之间的距离公式

我们知道在数轴上，$M_1(x_1)$，$M_2(x_2)$ 两点之间的距离为：

$$d = |M_1 M_2| = |x_1 - x_2| = \sqrt{(x_1 - x_2)^2}$$

在平面上，$M_1(x_1, y_1)$，$M_2(x_2, y_2)$ 两点之间的距离为：

$$d = |M_1 M_2| = \sqrt{(x_1 - x_2)^2 + (y_1 - y_2)^2}$$

那么空间任意两点距离有没有类似公式呢？回答是肯定的.

空间任意两点 $M_1(x_1,\ y_1,\ z_1)$，$M_2(x_2,\ y_2,\ z_2)$ 之间的距离为：

$$d = |M_1M_2| = \sqrt{(x_1-x_2)^2 + (y_1-y_2)^2 + (z_1-z_2)^2} \qquad (8.1.1)$$

下面我们验证公式的正确性.

建立空间直角坐标系，设 $M_1(x_1,\ y_1,\ z_1)$，$M_2(x_2,\ y_2,\ z_2)$ 为空间两点，使它们的连线都不和三条坐标轴平行，如图 8-1-4 所示.

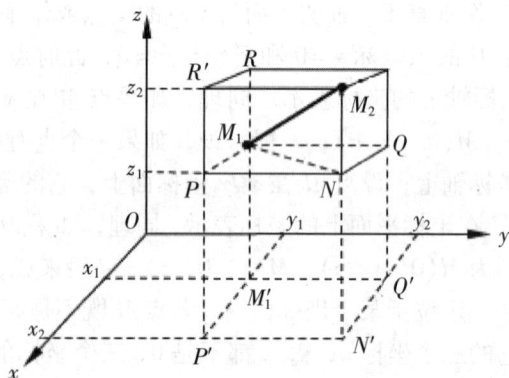

图 8-1-4

过这两点作三个平面分别垂直于坐标轴，则这六个平面围成一个以线段 M_1M_2 为对角线的长方体(见图中实线部分)，那么 $|M_1M_2|$ 就是长方体的对角线长度，由于线段 M_1P 与 x 轴平行，且点 M_1 与 P 的横坐标分别为 x_1，x_2；同理 M_1Q 与 y 轴平行，且点 M_1 与 Q 的纵坐标分别为 y_1，y_2；M_1R 与 z 轴平行，得点 M_1 与 R 的竖坐标分别为 z_1，z_2，故

$$|M_1P| = |x_1-x_2|, \quad |M_1Q| = |y_1-y_2|, \quad |M_1R| = |z_1-z_2|$$

根据平面几何中的勾股定理知，在直角三角形 $\triangle M_1NM_2$ 中有

$$d^2 = |M_1M_2|^2 = |M_1N|^2 + |NM_2|^2 \qquad (1)$$

在直角三角形 $\triangle M_1PN$ 中有

$$|M_1N|^2 = |PN|^2 + |M_1P|^2 \qquad (2)$$

将 (2) 代入 (1) 得

$$\begin{aligned}
d^2 &= |M_1M_2|^2 = |M_1N|^2 + |NM_2|^2 \\
&= |M_1P|^2 + |PN|^2 + |NM_2|^2 \\
&= |M_1P|^2 + |M_1Q|^2 + |M_1R|^2 \\
&= (x_1-x_2)^2 + (y_1-y_2)^2 + (z_1-z_2)^2
\end{aligned}$$

所以 $\qquad d = |M_1M_2| = \sqrt{(x_1-x_2)^2 + (y_1-y_2)^2 + (z_1-z_2)^2}$

这就验证了公式的正确性.

特别地，点 $M(x, y, z)$ 与坐标原点 $O(0, 0, 0)$ 的距离为：

$$d = |OM| = \sqrt{(x-0)^2 + (y-0)^2 + (z-0)^2} = \sqrt{x^2 + y^2 + z^2}$$

【即学即练】

$M_1(x_1, y_1, z_1)$，$M_2(x_2, y_2, z_2)$ 两点之间的距离等于 0，回答其坐标的关系.

（答案：$M_1 = M_2$，两点重合，即 $x_1 = x_2$，$y_1 = y_2$，$z_1 = z_2$）

例 1 求证以 $M_1(4, 3, 1)$，$M_2(7, 1, 2)$，$M_3(5, 2, 3)$ 三点为顶点的三角形是一个等腰三角形.

解： 由两点之间的距离公式 (8.1.1)，得

$$|M_1 M_2|^2 = (7-4)^2 + (1-3)^2 + (2-1)^2 = 14$$
$$|M_2 M_3|^2 = (5-7)^2 + (2-1)^2 + (3-2)^2 = 6$$
$$|M_3 M_1|^2 = (4-5)^2 + (3-2)^2 + (1-3)^2 = 6$$

因为　　　　　　　$|M_2 M_3| = |M_3 M_1|$

所以结论成立

例 2 在 z 轴上，求与 $A(-4, 1, 7)$ 和 $B(3, 5, -2)$ 两点等距离的点.

解： 设 M 为所求的点. 根据题意，M 在 z 轴上，故可设 M 的坐标为 $(0, 0, z)$，

则　　　　　　　　　　　　　$|AM| = |BM|$

即　　$\sqrt{(0-(-4))^2 + (0-1)^2 + (z-7)^2} = \sqrt{(0-3)^2 + (0-5)^2 + (z-(-2))^2}$

去根号，整理得：　　　　$z = \dfrac{14}{9}$

所以　　　　　　　　　　　$M\left(0, 0, \dfrac{14}{9}\right)$

【即学即练】

已知三角形的顶点为 $A(4, 1, 9)$，$B(10, -1, 6)$ 和 $C(2, 4, 3)$. 证明三角形是等腰三角形.

二、空间中的曲面与方程

（一）空间中的曲面与方程的建立

在平面直角坐标系下，讨论一个动点的轨迹时，可用方程表示该轨迹，换言之，平面上的曲线可用方程 $F(x, y) = 0$ 来表示（隐式表达）（也可表示为显式表达式 $y = f(x)$）.

另外，一个方程 $F(x, y) = 0$（或 $y = f(x)$）一般也表示某条曲线. 现在我们用同样的方法讨论空间中一个动点的轨迹. 对于一般空间曲面 S，如图 8-1-5 所示，可以看作满足一定几何条件的点的轨迹，在空间直角坐标系下，这种几何条件也能转换为曲面 S 上任意一点的坐标之间的一个三元方程关系 $F(x, y, z) = 0$，此时曲面 S 与三元方程 $F(x, y, z) = 0$ 满

足下述关系:

(1) 曲面 S 上任一点的坐标都满足方程 $F(x, y, z) = 0$;

(2) 不在曲面 S 上的点的坐标都不满足方程 $F(x, y, z) = 0$, 则称方程 $F(x, y, z) = 0$ 为曲面 S 的方程, 而曲面 S 就叫做方程 $F(x, y, z) = 0$ 的图形.

与平面解析几何中研究曲线类似, 空间解析几何对曲面的研究有两个基本问题:

第一, 已知一曲面上点的轨迹的几何特性, 建立这曲面的方程;

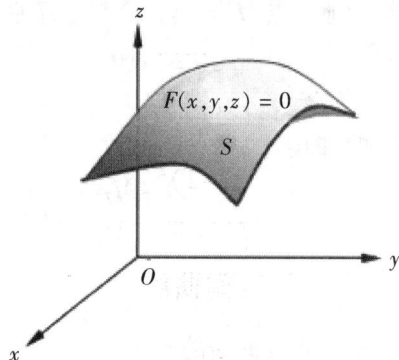

图 8 - 1 - 5

第二, 已知坐标 x、y 和 z 之间的一个方程, 研究这方程所表示的曲面的形状和曲面的一些性质.

先介绍第一个基本问题, 已知一曲面作为点的几何轨迹时, 建立这曲面的方程, 参考步骤如下:

(1) 设动点的坐标为 (x, y, z);

(2) 根据轨迹须满足的条件, 建立 x, y, z 的方程;

(3) 化简 (2) 中的方程.

例 3 建立球心在点 $M_0(x_0, y_0, z_0)$、半径为 R 的球面方程.

解: 设 $M(x, y, z)$ 是球面上任一点, 我们知道球面上任一点到球心的距离等于球的半径 R, 则有 $|M_0 M| = R$, 如图 8 - 1 - 6 所示.

即 $|M_0 M| = \sqrt{(x - x_0)^2 + (y - y_0)^2 + (z - z_0)^2} = R$

上式两边平方, 可得球心为 $M_0(x_0, y_0, z_0)$, 半径为 R 的球的球面方程为

$$(x - x_0)^2 + (y - y_0)^2 + (z - z_0)^2 = R^2$$

这里可以看到方程 $(x - x_0)^2 + (y - y_0)^2 + (z - z_0)^2 - R^2 = 0$ 是球面方程的隐式表达式.

由此可得到球面方程的显式表达式为

$$z = z_0 \pm \sqrt{R_0^2 - (x - x_0)^2 - (y - y_0)^2}$$

特别地, 当球心 $M_0(x_0, y_0, z_0)$ 在原点 O 时, 方程成为 $x^2 + y^2 + z^2 = R^2$, 曲面图形是表示球心为 $M_0(0, 0, 0)$、半径为 R 的球面.

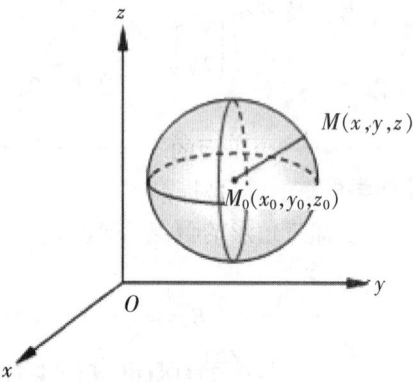

图 8 - 1 - 6

注意, 由这个表面所围的实心球体则是由不等式 $x^2 + y^2 + z^2 \leqslant R^2$ 表示.

例 4 设有两点 $A(1, 2, -1)$, $B(2, -1, 1)$, 求线段 AB 的垂直平分面的方程.

解: 由线段 AB 的垂直平分面上的点满足的几何特征是任意一点与 A, B 两点距离相等. 设平分面上任一点的坐标是 (x, y, z), 根据两点间的距离公式 (8.1.1) 有

$$\sqrt{(x - 1)^2 + (y - 2)^2 + (z + 1)^2} = \sqrt{(x - 2)^2 + (y + 1)^2 + (z - 0)^2}$$

整理后得到线段 AB 的垂直平分面的方程为

$$2x - 6y + 2z + 1 = 0$$

(二) 空间曲线的一般方程和曲面方程

1. 空间曲线的一般方程

在空间中把直线看作是两个平面的交线,空间中的曲线可看作是空间两个曲面的交线.

设 S_1 与 S_2 是空间中的两个曲面,对应的方程分别是 $F_1(x,y,z) = 0$ 与 $F_2(x,y,z) = 0$,其交线为 C,对于交线上的任意一点 $M(x,y,z)$,由于它既在曲面 S_1 上又在曲面 S_2 上,因此坐标满足上两个方程,即满足方程组

$$\begin{cases} F_1(x,y,z) = 0 \\ F_2(x,y,z) = 0 \end{cases} \quad (8.1.2)$$

反之,若点 $M_1(x_1,y_1,z_1)$ 不在曲线 C 上,则它不可能同时在曲面 S_1 与 S_2 上,所以点 $M_1(x_1,y_1,z_1)$ 的坐标不满足方程组(8.1.2). 我们称方程组(8.1.2)为空间曲线 C 的一般方程.

如,方程组 $\begin{cases} x^2 + y^2 = 1 \\ 2x + 3z = 6 \end{cases}$ 表示圆柱面 $x^2 + y^2 = 1$ 与平面 $2x + 3z = 6$ 的交线 C. 如图 8 - 1 - 7 所示.

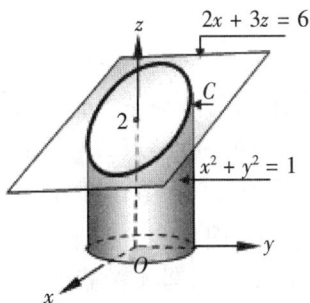

图 8 - 1 - 7

2. 空间中平面的一般方程

在平面直角坐标系中,直线的一般方程形式是二元一次方程 $ax + by + c = 0$,类似地,空间中直角坐标系中,平面方程的一般形式就是三元一次方程:

$$Ax + By + Cz + D = 0 \quad (8.1.3)$$

其中常数 A,B,C 不能同时为零,否则无意义.

此外,注意到三个坐标面的方程如下:xOy 面的方程是 $z = 0$,yOz 面的方程是 $x = 0$,zOx 面的方程是 $y = 0$. 另外,$z = c$ 表示平行于 xOy 面且与 z 轴的截距为 c 的平面方程,同理可以观察到 $x = c$,$y = c$ 的含义.

在平面的一般方程中,根据平面一般方程的系数可以判断方程所表示的平面的一些位置特征. 在方程 $Ax + By + Cz + D = 0$ 中,

① 当 $D = 0$ 时,方程化为 $Ax + By + Cz = 0$,它表示过原点的一个平面.

② 方程中缺少一个变量,则平面平行于所缺变量代表的坐标轴. 例如当 $B = 0$ 时,方程化为 $Ax + Cz + D = 0$,它表示平行于 y 轴的一个平面(如果 $D = 0$,$Ax + Cz = 0$ 则平面过 y 轴).

例如,方程 $2x + 3z = 0$ 是表示过 y 轴的一个平面,如图 8 - 1 - 8(a)所示.

同理可知方程 $By + Cz + D = 0$ 和 $Ax + By + D = 0$ 分别表示平行于 x 轴、z 轴的平面（如果 $D = 0$，平面分别过 x 轴、z 轴）.

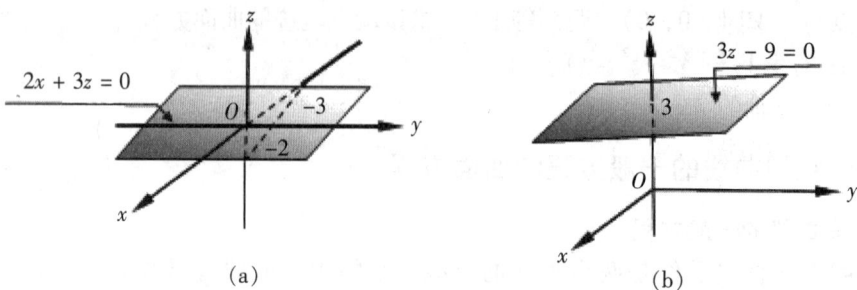

图 8 - 1 - 8

③ 方程中仅有一个变量，则这个方程所表示的平面，垂直于方程中这个变量代表的坐标轴，例如 $3z - 9 = 0$ 表示的平面垂直于 z 轴，如图 8 - 1 - 8(b)所示.

设空间中有一个平面 π 与三条坐标轴的交点分别为 $M_1(a, 0, 0)$，$M_2(0, b, 0)$，$M_3(0, 0, c)$，所得平面如图 8 - 1 - 9 所示，则数 a，b，c 分别称为平面 π 在 x，y，z 轴上的截距.

将 $(a, 0, 0)$，$(0, b, 0)$ 和 $(0, 0, c)$ 分别代入平面 π 的一般方程 $Ax + By + Cz + D = 0$ 得

$$\begin{cases} Aa + D = 0 \\ Bb + D = 0 \\ Cc + D = 0 \end{cases}$$

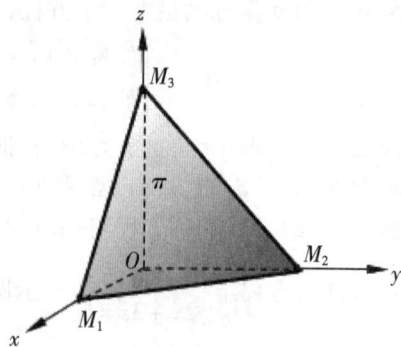

图 8 - 1 - 9

解此方程组，得

$$A = -\frac{D}{a}, \ B = -\frac{D}{b}, \ C = -\frac{D}{c}$$

将以上三个关系式代入平面 π 的一般方程中得

$$-\frac{D}{a}x - \frac{D}{b}y - \frac{D}{c}z + D = 0$$

即

$$D\left(\frac{x}{a} + \frac{y}{b} + \frac{z}{c}\right) = D$$

由于平面不过原点，故 $D \neq 0$，

于是平面 π 的方程为 $\quad \dfrac{x}{a} + \dfrac{y}{b} + \dfrac{z}{c} = 1$

此方程称为平面 π 的截距式方程. 不通过原点，且不与坐标轴平行的平面一定能用截距式方程来表示.

3. 柱面方程

定义 8.1 直线 L 沿固定曲线 C 移动，且始终与固定直线 l 保持平行，则称动直线 L 形成的轨迹叫做柱面，曲线 C 叫做柱面的准线，动直线 L 叫做柱面的母线.

注：一般来说，有一个变量消失的图像是柱面.

（1）只含 x，y 而缺 z 的方程 $F(x,y)=0$，在空间直角坐标系中表示母线平行于 z 轴的柱面，其准线是 xOy 面上的曲线 $F(x,y)$.

例如，在空间直角坐标系中，方程 $y^2=2x$ 缺少一个变量 z，那么固定 z 后的截线全都是同样的抛物线 $y^2=2x$. 随着 z 值的变化，这一抛物线将"扫描出"一个槽形的曲面，也是由平行于 z 轴的直线（母线）沿 xOy 面上的抛物线 $y^2=2x$ 移动形成的轨迹，该曲面图像是柱面，叫做抛物柱面，如图 8-1-10（a）所示. 其图形是由空间中满足方程 $y^2=2x$ 的所有点 (x,y,z)（$z\in\mathbf{R}$）构成的.

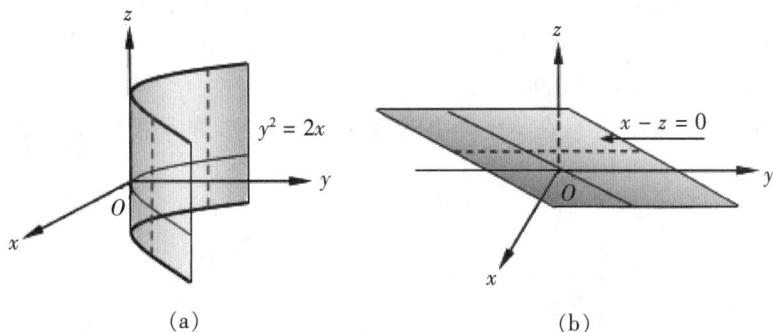

（a）　　　　　　　　　　（b）

图 8-1-10

（2）类似地，只含 x、z 而缺 y 的方程 $G(x,z)=0$ 和只含 y、z 而缺 x 的方程，$H(y,z)$ 分别表示母线平行于 y 轴和 x 轴的柱面.

例如，方程 $x-z=0$，表示母线平行于 y 轴的柱面，其准线是 zOx 面上的直线 $x-z=0$，所以它是过 y 轴的平面，如图 8-1-10（b）所示.

又如，以二次曲线 $\dfrac{x^2}{a^2}+\dfrac{y^2}{b^2}=1$ 为准线的椭圆柱面，如图 8-1-11（a）所示. 以二次曲线 $\dfrac{x^2}{a^2}-\dfrac{y^2}{b^2}=1$ 为准线的双曲柱面，如图 8-1-11（b）所示，两者的不同之处在于椭圆柱面具有椭圆形线形的截线，双曲柱面具有双曲线形的截线，等等.

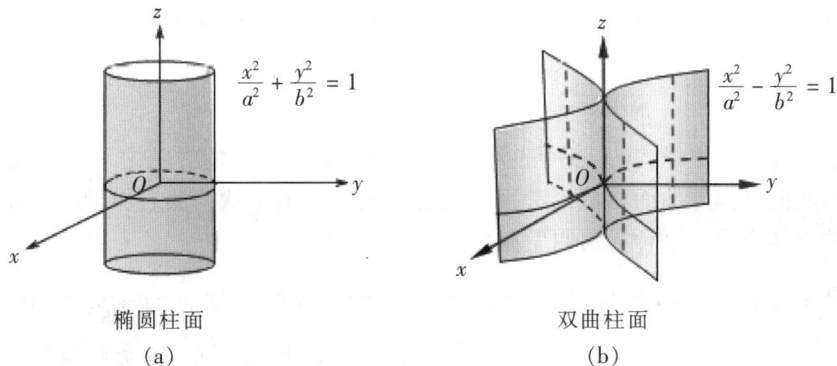

椭圆柱面　　　　　　　　　双曲柱面

（a）　　　　　　　　　　（b）

图 8-1-11

特别注意，不要把空间中的柱面方程与坐标平面上的曲线方程相混淆，例如上例方程 $\dfrac{x^2}{a^2}+\dfrac{y^2}{b^2}=1$ 及 $\dfrac{x^2}{a^2}-\dfrac{y^2}{b^2}=1$ 在平面直角坐标系下分别表示椭圆曲线及双曲线，但在空间直角坐标系下它们分别表示母线平行于 z 轴的椭圆柱面及双曲柱面，在空间中，xOy 面上的椭圆曲线方程及双曲线方程分别为 $\begin{cases}\dfrac{x^2}{a^2}+\dfrac{y^2}{b^2}=1 \\ z=0\end{cases}$ 及 $\begin{cases}\dfrac{x^2}{a^2}-\dfrac{y^2}{b^2}=1 \\ z=0\end{cases}$.

【即学即练】

1. 指出图（1）曲面 $x^2+y^2=R^2(R>0)$ 所示的准线及所在平面.

（答案：准线 $x^2+y^2=R^2(R>0)$，$z=0$ 所在平面为 xOy 面）

2. 由图（2）所示说明其几何意义.

（答案：是通过 z 轴，并且在 xOy 面上的投影的斜率为 1 的平面或表示母线平行于 z 轴的柱面，其准线是 xOy 面上的直线 $y-x=0$）

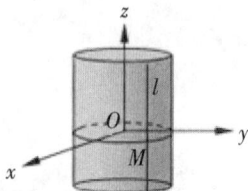

图（1）

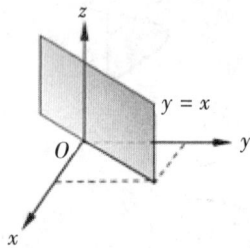

图（2）

4. 二次曲面与截痕法

我们知道三元一次方程 $Ax+By+Cz+D=0$ 所表示的曲面是平面，又叫做一次曲面，一般来说，三元二次方程所表示的曲面称为二次曲面.

前面主要介绍了空间解析几何对曲面研究的第一个基本问题，即从曲面的几何特性出发，由所给条件建立曲面的方程，并了解了一些简单的曲面及它们的方程. 下面讨论第二个基本问题，由已知坐标 x、y 和 z 的一个方程 $F(x,y,z)$，来研究这方程所表示曲面的形状和特征.

我们从三元二次方程出发，来研究这方面的问题. 例如，椭圆抛物面 $\dfrac{x^2}{a^2}+\dfrac{y^2}{b^2}=z$，双曲抛物面（又称马鞍面）$\dfrac{x^2}{a^2}-\dfrac{y^2}{b^2}=z$ 都是二次曲面.

要认识三元方程 $F(x,y,z)$ 所表示的曲面的形状，常用的方法之一是，用坐标面或平行于坐标面的平面与曲面相截，考察其交线（截痕）的形状，然后加以综合分析，从而了解曲面的立体形状，这种方法叫做截痕法.

下面介绍用截痕法找出椭圆抛物面 $\dfrac{x^2}{a^2}+\dfrac{y^2}{b^2}=z$，双曲抛物面 $\dfrac{x^2}{a^2}-\dfrac{y^2}{b^2}=z$ 图形形状的过程.

例5 分析并作出椭圆抛物面 $\dfrac{x^2}{a^2} + \dfrac{y^2}{b^2} = z$ 的图像.

解：（1）用坐标面 xOy（$z=0$）与曲面相截，截得一点，即坐标原点 O（0，0，0），原点也叫椭圆抛物面的顶点. 与平面 $z=c$（$c>0$）的交线为该平面上的椭圆 $\begin{cases} \dfrac{x^2}{a^2} + \dfrac{y^2}{b^2} = 1 \\ z=c \end{cases}$，当 c 变动时，这类椭圆的中心都在 z 轴上. 曲面与平面 $z=c$（$c<0$）不相交.

（2）用坐标面 xOz（$y=0$）与曲面相截，截得交线为 xOz 面上的抛物线 $\begin{cases} z = \dfrac{c}{a^2}x^2 \\ y=0 \end{cases}$.

（3）用坐标面 yOz（$x=0$）与曲面相截均可得交线为 yOz 面上的抛物线 $\begin{cases} z = \dfrac{c}{b^2}y^2 \\ x=0 \end{cases}$.

综上所述，由方程 $\dfrac{x^2}{a^2} + \dfrac{y^2}{b^2} = z$ 所表示的形状如图 8－1－12 所示.

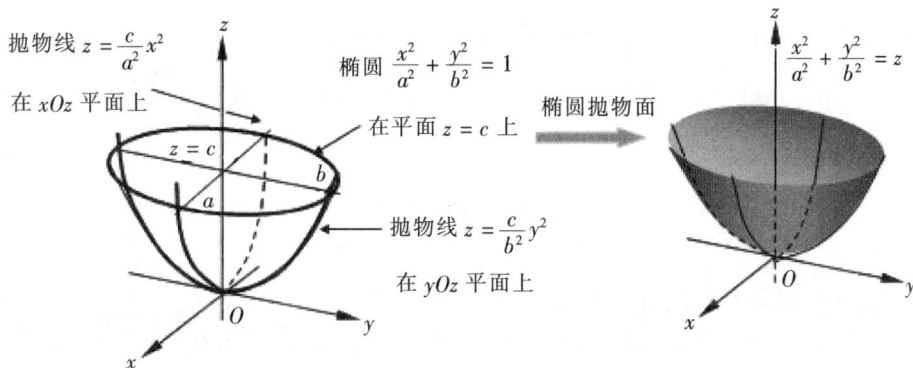

图 8－1－12

此外，这类曲面可以由 yOz 面上的抛物线 $z = \dfrac{y^2}{b^2}$ 或者 zOx 面上的抛物线 $z = \dfrac{x^2}{a^2}$ 绕 z 轴旋转一周得到. 由于此类曲面具有抛物特征，所以也称为旋转抛物面.

同理，对双曲抛物面 $\dfrac{x^2}{a^2} - \dfrac{y^2}{b^2} = z$ 用不同坐标面相截，得平面上对应截痕如图 8－1－13 所示.

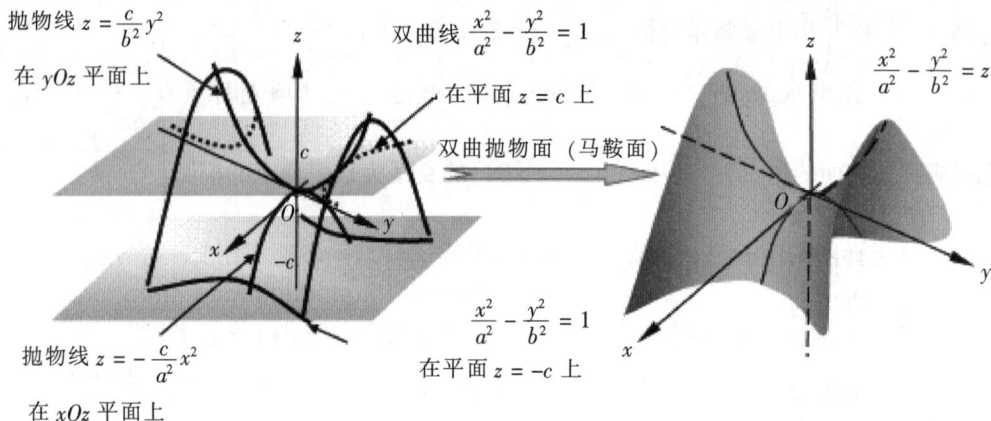

抛物线 $z = \dfrac{c}{b^2} y^2$ 在 yOz 平面上

抛物线 $z = -\dfrac{c}{a^2} x^2$ 在 xOz 平面上

双曲线 $\dfrac{x^2}{a^2} - \dfrac{y^2}{b^2} = 1$ 在平面 $z = c$ 上

双曲抛物面（马鞍面）

$\dfrac{x^2}{a^2} - \dfrac{y^2}{b^2} = 1$ 在平面 $z = -c$ 上

$\dfrac{x^2}{a^2} - \dfrac{y^2}{b^2} = z$

图 8-1-13

【即学即练】

用截痕法分析曲面 $z = x^2 + y^2$ 表示的图形.

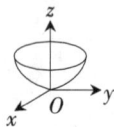

8.1 练习题

1. 指出下列各点在空间直角坐标系中所在的卦限：

$A(-2, 1, -3)$，$B(2, 4, -5)$，$C(-1, -1, -3)$，$D(0, 1, 3)$，$E(0, -1, 0)$，$F(1, -1, 0)$.

2. 求平面 $3x - 2y + 5z - 12 = 0$ 上以点 $(-2, 1, 4)$ 为圆心且半径为 4 的圆的方程.

3. 求到点 $A(1, -1, 1)$ 与 $B(2, 1, -1)$ 等距离的点的轨迹.

4. 求与原点 O 及 $M_0 (2, 3, 4)$ 的距离之比为 $1:2$ 的点的全体所组成的曲面方程.

*5. 分析并作出方程表示的曲面：

(1) $x + y + z - 1 = 0$　　　　　　(2) $x^2 + y^2 + z^2 - 1 = 0$

(3) $x^2 - y^2 = 0$　　　　　　　　(4) $y^2 = 2z$

(5) $x^2 + y^2 + z^2 - 2x + 4y = 0$　　(6) $y^2 + z^2 = 5$

参考答案

1. A 点在第六卦限，B 点在第五卦限，C 点在第八卦限，D 点在 yOz 面上，E 点在 y 轴上，F 点在 xOy 面上

2. $\begin{cases} 3x - 2y + 5z - 12 = 0 \\ (x+2)^2 + (y-1)^2 + (z-4)^2 = 4^2 \end{cases}$　即 $\begin{cases} 3x - 2y + 5z - 12 = 0 \\ x^2 + y^2 + z^2 + x - 13z + 17 = 0 \end{cases}$

3. $2x + 4y - 4z - 3 = 0$

4. $(x + \frac{2}{3})^2 + (y + 1)^2 + (z + \frac{4}{3})^2 = \frac{116}{9}$ 　　　　5. 略

§8.2　多元函数

在一元函数微积分学中我们研究了含有一个自变量的函数，这类函数又称为一元函数. 随着实际应用的需要，我们还会遇到多于一个自变量的函数，因此我们有必要讨论多元函数.

多元函数微积分学是一元函数微积分学的发展和推广，其概念和性质、定理、公式与一元函数微积分学有很多相似的地方，只不过情况较复杂些. 但是，有些方面也存在本质上的差别. 因此，在学习本节之前要认真复习一元微分学中的相关内容（导数、微分、函数极值等），在学习过程中要注意比较它们之间的异同.

一、多元函数的概念

研究多元函数时，邻域和区域是经常用到的两个基本概念，下面我们主要在平面和空间直角坐标系中引入这两个概念.

（一）邻域和区域

1. 邻域

在一元函数微积分学中我们知道，在数轴上，点 x_0 的 δ - 邻域是指所有与点 x_0 的距离小于 δ 的点 x 的集合 $\{x \mid |x - x_0| < \delta\}$，现在我们只要将数轴上的点换成平面上的点，就得到平面上的点的邻域概念.

设 $P_0(x_0, y_0)$ 是 xOy 平面上的一个点，任取 $\delta > 0$，与点 $P_0(x_0, y_0)$ 距离小于 δ 的点 $P(x, y)$ 的集合称为点 P_0 的 δ 邻域，记为 $U(P_0, \delta)$，即

$$U(P_0, \delta) = \{P \in R^2 \mid |PP_0| < 0\},$$

换言之 　　　　$U(P_0, \delta) = \{(x, y) \mid \sqrt{(x - x_0)^2 + (y - y_0)^2} < \delta\}$

在几何意义上，邻域在二维空间中，是一个"圆的内部"，如图 $8 - 2 - 1$ 所示：

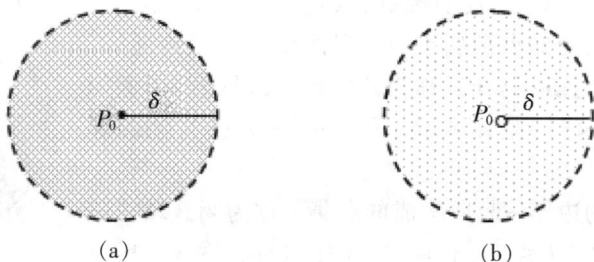

(a)　　　　　　　　　　　(b)

图 $8 - 2 - 1$

点 P_0 的 δ 邻域 $U(P_0, \delta)$ 就是 xOy 平面上以点 $P_0(x_0, y_0)$ 为中心、$\delta > 0$ 为半径的圆内的点 $P(x, y)$ 的全体. 如图 $8-2-1$（a）所示；$\overset{\circ}{U}(P_0, \delta)$ 表示去心邻域（去除点 P_0），如图 $8-2-1$（b）所示，即

$$\overset{\circ}{U}(P_0, \delta) = \left\{ (x, y) \mid 0 < \sqrt{(x-x_0)^2 + (y-y_0)^2} < \delta \right\}$$

2. 区域

设 E 是平面上的一个点集，P 是平面上的一个点. 如果存在点 P 的某一邻域 $U(P) \subset E$，则称 P 为 E 的内点，如图 $8-2-2$（a）所示. 显然，E 的内点属于 E.

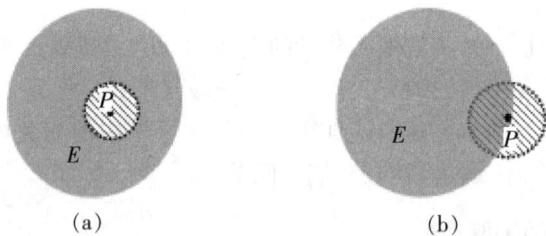

(a)   (b)

图 $8-2-2$

如果 E 的点都是内点，则称 E 为开集. 例如，集合 $E_1 = \{(x, y) \mid 1 < x^2 + y^2 < 4\}$ 中每个点都是 E_1 的内点，如图 $8-2-2$（a）阴影部分，因此 E_1 为开集.

如果点 P 的任一邻域内既有属于 E 的点，也有不属于 E 的点（点 P 本身可以属于 E，也可以不属于 E），则称 P 为 E 的边界点. E 的边界点的全体称为 E 的边界，如图 $8-2-2$（b）所示. 上例中，E 的边界是圆周 $x^2 + y^2 = 1$ 和 $x^2 + y^2 = 4$.

设 E 是平面上的一个点集，P 是平面上的一个点，如果点 P 的任何一个邻域内总有无限多个点属于点集 E，则称 P 为 E 的聚点.

注：（1）内点一定是聚点；

（2）边界点可能是聚点，例如 $\{(x, y) \mid 0 < x^2 + y^2 \leqslant 1\}$，$(0, 0)$ 既是边界，也是聚点；

（3）点集 E 的聚点可以属于 E，也可以不属于 E.

例如，$\{(x, y) \mid 0 < x^2 + y^2 \leqslant 1\}$，$(0, 0)$ 是聚点但不属于集合.

又如，$\{(x, y) \mid x^2 + y^2 = 1\}$ 边界上的点都是聚点也都属于集合.

设 D 是点集，如果对于 D 内任意两点 p_1，p_2，都可用折线连接起来，且该折线上的点都属于 D，则称点集 D 是连通的，如图 $8-2-3$ 所示. 连通的开集称为开区域（或区域）. 例如 $\{(x, y) \mid 1 < x^2 + y^2 < 4\}$ 是开区域，图 $8-2-4$（a）阴影部分不包括边界.

开区域连同它的边界一起所构成的点集，称为闭区域，记为 $\bar{D}$. 例如 $\{(x, y) \mid 1 \leqslant x^2 + y^2 \leqslant 4\}$ 是闭区域，图 $8-2-4$（b）阴影部分包括边界.

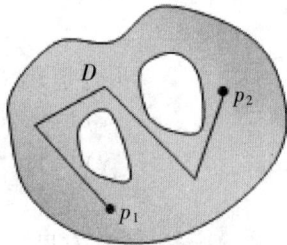

图 $8-2-3$

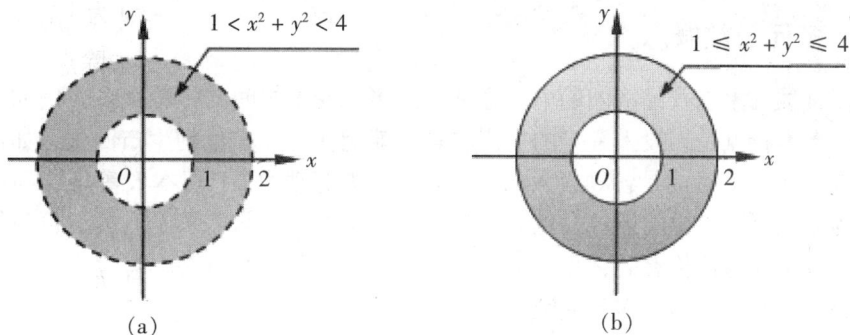

图 8 - 2 - 4

对于平面点集 E，如果存在 $r>0$，使得 $E \subset U(O, r)$，其中 O 是坐标原点，则称 E 为有界点集，否则称为无界点集。

区域可以分为有界区域和无界区域。直观理解，一个区域 D，如果存在 $R>0$，使得 D 中所有的点都能包含在一个以原点为圆心、R 为半径的圆域（或以原点为球心的球）内，则称区域 D 为有界区域，否则称区域 D 为无界区域。例如图 $8-2-4$(a)、(b)均为有界区域。

一个平面区域的边界可能是由几条曲线或一些孤立点组成的，一个空间区域的边界可能是由几个曲面或一些孤立点组成的。

例 1 下列集合是区域吗？是闭区域吗？是有界点集，还是无界点集？

(1) $\{(x, y) \mid 1 \leqslant x^2 + y^2 \leqslant 4\}$；

(2) $\{(x, y) \mid x + y > 0\}$

解：（1）由图 $8-2-4$（b），因为 $\{(x, y) \mid 1 \leqslant x^2 + y^2 \leqslant 4\}$ 是一个连通的开集（←区域），又包括边界 $x^2 + y^2 = 1$，$x^2 + y^2 = 4$（←闭区域），且整个区域包含在以原点为圆心的圆 $x^2 + y^2 = 4$ 内（←有界），所以它是一个有界的闭区域。

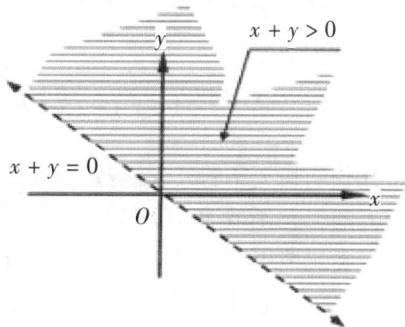

（2）因为 $\{(x, y) \mid x + y > 0\}$ 是一个开集，且是连通的，但不包括边界（←开区域），整个区域找不到包含在以原点为圆心的某个圆内（←无界），

图 8 - 2 - 5

所以它是一个无界的开区域，区域位于直线 $x + y = 0$ 整个右上平面，如图 $8-2-5$ 所示。

【即学即练】

指出下列集合是开区域还是闭区域，是有界的还是无界的：

(1) $\{(x, y) \mid x + y \geqslant 0\}$　　　　　　(2) $\{(x, y) \mid x + y > 0\}$

(3) $\{(x, y) \mid x^2 + y^2 > 1\}$　　　　　　(4) $\{(x, y) \mid 0 \leqslant x^2 + y^2 \leqslant 4\}$

（答案：(1) 无界闭区域　　(2) 无界开区域　　(3) 无界开区域

　　　　　(4) 有界闭区域）

（二）多元函数概念

在很多自然现象以及经济问题中，经常遇到多个变量之间的依赖关系，例如实际生产管理活动的基本特点是，投入一定的生产要素，就能获得一定量的生产回报，如产品、服务等．假设把产出 Y 看成是各种投入的生产要素，如劳动力 L、资本 K 等等，则产出 Y 是各种要素的多元函数．更具体些，例如一种商品的价格不仅与需求量有关，也与供给量有关，而需求量不仅与价格有关，也与消费人群的收入以及人数有关，可见，许多变量不是独立存在的．为此我们引入多元函数．

二、二元函数的定义

定义 8.2　设 D 是平面上的一个点集，如果对于 D 中的每一个点 (x, y)，按照某一对应关系 f，都有唯一确定的实数 z 与之对应，则称 f 为定义在 D 上的二元函数，记为

$$z = f(x, y), \ (x, y) \in D$$

其中点集 D 称为该函数的定义域，x、y 称为自变量，z 称为因变量．

数集 $\{z \mid z = f(x, y), \ (x, y) \in D\}$ 称为该函数的值域．

z 是 x，y 的函数，也可记为 $z = z(x, y)$，$z = \varphi(x, y)$ 等等．同样自变量 x、y，因变量 z 也可换成其他字母．

设点 (x_0, y_0) 是二元函数 $z = f(x, y)$ 定义域内的点，因变量 z 必有唯一确定的值与它对应，这个值就称为二元函数 $z = f(x, y)$ 在点 (x_0, y_0) 处的函数值，记作

$$z \mid_{(x_0, y_0)} \text{ 或 } f(x_0, y_0)$$

例如，函数 $z = \ln(x + y)$，$z = \dfrac{1}{\sqrt{1 - x^2 - y^2}}$ 是二元函数．又如长方形的面积 S 可以看成是其长 x 和宽 y 的二元函数 $S = xy$；生产某品牌手机的产量 Q 是所需投资额 K 和劳动力人数 L 的二元函数 $Q = 0.2K^{0.5}L^{0.5}$，等等．

类似地可以定义三元函数 $u = f(x, y, z)$ 以及三元以上的函数．一般地，把定义中的平面点集 D 换成 n 维空间内的点集 D，则可以定义 n 元函数 $u = f(x_1, x_2, \cdots, x_n)$．$n$ 元函数也可简记为 $u = f(P)$，这里点 $P(x_1, x_2, \cdots, x_n) \in D$．当 $n = 1$ 时，n 元函数就是一元函数．当 $n \geqslant 2$ 时，Q 元函数就统称为多元函数．

与一元函数类似，二元函数 $z = f(x, y)$ 的自然定义域，就是使解析式有意义的自变量 x 与 y 的取值所组成的点的集合．这个集合在几何上可以是整个 xy 平面或者是 xy 平面上由几条曲线所围成的部分．如果二元函数由实际问题得到，那么它的定义域要根据实际问题本身的意义来决定．二元函数也有复合函数和初等函数的概念，它们与一元函数中复合函数和初等函数的概念的讨论类似，这里不再详述．

例 2　求函数 $z = \ln(x + y)$ 的定义域并计算 $f(e^8, 0)$．

解：由对数函数的定义知，要使函数有意义，x，y 必须满足不等式 $x + y > 0$，因此函数 $z = \ln(x + y)$ 的定义域是平面点集

$$\{(x + y) \mid x + y > 0\}$$

此点集介于直线 $y = -x$ 右边整个上半平面，不包括直线 $y = -x$，它是一个无界开区域，

如图 8 – 2 – 5 所示.
$$f(e^8, 0) = \ln(e^8 + 0) = \ln e^8 = 8\ln e = 8$$

例 3 求函数 $z = \sqrt{1 - x^2 - y^2}$ 的定义域.

解：由对数函数开偶次方的定义知，要使函数有意义，x，y 必须满足不等式
$$x^2 + y^2 \leqslant 1$$

所以函数 $z = \sqrt{1 - x^2 - y^2}$ 的定义域是平面点集
$$\{(x, y) \mid x^2 + y^2 \leqslant 1\}$$

此点集是一个介于圆周 $x^2 + y^2 = 1$ 内包括圆周的平面，它是一个有界闭区域，如图 8 – 2 – 6 所示.

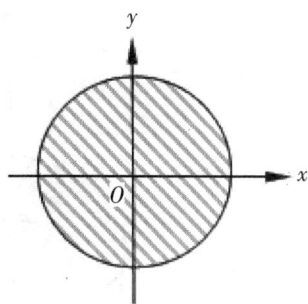

图 8 – 2 – 6

【即学即练】

求下列函数的定义域，并画出其所表示的平面区域：

（1）$z = \dfrac{1}{\sqrt{1 - x^2 - y^2}}$

（2）$z = \sqrt{1 - \dfrac{x^2}{9} - \dfrac{y^2}{4}}$

（3）$z = \sqrt{1 - x^2} + \sqrt{1 - y^2}$

（4）$z = \sqrt{x - \sqrt{y}}$

（答案：（1）$\{(x, y) \mid x^2 + y^2 < 1\}$　（2）$\{(x, y) \mid \dfrac{x^2}{9} + \dfrac{y^2}{4} \leqslant 1\}$

（3）$\{(x, y) \mid |x| \leqslant 1, \ |y| \leqslant 1\}$　（4）$\{(x, y) \mid 0 \leqslant y \leqslant x^2, \ x \geqslant 0\}$

三、二元函数的几何意义

设函数 $z = f(x, y)$ 的定义域为 D. 对于任意取定的点 $P(x, y) \in D$，对应的函数值为 $z = f(x, y)$. 这样以 x 为横坐标、y 为纵坐标、$z = f(x, y)$ 为竖坐标在空间中确定一点 $M(x, y, z)$. 当 (x, y) 遍取 D 上的一切点时，得到一个空间点集 $\{(x, y, z) \mid z = f(x, y), (x, y) \in D\}$，这个点集称为二元函数 $z = f(x, y)$ 的图像. 即二元函数的图像是三维空间中使得 $z = f(x, y)$ 成立的一切点 (x, y, z) 的集合. 通常我们也说，二元函数 $z = f(x, y)$ 的图像是三维空间中的一张曲面，定义域 D 正是这曲面在 xOy 平面上的投影，如图 8 – 2 – 7 所示.

一般地，一元函数的图像是二维空间中的一条曲线，二元函数的图像是三维空间中的一个曲面，所以可推知三元函数的图像将是四维空间中的一个立体，但由于不容易把一个四维空间或四维以上空间可视化，所以对三元或三元以上函数，我们不再描绘其图像.

例如，$z = \sqrt{1 - x^2 - y^2}$ 表示单位球面（半

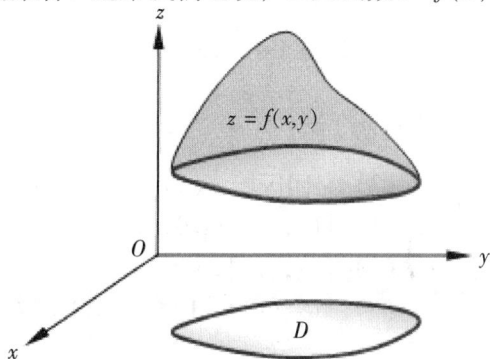

图 8 – 2 – 7

径为 1) 的上半球面（图 8 – 2 – 8 （a）），$z = x^2 + y^2$ 表示旋转抛物面（图 8 – 2 – 8 （b））.

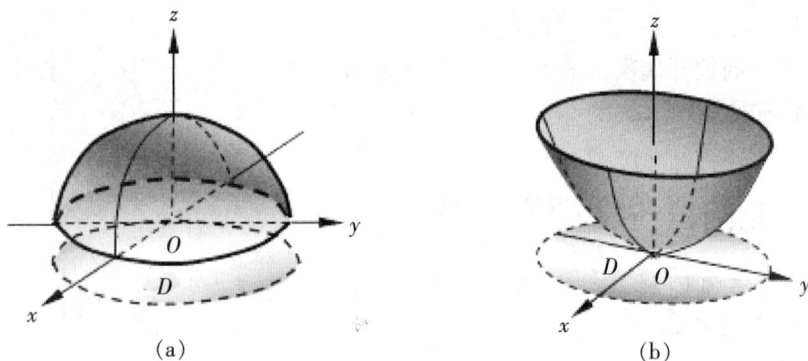

(a)　　　　　　　　　(b)

图 8 – 2 – 8

8.2　练习题

1. 设函数 $f(x, y) = x^2 + y^2 - xy\sin\dfrac{y}{x}$，试求 $f(1, 2)$，$f(x+y, x-y)$ 及 $f(tx, ty)$.

2. 作出下列区域图形，判定区域是开区域还是闭区域，或者非开非闭区域.

(1) $\{(x, y) \mid x > 0, y > 0\}$　　　　　　(2) $\{(x, y) \mid 1 \leqslant x + y < 4\}$

(3) $\{(x, y) \mid 1 \leqslant x^2 + y^2 \leqslant 4\}$　　　　(4) $\{(x, y) \mid y > x^2\}$

3. 求函数的定义域：

(1) $z = \sqrt{x - y}$　　　　　　　　　(2) $z = \dfrac{1}{\sqrt{2 - x^2 - y^2}}$

(3) $z = \ln(-x - y - 1)$　　　　　　(4) $z = \dfrac{1}{\sqrt{2 - x^2 - y^2}} + \dfrac{1}{\sqrt{x^2 + y^2 - 1}}$

(5) $z = \arcsin(x + y)$

参考答案

1. $f(1, 2) = 5 - 2\sin 2$，$f(x+y, x-y) = 2(x^2 + y^2) - (x^2 - y^2)\sin\dfrac{x-y}{x+y}$

$f(tx, ty) = t^2\left(x^2 + y^2 - xy\sin\dfrac{y}{x}\right)$

2. （3）是闭区域；（1）、（4）是开区域；（2）是非开非闭区域.

3. (1) $\{(x, y) \mid x \geqslant 0, y \in \mathbf{R}\}$　　　(2) $\{(x, y) \mid x^2 + y^2 < 2\}$

(3) $\{(x, y) \mid x + y < -1\}$　　　(4) $\{(x, y) \mid 1 < x^2 + y^2 < 2\}$

(5) $\{(x, y) \mid -1 \leqslant x + y \leqslant 1\}$

§8.3 二元函数的极限与连续

在上节里，我们介绍了多元函数，与学习一元函数的微积分理论一样，我们自然要建立多元函数的微积分理论，建立的基础当然也是极限与连续，所以在这一节，我们简要讨论二元函数的极限与连续问题，当然，研究也适用于三元及三元以上的函数.

一、二元函数的极限

定义 8.3 设函数 $z = f(x, y)$ 在点 $P_0(x_0, y_0)$ 的某一去心邻域内有定义. 如果点 $P(x, y)$ 以任何方式无限趋近于点 $P_0(x_0, y_0)$ 时，函数 $f(x, y)$ 无限趋近于一个确定的常数 A，则称 A 为函数 $z = f(x, y)$ 当 $(x, y) \to (x_0, y_0)$ 时的极限. 记为

$$\lim_{(x,y) \to (x_0, y_0)} f(x, y) = A \quad \text{或} \quad \lim_{\substack{x \to x_0 \\ y \to y_0}} f(x, y) = A$$

或
$$f(x, y) \to A, \ \text{当} \ (x, y) \to (x_0, y_0)$$

也记作
$$\lim_{P \to P_0} f(P) = A \quad \text{或} \quad f(P) \to A \ (P \to P_0)$$

上述二元函数的极限有时也称为二重极限.

和一元函数类似，上述二元函数的极限概念也有精确的定义（用"$\varepsilon - \delta$"语言叙述），因超出本书要求范围，这里不再叙述.

要特别注意的是，对一元函数和二元函数，我们已经看到它们的极限的概念从形式上看是相同的，但实际上二元函数的极限与一元函数的极限是有实质差别的，从几何上来看，在一条直线（一维空间）上，我们只能够从两个方向（左边或右边）趋近一个点，对于一元函数 $y = f(x)$，当 $x \to x_0$ 时 $f(x) \to A$ 点，$P(x)$ 只要沿 x 轴从左、右两侧趋近于点 $P_0(x_0)$ 时，也就是当 $x \to x_0^-$，$x \to x_0^+$ 时 $f(x)$ 都趋近于常数 A，那么 A 就是 $f(x)$ 的极限，但在二维空间上，却有无数的方式可以趋近一个给定点，对于二元函数 $f(x, y)$ 来说，当点 $P(x, y)$ 在平面上必须是以任何方式趋近于点 $P_0(x_0, y_0)$ 时，$f(x, y)$ 都趋近于常数 A，这时才能说 A 是 $f(x, y)$ 的极限. 因此，我们不能够因为点 $P(x, y)$ 以某一种或几种方式趋近于点 $P_0(x_0, y_0)$ 时，$f(x, y)$ 趋近于同一个数，而得出函数极限存在的结论. 例如，对于函数 $y = \dfrac{xy}{x^2 + y^2}$，当点 $P(x, y)$ 沿着直线 $x = 0$ 趋近于点 $(0, 0)$ 时，有

$$\lim_{(x,y) \to (0,0)} \frac{xy}{x^2 + y^2} = \lim_{\substack{x = 0 \\ y \to 0}} \frac{xy}{x^2 + y^2} = \lim_{y \to 0} \frac{0 \times y}{0^2 + y^2} = \lim_{y \to 0} 0 = 0,$$

当点 (x, y) 沿着直线 $y = 0$（即沿 x 轴）趋于点 $(0, 0)$ 时，有

$$\lim_{(x,y) \to (0,0)} \frac{xy}{x^2 + y^2} = \lim_{\substack{y = 0 \\ x \to 0}} \frac{xy}{x^2 + y^2} = \lim_{x \to 0} \frac{x \times 0}{x^2 + 0^2} = \lim_{x \to 0} 0 = 0.$$

由于点 $P(x, y)$ 沿着的是两条给定的特殊路径趋近于点 $(0, 0)$ 的，虽然对应的函数都趋向于数 0，但我们不能得出当 $(x, y) \to (0, 0)$ 时 $f(x, y) \to 0$ 的结论. 事实上，下面可以证明当 $(x, y) \to (0, 0)$ 时 $y = \dfrac{xy}{x^2 + y^2}$ 的极限是不存在的.

例1 证明 $\lim\limits_{(x,y)\to(0,0)}\dfrac{xy}{x^2+y^2}$ 不存在.

证：当点 (x,y) 沿着直线 $y=0$（即沿 x 轴）趋于点（0，0）时，有

$$\lim_{(x,y)\to(0,0)}\frac{xy}{x^2+y^2}=\lim_{\substack{y=0\\x\to0}}\frac{xy}{x^2+y^2}=\lim_{x\to0}\frac{x\times0}{x^2+0^2}=\lim_{x\to0}0=0,$$

当点 (x,y) 沿着直线 $y=x$ 趋于点（0，0）时，有

$$\lim_{(x,y)\to(0,0)}\frac{xy}{x^2+y^2}=\lim_{\substack{y=x\\x\to0}}\frac{xy}{x^2+y^2}=\lim_{x\to0}\frac{x^2}{x^2+x^2}=\lim_{x\to0}\frac{1}{2}=\frac{1}{2}.$$

由于点 (x,y) 以两种不同的方式趋于点（0，0）时，$\lim\limits_{(x,y)\to(0,0)}\dfrac{xy}{x^2+y^2}$ 取得的值不一样，所以

$\lim\limits_{(x,y)\to(0,0)}\dfrac{xy}{x^2+y^2}$ 不存在.

例1的解题方法是判断二元函数极限不存在的一种方法.

一般地，如果点 $P(x,y)$ 以两种（或两种以上）方式趋近于点 $P_0(x_0,y_0)$ 时，$f(x,y)$ 趋近于不同数，则可断定 $f(x,y)$ 在点 (x_0,y_0) 处的极限不存在. 换句话说，只要找出两种不同方式，$(x,y)\to(x_0,y_0)$ 时求得 $f(x,y)$ 的极限结果不同，可得 $f(x,y)$ 在点 (x_0,y_0) 处的极限不存在的结论.

二元函数极限的运算法则与一元函数类似，这里不一一叙述；同时二元函数的极限与一元函数的极限性质大部分类似，也有如下定理.

定理8.1 二元函数的极限是唯一的.

定理8.2 如果 $\lim\limits_{P\to P_0}f(P)=A$，那么存在 $\delta>0$，当 $P\in\mathring{U}_\delta(P_0)$ 时，函数 $f(P)$ 有界.

定理8.3 如果 $\lim\limits_{P\to P_0}f(P)=A$，而且 $A>0$，那么存在 $\delta>0$，当 $P\in\mathring{U}_\delta(P_0)$ 时，有 $f(P)>0$；如果 $\lim\limits_{P\to P_0}f(P)=A$，而且 $A<0$，那么存在 $\delta>0$，当 $P\in\mathring{U}_\delta(P_0)$ 时，有 $f(P)<0$.

例2 求极限 $\lim\limits_{\substack{x\to0\\y\to0}}(x^2+y^2)\sin\dfrac{1}{x^2+y^2}$.

解：方法一 用极限的夹逼原理.

由于当 $(x,y)\to(0,0)$ 时，有 $x\to0$，$y\to0$，所以 $x^2+y^2\to0$（←极限的加法原理），

令 $u=x^2+y^2$，则 $0\leqslant\left|u\sin\dfrac{1}{u}\right|\leqslant u$.

根据夹逼原理

$$\lim_{u\to0}\left|u\sin\frac{1}{u}\right|=0$$

于是

$$\lim_{\substack{x\to0\\y\to0}}\left|(x^2+y^2)\sin\frac{1}{x^2+y^2}\right|=\lim_{u\to0}\left|u\sin\frac{1}{u}\right|=0$$

又因为当 $\lim\limits_{P\to P_0}|f(P)|=0$，有 $\lim\limits_{P\to P_0}f(P)=0$，所以

$$\lim_{\substack{x\to0\\y\to0}}(x^2+y^2)\sin\frac{1}{x^2+y^2}=0$$

方法二　用极限的性质.

在一元函数极限理论中，我们知道无穷小量乘以有界量仍然是无穷小，那么这里一样适用. $x \to 0$，$y \to 0$，所以 $x^2 + y^2 \to 0$，即 $x^2 + y^2$ 是 $x \to 0$，$y \to 0$ 时的无穷小量，而 $\sin \dfrac{1}{x^2 + y^2}$ 是有界函数，所以 $(x^2 + y^2) \sin \dfrac{1}{x^2 + y^2}$ 是 $x \to 0$，$y \to 0$ 时的无穷小量，所以 $\lim\limits_{\substack{x \to 0 \\ y \to 0}} (x^2 + y^2) \sin \dfrac{1}{x^2 + y^2} = 0.$

容易证明，下面三个简单的极限

$$\lim_{(x,y) \to (a,b)} x = a, \quad \lim_{(x,y) \to (a,b)} y = b, \quad \lim_{(x,y) \to (a,b)} C = C \text{（}C\text{ 为任意常数）}$$

是成立的. 在二元函数极限的计算中常常用到它们.

例 3　求极限 $\lim\limits_{\substack{x \to 0 \\ y \to 0}} \left(xy - \dfrac{x^2 + y^2}{\sin(x^2 + y^2)} \right)$.

解：
$$\lim_{\substack{x \to 0 \\ y \to 0}} \left(xy - \frac{x^2 + y^2}{\sin(x^2 + y^2)} \right) = \lim_{\substack{x \to 0 \\ y \to 0}} x \lim_{\substack{x \to 0 \\ y \to 0}} y - \lim_{\substack{x \to 0 \\ y \to 0}} \frac{x^2 + y^2}{\sin(x^2 + y^2)}$$
$$= 0 - \lim_{\substack{x \to 0 \\ y \to 0}} \frac{x^2 + y^2}{\sin(x^2 + y^2)}$$

令 $x^2 + y^2 = u$，则当 $(x, y) \to 0$ 时 $u \to 0$，

所以
$$\lim_{\substack{x \to 0 \\ y \to 0}} \frac{x^2 + y^2}{\sin(x^2 + y^2)} = \lim_{u \to 0} \frac{u}{\sin u} = 1$$

从而
$$\lim_{\substack{x \to 0 \\ y \to 0}} \left(xy - \frac{x^2 + y^2}{\sin(x^2 + y^2)} \right) = 0 - 1 = -1$$

【即学即练】

求下列极限：

（1）$\lim\limits_{\substack{x \to 0 \\ y \to 1}} (x^2 + 2y^2 + 3xy)$

（2）$\lim\limits_{(x,y) \to (0,2)} \dfrac{\ln(x + \mathrm{e}^y)}{x^2 + y^2}$

（3）$\lim\limits_{\substack{x \to 0 \\ y \to 3}} \dfrac{\tan(xy)}{x}$

（4）$\lim\limits_{\substack{x \to 0 \\ y \to 0}} \dfrac{2 - \sqrt{xy + 4}}{xy}$

（答案：（1）2　（2）$\dfrac{1}{2}$　（3）3　（4）0）

二、二元函数的连续性

如同一元函数一样，对二元函数 $z = f(x, y)$ 来说，在一个不间断区域上的连续函数，几何上表示为一张无孔无隙的曲面.

定义 8.4　设二元函数 $z = f(x, y)$ 在点 (x_0, y_0) 的某一邻域内有定义，如果

$$\lim_{\substack{x \to x_0 \\ y \to y_0}} f(x, y) = f(x_0, y_0),$$

则称 $z=f(x, y)$ 在点 (x_0, y_0) 处连续.

与一元函数类似，定义8.4也可以写成另一种等价形式，首先，我们引入二元函数的增量概念.

定义 8.5 设点 $P(x, y)$ 是点 $P_0(x_0, y_0)$ 的邻域内一点，$P \in D$，二元函数 $z=f(x, y)$ 在点 $P_0(x_0, y_0)$ 的邻域内有定义，那么当 x 由 x_0 变化到 $x=x_0+\Delta x$，同时 y 由 y_0 变化到 $y=y_0+\Delta y$，那么 $z=f(x, y)$ 取得的增量，记为：

$$\Delta z=f(x, y)-f(x_0, y_0)=f(x_0+\Delta x, y_0+\Delta y)-f(x_0, y_0),$$

则 Δx，Δy 分别称为自变量 x，y 在 x_0，y_0 处的增量，Δz 称为函数 $z=f(x, y)$ 在点 $P_0(x_0, y_0)$ 处相应于自变量的全增量.

从而有定义8.4另一种等价形式：

定义 8.6 设二元函数 $z=f(x, y)$ 的定义域为 D，点 $P_0(x_0, y_0)$ 是 D 的聚点，$P_0 \in D$，如果对于任意一点 $P(x_0+\Delta x, y_0+\Delta y) \in D$，都有

$$\lim_{\substack{\Delta x \to 0 \\ \Delta y \to 0}} \Delta z = \lim_{\substack{\Delta x \to 0 \\ \Delta y \to 0}} [f(x_0+\Delta x, y_0+\Delta y)-f(x_0, y_0)]=0$$

则称 $z=f(x, y)$ 在点 (x_0, y_0) 处连续.

如果函数 $z=f(x, y)$ 在点 (x_0, y_0) 处不连续，则称函数 $z=f(x, y)$ 在 (x_0, y_0) 处间断. 如果函数 $z=f(x, y)$ 在平面区域 D 内的每一点都连续，那么称函数 $z=f(x, y)$ 在区域 D 内连续. 如果函数 $z=f(x, y)$ 在区域 D 内连续，且在区域 D 的边界上的每一点都连续，则称函数 $z=f(x, y)$ 在区域 D 上连续，如 $\lim\limits_{\substack{x \to 0 \\ y \to 0}} (x^2+y^2) \sin \dfrac{1}{x^2+y^2}=0$，此时 $f(x, y)=$ $(x^2+y^2) \sin \dfrac{1}{x^2+y^2}$ 在 $(x, y)=(0, 0)$ 没有定义，所以间断；如果我们定义 $g(x, y)=$ $\begin{cases} f(x, y), & x^2+y^2 \neq 0 \\ 0, & x=y=0 \end{cases}$，那么 $g(x, y)$ 在点 $(0, 0)$ 处连续. 同时 $f(x, y)$ 是二元初等函数，所以 $f(x, y)$ 在定义域内连续，只在 $(0, 0)$ 间断，而 $g(x, y)$ 在 R^2 上都是连续的.

注：与一元函数类似，二元连续函数经过四则运算和复合运算后仍为二元连续函数. 由 x 和 y 的基本初等函数经过有限次的四则运算和复合运算所构成的可用一个解析式表示的二元函数称为二元初等函数. 一切二元初等函数在其定义域内是连续的. 利用这一点的结论，当要求某个二元初等函数在其定义域内一点 $P_0(x_0, y_0)$ 处的极限时，只需算出函数在该点的函数值，即用所谓的代入法计算.

例 4 求 $\lim\limits_{\substack{x \to 0 \\ y \to 1}} \dfrac{2x^2-3y^2}{x^2+y^2}$.

解：函数 $f(x, y)=\dfrac{2x^2-3y^2}{x^2+y^2}$ 是初等函数，其定义域是集合 $D=\{(x, y) \mid x^2+y^2 \neq 0\}$. 由区域的概念知，$D$ 是一个区域，因为点 $(0, 1)$ 是定义域 D 内的点，所以由初等函数的连续性，函数 $f(x, y)=\dfrac{2x^2-3y^2}{x^2+y^2}$ 在 $(1, 1)$ 处连续，因此

$$\lim_{\substack{x \to 0 \\ y \to 1}} \frac{2x^2-3y^2}{x^2+y^2}=\frac{2 \times 0^2-3 \times 1^2}{0^2+1^2}=-3$$

与一元连续函数在闭区间上所具有的性质定理完全相仿，在有界闭区域$\overline{D}$上连续的二元函数也有类似的定理．下面我们不证明地列出这些定理．

定理8.4（最大值和最小值定理） 在有界闭区域$\overline{D}$上的二元连续函数$z=f(x,y)$，在闭区域$\overline{D}$上至少取得它的最大值和最小值各一次．也就是说，在$\overline{D}$上至少存在一点$P_1(x_1,y_1)$和一点$P_2(x_2,y_2)$，使得

$$f(x_1,y_1)=\max_{(x,y)\in\overline{D}}f(x,y)$$
$$f(x_2,y_2)=\min_{(x,y)\in\overline{D}}f(x,y)$$

定理8.5（有界性定理） 在有界闭区域$\overline{D}$上的二元连续函数$z=f(x,y)$在$\overline{D}$上一定有界．

定理8.6（介值定理） 在有界闭区域$\overline{D}$上的二元连续函数$z=f(x,y)$，若在$\overline{D}$上取得两个不同的函数值，则它在$\overline{D}$上取得介于这两值之间的任何值至少一次，即如果C是介于这两个函数值之间的任一常数，则至少存在一点$(\xi,\eta)\in D$，使得

$$f(\xi,\eta)=C$$

*8.3　练习题

1. 求下列函数的极限：

（1）$\lim\limits_{\substack{x\to0\\y\to3}}\dfrac{\sin xy}{x}$

（2）$\lim\limits_{\substack{x\to1\\y\to0}}\dfrac{\ln(x+e^y)}{\sqrt{x^2+y^2}}$

（3）$\lim\limits_{\substack{x\to0\\y\to0}}\dfrac{x^2y}{x^2+y^2}$

（4）$\lim\limits_{\substack{x\to0\\y\to0}}(x^2+y^2)\sin\dfrac{1}{xy}$

（5）$\lim\limits_{\substack{x\to0\\y\to1}}\dfrac{x^2-y^2}{x^2+y^2}$

（6）$\lim\limits_{\substack{x\to0\\y\to0}}\dfrac{x^2y}{x^4+y^2}$

*2. 证明下列极限不存在：

（1）$\lim\limits_{\substack{x\to0\\y\to0}}\dfrac{x+y}{x-y}$

（2）$\lim\limits_{\substack{x\to0\\y\to0}}\dfrac{xy+xy^2}{x^2+y^2}$

（3）$\lim\limits_{\substack{x\to0\\y\to0}}\dfrac{x^2-y^2}{x^2+y^2}$

*3. 讨论函数$f(x,y)=\begin{cases}(x+y)\sin\dfrac{1}{xy} & x^2+y^2\neq0\\[2mm]0 & x^2+y^2=0\end{cases}$的连续性．

参考答案

1.（1）3　（2）ln2　（3）0　（4）0　（5）−1　（6）极限不存在

2. 略

3. 略

§8.4　二元函数偏导数与全微分

我们知道，对一元函数$y=f(x)$，导数$\dfrac{dy}{dx}=f'(x)$给出y关于x的变化率．对于二元函数$z=f(x,y)$来说，因为x和y可以其中一个变化而同时另一个固定不动，或者二者同时

变化，因此 $z = f(x, y)$ 的变化率与一元情形不是一回事，然而，我们可以考虑对于每一个自变量的变化率——偏导数．下面介绍偏导数和微分的概念及计算．

一、二元函数偏导数定义

（一）偏导数定义

1. 二元函数的偏增量

在二元函数连续定义中我们给出了全增量的概念．由于二元函数 $z = f(x, y)$，自变量有两个，所以偏导数的定义不能完全仿照一元函数定义，为此，先给出偏增量的概念．

定义 8.7 设二元函数 $z = f(x, y)$ 在点 (x_0, y_0) 的某一邻域内有定义，让 y 保持不变 $y = y_0$，那么 $z = f(x, y_0)$ 就是自变量为 x 的一元函数，当自变量 x 在 x_0 处即在点 (x_0, y_0) 处取得改变量（增量）Δx 时，则 x 由 x_0 变化到 $x = x_0 + \Delta x$，相应地就有函数的改变量（增量）$f(x_0 + \Delta x, y_0) - f(x_0, y_0)$，称其为二元函数 $z = f(x, y)$ 在点 (x_0, y_0) 关于自变量 x 的偏增量，记作 $\Delta_x z$，即

$$\Delta_x z = f(x, y) - f(x_0, y_0) = f(x_0 + \Delta x, y_0) - f(x_0, y_0)$$

类似地，当 x 在 x_0 处保持不变，即 $x = x_0$，那么 $z = f(x_0, y)$ 就是自变量为 y 的一元函数，当自变量 y 在点 (x_0, y_0) 处取得改变量 Δy 时，则 y 由 y_0 变化到 $y = y_0 + \Delta y$，相应地就有函数的改变量 $f(x_0, y_0 + \Delta y) - f(x_0, y_0)$，称其为二元函数 $z = f(x, y)$ 在点 (x_0, y_0) 关于自变量 y 的偏增量，记作 $\Delta_y z$，即

$$\Delta_y z = f(x, y) - f(x_0, y_0) = f(x_0, y_0 + \Delta y) - f(x_0, y_0)$$

下面给出二元函数 $z = f(x, y)$ 分别在横向与纵向的变化率，即偏导数．

2. 二元函数偏导数定义

定义 8.8 设二元函数 $z = f(x, y)$ 在点 (x_0, y_0) 的某一邻域内有定义，当 $x \to x_0$ 时，如果极限 $\lim\limits_{\Delta x \to 0} \dfrac{\Delta_x z}{\Delta x}$ 存在，那么称 $z = f(x, y)$ 在点 (x_0, y_0) 处对 x 的偏导数，记作

$$\frac{\partial z}{\partial x}\bigg|_{\substack{x = x_0 \\ y = y_0}}, \ z_x'\bigg|_{\substack{x = x_0 \\ y = y_0}}, \ z_x\bigg|_{\substack{x = x_0 \\ y = y_0}}, \ \text{或} f_x'(x_0, y_0), \ f_x(x_0, y_0), \ \frac{\partial f(x_0, y_0)}{\partial x}$$

则

$$f_x'(x_0, y_0) = \lim_{\Delta x \to 0} \frac{\Delta_x z}{\Delta x} = \lim_{\Delta x \to 0} \frac{f(x_0 + \Delta x, y_0) - f(x_0, y_0)}{\Delta x} = \lim_{x \to x_0} \frac{f(x, y_0) - f(x_0, y_0)}{x - x_0} \qquad (8.4.1)$$

当 $y \to y_0$，如果极限 $\lim\limits_{\Delta y \to 0} \dfrac{\Delta_y z}{\Delta y}$ 存在，那么称 $z = f(x, y)$ 在点 (x_0, y_0) 处对 y 的偏导数，记作

$$\left.\frac{\partial z}{\partial y}\right|_{\substack{x=x_0 \\ y=y_0}}, \left.z_y'\right|_{\substack{x=x_0 \\ y=y_0}}, \left.z_y\right|_{\substack{x=x_0 \\ y=y_0}}, \text{或} f_y'(x_0, y_0), f_y(x_0, y_0), \frac{\partial f(x_0, y_0)}{\partial y}$$

则

$$f_y'(x_0, y_0) = \lim_{\Delta y \to 0} \frac{\Delta_y z}{\Delta y} = \lim_{\Delta y \to 0} \frac{f(x_0, y_0 + \Delta y) - f(x_0, y_0)}{\Delta y} = \lim_{y \to y_0} \frac{f(x_0, y) - f(x_0, y_0)}{y - y_0} \tag{8.4.2}$$

如果一个二元函数 $z = f(x, y)$ 在定义域 D 内的每点 (x, y) 处都对应有关于 x（或 y）的偏导数，那么，对于任意 $(x, y) \in D$ 都对应有唯一的偏导数值. 由二元函数的定义可知，通过这种对应关系就构成了一个新的二元函数，这个函数称为函数 $z = f(x, y)$ 在定义域 D 内关于 x（或 y）的偏导函数，简称偏导数，记作

$$\frac{\partial z}{\partial x}; z_x'; z_x, f_x'(x, y); f_x(x, y); \frac{\partial f(x, y)}{\partial x}$$

$$\left(\text{或}\frac{\partial z}{\partial y}; z_y'; z_y, f_y'(x, y); f_y(x, y); \frac{\partial f(x, y)}{\partial y}\right)$$

于是

$$f_x'(x, y) = \lim_{\Delta x \to 0} \frac{\Delta_x z}{\Delta x} = \lim_{\Delta x \to 0} \frac{f(x + \Delta x, y) - f(x, y)}{\Delta x} \tag{8.4.3}$$

$$f_y'(x, y) = \lim_{\Delta y \to 0} \frac{\Delta_y z}{\Delta y} = \lim_{\Delta y \to 0} \frac{f(x, y + \Delta y) - f(x, y)}{\Delta y} \tag{8.4.4}$$

类似地可以定义自变量更多元的多元函数的偏导数，例如三元函数 $u = f(x, y, z)$ 在 (x_0, y_0, z_0) 关于 x, y, z 的偏导数存在，则

$$f_x'(x_0, y_0, z_0) = \lim_{\Delta x \to 0} \frac{\Delta_x u}{\Delta x} = \lim_{\Delta x \to 0} \frac{f(x_0 + \Delta x, y_0, z_0) - f(x_0, y_0, z_0)}{\Delta x}$$

$$f_y'(x_0, y_0, z_0) = \lim_{\Delta y \to 0} \frac{\Delta_y u}{\Delta y} = \lim_{\Delta y \to 0} \frac{f(x_0, y_0 + \Delta y, z_0) - f(x_0, y_0, z_0)}{\Delta y}$$

$$f_z'(x_0, y_0, z_0) = \lim_{\Delta z \to 0} \frac{\Delta_z u}{\Delta z} = \lim_{\Delta z \to 0} \frac{f(x_0, y_0, z_0 + \Delta z) - f(x_0, y_0, z_0)}{\Delta z}$$

注：（1）偏导数 $\frac{\partial z}{\partial x}$ 或 $\frac{\partial z}{\partial y}$ 是一个整体记号不能拆分，另外偏导数记作的符号，如

$\dfrac{\partial z}{\partial y}\Big|_{\substack{x=x_0\\y=y_0}}$ 或 $z'_y\Big|_{\substack{x=x_0\\y=y_0}}$、$\dfrac{\partial z}{\partial x}$ 或 z'_x、$\dfrac{\partial z}{\partial y}$ 或 $f'_y(x,\ y)$ 等等，具体表达时只需取其中之一.

（2）在学习一元函数 $y=f(x)$ 的导数时，我们知道导数是函数关于自变量 x 的变化率，而二元函数 $z=f(x,\ y)$ 的偏导数是函数分别关于两个自变量 x 和 y 两个变化方向上的变化率.

由以上讨论偏导数的定义可得出结论：

求多元函数对某个自变量的偏导数时，只需将其余变量看作常量，把函数看作是该自变量的一元函数，然后按照一元函数的求导法则来求导数即可. 求多元函数在给定点的偏导数时，先求出导函数再将所给点代入.

例 1 求下列函数的偏导数或在给定点的偏导数.

（1） $z=\mathrm{e}^{xy}+2xy^2$ （2） $z=x^2+3xy+y^2$ 在点 （1，2） 处的偏导数

解题分析： 两题都是二元函数，对 x 求偏导数时，只需将 y 看作常量，把函数看作是 x 的一元函数，然后按照一元函数的求导法则来求导数即可，同理可求对 y 的偏导数. 另外对（2）求完偏导函数后，再将所给点 $(1,2)$ 代入得结果.

解：（1）先把 y 看作常量，对 x 求导数得

$z'_x=\left(\mathrm{e}^{xy}+2xy^2\right)'_x=\left(\mathrm{e}^{xy}\right)'_x+\left(2xy^2\right)'_x=\mathrm{e}^{xy}(xy)'_x+2y^2=y\mathrm{e}^{xy}+2y^2$

再把 x 看作常量，对 y 求导函数得

$z'_y=\left(\mathrm{e}^{xy}+2xy^2\right)'_y=\left(\mathrm{e}^{xy}\right)'_y+\left(2xy^2\right)'_y=\mathrm{e}^{xy}(xy)'_y+4xy=x\mathrm{e}^{xy}+4xy$

（2）先把 y 看作常量，求对 x 偏导函数得

$$\frac{\partial z}{\partial x}=\left(x^2+3xy+y^2\right)'_x=\left(x^2\right)'_x+\left(3xy\right)'_x+\left(y^2\right)'_x=2x+3y$$

再把 x 看作常量，求对 y 偏导函数得

$$\frac{\partial z}{\partial y}=\left(x^2+3xy+y^2\right)'_y=\left(x^2\right)'_y+\left(3xy\right)'_y+\left(y^2\right)'_y=3x+2y$$

然后将点 （1，2） 代入上面的结果，就得 $z=x^2+3xy+y^2$ 在点 （1，2） 处的偏导数

$\dfrac{\partial z}{\partial x}\Big|_{(1,2)}=(2x+3y)\Big|_{(1,2)}=2\times1+3\times2=8,\ \dfrac{\partial z}{\partial y}\Big|_{(1,2)}=(3x+2y)\Big|_{(1,2)}=3\times1+2\times2=7.$

【即学即练】

设 $z=xy+\dfrac{x}{y}$，求 $\dfrac{\partial z}{\partial x}$ 和 $\dfrac{\partial z}{\partial y}$ 及在点 （2，1） 处的偏导数.

（答案： $\dfrac{\partial z}{\partial x}\Big|_{(2,1)}=2,\ \dfrac{\partial z}{\partial y}\Big|_{(2,1)}=0$ ）

例 2 求函数 $z=f(x,\ y)=2x\sin3y$ 的偏导数.

解： $\dfrac{\partial z}{\partial x}=(2x\sin3y)'_x=2\sin3y$ （←将 y 看作常量，用幂函数求导公式对 x 求导）

$\dfrac{\partial z}{\partial y}=(2x\sin3y)'_y=2x(\cos3y)\cdot(3y)'_y$

$=6x\cos3y$ （←将 x 看作常量，用三角函数及复合函数求导公式对 y 求导）

例3 设 $u = \ln(xy + z)$，求 u_x'，u_y'，u_z'.

解： $u_x' = \left[\ln(xy + z)\right]_x' = \dfrac{(xy + z)_x'}{xy + z}$

$\qquad\qquad = \dfrac{y}{xy + z}$（←将 y，z 看作常量，用四则运算法则对 x 求导）

$u_y' = \left[\ln(xy + z)\right]_y' = \dfrac{(xy + z)_y'}{xy + z}$

$\qquad\qquad = \dfrac{x}{xy + z}$（←将 x，z 看作常量，用四则运算法则对 y 求导）

$u_z' = \left[\ln(xy + z)\right]_z' = \dfrac{1}{xy + z}$（←将 x，y 看作常量，用除法法则对 z 求导）

例4 设 $z = x^y\,(x > 0,\ x \neq 1)$，试证 $\dfrac{x}{y}\dfrac{\partial z}{\partial x} + \dfrac{1}{\ln x}\dfrac{\partial z}{\partial y} = 2z$.

证： 对 x 求偏导数时要把 y 看作常数，此时函数是 x 的幂函数的导数：

$$\frac{\partial z}{\partial x} = (x^y)_x' = yx^{y-1}$$

对 y 求偏导数时要把 x 看作常数，此时函数是 y 的指数函数的导数：

$$\frac{\partial z}{\partial y} = (x^y)_y' = x^y \ln x$$

因此，左边 $= \dfrac{x}{y}\dfrac{\partial z}{\partial x} + \dfrac{1}{\ln x}\dfrac{\partial z}{\partial y} = \dfrac{x}{y}yx^{y-1} + \dfrac{1}{\ln x}x^y \ln x = x^y + x^y = 2x^y = 2z =$ 右边

即 $\qquad\qquad\qquad \dfrac{x}{y}\dfrac{\partial z}{\partial x} + \dfrac{1}{\ln x}\dfrac{\partial z}{\partial y} = 2z$

【即学即练】

1. 设 $f(x,\ y) = x^2 - 3xy^2 + 2y^3$，求 $f_x'(x,\ y)$，$f_y'(x,\ y)$，$f_x'(1,\ 2)$，$f_y'(0,\ 1)$.

（答案：$f_x'(x,\ y) = 2x - 3y^2$；$f_y'(x,\ y) = -6xy + 6y^2$；$f_x'(1,\ 2) = -10$；$f_y'(0,\ 1) = 6$）

2. 设 $z = \dfrac{2x - y}{x + y}$，求 $\dfrac{\partial z}{\partial x}$ 和 $\dfrac{\partial z}{\partial y}$.

（答案：$\dfrac{\partial z}{\partial x} = \dfrac{3y}{(x + y)^2}$，$\dfrac{\partial z}{\partial y} = \dfrac{-3x}{(x + y)^2}$）

我们要注意，在一元函数理论中，可导函数必然连续，但是在多元函数中，此结论不一定成立，举例如下：

* **例5** 求函数 $f(x,\ y) = \begin{cases} \dfrac{xy}{x^2 + y^2} & x^2 + y^2 \neq 0 \\ 0 & x^2 + y^2 = 0 \end{cases}$ 在点 $(0,\ 0)$ 处的偏导数.

解： 因为 $f(x,\ 0) = \dfrac{x \times 0}{x^2 + 0^2} = \dfrac{0}{x^2} = 0\,(x \neq 0)$，$f(0,\ y) = \dfrac{0 \times y}{0^2 + y^2} = \dfrac{0}{y} = 0\,(y \neq 0)$，$f(0,\ 0) = 0$，

所以，根据导数的定义，得

$$f_x(0, 0) = \lim_{x \to 0} \frac{f(x, 0) - f(0, 0)}{x - 0} = \lim_{x \to 0} \frac{0 - 0}{x} = 0$$

$$f_y(0, 0) = \lim_{y \to 0} \frac{f(0, y) - f(0, 0)}{y - 0} = \lim_{y \to 0} \frac{0 - 0}{y} = 0$$

即函数 $f(x, y)$ 在点 $(0, 0)$ 处的偏导数存在，而且 $f_x(0, 0) = 0$, $f_y(0, 0) = 0$. 但是在上一节中已经知道极限 $\lim\limits_{(x,y) \to (0,0)} \dfrac{xy}{x^2 + y^2}$ 不存在，因此，函数 $f(x, y)$ 在点 $(0, 0)$ 处的偏导数存在但不连续.

(二) 偏导数的几何意义

二元函数 $z = f(x, y)$ 在点 (x_0, y_0) 的偏导数有下述几何意义.

如图 $8-4-1$，设 $P(x_0, y_0, f(x_0, y_0))$ 为曲面 $z = f(x, y)$ 上的一点，过 P 作平面 $y = y_0$，截此曲面得一曲线，此曲线在平面 $y = y_0$ 上的方程为 $z = f(x, y_0)$，则偏导数 $f'_x(x_0, y_0)$ 就是曲面 $z = f(x, y)$ 被平面 $y = y_0$ 所截得的交线在点 $P(x_0, y_0, f(x_0, y_0))$ 处的切线 T_x 对 x 轴的斜率. 同样，偏导数 $f'_y(x_0, y_0)$ 的几何意义是曲面被平面 $x = x_0$ 所截得的曲线在点 $P(x_0, y_0, f(x_0, y_0))$ 处的切线 T_y 对 y 轴的斜率.

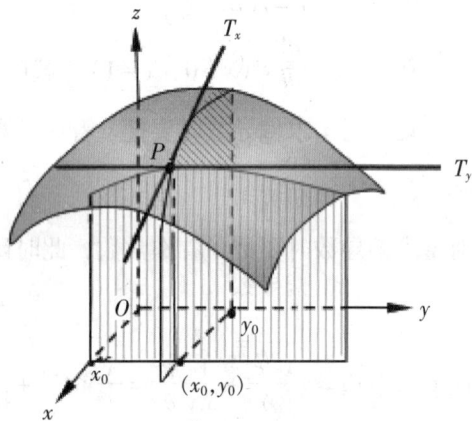

图 $8-4-1$

(三) 偏导数的经济意义

实际生产管理活动的基本特点是，投入一定的生产要素，就能获得一定量的生产回报，如产品、服务等. 假设把产出 Y 看成是各种投入的生产要素，如劳动力 L、资本 K 等等，则产出 Y 是各种要素的多元函数.

例如，设有甲、乙两种商品，其价格分别为 p_1 和 p_2，需求量分别为 Q_1 和 Q_2. 它们是由价格 p_1 和 p_2 决定的：

$$Q_1 = Q_1(p_1, p_2), \quad Q_2 = Q_2(p_1, p_2)$$

则 Q_1 和 Q_2 关于 p_1 和 p_2 的偏导数分别表示这两种商品的边际需求. 例如 $\dfrac{\partial Q_1}{\partial p_1}$ 是 Q_1 关于价格 p_1 的边际需求，它表示甲商品价格 p_1 发生变化时，甲商品需求量 Q_1 的变化率；$\dfrac{\partial Q_1}{\partial p_2}$ 是 Q_1 关于价格 p_2 的边际需求，它表示乙商品价格 p_2 发生变化时，甲商品需求量 Q_1 的变化率. 类似可对 $\dfrac{\partial Q_2}{\partial p_1}$, $\dfrac{\partial Q_2}{\partial p_2}$ 作经济解释. 下面举例说明.

例6 已知某品牌手机的生产函数为 $Q = 0.2K^{0.5}L^{0.5}$，其中 Q 为产量，K, L 分别表示所需投入要素——资本和劳动力的数量，求两种投入要素的边际产量 $\dfrac{\partial Q}{\partial K}$ 和 $\dfrac{\partial Q}{\partial L}$.

解： 计算 $\dfrac{\partial Q}{\partial K}$ 时，要把 L 看作常数.

$$\frac{\partial Q}{\partial K} = (0.2K^{0.5}L^{0.5})'_K = 0.2L^{0.5}(K^{0.5})'_K = 0.2L^{0.5} \times 0.5K^{0.5-1} = 0.1K^{-0.5}L^{0.5}.$$

计算 $\dfrac{\partial Q}{\partial L}$ 时，要把 K 看作常数.

$$\frac{\partial Q}{\partial L} = (0.2K^{0.5}L^{0.5})'_L = 0.2K^{0.5}(L^{0.5})'_L = 0.2K^{0.5} \times 0.5L^{0.5-1} = 0.1K^{0.5}L^{-0.5}.$$

例 7 设在某生产活动中 Y 是劳动力 L、资本 K 的函数，求 Y 对 L 及 K 的偏导数. 其中

$$Y = f(L, K) = AL^\alpha K^\beta \quad (A > 0, \ 0 < \alpha < 1, \ 0 < \beta < 1 \ \text{为常数}) \tag{1}$$

解：
$$\frac{\partial Y}{\partial L} = (AL^\alpha K^\beta)'_L = \alpha AL^{\alpha-1}K^\beta \tag{2}$$

$$\frac{\partial Y}{\partial K} = (AL^\alpha K^\beta)'_K = \beta AL^\alpha K^{\beta-1} \tag{3}$$

从实用、方便研究考虑，通常取 $\alpha + \beta = 1$，则（1）式成为

$$Y = f(L, K) = AL^\alpha K^{1-\alpha}$$

于是有相应的偏导数：

$$\frac{\partial Y}{\partial L} = (AL^\alpha K^{1-\alpha})'_L = \alpha AL^{\alpha-1}K^{1-\alpha} = \alpha A\left(\frac{K}{L}\right)^{1-\alpha}$$

$$\frac{\partial Y}{\partial K} = (\alpha AL^{\alpha-1}K^{1-\alpha})'_K = (1-\alpha)A\left(\frac{K}{L}\right)^{1-\alpha}$$

即
$$\frac{\partial Y}{\partial L} = \alpha A\left(\frac{K}{L}\right)^{1-\alpha} \tag{4}$$

$$\frac{\partial Y}{\partial K} = (1-\alpha)A\left(\frac{K}{L}\right)^{1-\alpha} \tag{5}$$

从（4）式及（5）式看出，这两个偏导数实际上可看成 $\dfrac{K}{L}$ 即 "人均资产" 的一元函数.

注： 函数 $Y = f(L, K) = AL^\alpha K^\beta$ 称为柯布—道格拉斯生产函数，是 20 世纪 30 年代美国两位经济学家柯布与道格拉斯提出的，如今在经济分析中有着广泛的应用.

类似一元函数，不难定义多元函数的弹性概念，称为偏弹性. 这部分在经济专业课程中将会详细阐述，这里不再讨论.

二、高阶偏导数

设二元函数 $z = f(x, y)$ 在区域 D 内具有偏导数

$$\frac{\partial z}{\partial x} = f_x(x, y), \quad \frac{\partial z}{\partial y} = f_y(x, y),$$

那么在 D 内 $f_x(x, y)$、$f_y(x, y)$ 都是 x, y 的函数. 如果这两个函数的偏导数也存在，则称它们是函数 $z = f(x, y)$ 的二阶偏导数. 由于二元函数 $z = f(x, y)$ 的一阶偏导数的结果仍

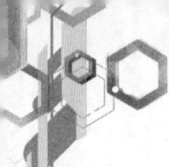

然是二元函数 $\dfrac{\partial z}{\partial x} = f_x(x, y)$，$\dfrac{\partial z}{\partial y} = f_y(x, y)$，因此在这基础上再求一阶偏导数，将产生根据对变量求偏导数次序不同的四个二阶偏导数，记为：

（1）$\dfrac{\partial^2 z}{\partial x^2}$或$f_{xx}(x, y)$或$z_{xx}(x, y)$；（2）$\dfrac{\partial^2 z}{\partial x \partial y}$或$f_{xy}(x, y)$或$z_{xy}(x, y)$；

（3）$\dfrac{\partial^2 z}{\partial y \partial x}$或$f_{yx}(x, y)$或$z_{yx}(x, y)$；（4）$\dfrac{\partial^2 z}{\partial y^2}$或$f_{yy}(x, y)$或$z_{yy}(x, y)$.

即 （1）是对 x 求两次偏导数：

$$\dfrac{\partial^2 z}{\partial x^2} = \dfrac{\partial}{\partial x}\left(\dfrac{\partial z}{\partial x}\right) \quad 或 f_{xx}(x, y) = [f_x(x, y)]'_x \quad 或 z_{xx}(x, y) = [z_x(x, y)]'_x$$

（2）是先对 x 再对 y 求偏导数：

$$\dfrac{\partial^2 z}{\partial x \partial y} = \dfrac{\partial}{\partial y}\left(\dfrac{\partial z}{\partial x}\right) \quad 或 f_{xy}(x, y) = [f_x(x, y)]'_y \quad 或 z_{xy}(x, y) = [z_x(x, y)]'_y$$

（3）是先对 y 再对 x 求偏导数：

$$\dfrac{\partial^2 z}{\partial y \partial x} = \dfrac{\partial}{\partial x}\left(\dfrac{\partial z}{\partial y}\right) \quad 或 f_{yx}(x, y) = [f_y(x, y)]'_x \quad 或 z_{yx}(x, y) = [z_y(x, y)]'_x$$

（4）是对 y 求两次偏导数：

$$\dfrac{\partial^2 z}{\partial y^2} = \dfrac{\partial}{\partial y}\left(\dfrac{\partial z}{\partial y}\right) \quad 或 f_{yy}(x, y) = [f_y(x, y)]'_y \quad 或 z_{yy}(x, y) = [z_y(x, y)]'_y$$

其中第（2）、（3）两个二阶偏导数中，含有对 x 和对 y 的偏导数，它们又称为混合偏导数.

同样，可以定义三阶、四阶以及更高阶的偏导数. 二阶及二阶以上的偏导数统称为高阶偏导数.

求函数的高阶偏导数的具体做法是，首先求出函数的一阶偏导数，然后在一阶偏导数的基础上对函数每个自变量再求一次偏导数，就得到二阶偏导数，依此下去，就可求得所需函数的更高阶的偏导数. 举例说明如下：

例 8 求 $z = e^{xy} + 2xy^2$ 各二阶偏导数.

解： 先求一阶：

$z'_x = (e^{xy} + 2xy^2)'_x = e^{xy}(xy)'_x + 2y^2 = ye^{xy} + 2y^2$ （←将 y 看作常量）

$z'_y = (e^{xy} + 2xy^2)'_y = e^{xy}(xy)'_y + 4xy = xe^{xy} + 4xy$ （←将 x 看作常量）

在一阶的基础上再求二阶：

$z''_{xx} = (ye^{xy} + 2y^2)'_x = ye^{xy}(xy)'_x = y^2 e^{xy}$ （←将 y 看作常量）

$z''_{xy} = (ye^{xy} + 2y^2)'_y = e^{xy} + ye^{xy}(xy)'_y + 4y$

$\qquad\qquad = e^{xy} + xye^{xy} + 4y$ （←将 x 看作常量）

$z''_{yx} = (xe^{xy} + 4xy)'_x = e^{xy} + xe^{xy}(xy)'_x + 4y$

$\qquad\qquad = e^{xy} + xye^{xy} + 4y$ （←将 y 看作常量）

$z''_{yy} = (xe^{xy} + 4xy)'_y = xe^{xy}(xy)'_y + 4x = x^2 e^{xy} + 4x$ （←将 x 看作常量）

观察有：$z''_{xy} = z''_{yx} = e^{xy} + xye^{xy} + 4y$.

例 9 设 $z = x^3y^2 - 3xy^3 - xy + 1$，求 $\dfrac{\partial^2 z}{\partial x^2}$、$\dfrac{\partial^2 z}{\partial y\partial x}$、$\dfrac{\partial^2 z}{\partial x\partial y}$、$\dfrac{\partial^2 z}{\partial y^2}$ 及 $\dfrac{\partial^3 z}{\partial x^3}$.

解： $\dfrac{\partial z}{\partial x} = \left(x^3y^2 - 3xy^3 - xy + 1 \right)'_x = 3x^2y^2 - 3y^3 - y$（←将 y 看作常量）

$\dfrac{\partial z}{\partial y} = \left(x^3y^2 - 3xy^3 - xy + 1 \right)'_y = 2x^3y - 9xy^2 - x$（←将 x 看作常量）

$\dfrac{\partial^2 z}{\partial x^2} = \dfrac{\partial}{\partial x}\left(\dfrac{\partial z}{\partial x} \right) = \left(3x^2y^2 - 3y^3 - y \right)'_x = 6xy^2$（←将 y 看作常量）

$\dfrac{\partial^2 z}{\partial y\partial x} = \dfrac{\partial}{\partial x}\left(\dfrac{\partial z}{\partial y} \right) = \left(2x^3y - 9xy^2 - x \right)'_x = 6x^2y - 9y^2 - 1$（←将 y 看作常量）

$\dfrac{\partial^2 z}{\partial x\partial y} = \dfrac{\partial}{\partial y}\left(\dfrac{\partial z}{\partial x} \right) = \left(3x^2y^2 - 3y^3 - y \right)'_y = 6x^2y - 9y^2 - 1$（←将 x 看作常量）

$\dfrac{\partial^2 z}{\partial y^2} = \dfrac{\partial}{\partial y}\left(\dfrac{\partial z}{\partial y} \right) = \left(2x^3y - 9xy^2 - x \right)'_y = 2x^3 - 18xy$（←将 x 看作常量）

$\dfrac{\partial^3 z}{\partial x^3} = \dfrac{\partial}{\partial x}\left(\dfrac{\partial^2 z}{\partial x^2} \right) = \left(6xy^2 \right)'_x = 6y^2$（←将 y 看作常量）

观察有：$\dfrac{\partial^2 z}{\partial x\partial y} = \dfrac{\partial^2 z}{\partial y\partial x} = 6x^2y - 9y^2 - 1$

例 10 求 $u = \mathrm{e}^{ax}\cos by$ 的各二阶偏导数.

解： $u'_x = \left(\mathrm{e}^{ax}\cos by \right)'_x = a\mathrm{e}^{ax}\cos by$，$u'_y = \left(\mathrm{e}^{ax}\cos by \right)'_y = -b\mathrm{e}^{ax}\sin by$

$u''_{xx} = \left(u'_x \right)'_x = \left(a\mathrm{e}^{ax}\cos by \right)'_x = a^2\mathrm{e}^{ax}\cos by$

$u''_{yy} = \left(u'_y \right)'_y = \left(-b\mathrm{e}^{ax}\sin by \right)'_y = -b^2\mathrm{e}^{ax}\cos by$

$u''_{xy} = \left(u'_x \right)'_y = \left(a\mathrm{e}^{ax}\cos by \right)'_y = -ab\mathrm{e}^{ax}\sin by$

$u''_{yx} = \left(u'_y \right)'_x = \left(-b\mathrm{e}^{ax}\sin by \right)'_x = -ab\mathrm{e}^{ax}\sin by$

观察有：$u''_{xy} = u''_{yx} = -ab\mathrm{e}^{ax}\sin by$.

【即学即练】

求 $z = x\sin 3y$ 的各二阶偏导数.

（答案：$z''_{xx} = 0$；$z''_{yy} = -9x\sin 3y$；$z''_{xy} = z''_{yx} = 3\cos 3y$）

在上几例中，我们看到二元函数的两个二阶混合偏导数虽然对 x 和 y 的求导次序不同，但它们是相等的. 对于一般的二元函数 $z = f(x, y)$ 是否具有这个性质？若否定，那么在什么条件下它的两个混合偏导数相等？下面定理回答了这个问题.

定理 8.7 如果函数 $z = f(x, y)$ 的两个二阶混合偏导数 $\dfrac{\partial^2 z}{\partial y\partial x}$ 及 $\dfrac{\partial^2 z}{\partial x\partial y}$ 在区域 D 内连续，

那么在该区域内这两个二阶混合偏导数必相等，即有 $\dfrac{\partial^2 z}{\partial y\partial x} = \dfrac{\partial^2 z}{\partial x\partial y}$.

此定理说明，只要两个二阶混合偏导数连续，那么，它们与求导次序无关.

三、全微分的定义与计算

（一）全微分的定义与计算

多元函数偏导数是给出了某个自变量变化而其他自变量保持不变时的变化特征，为了研究所有自变量同时发生变化时，多元函数的变化特征，需引入全微分的概念．

在一元微积分中，我们讨论了函数的微分概念，是从计算函数 $y = f(x)$ 的增量问题引入的，且有其相应的实际应用，如求近似值．

对于二元函数 $z = f(x, y)$ 也有类似的问题．下面分析一实际例子．设有矩形金属薄板如图 8-4-2 所示，长为 x，宽为 y，薄板受热膨胀，它的长由 x_0 增加 Δx 即由 x_0 变化到 $x_0 + \Delta x$，宽由 y_0 增加 Δy 即由 y_0 变化到 $y_0 + \Delta y$，问其面积改变了多少，如何用近似值表示？

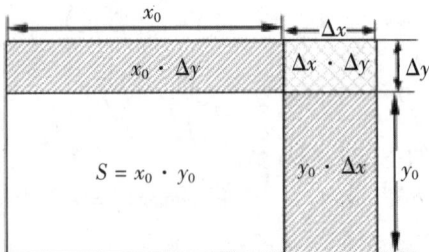

图 8-4-2

设矩形面积为 S，则有 $S = xy$，面积的改变量设为 ΔS，可看成是当 x，y 分别取得增量 Δx 和 Δy 时函数 S 的改变量 ΔS，于是有

$$\Delta S = (x_0 + \Delta x)(y_0 + \Delta y) - x_0 y_0 = y_0 \Delta x + x_0 \Delta y + \Delta x \cdot \Delta y.$$

我们看到全增量 ΔS 可以分成两部分，第一部分是 $y_0 \Delta x + x_0 \Delta y$，它是关于 Δx 和 Δy 的一个线性函数；第二部分是 $\Delta x \cdot \Delta y$，其中 $\Delta x \cdot \Delta y$ 比其余两项小得多，它是 $\rho = \sqrt{(\Delta x)^2 + (\Delta y)^2}$ 的高阶无穷小．

事实上，$\left| \dfrac{\Delta x \cdot \Delta y}{\sqrt{(\Delta x)^2 + (\Delta y)^2}} \right| \leqslant \left| \dfrac{\Delta x \cdot \Delta y}{\sqrt{2 \Delta x \cdot \Delta y}} \right| = \left| \dfrac{\sqrt{\Delta x \cdot \Delta y}}{\sqrt{2}} \right| \to 0$，当 $\Delta x \to 0$，$\Delta y \to 0$ 时，

即 $$\Delta x \cdot \Delta y = o(\rho) \quad (\rho \to 0 \text{ 时})$$

因此 $|\Delta x|$ 和 $|\Delta y|$ 比较小时，面积的全增量 $\Delta S = y_0 \Delta x + x_0 \Delta y + \Delta x \cdot \Delta y$ 就可用第一部分 $y_0 \Delta x + x_0 \Delta y$ 近似地表示为：

$$\Delta S \approx y_0 \Delta x + x_0 \Delta y$$

在上面例子中将函数的实际意义，换成一般的二元函数 $z = f(x, y)$，也有相应的概念．如以下定义：

定义 8.9 如果函数 $z = f(x, y)$ 在点 $P(x, y)$ 的全增量

$$\Delta z = f(x + \Delta x, y + \Delta y) - f(x, y)$$

可表示为
$$\Delta z = A\Delta x + B\Delta y + o(\rho),\qquad(8.4.5)$$
其中 A、B 不依赖于 Δx、Δy 而仅与 x、y 有关，$\rho = \sqrt{(\Delta x)^2 + (\Delta y)^2}$，则称函数 u 在点 $P(x,\ y)$ 可微分，而 $A\Delta x + B\Delta y$ 称为函数 u 在点 $P(x,\ y)$ 的全微分，记作 $\mathrm{d}z$，即
$$\mathrm{d}z = A\Delta x + B\Delta y.$$
如果函数 $z = f(x,\ y)$ 在区域 D 内每一点都可微分，则称函数 $z = f(x,\ y)$ 在区域 D 内可微.

我们知道，多元函数在某点的各个偏导数即使都存在，也不能保证函数在该点连续（参阅例 5）. 但是，对于二元函数有下面的定理.

定理 8.8　如果函数 $z = f(x,\ y)$ 在点 $P(x,\ y)$ 可微分，那么它在该点 $P(x,\ y)$ 必定连续.

　　*证：由于函数 $z = f(x,\ y)$ 在点 $(x,\ y)$ 可微，这时由 (8.4.5) 式求当 $\Delta x \to 0$，$\Delta y \to 0$ 时的极限得

$$\lim_{\substack{\Delta x\to 0\\ \Delta y\to 0}}\Delta z = \lim_{\substack{\Delta x\to 0\\ \Delta y\to 0}}\left[A\Delta x + B\Delta y + o(\rho)\right] = A\cdot\lim_{\substack{\Delta x\to 0\\ \Delta y\to 0}}\Delta x + B\cdot\lim_{\substack{\Delta x\to 0\\ \Delta y\to 0}}\Delta y + \lim_{\substack{\Delta x\to 0\\ \Delta y\to 0}}o(\rho)$$
$$= A\times 0 + B\times 0 + 0 = 0$$

即
$$\lim_{\substack{\Delta x\to 0\\ \Delta y\to 0}}\left[f(x+\Delta x,\ y+\Delta y) - f(x,\ y)\right] = 0$$

从而
$$\lim_{\substack{\Delta x\to 0\\ \Delta y\to 0}}f(x+\Delta x,\ y+\Delta y) = f(x,\ y)\quad\left(\leftarrow\lim_{\substack{\Delta x\to 0\\ \Delta y\to 0}}f(x,\ y) = f(x,\ y)\right)$$

因此函数 $z = f(x,\ y)$ 在点 $P(x,\ y)$ 处连续.

下面讨论函数 u 在点 $P(x,\ y)$ 可微分的条件.

定理 8.9（必要条件）　如果函数 $z = f(x,\ y)$ 在点 $(x,\ y)$ 可微分，则该函数在点 $(x,\ y)$ 的偏导数 $\dfrac{\partial z}{\partial x}$、$\dfrac{\partial z}{\partial y}$ 必定存在，且函数 $z = f(x,\ y)$ 在点 $(x,\ y)$ 的全微分为

$$\mathrm{d}z = \frac{\partial z}{\partial x}\Delta x + \frac{\partial z}{\partial y}\Delta y\qquad(8.4.6)$$

或
$$\mathrm{d}z = z_x'\Delta x + z_y'\Delta y\qquad(8.4.6)'$$

　　*证：设函数 $z = f(x,\ y)$ 在点 $P(x,\ y)$ 可微，于是，对于点 P 的某个邻域的任意一点 $(x+\Delta x,\ y+\Delta y)$，(8.4.5) 式总成立. 由于 Δx 和 Δy 的任意性，特别当 $\Delta y = 0$ 时 (8.4.5) 式也应成立，这时 $\rho = |\Delta x|$，所以

$$f(x+\Delta x,\ y) - f(x,\ y) = A\cdot\Delta x + o(|\Delta x|)$$

上式两边各除以 Δx，并求 $\Delta x \to 0$ 时的极限，就得

$$\lim_{\Delta x\to 0}\frac{f(x+\Delta x,\ y) - f(x,\ y)}{\Delta x} = \lim_{\Delta x\to 0}A + \lim_{\Delta x\to 0}\frac{o(|\Delta x|)}{\Delta x} = A$$

所以由偏导数定义得偏导数 $\dfrac{\partial z}{\partial x}$ 存在，且 $\dfrac{\partial z}{\partial x} = A$，同理可证 $\dfrac{\partial z}{\partial y} = B$. 所以 (8.4.6) 式成立.

偏导数存在是可微分的必要条件而不是充分条件，但是，如果设函数的偏导数是连续的，则可以证明函数是可微分的，即有下面定理.

定理 8.10（充分条件）　如果函数 $z = f(x, y)$ 在点 $P(x, y)$ 处的两个偏导数 $\dfrac{\partial z}{\partial x}$ 和 $\dfrac{\partial z}{\partial y}$ 存在且连续，则函数在该点处是可微分的.（证明省略）

习惯上，我们将自变量的增量 Δx、Δy 分别记作 dx、dy，并分别称为自变量 x、y 的微分. 这样，函数 $z = f(x, y)$ 的全微分 (8.4.6) 式又可以写成

$$dz = \frac{\partial z}{\partial x}dx + \frac{\partial z}{\partial y}dy \tag{8.4.7}$$

或

$$dz = z_x'dx + z_y'dy \tag{8.4.7'}$$

以上关于二元函数全微分的定义及微分的必要条件和充分条件，可以完全类似地推广到三元和三元以上的多元函数.

例如，若三元函数 $u = \varphi(x, y, z)$ 可以微分，则它的全微分就等于它的三个偏微分之和，即

$$du = \frac{\partial u}{\partial x}dx + \frac{\partial u}{\partial y}dy + \frac{\partial u}{\partial z}dz$$

例 11　求 $z = \dfrac{y}{x}$ 的全微分.

解： 因为 $\dfrac{\partial z}{\partial x} = -\dfrac{y}{x^2}$，$\dfrac{\partial z}{\partial y} = \dfrac{1}{x}$

所以由公式 (8.4.7) 得

$$dz = \frac{\partial z}{\partial x}dx + \frac{\partial z}{\partial y}dy = -\frac{y}{x^2}dx + \frac{1}{x}dy$$

例 12　计算函数 $z = 16 - x^2 - y^2$ 的全微分 dz 及在点 $(3, 1)$ 处的全微分.

解： 因为 $\dfrac{\partial z}{\partial x} = (16 - x^2 - y^2)_x' = -2x$，$\dfrac{\partial z}{\partial y} = (16 - x^2 - y^2)_y' = -2y$，从而有

$$\frac{\partial z}{\partial x}\bigg|_{\substack{x=3 \\ y=1}} = -2 \times 3 = -6, \qquad \frac{\partial z}{\partial y}\bigg|_{\substack{x=3 \\ y=1}} = -2 \times 1 = -2.$$

所以，得 $dz = \dfrac{\partial z}{\partial x}dx + \dfrac{\partial z}{\partial y}dy = (-2x)dx + (-2y)dy = -2(xdx + ydy)$

例 13　求 $z = xy$ 在点 $(2, 3)$ 处，关于 $\Delta x = 0.1$，$\Delta y = 0.2$ 的全增量与全微分.

解： $\Delta z = (x + \Delta x)(y + \Delta y) - xy$（←定义 8.5 或定义 8.7）

$\qquad = y\Delta x + x\Delta y + \Delta x\Delta y$

$dz = \dfrac{\partial z}{\partial x}dx + \dfrac{\partial z}{\partial y}dy$（←定理 8.10 式 (8.4.7)）

$\qquad = ydx + xdy = y\Delta x + x\Delta y$

将 $(2, 3)$，$\Delta x = 0.1$，$\Delta y = 0.2$ 代入上两式，得到

$\qquad \Delta z = 3 \times 0.1 + 2 \times 0.2 + 0.1 \times 0.2 = 0.72$

$\qquad dz = 3 \times 0.1 + 2 \times 0.2 = 0.7$

例14 计算函数 $u = xy + \sin yz$ 的全微分.

解： 本题是三元函数的全微分

因为 $\dfrac{\partial u}{\partial x} = (xy + \sin yz)'_x = (xy)'_x + (\sin yz)'_x = y + 0 = y$

$\dfrac{\partial u}{\partial y} = (xy + \sin yz)'_y = (xy)'_y + (\sin yz)'_y = x + z\cos yz$

$\dfrac{\partial u}{\partial z} = (xy + \sin yz)'_z = (xy)'_z + (\sin yz)'_z = 0 + y\cos yz = y\cos yz$

所以 $\qquad\qquad\qquad\qquad du = ydx + (x + z\cos yz)dy + y\cos yz dz$

【即学即练】

1. 求 $z = x^2 y + y^2$ 的全微分. （答案：$dz = 2xy dx + (x^2 + 2y)dy$）

2. 求 $z = x^2 + y$ 在点 $(3，4)$ 处，关于 $\Delta x = 0.2$，$\Delta y = 0.3$ 的全增量与全微分.

（答案：$\Delta z = 1.54$，$dz = 1.5$）

---

*（二）全微分在近似计算中的应用

当二元函数 $z = f(x，y)$ 在点 $P(x，y)$ 的两个偏导数 $f'_x(x，y)$，$f'_y(x，y)$ 连续且 $|\Delta x|$，$|\Delta y|$ 都较小时，由 $\Delta z \approx dz$ 可得到两个近似公式.

1. 求函数改变的近似值

$$\Delta z \approx dz = f'_x(x_0, y_0)dx + f'_y(x_0, y_0)dy \qquad (8.4.8)$$

或

$$\Delta z \approx dz = f'_x(x_0, y_0)\Delta x + f'_y(x_0, y_0)\Delta y \qquad (8.4.8)'$$

2. 求函数值的近似值

$$f(x_0 + \Delta x, y_0 + \Delta y) \approx f(x_0, y_0) + f'_x(x_0, y_0)\Delta x + f'_y(x_0, y_0)\Delta y \qquad (8.4.9)$$

或

$$f(x_0 + \Delta x, y_0 + \Delta y) \approx f(x_0, y_0) + f'_x(x_0, y_0)dx + f'_y(x_0, y_0)dy \qquad (8.4.9)'$$

例15 计划用水泥建造一个无盖的圆柱形水池，要求内半径为 3 米，内高为 5 米，侧壁和底的厚度均为 0.2 米，问大约需要多少立方米的水泥？

解题分析： 所求问题可看成是以圆柱形体积为函数，自变量分别为半径和高的二元函数在半径和高改变的情况下求体积的改变量问题. 可用求函数改变的近似值的公式 (8.4.5) 来解.

解： 设圆柱体的体积 $V = \pi r^2 h$，内半径为 r_0，内高为 h_0，侧壁和底的厚度分别为 Δr，Δh，则问题化为求圆柱体改变量，如图 8-4-3 所示.

根据题意

$$\Delta V = \pi (r_0 + \Delta r)^2 (h_0 + \Delta h) - \pi r_0^2 h_0$$

其中 $r_0 = 3$，$h_0 = 5$，$\Delta r = 0.2$，$\Delta h = 0.2$

由于 Δr 和 Δh 都比较小，所以可以利用全微分近似代替全增量，即

$$\Delta V \approx dV = \frac{\partial V}{\partial r_0}dr_0 + \frac{\partial V}{\partial h_0}dh_0 = 2\pi r_0 h_0 dr + \pi r_0^2 dh_0$$

$$= \pi r_0(2h_0 dr_0 + r_0 dh_0)$$

$$= \pi r_0(2h_0 \Delta r + r_0 \Delta h)$$

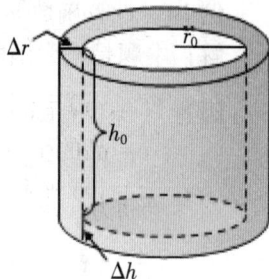

图 8-4-3

从而

$$\Delta V \approx 3\pi(2 \times 5 \times 0.2 + 3 \times 0.2) = 7.8\pi$$

所以建造该水池大约需要 7.8π 立方米水泥.

*例 16　求 $\sqrt{(1.02)^3 + (1.97)^3}$ 的近似值.

解题分析：此题是求函数值的近似值，可由公式(8.4.9)求得.

解：设 $f(x, y) = \sqrt{x^3 + y^3}$，由 $\sqrt{(1.02)^3 + (1.97)^3} = \sqrt{(1 + 0.02)^3 + (2 - 0.03)^3}$

可取 $x_0 = 1$，$dx = 0.02$，$y_0 = 2$，$dy = -0.03$

因为

$$f'_x(x, y) = \frac{3x^2}{2\sqrt{x^3 + y^3}}, \quad f'_y(x, y) = \frac{3y^2}{2\sqrt{x^3 + y^3}}$$

将已知条件代入公式 (8.4.9)' 得

$$f(x_0 + \Delta x, y_0 + \Delta y) \approx f(x_0, y_0) + f'_x(x_0, y_0)dx + f'_y(x_0, y_0)dy$$

$$\sqrt{(1.02)^3 + (1.97)^3} \approx \sqrt{1^3 + 2^3} + \frac{3 \times 1^2}{2\sqrt{1^3 + 2^3}} \times 0.02 + \frac{3 \times 2^2}{2\sqrt{1^3 + 2^3}} \times (-0.03)$$

$$\approx 3 + \frac{1}{2} \times 0.02 - 2 \times 0.03 \approx 2.95$$

【即学即练】

现有一块长方形的钢板，其长为 2m，宽为 1.5m，今对其进行加工，使其长度减少了 8cm，而其宽度增加了 10cm. 试问其面积近似变化了多少？是增加还是减少？

（答案：该钢材的面积近似增加了 0.32 平方米）

8.4　练习题

1. 求下列函数的偏导数：

(1) $z = xy - y^3 x$ 　　　　(2) $s = \dfrac{u + v^2}{uv}$ 　　　　(3) $z = \sqrt{\ln(xy)}$

(4) $z = \sin(xy) + \cos^2(xy)$ 　(5) $z = \tan\dfrac{x}{y}$ 　　　(6) $z = \dfrac{y}{\sqrt{x + y}}$

(7) $z = x^y \cdot \ln y$ 　　　(8) $z = (1 + xy)^y$ 　　　(9) $z = \arcsin y \sqrt{x}$

（10）$z = \dfrac{e^{xy}}{e^x + e^y}$ （11）$z = \arctan \dfrac{x}{y}$ （12）$u = \ln(xy + z)$

2. 设 $f(x, y) = \ln \sqrt{x + y^2}$，求 $f'_x(1, 1)$，$f'_y(1, 1)$，$f'_x(x, 1)$.

3. 设某产品的生产函数为 $Q = 36KL - 2K^2 - 3L^2$，其中 Q 为产量，K，L 分别表示所需的资本和劳动力，求边际产量 $\dfrac{\partial Q}{\partial K}$ 和 $\dfrac{\partial Q}{\partial L}$.

*4. 已知 $f(x, y) = \begin{cases} \dfrac{xy}{x^2 + y^2} & x^2 + y^2 \neq 0 \\ 0 & x^2 + y^2 = 0 \end{cases}$，根据偏导数的定义求 $f'_x(0, 0)$，$f'_y(0, 0)$，并判断其在点（0，0）处的可微性.

5. 设 $z = x^y$，求 $\dfrac{\partial^2 z}{\partial x \partial y}\Big|_{\substack{x=2 \\ y=3}}$.

6. 求下列函数的二阶偏导数 $\dfrac{\partial^2 z}{\partial x^2}$，$\dfrac{\partial^2 z}{\partial x \partial y}$，$\dfrac{\partial^2 z}{\partial y^2}$：

（1）$z = x^3 + x^4 y - y^3 x$ （2）$z = \ln(xy)^2$

（3）$z = \cos(1 + y\ln(xy))$ （4）$z = \sin^2(ax + by)$（a，b 是常数）

7. 设 $z = x\ln(x + y^2)$，求 dz.

8. 求函数 $z = \dfrac{x}{y}$ 在点（2，1）处的全微分.

9. 求函数 $z = x^3 \sin(x^2 y) + x + 1$ 当 $x = 1$，$y = 2$ 时的全微分.

10. 求函数 $z = e^{xy}$ 当 $x = 2$，$y = 1$，$\Delta x = 0.01$，$\Delta y = -0.02$ 时的全微分.

参考答案

1. （1）$z'_x = y - y^3$； $z'_y = x - 3xy^2$

（2）$s'_u = -\dfrac{v}{u^2}$； $s'_v = \dfrac{v^2 - u}{uv^2}$

（3）$z'_x = \dfrac{1}{2x \sqrt{\ln(xy)}}$； $z'_y = \dfrac{1}{2y \sqrt{\ln(xy)}}$

（4）$z'_x = y\cos(xy) - y\sin 2(xy)$； $z'_y = x\cos(xy) - x\sin 2(xy)$

（5）$z'_x = \dfrac{1}{y}\sec^2 \dfrac{x}{y}$； $z'_y = -\dfrac{x}{y^2}\sec^2 \dfrac{x}{y}$

（6）$z'_x = \dfrac{y}{2(x + y)^{\frac{3}{2}}}$； $z'_y = \dfrac{2x + y}{2(x + y)^{\frac{3}{2}}}$

（7）$z'_x = yx^{y-1}\ln y$； $z'_y = x^y\left(\ln x\ln y + \dfrac{1}{y}\right)$

（8）$z'_x = (1 + xy)^{y-1} \cdot y^2$； $z'_y = x(1 + xy)^y \cdot \ln(1 + xy)$

（9）$z'_x = \dfrac{y}{2\sqrt{xy(1 - xy^2)}}$； $z'_y = \sqrt{\dfrac{x}{1 - xy^2}}$

(10) $z'_x = \dfrac{e^{xy}(ye^x + ye^y - e^x)}{(e^x + e^y)^2}$；　　$z'_y = \dfrac{e^{xy}(xe^x + xe^y - e^y)}{(e^x + e^y)^2}$

(11) $z'_x = \dfrac{y}{x^2 + y^2}$；　　$z'_y = \dfrac{x}{x^2 + y^2}$

(12) $u'_x = \dfrac{y}{xy + z}$；　　$u'_y = \dfrac{x}{xy + z}$；　　$u'_z = \dfrac{1}{xy + z}$

2. $f'_x = \dfrac{1}{2(x + y^2)}\Big|_{(1,1)} = \dfrac{1}{4}$；　$f'_y = \dfrac{y}{(x + y^2)}\Big|_{(1,1)} = \dfrac{1}{2}$；　$f'_x = \dfrac{1}{2(x + y^2)}\Big|_{(x,1)} = \dfrac{1}{2(x + 1)}$

3. $\dfrac{\partial Q}{\partial K} = 36L - 4K$；　　$\dfrac{\partial Q}{\partial L} = 36K - 6L$

4. $f'_x(0,0)$；　$f'_y(0,0)$；　　不可微

5. $\dfrac{\partial^2 z}{\partial x \partial y} = x^{y-1} + yx^{y-1}\ln x$；　　$\dfrac{\partial^2 z}{\partial x \partial y}\Big|_{\substack{x=2 \\ y=3}} = 4(1 + 3\ln 2)$

6. （1）$\dfrac{\partial^2 z}{\partial x^2} = 6x + 12x^2 y$；　$\dfrac{\partial^2 z}{\partial x \partial y} = 4x^3 - 3y^2$；　$\dfrac{\partial^2 z}{\partial y^2} = -6xy$

（2）$\dfrac{\partial^2 z}{\partial x^2} = -\dfrac{2}{x^2}$；　$\dfrac{\partial^2 z}{\partial x \partial y} = 0$；　$\dfrac{\partial^2 z}{\partial y^2} = -\dfrac{2}{y^2}$

（3）$\dfrac{\partial^2 z}{\partial x^2} = \dfrac{y}{x^2}\sin[1 + y\ln(xy)] - \dfrac{y^2}{x^2}\cos[1 + y\ln(xy)]$；

$\quad\dfrac{\partial^2 z}{\partial x \partial y} = -\dfrac{1}{x}\sin[1 + y\ln(xy)] - \dfrac{y}{x}[\ln(xy) + 1]\cos[1 + y\ln(xy)]$；

$\quad\dfrac{\partial^2 z}{\partial y^2} = -\dfrac{1}{y}\sin[\ln(xy) + 1] - [\ln(xy) + 1]^2\cos[1 + y\ln(xy)]$

（4）$\dfrac{\partial^2 z}{\partial x^2} = 2a^2\cos 2(ax + by)$；　$\dfrac{\partial^2 z}{\partial x \partial y} = 2ab\cos 2(ax + by)$；

$\quad\dfrac{\partial^2 z}{\partial y^2} = 2b^2\cos 2(ax + by)$

7. $\left[\ln(x + y^2) + \dfrac{x}{x + y^2}\right]dx + \dfrac{2xy}{x + y^2}dy$

8. $-2dx + dy$

9. $(3\sin 2 + 4\cos 2 + 1)dx + \cos 2 dy$

10. $-0.03e^2$

210

<h1 style="text-align:center">§8.5　多元复合函数与隐函数的求导法</h1>

一、多元复合函数的求导法

（一）二元复合函数的概念及函数结构图

如果 z 是变量 u 和 v 的函数，即 $z = f(u, v)$，而 u，v 又是 x，y 的函数 $u = \varphi(x, y)$，

$v = \psi(x, y)$，则称函数 z 是 x，y 的复合函数，记作 $z = f[\varphi(x, y), \psi(x, y)]$，其中 u，v 称为中间变量.

为在求某些复合函数的导数时容易理解，我们有时可用所谓的"复合函数结构图"来帮助解释变量与变量之间的关系. 例如对于二元函数 $z = f(u, v)$，中间变量 $u = \varphi(x, y)$，$v = \psi(x, y)$，其复合函数为 $z = f[\varphi(x, y), \psi(x, y)]$，中间变量 u 和 v 与自变量 x，y 的复合关系可用图 $8-5-1(a)$ 表示出来.

又如二元函数 $z = f(u, v)$，当中间变量 $u = \varphi(t)$，$v = \psi(t)$ 各自为 t 的一元函数时，复合函数 $z = f[\varphi(t), \psi(t)]$ 也为 t 的一元函数，中间变量 u 和 v 与自变量 t 的复合关系如图 $8-5-1(b)$ 所示；再如一元函数 $z = f(u)$，当中间变量 $u = \varphi(x, y)$ 是二元函数时，复合函数 $z = f[\varphi(x, y)]$ 为二元函数，中间变量 u 与自变量 x，y 的复合关系如图 $8-5-1(c)$ 所示.

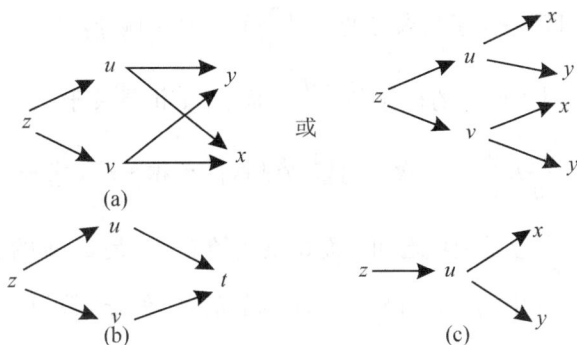

图 $8-5-1$

注：这样的结构图可推广到中间变量为多元(或一元)函数以及最终变量为多元(或一元)函数的情形.

【即学即练】

1. 根据复合函数 $z = f(u, v)$，$u = \varphi(x, y)$，$v = \psi(x, y)$ 画出函数结构图.

2. 由右边所给结构图写出对应函数 z 以 x，y 为自变量的复合函数的表达式.

（答案：1.   2. $z = f(x, u(x, y), v(x, y))$）

（二）复合函数的求导法则

下面我们分不同的情形讨论复合函数的求导法则. 以二元函数为例，依据中间变量的个数以及最终变量个数的不同来逐渐了解复合函数求偏导数的规律.

1. 当两个中间变量是一元函数的复合函数时的求导法则

定理 8.11　如果函数 $u = \varphi(t)$ 及 $v = \psi(t)$ 都在点 t 可导，函数 $z = f(u, v)$ 在对应点 (u, v) 具有连续偏导数 $\dfrac{\partial z}{\partial u}$，$\dfrac{\partial z}{\partial v}$，则复合函数 $z = f[\varphi(t), \psi(t)]$ 在点 t 可导，且其导数可用下列

公式计算：

$$\frac{\mathrm{d}z}{\mathrm{d}t} = \frac{\partial z}{\partial u} \cdot \frac{\mathrm{d}u}{\mathrm{d}t} + \frac{\partial z}{\partial v} \cdot \frac{\mathrm{d}v}{\mathrm{d}t} \tag{8.5.1}$$

或

$$z'_t = z'_u u'_t + z'_v v'_t \tag{8.5.1}'$$

证明略.

公式(8.5.1)中复合函数 z 对 t 的导数 $\frac{\mathrm{d}z}{\mathrm{d}t}$ 称为全导数.

公式(8.5.1)可由函数结构图 8 – 5 – 2(a)得到，从图可看到，首先，z 是关于 t 的一元函数，因此，求导时用一元函数求导的符号 $\frac{\mathrm{d}z}{\mathrm{d}t}$ 而不是用偏导数符号，又因为 z 是关于 u，v 的二元函数，则求导时用偏导的符号 $\frac{\partial z}{\partial u}$，$\frac{\partial z}{\partial v}$，而 u，v 也是关于 t 的一元函数，求导时也用一元函数求导的符号 $\frac{\mathrm{d}u}{\mathrm{d}t}$ 及 $\frac{\mathrm{d}v}{\mathrm{d}t}$. 其次，由函数结构图可得 z 对 t 求导要经过两条途径 $z \rightarrow u \rightarrow t$ 和 $z \rightarrow v \rightarrow t$，所以，$\frac{\mathrm{d}z}{\mathrm{d}t}$ 应是两项之和，而每条途径上 z 又是 u，v 的复合函数，因此由复合函数求导得，两项之和中的项，分别由两个函数的导(偏导)数相乘，最终 z 对 t 求导就是 $\frac{\partial z}{\partial u} \cdot \frac{\mathrm{d}u}{\mathrm{d}t}$ 及 $\frac{\partial z}{\partial v} \cdot \frac{\mathrm{d}v}{\mathrm{d}t}$ 的和.

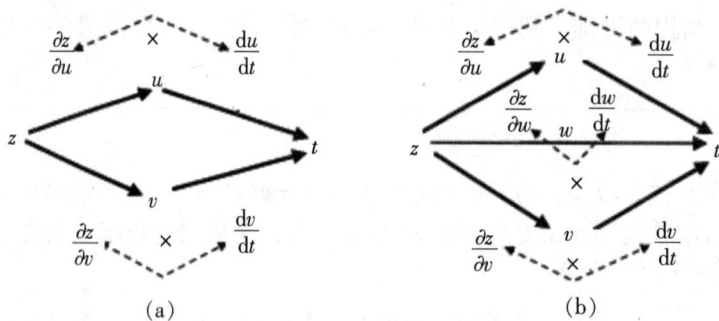

(a)　　　　　(b)

图 8 – 5 – 2

用同样的方法，可把定理推广到复合函数的中间变量多于两个的情形. 例如中间变量是三个时，设 $z = f(u, v, w)$，则由 $u = \varphi(t)$，$v = \psi(t)$，$w = \omega(t)$ 复合而得到的复合函数：

$$z = f[\varphi(t), \psi(t), \omega(t)]$$

在与定理类似的条件下，该复合函数在点 t 处可导，且其导数可用下列公式计算：

$$\frac{\mathrm{d}z}{\mathrm{d}t} = \frac{\partial z}{\partial u} \frac{\mathrm{d}u}{\mathrm{d}t} + \frac{\partial z}{\partial v} \frac{\mathrm{d}v}{\mathrm{d}t} + \frac{\partial z}{\partial w} \frac{\mathrm{d}w}{\mathrm{d}t} \tag{8.5.2}$$

公式(8.5.2)可用函数结构图 8 – 5 – 2(b)形象表示.

一般地，在偏导数(全导数)的公式中，右端都是一个和式，和式的项数与函数结构图中由函数到达自变量的途径的条数是相同的，即有几个中间变量，求导公式右端和式中就应有几项相加，而和式中的每一项，均是在同一条途径上，函数对中间变量的偏导数(或导数)与中间变量对自变量的偏导数(或导数)的乘积，有几次复合，每一项就有几个因子相乘．简单记法为"分段用乘，分叉用加，单路全导，叉路偏导"．

上述的分析与结论具有一般性，只要画出函数的结构图，就可直接写出其他复合函数的全导数公式．这种求导公式也称为"链式法则"．

例 1 设 $z = uv$，而 $u = e^{-t}$，$v = \sin t$，求全导数 $\dfrac{\mathrm{d}z}{\mathrm{d}t}$．

$$
\begin{array}{c}
\dfrac{\partial z}{\partial u} \quad u \quad \dfrac{\mathrm{d}u}{\mathrm{d}t} \\
z \nearrow \searrow \quad t \\
\dfrac{\partial z}{\partial v} \quad v \quad \dfrac{\mathrm{d}v}{\mathrm{d}t}
\end{array}
$$

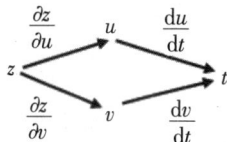

解：方法一　$\dfrac{\mathrm{d}z}{\mathrm{d}t} = \dfrac{\partial z}{\partial u} \cdot \dfrac{\mathrm{d}u}{\mathrm{d}t} + \dfrac{\partial z}{\partial v} \cdot \dfrac{\mathrm{d}v}{\mathrm{d}t}$

$\qquad\qquad = (uv)'_u \cdot (e^{-t})'_t + (uv)'_v \cdot (\sin t)'_t$

$\qquad\qquad = v \cdot (-e^{-t}) + u \cdot \cos t$

$\qquad\qquad = \sin t \cdot (-e^{-t}) + e^{-t} \cdot \cos t \,(\leftarrow u = e^{-t}, \ v = \sin t \ 回代)$

$\qquad\qquad = (\cos t - \sin t)e^{-t}$

方法二　首先将 $u = e^{-t}$，$v = \sin t$ 代入 $z = uv$，得 $z = e^{-t}\sin t$ 为自变量 t 的一元函数

$\qquad \dfrac{\mathrm{d}z}{\mathrm{d}t} = (e^{-t}\sin t)'_t = (e^{-t})'_t \cdot \sin t + e^{-t} \cdot (\sin t)'_t \,(\leftarrow 用一元函数求导法)$

$\qquad\qquad = -e^{-t} \cdot \sin t + e^{-t} \cdot \cos t = (\cos t - \sin t)e^{-t}$

例 2　设 $z = x^y$，$x = e^{2t}$，$y = \ln t$，求 $\dfrac{\mathrm{d}z}{\mathrm{d}t}$．

解：$\dfrac{\mathrm{d}z}{\mathrm{d}t} = \dfrac{\partial z}{\partial x} \cdot \dfrac{\mathrm{d}x}{\mathrm{d}t} + \dfrac{\partial z}{\partial y} \cdot \dfrac{\mathrm{d}y}{\mathrm{d}t} \,(\leftarrow 可由例 1 结构图得)$

$\qquad\quad = (x^y)'_x (e^{2t})'_t + (x^y)'_y (\ln t)'_t \,(\leftarrow 将已知条件代入)$

$\qquad\quad = yx^{y-1} \cdot 2e^{2t} + x^y \ln x \cdot \dfrac{1}{t}$

$\qquad\quad = 2yx^y + 2x^y = 2x^y(y + 1)$

$\qquad\quad = 2t^{2t}(\ln t + 1) \,(\leftarrow e^{\ln x^y} = x^y, \ 将 x = e^{2t}, \ y = \ln t \ 回代)$

读者试用化为以 t 为自变量的一元函数求导验证结果．

【即学即练】

设 $z = uv + \sin t$，而 $u = e^t$，$v = \cos t$，求全导数 $\dfrac{\mathrm{d}z}{\mathrm{d}t}$．

(答案：$e^t(\cos t - \sin t) + \cos t$)

----

2. 当两个中间变量是多元函数的复合函数时的求导法则

上述定理还可推广到中间变量不是一元函数而是多元函数的情形．例如对二元复合函数，设 $z = f(u, v)$，则由 $u = \varphi(x, y)$，$v = \psi(x, y)$ 复合而成的复合函数

$$z = f[\varphi(x, y), \psi(x, y)] \tag{8.5.3}$$

如果 $u = \varphi(x, y)$ 及 $v = \psi(x, y)$ 都在点 (x, y) 处具有对 x 及对 y 的偏导数 $\dfrac{\partial u}{\partial x}$, $\dfrac{\partial u}{\partial y}$ 及 $\dfrac{\partial v}{\partial x}$, $\dfrac{\partial v}{\partial y}$,

函数 $z = f(u, v)$ 在对应点 (u, v) 具有连续偏导数 $\dfrac{\partial z}{\partial u}$, $\dfrac{\partial z}{\partial v}$, 则复合函数(8.5.3)在点 (x, y)

处的两个偏导数存在, 且可用下列求导公式:

$$\frac{\partial z}{\partial x} = \frac{\partial z}{\partial u}\frac{\partial u}{\partial x} + \frac{\partial z}{\partial v}\frac{\partial v}{\partial x} \qquad (8.5.4)$$

或 $$z_x' = z_u' u_x' + z_v' v_x' \qquad (8.5.4)'$$

$$\frac{\partial z}{\partial y} = \frac{\partial z}{\partial u}\frac{\partial u}{\partial y} + \frac{\partial z}{\partial v}\frac{\partial v}{\partial y} \qquad (8.5.5)$$

或 $$z_y' = z_u' u_y' + z_v' v_y' \qquad (8.5.5)'$$

公式(8.5.4), (8.5.5)可用函数结构图 8 - 5 - 3 得到, 分析过程同中间变量是一元函数的复合函数类似.

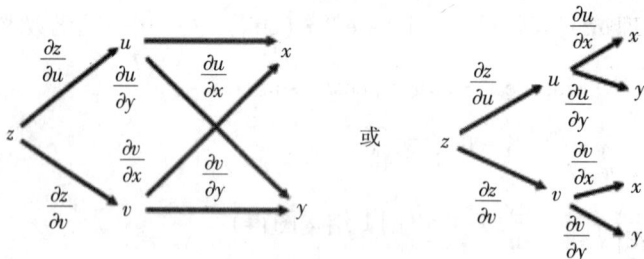

图 8 - 5 - 3

例 3 设 $z = e^{2u}\sin v$, 而 $u = x^3 y$, $v = x^2 + y^2$, 求 $\dfrac{\partial z}{\partial x}$ 和 $\dfrac{\partial z}{\partial y}$.

解: $\dfrac{\partial z}{\partial x} = \dfrac{\partial z}{\partial u}\dfrac{\partial u}{\partial x} + \dfrac{\partial z}{\partial v}\dfrac{\partial v}{\partial x}$ (←公式(8.5.4)可由图 8 - 5 - 3 得)

$\qquad = (e^{2u}\sin v)_u' (x^3 y)_x' + (e^{2u}\sin v)_v' (x^2 + y^2)_x'$

$\qquad = 2e^{2u}\sin v \cdot 3x^2 y + e^{2u}\cos v \cdot 2x$

$\qquad = 2e^{2x^3 y}[3x^2 y\sin(x^2 + y^2) + x\cos(x^2 + y^2)]$

$\dfrac{\partial z}{\partial y} = \dfrac{\partial z}{\partial u}\dfrac{\partial u}{\partial y} + \dfrac{\partial z}{\partial v}\dfrac{\partial v}{\partial y}$ (←公式(8.5.5))

$\qquad = (e^{2u}\sin v)_u' (x^3 y)_y' + (e^{2u}\sin v)_v' (x^2 + y^2)_y'$

$\qquad = 2e^{2u}\sin v \cdot x^3 + e^{2u}\cos v \cdot 2y$

$\qquad = 2e^{2x^3 y}[x^3 \sin(x^2 + y^2) + y\cos(x^2 + y^2)]$

例4 设 $u = f(x, y, z) = e^{x+y-z}$，而 $z = x\sin y$，求 u_x' 和 u_y'。

解： 由右边函数结构图得

$$u_x' = f_x' \cdot x_x' + f_z' \cdot z_x'$$
$$= (e^{x+y-z})_x' \cdot x' + (e^{x+y-z})_z' \cdot (x\sin y)_x'$$
$$= e^{x+y-z} - e^{x+y-z} \cdot \sin y$$
$$= e^{x+y-x\sin y}(1 - \sin y)$$

$$u_y' = f_y' \cdot y_y' + f_z' \cdot z_y'$$
$$= (e^{x+y-z})_y' \cdot x' + (e^{x+y-z})_z' \cdot (x\sin y)_y'$$
$$= e^{x+y-z} - e^{x+y-z} \cdot x\cos y$$
$$= e^{x+y-x\sin y}(1 - x\cos y)$$

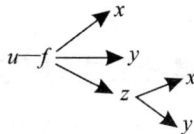

用链式法则时，应注意以下几点：

（1）对于所给函数，首先分清自变量与中间变量以及它们之间的关系。例如公式(8.5.1)、(8.5.2)、(8.5.4)、(8.5.5)等等，有时都可借助变量的复合关系图得到。

（2）求多元函数对某个自变量的导数时，应经过一切有关的中间变量，最后归结到自变量。

（3）多元函数的复合关系求导是灵活多样的，各题的链式法则也不尽相同，不应硬套求导公式，在熟悉理解后也不必刻意借助函数结构图，而是要灵活应用来求解问题。

【即学即练】

已知 $z = e^u \sin v$，$u = xy$，$v = x + y$，求 $\dfrac{\partial z}{\partial x}$，$\dfrac{\partial z}{\partial y}$。

（答案：$\dfrac{\partial z}{\partial x} = e^{xy}[y\sin(x+y) + \cos(x+y)]$，$\dfrac{\partial z}{\partial y} = e^{xy}[x\sin(x+y) + \cos(x+y)]$）

例5 已知 $z = f(x^2 - y^2, xy)$，其中 $f(u, v)$ 为可微函数，求 $\dfrac{\partial z}{\partial x}$，$\dfrac{\partial z}{\partial y}$。

解： 设 $u = x^2 - y^2$，$v = xy$，

$$\frac{\partial z}{\partial x} = \frac{\partial z}{\partial u} \cdot \frac{\partial u}{\partial x} + \frac{\partial z}{\partial v} \cdot \frac{\partial v}{\partial x} = 2x\frac{\partial z}{\partial u} + y\frac{\partial z}{\partial v} = 2xf_u' + yf_v'$$

$$\frac{\partial z}{\partial y} = \frac{\partial z}{\partial u} \cdot \frac{\partial u}{\partial y} + \frac{\partial z}{\partial v} \cdot \frac{\partial v}{\partial y} = -2y\frac{\partial z}{\partial u} + x\frac{\partial z}{\partial v} = -2yf_u' + xf_v'$$

注： 此例的复合函数的最外层函数 f 仅是抽象的函数记号，在计算中成为 $\dfrac{\partial z}{\partial u}$，$\dfrac{\partial z}{\partial v}$ 的形式，它的偏导数 $\dfrac{\partial z}{\partial u}$，$\dfrac{\partial z}{\partial v}$ 或 f_u'，f_v' 也含有中间变量 u，v，即它们的函数结构与求偏导数前的函数结构是相同的。

【即学即练】

设 $z = x^3 f\left(xy, \dfrac{y}{x}\right)$（$f$ 具有二阶连续的偏导数），求 $\dfrac{\partial z}{\partial y}$。

（答案： $\dfrac{\partial z}{\partial y}=x^4f_u'+x^2f_v'$ ）

*（三）全微分形式的不变性

利用多元复合函数链式法则的求导公式，可证明多元函数全微分的一个重要性质——全微分形式的不变性. 以二元函数为例.

设函数 $z=f(u,v)$ 具有连续偏导数，当 u、v 为自变量时，有全微分公式

$$dz=\frac{\partial z}{\partial u}du+\frac{\partial z}{\partial v}dv$$

当 u、v 是 x、y 的函数 $u=\varphi(x,y)$，$v=\psi(x,y)$，且这两个函数也具有连续偏导数，则对复合函数 $z=f[\varphi(x,y),\psi(x,y)]$ 仍有全微分公式

$$dz=\frac{\partial z}{\partial u}du+\frac{\partial z}{\partial v}dv$$

这是因为由全微分定义及链式法则，其中 $\dfrac{\partial z}{\partial x}$ 及 $\dfrac{\partial z}{\partial y}$ 分别由(8.5.4)和(8.5.5)得出，那么

$$
\begin{aligned}
dz &= \frac{\partial z}{\partial x}dx+\frac{\partial z}{\partial y}dy \\
&= \left(\frac{\partial z}{\partial u}\frac{\partial u}{\partial x}+\frac{\partial z}{\partial v}\frac{\partial v}{\partial x}\right)dx+\left(\frac{\partial z}{\partial u}\frac{\partial u}{\partial y}+\frac{\partial z}{\partial v}\frac{\partial v}{\partial y}\right)dy \\
&= \frac{\partial z}{\partial u}\frac{\partial u}{\partial x}dx+\frac{\partial z}{\partial v}\frac{\partial v}{\partial x}dx+\frac{\partial z}{\partial u}\frac{\partial u}{\partial y}dy+\frac{\partial z}{\partial v}\frac{\partial v}{\partial y}dy \\
&= \frac{\partial z}{\partial u}\frac{\partial u}{\partial x}dx+\frac{\partial z}{\partial u}\frac{\partial u}{\partial y}dy+\frac{\partial z}{\partial v}\frac{\partial v}{\partial x}dx+\frac{\partial z}{\partial v}\frac{\partial v}{\partial y}dy \\
&= \frac{\partial z}{\partial u}\left(\frac{\partial u}{\partial x}dx+\frac{\partial u}{\partial y}dy\right)+\frac{\partial z}{\partial v}\left(\frac{\partial v}{\partial x}dx+\frac{\partial v}{\partial y}dy\right) \\
&= \frac{\partial z}{\partial u}du+\frac{\partial z}{\partial v}dv\left(\leftarrow \text{全微分定义 } du=\frac{\partial u}{\partial x}dx+\frac{\partial u}{\partial y}dy,\ dv=\frac{\partial v}{\partial x}dx+\frac{\partial v}{\partial y}dy\right)
\end{aligned}
$$

即

$$dz=\frac{\partial z}{\partial u}du+\frac{\partial z}{\partial v}dv$$

全微分形式不变性表明，无论 u，v 是自变量还是中间变量，函数 $z=f(u,v)$ 的全微分形式是一样的，这个性质叫做全微分形式的不变性.

利用全微分形式的不变性可直接计算复合函数的全微分和偏导数，而不必先找出中间变量.

注：此性质可推广到多元函数.

例 6 设 $u=f(x,y)=\mathrm{e}^{x+y}+\sin xy$. 利用全微分形式的不变性求 $\dfrac{\partial u}{\partial x}$，$\dfrac{\partial u}{\partial y}$.

解题分析：先将整体 $x+y$ 及 xy 分别看成两个中间变量，然后再各自用导数的运算法则.

解：$du=df(x,y)=d(\mathrm{e}^{x+y}+\sin xy)=d(\mathrm{e}^{x+y})+d(\sin xy)$

$\qquad =(\mathrm{e}^{x+y})d(x+y)+(\cos xy)d(xy)=\mathrm{e}^{x+y}(dx+dy)+(\cos xy)(ydx+xdy)$

$$= \left[e^{x+y} + y\cos(xy) \right] dx + \left[e^{x+y} + x\cos(xy) \right] dy$$

即
$$du = \left[e^{x+y} + y\cos(xy) \right] dx + \left[e^{x+y} + x\cos(xy) \right] dy$$

于是
$$\frac{\partial u}{\partial x} = e^{x+y} + y\cos(xy) ; \quad \frac{\partial u}{\partial y} = e^{x+y} + x\cos(xy) （\leftarrow由全微分定义）$$

二、隐函数的微分法

一般，由方程所确定的函数均称为隐函数．当含有两个未知数的方程一般形式为 $F(x, y) = 0$ 时，它确定了 y 是 x 的一元隐函数；含有三个未知数的方程，其一般形式为 $F(x, y, z) = 0$，它确定了 z 是 x 和 y 的二元隐函数；类似地还有三元、四元一直到 n 元的隐函数．我们以一元和二元隐函数为例来讨论隐函数的求导法．

（一）由方程 $F(x, y) = 0$ 所确定的隐函数（一元隐函数）$y = f(x)$ 的求导公式

由方程 $F(x, y) = 0$ 确定的一元隐函数在一元微分的讨论中曾经利用复合函数求导法则，给出了一般的求导方法．这里我们在学习了多元函数的偏导数概念及复合函数的求导法则后，就能给出一元函数的存在定理及一般求导公式．

定理 8.12（一元隐函数的存在定理） 设函数 $F(x, y) = 0$ 在点 (x_0, y_0) 的某一邻域内具有连续的偏导数，且 $F(x_0, y_0) = 0$ 及 $F_y'(x_0, y_0) \neq 0$，则在点 (x_0, y_0) 的某一邻域内存在唯一单值、连续，具有连续导数的函数 $y = f(x)$，它满足 $y_0 = f(x_0)$，并满足方程 $F(x, y) = 0$，即对该邻域内的任意 x，有 $F(x, f(x)) \equiv 0$.

证明省略．

下面仅推导由方程所确定的一元隐函数的求导公式．

将函数 $y = f(x)$ 代入方程 $F(x, y) = 0$ 中，得恒等式

$$F(x, f(x)) \equiv 0$$

此时等式左边的函数 $F(x, f(x))$ 可看成是 x 的一个复合函数，于是，由下面函数结构图，等式两边同时对 x 求全导数得

$$\frac{\partial F}{\partial x} + \frac{\partial F}{\partial f(x)} \cdot \frac{df(x)}{dx} = 0 \Rightarrow \frac{\partial F}{\partial x} + \frac{\partial F}{\partial y} \cdot \frac{dy}{dx} = 0 \tag{1}$$

由于 $F'(x_0, y_0) \neq 0$ 且 $F_y'(x, y)$ 连续，故存在 (x_0, y_0) 的一个邻域，在这个邻域内 $F_y' = \frac{\partial F}{\partial y} \neq 0$，则由（1）解出 $\frac{dy}{dx}$，从而得出由方程 $F(x, y) = 0$ 所确定的隐函数的求导公式：

$$\frac{dy}{dx} = -\frac{\dfrac{\partial F}{\partial x}}{\dfrac{\partial F}{\partial y}} \quad 或 \frac{dy}{dx} = -\frac{F_x'}{F_y'} \quad (F_y' \neq 0) \tag{8.5.6}$$

例7 求由方程 $xy = 1 - e^{x+y}$ 所确定的隐函数的导数 $\dfrac{dy}{dx}$.

解： 将方程 $xy = 1 - e^{x+y}$ 中的项全部移到方程等号的左边，使等号右边为零，得 $xy + e^{x+y} - 1 = 0$.

设 $F(x, y) = xy + e^{x+y} - 1$，则

$$F'_x = (xy + e^{x+y} - 1)'_x = (xy)'_x + (e^{x+y})'_x - (1)'_x = y + e^{x+y}$$

$$F'_y = (xy + e^{x+y} - 1)'_y = (xy)'_y + (e^{x+y})'_y - (1)'_y = x + e^{x+y}$$

根据公式(8.5.6)，得

$$\frac{dy}{dx} = -\frac{F'_x}{F'_y} = -\frac{y + e^{x+y}}{x + e^{x+y}} \quad (x + e^{x+y} \neq 0)$$

例8 由方程 $x^2 = 1 - y^2$ 确定隐函数 $y = f(x)$，求这个函数的一阶和二阶导数当 $x = 0$，$y = 1$ 时的值.

解： 将方程 $x^2 = 1 - y^2$ 中的项全部移到方程等号的左边，使等号右边为零，得 $x^2 + y^2 - 1 = 0$.

设 $F(x, y) = x^2 + y^2 - 1$，则 $F'_x = 2x$，$F'_y = 2y$.

从而得
$$\frac{dy}{dx} = -\frac{F'_x}{F'_y} = -\frac{2x}{2y} = -\frac{x}{y}$$

于是
$$\frac{dy}{dx}\bigg|_{\substack{x=0 \\ y=1}} = -\frac{0}{1} = 0$$

又
$$\frac{d^2y}{dx^2} = \left(-\frac{x}{y}\right)'_x = -\frac{x' \cdot y - x \cdot y'}{y^2}$$

$$= -\frac{y - x\left(-\dfrac{x}{y}\right)}{y^2} \quad \left(\leftarrow 将 \frac{dy}{dx} = y' = -\frac{x}{y} 代入\right)$$

$$= -\frac{y + \dfrac{x^2}{y}}{y^2} = -\frac{y^2 + x^2}{y^3} = -\frac{1}{y^3}$$

所以
$$\frac{d^2y}{dx^2}\bigg|_{\substack{x=0 \\ y=1}} = -\frac{1}{1^3} = -1$$

【即学即练】

求由方程 $xy + \ln y = \ln x$ 所确定的隐函数导数 $\dfrac{dy}{dx}$. $\left(答案：\dfrac{dy}{dx} = \dfrac{y(1 - xy)}{x(1 + xy)}\right)$

（二）由方程 $F(x, y, z) = 0$ 所确定的隐函数（二元隐函数）$z = f(x, y)$ 的求导公式

定理8.13（二元隐函数的存在定理） 设函数 $F(x, y, z) = 0$ 在点 (x_0, y_0, z_0) 的某一邻域内具有连续的偏导数，且 $F(x_0, y_0, z_0) = 0$ 及 $F'(x_0, y_0, z_0) \neq 0$，则在点 $(x_0,$

y_0，z_0）的某一邻域内存在唯一单值、连续，具有连续导数的函数 $z=f(x, y)$，它满足方程 $F(x, y, z)=0$ 并且 $z_0=f(x_0, y_0)$，即对该邻域内的任一 (x, y)，有 $F(x, y, f(x, y))\equiv0$.

证明省略.

下面仅推导由方程所确定的二元隐函数的求导公式.

将函数 $z=f(x, y)$ 代入方程 $F(x, y, z)=0$ 中，得恒等式

$$F(x, y, f(x, y))\equiv0 \tag{2}$$

此时等式左边的函数 $F(x, y, f(x, y))$ 可看成是 x 和 y 的一个复合函数，于是由下列函数结构图，等式（2）两边同时对 x 求全导数得

$$\frac{\partial F}{\partial x}+\frac{\partial F}{\partial f(x, y)}\cdot\frac{\partial f(x, y)}{\partial x}=0\Rightarrow\frac{\partial F}{\partial x}+\frac{\partial F}{\partial z}\cdot\frac{\partial z}{\partial x}=0 \tag{3}$$

$$\frac{\partial F}{\partial y}+\frac{\partial F}{\partial f(x, y)}\cdot\frac{\partial f(x, y)}{\partial y}=0\Rightarrow\frac{\partial F}{\partial y}+\frac{\partial F}{\partial z}\cdot\frac{\partial z}{\partial y}=0 \tag{4}$$

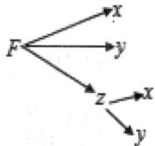

由于 $F'(x_0, y_0, z_0)\neq0$ 且 $F_z'(x, y, z)$ 连续，故存在 (x_0, y_0) 的一个邻域，在这个邻域内 $F_z'=\dfrac{\partial F}{\partial z}\neq0$，由（3）、（4）两式分别解出 $\dfrac{\partial z}{\partial x}$，$\dfrac{\partial z}{\partial y}$，得出由方程 $F(x, y, z)=0$ 所确定的隐函数的求导公式：

$$\frac{\partial z}{\partial x}=-\frac{\dfrac{\partial F}{\partial x}}{\dfrac{\partial F}{\partial z}}, \quad \frac{\partial z}{\partial y}=-\frac{\dfrac{\partial F}{\partial y}}{\dfrac{\partial F}{\partial z}} \quad \left(F_z'=\frac{\partial F}{\partial z}\neq0\right) \tag{8.5.7}$$

或

$$\frac{\partial z}{\partial x}=-\frac{F_x'}{F_z'}, \quad \frac{\partial z}{\partial y}=-\frac{F_y'}{F_z'} \quad (F_z'\neq0) \tag{8.5.7$'$}$$

由方程 $F(x, y, z)=0$ 所确定的二元隐函数 $z=f(x, y)$ 求偏导数的参考步骤：

第一步，将原方程化为 $F(x, y, z)=0$（将方程中的项全部移到方程等号的左边，使等号右边为零），方程右边的部分设为 F；

第二步，分别求出 F_x'，F_y'，F_z'；

第三步，将（3）中结果代入公式（8.5.7）.

例9 求由方程 $x^2+y^2+z^2=4z$ 所确定的隐函数导数 $\dfrac{\partial z}{\partial x}$，$\dfrac{\partial z}{\partial y}$，$\dfrac{\partial^2 z}{\partial x^2}$.

解：首先求 $\dfrac{\partial z}{\partial x}$，$\dfrac{\partial z}{\partial y}$.

方程化为 $\qquad\qquad x^2+y^2+z^2-4z=0$ （←第一步）

设 $\qquad\qquad F(x, y, z)=x^2+y^2+z^2-4z$，

则 $\qquad\qquad F_x'=2x$，$F_y'=2y$，$F_z'=2z-4$ （←第二步）

将（3）代入公式：

$$\frac{\partial z}{\partial x}=-\frac{F_x'}{F_z'}=\frac{x}{2-z}, \quad \frac{\partial z}{\partial y}=-\frac{F_y'}{F_z'}=\frac{y}{2-z} \quad （←第三步）$$

其次求 $\dfrac{\partial^2 z}{\partial x^2}$.

$$\frac{\partial^2 z}{\partial x^2} = \frac{\partial}{\partial x}\left(\frac{\partial z}{\partial x}\right) = \left(\frac{x}{2-z}\right)'_x = \frac{(2-z)+x\dfrac{\partial z}{\partial x}}{(2-z)^2}$$

$$= \frac{(2-z)+x\cdot\dfrac{x}{2-z}}{(2-z)^2} \quad (\leftarrow 将 \frac{\partial z}{\partial x} = \frac{x}{2-z} 代入)$$

$$= \frac{(2-z)^2+x^2}{(2-z)^3}$$

例 10 已知由方程 $x+y+xz = e^z - 1$ 确定的隐函数 $z = f(x, y)$ 可导，求

（1）$\dfrac{\partial z}{\partial x}$ 和 $\dfrac{\partial z}{\partial y}$　　（2）$\mathrm{d}z$　　（3）$\dfrac{\partial z}{\partial y}\Big|_{\substack{x=0\\y=0}}$

解：将方程 $x+y+xz = e^z - 1$ 中的项全部移到方程等号的左边，使等号右边为零，得
$x+y+xz - e^z + 1 = 0$.

设 $F(x, y, z) = x+y+xz - e^z + 1$（←第一步），则

$$\left.\begin{array}{l} F'_x = 1+0+z-0+0 = 1+z \\ F'_y = 0+1+0-0+0 = 1 \\ F'_z = 0+0+x-e^z+0 = x-e^z \end{array}\right\}（\leftarrow 第二步）$$

（1）由公式（8.5.7），得

$$\frac{\partial z}{\partial x} = -\frac{F'_x}{F'_z} = -\frac{1+z}{x-e^z} = \frac{1+z}{e^z-x},\ \frac{\partial z}{\partial y} = -\frac{F'_y}{F'_z} = -\frac{1}{x-e^z} = \frac{1}{e^z-x}\ (\leftarrow 第三步)$$

（2）$\mathrm{d}z = \dfrac{\partial z}{\partial x}\mathrm{d}x + \dfrac{\partial z}{\partial y}\mathrm{d}y = \dfrac{1+z}{e^z-x}\mathrm{d}x + \dfrac{1}{e^z-x}\mathrm{d}y$

（3）将 $x=0$，$y=0$ 代入方程 $x+y+xz = e^z - 1$，得 $e^z - 1 = 0$，解之得 $z=0$

将结果代入（1）计算 $\dfrac{\partial z}{\partial y} = \dfrac{1}{e^z-x}$ 得

$$\frac{\partial z}{\partial y}\Big|_{\substack{x=0\\y=0}} = \frac{1}{e^z-x}\Big|_{\substack{x=0\\y=0}} = \frac{1}{e^0-0} = \frac{1}{1-0} = 1$$

注：在例 10 中求 $\dfrac{\partial z}{\partial x}$，$\dfrac{\partial z}{\partial y}$ 时，也可以用下面的两边求偏导的方法.

因为 z 是 x、y 的隐函数，所以方程 $x+y+xz = e^z - 1$ 两边对 x 求偏导数，得
$(x+y+xz)'_x = (e^z-1)'_x$（←z 是 x，y 的复合函数，对 x 求偏导数，y 看成常数）

即

$$(x)'_x + (y)'_x + (xz)'_x = (e^z)'_x - (1)'_x$$

$$1+0+z+x\cdot\frac{\partial z}{\partial x} = e^z\cdot\frac{\partial z}{\partial x} - 0$$

从而，得

$$(e^z - x)\cdot\frac{\partial z}{\partial x} = 1+z$$

因此，得到

$$\frac{\partial z}{\partial x} = \frac{1+z}{e^z-x}$$

同理可得 $\dfrac{\partial z}{\partial y}=\dfrac{1}{\mathrm{e}^z-x}$

注：用此方法时，理解 z 是 x、y 的隐函数，注意 z 对 x，y 求偏导时的做法（《微积分 I》§3.5）.

*例 11　设 $F(u,v)$ 有连续的偏导数，方程 $F(cx-az,\ cy-bz)=0$ 确定函数 $z=f(x,y)$，试证：$a\dfrac{\partial z}{\partial x}+b\dfrac{\partial z}{\partial y}=c$.

证：设 $u=cx-az$，$v=cy-bz$，则 $\dfrac{\partial F}{\partial x}=\dfrac{\partial F}{\partial u}\dfrac{\partial u}{\partial x}+\dfrac{\partial F}{\partial v}\dfrac{\partial v}{\partial x}=cF_u'$，

$$\dfrac{\partial F}{\partial y}=\dfrac{\partial F}{\partial u}\dfrac{\partial u}{\partial y}+\dfrac{\partial F}{\partial v}\dfrac{\partial v}{\partial y}=cF_v'，\quad \dfrac{\partial F}{\partial z}=\dfrac{\partial F}{\partial u}\dfrac{\partial u}{\partial z}+\dfrac{\partial F}{\partial v}\dfrac{\partial v}{\partial z}=-aF_u'-bF_v'$$

所以 $\dfrac{\partial z}{\partial x}=-\dfrac{\partial F_x'}{\partial F_z'}=-\dfrac{cF_u'}{-aF_u'-bF_v'}=\dfrac{cF_u'}{aF_u'+bF_v'}$（←由公式（8.5.7）′）

$\dfrac{\partial z}{\partial y}=-\dfrac{\partial F_y'}{\partial F_z'}=-\dfrac{cF_v'}{-aF_u'-bF_v'}=\dfrac{cF_v'}{aF_u'+bF_v'}$（←由公式（8.5.7）′）

于是　左边 $=a\dfrac{\partial z}{\partial x}+b\dfrac{\partial z}{\partial y}=a\dfrac{cF_u'}{aF_u'+bF_v'}+b\dfrac{cF_v'}{aF_u'+bF_v'}=\dfrac{acF_u'+bcF_v'}{aF_u'+bF_v'}=c=$ 右边

即 $$a\dfrac{\partial z}{\partial x}+b\dfrac{\partial z}{\partial y}=c$$

【即学即练】

已知由方程 $x^2+y^2=R^2-z^2$ 确定的隐函数 $z=f(x,y)$ 可导，求 $\dfrac{\partial z}{\partial x}$ 和 $\dfrac{\partial z}{\partial y}$.

（答案：$\dfrac{\partial z}{\partial x}=-\dfrac{x}{z}$；$\dfrac{\partial z}{\partial y}=-\dfrac{y}{z}$）

8.5　练习题

1. 设函数 $z=\mathrm{e}^{xy}$，而 $x=\sin t$，$y=\cos t$，求 $\dfrac{\mathrm{d}z}{\mathrm{d}t}$.

2. 设函数 $z=\dfrac{y}{x}$，而 $y=\sqrt{1-x^2}$，求 $\dfrac{\mathrm{d}z}{\mathrm{d}x}$.

3. 设函数 $z=\dfrac{y}{x}$，而 $x=\mathrm{e}^t$，$y=1-\mathrm{e}^{2t}$，求 $\dfrac{\mathrm{d}z}{\mathrm{d}t}$.

4. 设函数 $z=x^y\ (x>0)$，而 $x=\sin t$，$y=\cos t$，求 $\dfrac{\mathrm{d}z}{\mathrm{d}t}$.

5. 设函数 $z=u^2v$，而 $u=x^2+3$，$v=\mathrm{e}^x$，求 $\dfrac{\mathrm{d}z}{\mathrm{d}x}$.

6. 设函数 $z=\arctan(xy)$，而 $y=\ln x$，求 $\dfrac{\mathrm{d}z}{\mathrm{d}x}$.

7. 设函数 $z = u + v$，而 $u = x + y$，$v = xy$，求 $\dfrac{\partial z}{\partial x}$，$\dfrac{\partial z}{\partial y}$.

8. 设函数 $z = u^2 \ln v$，而 $u = \dfrac{x}{y}$，$v = 2x - 3y$，求 $\dfrac{\partial z}{\partial x}$，$\dfrac{\partial z}{\partial y}$.

9. 设函数 $z = \ln(e^u + v)$，而 $u = xy$，$v = x^2 - y^2$，求 $\dfrac{\partial z}{\partial x}$，$\dfrac{\partial z}{\partial y}$.

10. 设函数 $z = (x + 2y)^{x+y}$，求 $\dfrac{\partial z}{\partial x}$，$\dfrac{\partial z}{\partial y}$.

11. 设函数 $z = xy + xF(u)$，而 $u = \dfrac{y}{x}$，$F(u)$ 为可导函数，证明：$x\dfrac{\partial z}{\partial x} + y\dfrac{\partial z}{\partial y} = z + xy$.

12. 设函数 $z = \ln(x^2 + y^2)$，而 $x = e^{t+s^2}$，$y = t^2 + s$，求 $\dfrac{\partial z}{\partial t}$，$\dfrac{\partial z}{\partial s}$.

13. 设函数 $z = \dfrac{x^2}{y^2}\ln(2x - y)$，求 $\dfrac{\partial z}{\partial x}$，$\dfrac{\partial z}{\partial y}$.

14. 求下列方程所确定的隐函数 $y = f(x)$ 的导数 $\dfrac{\mathrm{d}y}{\mathrm{d}x}$：

（1）$x\sin y + xy + 2 = 0$ 　　　　　　（2）$xe^{2y} = ye^{2x}$

15. 下列方程确定的隐函数 $z = f(x, y)$ 可导，求 $\dfrac{\partial z}{\partial x}$ 和 $\dfrac{\partial z}{\partial y}$.

（1）$e^x - xyz = 0$ 　　　　　　（2）$x^2 + y^2 + 2y + 2xz = e^z$

（3）$e^{-xy} - 2z + e^{-z} = 0$ 　　　　　　（4）$x^y = \sin xyz$　（$x > 0$）

16. 已知方程 $x + y + z = e^z$ 确定了 z 为 x，y 的二元函数，求 $\dfrac{\partial z}{\partial x}$，$\dfrac{\partial^2 z}{\partial x \partial y}$.

17. 求下列方程所确定的隐函数 $z = f(x, y)$ 的全微分 $\mathrm{d}z$：

（1）$x^2 + y^2 + z^2 - 3xyz = 0$ 　　　　　　（2）$\dfrac{x}{z} = \ln\dfrac{z}{y}$

参考答案

1. $\dfrac{\mathrm{d}z}{\mathrm{d}t} = e^{\frac{1}{2}\sin 2t}\cos 2t$

2. $\dfrac{\mathrm{d}z}{\mathrm{d}x} = -\dfrac{1}{x^2\sqrt{1 - x^2}}$

3. $\dfrac{\mathrm{d}z}{\mathrm{d}t} = -(e^{-t} + e^t)$

4. $\dfrac{\mathrm{d}z}{\mathrm{d}t} = (\sin t)^{\cos t}(\cos t\tan t - \sin t \cdot \ln \sin t)$

5. $\dfrac{\mathrm{d}z}{\mathrm{d}x} = e^x\left[4x(x^2 + 3) + (x^2 + 3)^2\right]$

6. $\dfrac{\mathrm{d}z}{\mathrm{d}x} = \dfrac{1 + \ln x}{1 + (x\ln x)^2}$

7. $\dfrac{\partial z}{\partial x} = 1 + y$；$\dfrac{\partial z}{\partial y} = 1 + x$

8. $\dfrac{\partial z}{\partial x} = \dfrac{2x}{y^2}\ln(2x-3y) + \dfrac{2x^2}{y^2(2x-3y)}$;

   $\dfrac{\partial z}{\partial y} = -2\dfrac{x^2}{y^3}\ln(2x-3y) - \dfrac{3}{(2x-3y)}\left(\dfrac{x}{y}\right)^2$

9. $\dfrac{\partial z}{\partial x} = \dfrac{y\mathrm{e}^{xy}+2x}{\mathrm{e}^{xy}+x^2-y^2}$; $\dfrac{\partial z}{\partial y} = \dfrac{x\mathrm{e}^{xy}-2y}{\mathrm{e}^{xy}+x^2-y^2}$

10. $\dfrac{\partial z}{\partial x} = (x+y)(x+2y)^{x+y-1} + (x+2y)^{(x+y)}\ln(x+2y)$;

    $\dfrac{\partial z}{\partial y} = 2(x+y)(x+2y)^{x+y-1} + (x+2y)^{(x+y)}\ln(x+2y)$

11. 略

12. $\dfrac{\partial z}{\partial t} = \dfrac{2\mathrm{e}^{2(t+s^2)}+4t(t^2+s)}{\mathrm{e}^{2(t+s^2)}+(t^2+s)^2}$; $\dfrac{\partial z}{\partial s} = \dfrac{4s\mathrm{e}^{2(t+s^2)}+2(t^2+s)}{\mathrm{e}^{2(t+s^2)}+(t^2+s)^2}$

13. $\dfrac{\partial z}{\partial x} = \dfrac{2x}{y^2}\ln(2x-y) + \dfrac{2x^2}{y^2(2x-y)}$; $\dfrac{\partial z}{\partial y} = -\dfrac{2x^2}{y^3}\ln(2x-y) - \dfrac{x^2}{y^2(2x-y)}$

14. （1）$\dfrac{\mathrm{d}y}{\mathrm{d}x} = -\dfrac{\sin y+y}{x\cos y+x}$　　　　　（2）$\dfrac{\mathrm{d}y}{\mathrm{d}x} = \dfrac{\mathrm{e}^{2y}-2y\mathrm{e}^{2x}}{\mathrm{e}^{2x}-2x\mathrm{e}^{2y}}$

15. （1）$\dfrac{\partial z}{\partial x} = \dfrac{\mathrm{e}^x(x-1)}{x^2y}$; $\dfrac{\partial z}{\partial y} = \dfrac{\mathrm{e}^x}{xy^2}$　　　（2）$\dfrac{\partial z}{\partial x} = \dfrac{2(x+z)}{\mathrm{e}^z-2x}$; $\dfrac{\partial z}{\partial y} = \dfrac{2(y+1)}{\mathrm{e}^z-2x}$

（3）$\dfrac{\partial z}{\partial x} = -\dfrac{y\mathrm{e}^{-xy}}{2+\mathrm{e}^{-z}}$; $\dfrac{\partial z}{\partial y} = -\dfrac{x\mathrm{e}^{-xy}}{2+\mathrm{e}^{-z}}$

（4）$\dfrac{\partial z}{\partial x} = \dfrac{yx^{y-1}-yz\cos xyz}{xy\cos xyz}$; $\dfrac{\partial z}{\partial y} = \dfrac{yx^{y-1}\ln x-xz\cos xyz}{xy\cos xyz}$

16. $\dfrac{\partial z}{\partial x} = \dfrac{1}{\mathrm{e}^z-1}$; $\dfrac{\partial^2 z}{\partial x\partial y} = -\dfrac{x+y+z}{(x+y+z-1)^3}$

17. （1）$\mathrm{d}z = \dfrac{2x-3yz}{3xy-2z}\mathrm{d}x + \dfrac{2y-3xz}{3xy-2z}\mathrm{d}y$　　　（2）$\mathrm{d}z = \dfrac{z}{x+z}\mathrm{d}x + \dfrac{z^2}{y(x+z)}\mathrm{d}y$

§8.6　多元函数的极值及其应用

在很多实际问题中，我们要研究多元函数的最优化问题，这些问题往往可归结为多元函数的极值问题．类似于一元函数，可以利用偏导数来讨论这个问题．本节以二元函数为例讨论．

一、二元函数的极值与最值

（一）极值的定义、极值存在的必要条件及极值存在的充分条件

定义 8.10　设函数 $z = f(x, y)$ 在点 (x_0, y_0) 的某个邻域内有定义，如果对于该邻域内任何异于 (x_0, y_0) 的点 (x, y)，都满足不等式

$$f(x, y) < f(x_0, y_0),$$

则称 $f(x_0, y_0)$ 是函数 $f(x, y)$ 的极大值，点 (x_0, y_0) 称为函数 $f(x, y)$ 的极大值点；如果对于该邻域内任何异于 (x_0, y_0) 的点 (x, y)，都满足不等式

$$f(x, y) > f(x_0, y_0),$$

则称 $f(x_0, y_0)$ 是函数 $f(x, y)$ 的极小值，点 (x_0, y_0) 称为函数 $f(x, y)$ 的极小值点．极大值、极小值统称为极值．极大值点、极小值点统称为极值点．

例 1　函数 $z = x^2 + y^2$ 在原点处有极小值．因为在点 $(0, 0)$ 的任一邻域内，除点 $(0, 0)$ 外，函数在任意一点 (x, y) 处的函数值都为正，$f(x, y) > 0$，而在原点处的函数值为零，$f(0, 0) = 0$，则 $f(x, y) > f(0, 0)$．所以，$z = x^2 + y^2$ 在点 $(0, 0)$ 处有极小值 $f(0, 0) = 0$．从几何上看，函数 $z = x^2 + y^2$ 的图形是位于 xOy 平面上方，开口朝上的旋转抛物面，点 $O(0, 0, 0)$ 是旋转抛物面的顶点，如图 $8-6-1$ 所示．

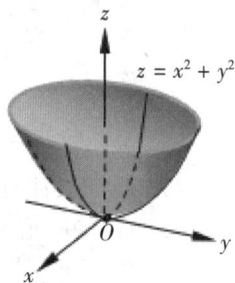

图 $8-6-1$

例 2　函数 $z = -\sqrt{x^2 + y^2}$ 在点 $(0, 0)$ 处有极大值．因为在原点处函数值为零，而对于原点的任一邻域内异于原点的点，函数值都为负，$f(x, y) < 0$，原点处的函数值为零，$f(0, 0) = 0$，则 $f(x, y) < f(0, 0)$．所以，$z = -\sqrt{x^2 + y^2}$ 在点 $(0, 0)$ 处有极大值 $f(0, 0) = 0$．从几何上看，函数 $z = -\sqrt{x^2 + y^2}$ 的图形是位于 xOy 平面下方开口朝下的锥面，点 $O(0, 0, 0)$ 是锥面的顶点，如图 $8-6-2$ 所示．

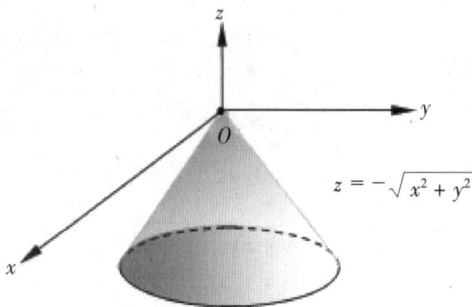

图 $8-6-2$

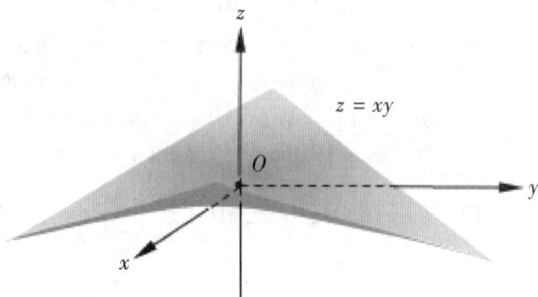

图 $8-6-3$

例 3　函数 $z = xy$ 在原点处既不取得极大值也不取得极小值．因为在点 $(0, 0)$ 处的函数值为零，$f(0, 0) = 0$，而在点 $(0, 0)$ 的任一邻域内，总有使函数值为正的点，也有使函数值为负的点．

例如，当在点 $(0, 0)$ 的任一邻域内取 $x > 0$，$y > 0$ 时，有 $f(x, y) = xy > 0$；取 $x < 0$，$y > 0$ 时，有 $f(x, y) = xy < 0$，因此由定义 8.10，点 $(0, 0)$ 不是函数的极值点，如图 $8-6-3$ 所示．

下面给出二元函数有极值的必要条件．

定理 8.14（极值的必要条件）　设函数 $z = f(x, y)$ 在点 (x_0, y_0) 具有偏导数，且在点 (x_0, y_0) 处有极值，则它在该点 (x_0, y_0) 处的两个偏导数必等于零：

$$f'_x(x_0, y_0) = 0, \quad f'_y(x_0, y_0) = 0.$$

证：不妨设函数 $z = f(x, y)$ 在点 (x_0, y_0) 处有极大值. 根据极值的定义，对于在点 (x_0, y_0) 的某一邻域内不同于 (x_0, y_0) 的点 (x, y) 都有

$$f(x, y) < f(x_0, y_0)$$

特别地，当点 (x, y_0) 是异于 (x_0, y_0) 的点时，都有

$$f(x, y_0) < f(x_0, y_0)$$

此不等式说明一元函数 $f(x, y_0)$ 在点 x_0 处有极大值，由一元函数存在极值的必要条件就得到

$$f_x'(x_0, y_0) = 0$$

类似地可证

$$f_y'(x_0, y_0) = 0.$$

对应定理要注意以下几点：

（1）类似一元函数，凡是能使 $f_x'(x, y) = 0$，$f_y'(x, y) = 0$ 同时成立的点 (x_0, y_0) 称为函数 $z = f(x, y)$ 的驻点，于是方程组 $\begin{cases} f_x'(x, y) = 0 \\ f_y'(x, y) = 0 \end{cases}$ 的实数解 (x_0, y_0) 就是函数 $z = f(x, y)$ 的驻点.

（2）该定理仅是取极值的必要条件，并非充分条件.

（3）从定理 8.14 可知，具有偏导数的函数的极值点必定是驻点. 但是函数的驻点不一定是极值点，例如，点 $(0, 0)$ 是函数 $z = xy$ 的驻点，因为在点 $(0, 0)$ 处的两个偏导数为：

$$f_x'(0, 0) = y \big|_{\substack{x=0 \\ y=0}} = 0, \quad f_y'(0, 0) = x \big|_{\substack{x=0 \\ y=0}} = 0$$

所以点 $(0, 0)$ 是函数 $z = xy$ 的驻点，但由例 3 可知，用定义可直接判断点 $(0, 0)$ 不是函数的极值点. 因此，定理 8.14 仅是函数取极值的必要条件，并非充分条件. 定理 8.14 的作用是给我们指明了找函数极值点的方向之一，即从函数的驻点中来挑选.

（4）极值点有可能是驻点，也有可能是一阶偏导数不存在的点. 例如函数 $z = -\sqrt{x^2 + y^2}$ 在点 $(0, 0)$ 处有极大值，但该函数在点 $(0, 0)$ 处一阶偏导数不存在.

怎样判定一个驻点是否是极值点呢？类似一元函数极值的讨论，用一个含有二阶偏导数的一个算式的符号去确定驻点是不是极值点. 下面的充分性定理给出具体的回答.

定理 8.15（**极值的充分条件**）　设函数 $z = f(x, y)$ 在其驻点 (x_0, y_0) 的某邻域内连续且有一阶和二阶连续偏导数. 令判别式

$$P(x, y) = f_{xx}''(x, y) \cdot f_{yy}''(x, y) - [f_{xy}''(x, y)]^2 \tag{8.6.1}$$

则 $f(x, y)$ 在驻点 (x_0, y_0) 处是否取得极值的条件如下：

（1）当 $P(x_0, y_0) > 0$，且 $f_{xx}''(x_0, y_0) < 0$ 时，则 $f(x_0, y_0)$ 是函数的极大值；

（2）当 $P(x_0, y_0) > 0$，且 $f_{xx}''(x_0, y_0) > 0$ 时，则 $f(x_0, y_0)$ 是函数的极小值；

（3）当 $P(x_0, y_0) < 0$ 时，则 $f(x_0, y_0)$ 不是函数的极值；

（4）当 $P(x_0, y_0) = 0$ 时，则 $f(x_0, y_0)$ 有可能是极值，也有可能不是极值，需要另作讨论.

定理 8.15 的证明省略.

利用定理 8.14、8.15，我们把具有二阶连续偏导数的函数 $z = f(x, y)$ 的极值的求法步骤叙述如下：

第一步，（由定理 8.14）求驻点：

求出二元函数的所有一阶偏导数，并令两个一阶偏导数为零，解方程组 $\begin{cases} f'_x(x, y) = 0 \\ f'_y(x, y) = 0 \end{cases}$，求得一切实数解，即可以得到一切驻点.

第二步，求判别式：求出相应的二阶偏导数，并对每一个驻点 (x_0, y_0) 求出相应的二阶偏导数值. 将 $f''_{xx}(x_0, y_0)$，$f''_{xy}(x_0, y_0)$，$f''_{yy}(x_0, y_0)$ 代入

$$P(x, y) = f''_{xx}(x, y) \cdot f''_{yy}(x, y) - [f''_{xy}(x, y)]^2.$$

第三步，（由定理 8.15）判别并求极值：

定出 $P(x_0, y_0)$ 的符号，判断驻点是不是极值点，若 $P(x_0, y_0) > 0$，则驻点是极值点；若 $P(x_0, y_0) < 0$，则驻点不是极值点.

如果是极值点，再根据 $f''_{xx}(x_0, y_0)$ 的符号判断函数在极值点处是取得极大值，还是极小值，并求出极值. 当 $f''_{xx}(x_0, y_0) < 0$ 时，则 $f(x_0, y_0)$ 是函数的极大值；当 $f''_{xx}(x_0, y_0) > 0$ 时，则 $f(x_0, y_0)$ 是函数的极小值.

例 4 求函数 $f(x, y) = x^3 - y^3 + 3x^2 + 3y^2 - 9x$ 的极值点和极值.

解： 第一步求驻点，求出一阶偏导数

$$\begin{cases} f'_x(x, y) = 3x^2 + 6x - 9 = 0 \\ f'_y(x, y) = -3y^2 + 6y = 0 \end{cases}$$

解方程组 $\begin{cases} x^2 + 2x - 3 = 0 \\ -y^2 + 2y = 0 \end{cases} \Rightarrow \begin{cases} (x-1)(x+3) = 0 \\ y(2-y) = 0 \end{cases}$

得到驻点为 $(1, 0)$，$(1, 2)$，$(-3, 0)$，$(-3, 2)$.

第二步求判别式：求出二阶偏导数

$$f''_{xx}(x, y) = (3x^2 + 6x - 9)'_x = 6x + 6$$
$$f''_{xy}(x, y) = (3x^2 + 6x - 9)'_y = 0$$
$$f''_{yy}(x, y) = (-3y^2 + 6y)'_y = -6y + 6$$

并求得

$$P(x, y) = f''_{xx}(x, y) \cdot f''_{yy}(x, y) - [f''_{xy}(x, y)]^2$$
$$= (6x + 6)(-6y + 6) - 0^2 = (6x + 6)(-6y + 6)$$

第三步判别并求极值：由定理 8.15 分别判断以上所求驻点的极值存在情况.

在驻点 $(1, 0)$ 处，因为 $P(1, 0) = 12 \times 6 - 0 = 72 > 0$ 且 $f''_{xx}(1, 0) = (6x + 6)|_{(1,0)} = 12 > 0$，由定理 8.15 中 (8.6.1) 说明点 $(1, 0)$ 是极值点. 又因为 $f''_{xx}(1, 0) = 6 \times 1 + 6 > 0$，因此由定理的 (8.6.1) 及 (2) 式说明点 $(1, 0)$ 是极小值点，极小值为

$$f(1, 0) = (x^3 - y^3 + 3x^2 + 3y^2 - 9x)|_{(1,0)} = -5$$

在驻点 $(1, 2)$ 处，因为 $P(1, 2) = (6 \times 1 + 6)(-6 \times 2 + 6) = -72 < 0$，因此由定理的 (8.6.1) 及 (3) 式说明点 $(1, 2)$ 不是极值点，从而 $f(1, 2)$ 不是极值；

在驻点 $(-3, 0)$ 处，因为 $P(-3, 0) = (6x + 6)(-6x + 6)\Big|_{\substack{x=-3 \\ y=0}} = [6 \times (-3) + 6][-6 \times 0 + 6] = -24 < 0$，说明点 $(-3, 0)$ 也不是极值点，从而 $f(-3, 0)$ 不是极值；

在驻点 $(-3, 2)$ 处，因为 $P(-3, 2) = (6x + 6)(-6x + 6)\Big|_{\substack{x=-3 \\ y=2}} = [6 \times (-3) + 6](-6 \times$

$2 + 6) = -12 \cdot (-6) = 72 > 0$，且 $f''_{xx}(-3, 2) = (6x + 6)\Big|_{\substack{x=-3 \\ y=2}} = 6 \times (-3) + 6 = -12 < 0$，

因此由定理的 (8.6.1) 及（1）式说明点 $(-3, 2)$ 是极大值点，极大值为 $f(-3, 2) = 31$.

- -

【即学即练】

求函数 $f(x, y) = x^3 + y^3 - 3xy$ 的极值.

（答案：在 $(1, 1)$ 处有极小值 $f(1, 1) = -1$）

- -

有关二元函数极值的概念和定理，都可推广到二元以上，即求二元以上函数的极值时，可先求出它的驻点，然后再判断驻点是不是极值点. 关于判断二元以上的函数的驻点是不是极值点的条件即极值的充分条件比较复杂，已超出本教材的要求，这里不讨论.

必须指出，函数的极值除了可能在函数的驻点处取得外，还可能在偏导数不存在的点处取得. 要判定函数的偏导数不存在的点是否是极值点就不能用极值的充分条件（定理8.15）了，这时可用极值的定义来判别. 例如，由上面例 2 可知函数 $z = -\sqrt{x^2 + y^2}$ 在点 $(0, 0)$ 处有极大值 $z = 0$，但在点 $(0, 0)$ 处偏导数不存在.

（二）二元函数的最大值、最小值

定义 8.11　如果函数 $z = f(x, y)$ 在区域 D 内的某一点 (x_0, y_0) 处的函数值总大于等于函数在 D 内（或在闭区域 $\overline{D}$ 上）其他点处的函数值，即当 $(x, y) \in D$（或 $(x, y) \in \overline{D}$）且 $(x, y) \neq (x_0, y_0)$ 时，有

$$f(x, y) < f(x_0, y_0)$$

成立，则称函数 $f(x, y)$ 在区域 D 内（或在闭区域 $\overline{D}$ 上）有最大值；如果使得不等式

$$f(x, y) > f(x_0, y_0)$$

成立，则称函数 $f(x, y)$ 在区域 D 内（或在闭区域 $\overline{D}$ 上）有最小值. 函数的最大值、最小值统称为函数的最值，使得函数取得最值的点统称为函数的最值点.

在 §8.3 第二个问题定理 8.4 中已知道，如果函数 $z = f(x, y)$ 在闭区域 $\overline{D}$ 上连续，那么，它在 $\overline{D}$ 上一定有最大值和最小值，而且函数取得最大值或最小值的点既可能在 D 的内部，也有可能在 D 的边界上.

在实际问题中，如果目标函数 $f(x, y)$ 在区域内有偏导数而且只有一个驻点，那么此驻点一定是最值点；若目标函数 $f(x, y)$ 在区域内只有一个极大（小）值点，那么就是最大（小）值点，如下面的例子.

例 5　某厂要用铁板做一个体积为 4 立方米的无盖长方体水箱，问当长、宽、高各取怎样的尺寸时，才能使用料最省？

解：设水箱的长为 x 米，宽为 y 米，高为 z 米，则有 $xyz = 4$，即 $z = \dfrac{4}{xy}$. 从而水箱所用材料的面积 S 为：

$$S = xy + 2yz + 2xz = xy + 2y \cdot \frac{4}{xy} + 2x \cdot \frac{4}{xy}$$

$$= xy + \frac{8}{x} + \frac{8}{y} \quad (x, y > 0)$$

可见，水箱所用材料的面积 S 是 x 和 y 的二元函数，这就是本题的目标函数，下面求使这个函数取得最小值的点.

$$S'_x = \left(xy + \frac{8}{x} + \frac{8}{y} \right)'_x = y - \frac{8}{x^2}$$

$$S'_y = \left(xy + \frac{8}{x} + \frac{8}{y} \right)'_y = x - \frac{8}{y^2}$$

由方程组 $\begin{cases} y - \dfrac{8}{x^2} = 0 \\ x - \dfrac{8}{y^2} = 0 \end{cases}$，即 $\begin{cases} x^2 y = 8 \\ xy^2 = 8 \end{cases}$，从而得 $x = y$. 我们把 $x = y$ 代入方程组的其中一个方程

就得 $x^3 = 8$，解得 $x = 2$，$y = 2$，即得到函数的唯一驻点 $(2, 2)$. 根据实际问题可知，面积 S 的最小值在定义域内一定存在，因此，可断定此唯一驻点就是最小值点. 即当长 $x = 2$ 米、宽 $y = 2$ 米、高 $z = \dfrac{4}{xy} = \dfrac{4}{2 \times 2} = 1$（米）时，水箱所用材料最省.

例 6 某公司生产手机和平板电脑两种产品，手机的出售单价为 1.5（千元/台），平板电脑的出售单价为 3（千元/台），生产 x 台的手机与生产 y 台的平板电脑的总费用是
$$10 + 0.5x + y + 0.01(x^2 + xy + y^2) \quad （千元），$$
问两种产品各生产多少，该公司可取得最大利润？

解： 由题意可知目标函数是利润函数，设生产 x 台的手机与生产 y 台的平板电脑的总利润是 $L(x, y)$，根据利润等于收入减去成本的原理，可得
$$L(x, y) = (1.5x + 3y) - [10 + 0.5x + y + 0.01(x^2 + xy + y^2)]$$
$$= x + 2y - 0.01(x^2 + xy + y^2) - 10$$
由
$$L'_x(x, y) = 1 - 0.02x - 0.01y = 0$$
$$L'_y(x, y) = 2 - 0.01x - 0.02y = 0$$
得驻点 $(0, 100)$. 再由
$$L''_{xx}(x, y) = -0.02, \ L''_{xy}(x, y) = -0.01, \ L''_{yy}(x, y) = -0.02,$$
得
$$P(x, y) = (-0.02) \times (-0.02) - (-0.01)^2 = 3 \times 10^{-4}.$$

因为 $P(0, 100) = 3 \times 10^{-4} > 0$，$L''_{xx}(0, 100) = -0.02 < 0$，所以当 $x = 0$，$y = 100$ 时，利润函数 $L(x, y)$ 取得极大值，同时只有唯一一个极大值点，从而也是最大值点. 因此，当手机不生产，而平板电脑生产 100 台时，公司取得最大利润，最大利润为：$L(0, 100)$ $= 90$（千元）.

【即学即练】

某工厂生产甲、乙两种产品，已知生产 x 件甲种产品和 y 件乙种产品的总利润为 $L(x, y) = -0.1x^2 - 0.1y^2 + 60x + 50y$. 问甲、乙两种产品各生产多少件时，所得利润最大？（驻点要求检验）

（答案：甲、乙两种产品各生产 300 和 250 件时，所得利润最大）

二、条件极值及拉格朗日（Lagrange）乘数法

在讨论函数的极值问题时，如果对自变量只有定义域限制，这样的极值称为无条件极值；如果对自变量除定义域限制外，还有其他条件限制，例如还要满足某些方程（称为约束方程或约束条件），这样的极值称为条件极值. 条件极值问题在现实生活和经济研究工作中常常会碰到. 例如一定量的广告费，怎样分配在不同的广告媒介上，才能使广告效果最大；一定量的生产任务怎样分配在不同的下属工厂生产，才能使总成本最低；一定量的某种资源，如何在不同的用途之间分配，才能使利润最大等等，总之，有限资源的最优配置问题就是数学上的条件极值问题.

求条件极值问题的方法有以下两种.

1. 转化为无条件极值

有些简单的条件极值问题，通常可以利用附加条件，消去函数中的某些自变量，将条件极值化为无条件极值. 例如在例 5 中的问题实际上是求面积函数 $S = xy + 2yz + 2xz$ 在条件 $xyz = 4$ 下的极值问题，解法中我们将 $z = \dfrac{4}{xy}$ 代入 $S = xy + 2yz + 2xz$ 中，消去 z 后，就转化为求 $S = xy + \dfrac{8}{x} + \dfrac{8}{y}$ 的极值问题，此时对于自变量 x，y 不再有附加条件的限制而成为一个无条件极值问题加以解决.

2. 拉格朗日乘数法

当在一般条件下求条件极值问题要直接转化为无条件极值问题通常不是很容易时，这里介绍一种直接求条件极值问题的常用方法——拉格朗日乘数法. 此方法的基本思想是，设法将条件极值化为无条件极值，但做法不是简单地代入，而是构造一个由函数 $f(x, y)$ 和束性条件 $g(x, y) = 0$ 中的函数 $g(x, y)$ 以及引入待定常数共同组成的特殊结构的函数作为目标函数，然后求无条件极值. 这种特殊的方法称为拉格朗日乘数法.

这里以二元函数 $z = f(x, y)$ 在一个约束条件 $g(x, y) = 0$ 下求极值为例，给出具体求法步骤：

（1）构造辅助函数（称为拉格朗日函数）
$$F(x, y, \lambda) = f(x, y) + \lambda g(x, y)$$
其中 λ 为待定常数，称为拉格朗日乘数，此时可将原问题化为求三元函数 $F(x, y, \lambda)$ 的无条件极值问题.

（2）求 F 对 x，y，λ 的一阶偏导数，并令之为零（由无条件极值问题的极值存在的必要条件）
$$\begin{cases} F'_x(x, y, \lambda) = f_x(x, y) + \lambda g_x(x, y) = 0 \\ F'_y(x, y, \lambda) = f_y(x, y) + \lambda g_y(x, y) = 0 \\ F'_\lambda(x, y, \lambda) = g(x, y) = 0 \end{cases}$$
由方程组解出 $x = x_0$，$y = y_0$ 及 $\lambda = \lambda_0$，则其中 (x_0, y_0) 可能就是函数 $f(x, y)$ 在附加条件下 $g(x, y) = 0$ 的极值点的坐标.

（3）判断求出的 (x_0, y_0) 是否为极值点，通常在实际问题中由问题本身的性质来判

定，这种方法还可以推广到自变量多于两个而条件多于一个的情形．例如要求函数
$$u = f(x, y, z, t)$$
在约束性条件 $\quad g(x, y, z, t) = 0, \; h(x, y, z, t) = 0$
下的极值，可以先构成辅助函数
$$F(x, y, z, t, \lambda_1, \lambda_2) = f(x, y, z, t) + \lambda_1 g(x, y, z, t) + \lambda_2 h(x, y, z, t)$$
此时可将原问题化为求六元函数 $F(x, y, z, t, \lambda_1, \lambda_2)$ 的无条件极值问题，其中 λ_1，λ_2 均为待定系数，求 $F(x, y, z, t, \lambda_1, \lambda_2)$ 一阶偏导数，并使之为零，这样得出的 x、y、z、t 可能就是函数 $f(x, y, z, t)$ 在附加条件下的极值点的坐标．下面举例说明具体做法．

例 7 求表面积为 a^2 而体积为最大的长方体的体积．

解： 设长方体的三棱长为 x, y, z，由于表面积固定得
$$2xy + 2yz + 2xz = a^2, \quad \text{即} \; 2xy + 2yz + 2xz - a^2 = 0$$
则得约束性条件为
$$g(x, y, z) = 2xy + 2yz + 2xz - a^2 = 0,$$
问题成为要求函数
$$V = xyz \; (x > 0, \; y > 0, \; z > 0)$$
在束性条件 $g(x, y, z) = 2xy + 2yz + 2xz - a^2 = 0$ 下的最大值．

（1）构造辅助函数
$$F(x, y, z, \lambda) = V + \lambda g(x, y) = xyz + \lambda(2xy + 2yz + 2xz - a^2)$$
（2）求 $F(x, y, z, \lambda)$ 对 x、y、z、λ 的偏导数，并使之为零，联立建立方程组得到：
$$\begin{cases} F'_x = yz + 2(y+z)\lambda = 0 \\ F'_y = xz + 2(x+z)\lambda = 0 \\ F'_z = xy + 2(y+x)\lambda = 0 \\ F'_\lambda = 2xy + 2yz + 2xz - a^2 = 0 \end{cases}$$

即
$$\begin{cases} yz + 2(y+z)\lambda = 0 & (1) \\ xz + 2(x+z)\lambda = 0 & (2) \\ xy + 2(y+x)\lambda = 0 & (3) \\ 2xy + 2yz + 2xz - a^2 = 0 & (4) \end{cases}$$

解此方程组

因 x、y、z 都不等于零，所以由前面三个方程 $\dfrac{(1)}{(2)}$，$\dfrac{(2)}{(3)}$ 得

$$\frac{y}{x} = \frac{y+z}{x+z}, \quad \frac{z}{y} = \frac{x+z}{y+x}.$$

由以上两式解得

$$x = y = z,$$

将 $x = y = z$ 代入 $2xy + 2yz + 2xz = a^2$，得 $x = y = z = \dfrac{\sqrt{6}}{6}a$.

$\left(\dfrac{\sqrt{6}}{6}a, \dfrac{\sqrt{6}}{6}a, \dfrac{\sqrt{6}}{6}a\right)$ 是唯一可能的极值点．因为本题是实际问题，最大值一定在这个可

能的极值点处取得. 所以表面积为 a^2 的长方体中, 以棱长为 $\dfrac{\sqrt{6}}{6}a$ 的正方体的体积最大, 最大体积 $V = \dfrac{\sqrt{6}}{36}a^3$.

例 8 某公司的两个工厂生产同样的产品, 但所需成本不同, 第一个工厂生产 x 个单位产品, 第二个工厂生产 y 个单位产品, 总成本函数

$$C(x,\ y) = x^2 + 2y^2 + 5xy + 700 \ (\text{元})$$

公司生产任务限额为 $x + y = 500$ 个单位产品, 问如何分配任务才能使总成本最小.

解：根据题意, 问题是求函数 $C(x,\ y) = x^2 + 2y^2 + 5xy + 700$ 在约束条件 $g(x,\ y) = x + y - 500 = 0$ 下的最值.

构造拉格朗日函数

$$F(x,\ y,\ \lambda) = x^2 + 2y^2 + 5xy + 700 + \lambda(x + y - 500)$$

求 $F(x,\ y,\ \lambda)$ 对 x、y、λ 的偏导数, 并令之为零, 得到

$$\begin{cases} F'_x = 2x + 5y + \lambda = 0 & (1) \\ F'_y = 4y + 5x + \lambda = 0 & (2) \\ F'_\lambda = x + y - 500 = 0 & (3) \end{cases}$$

解此方程组, (1) - (2) 代入 (3) 得 $x = 125$, 进而得 $y = 375$, 于是有唯一驻点 $(x,\ y) = (125,\ 375)$.

因为本题是实际问题, 最小值一定存在, 所以分配第一个工厂生产 125 个单位产品, 第二个工厂生产 375 个单位产品时, 该公司所需的总成本最小.

例 9 设生产某种产品的数量 $Q(x,\ y)$ 与所用两种原料 A 和 B 的数量 $x,\ y$ 之间有关系式：$Q(x,\ y) = 2x^{0.8}y^{0.2}$. 现用 600 元购买两种原料, 已知 A 和 B 两种原料的价格分别是每单位 2 元和 4 元, 问应购买两种原料各多少单位, 才能使生产该种产品的数量最多?

解：设购买 A 原料 x 单位和 B 原料 y 单位, 则生产该种产品的数量为

$$Q(x,\ y) = 2x^{0.8}y^{0.2},$$

由于总成本为 600 元, 所以, 得约束条件 $2x + 4y = 600$, 即 $x + 2y - 300 = 0$. 因此, 问题就是求函数 $Q(x,\ y) = 2x^{0.8}y^{0.2}$ 在约束条件 $g(x,\ y) = x + 2y - 300 = 0$ 下的最大值. 下面用拉格朗日乘数法求解.

构造拉格朗日辅助函数

$$F(x,\ y,\ \lambda) = Q(x,\ y) + \lambda g(x,\ y) = 2x^{0.8}y^{0.2} + \lambda(x + 2y - 300)$$

求 $F(x,\ y,\ \lambda)$ 对 x、y、λ 的一阶偏导数, 令它们为零, 联立建立方程组

$$\begin{cases} F'_x = 1.6x^{-0.2}y^{0.2} + \lambda = 0 \\ F'_y = 0.4x^{0.8}y^{-0.8} + 2\lambda = 0 \\ F'_\lambda = x + 2y - 300 = 0 \end{cases}$$

因为 x、y 都大于等于零, 所以由方程组中前面两个方程消去 λ, 可得

$$\dfrac{1.6x^{-0.2}y^{0.2}}{0.4x^{0.8}y^{-0.8}} = \dfrac{1}{2},\ 即\ x = 8y.$$

把 $x = 8y$ 代入约束条件 $x + 2y - 300 = 0$, 得 $y = 30$, $x = 240$.

这是唯一可能的极值点. 根据问题本身可知 $Q(x, y)$ 一定存在最大值, 故 $(240, 30)$ 是使 $Q(x, y)$ 取得最大值的点. 因此, 购买 A 原料 240 单位和购买 B 原料 30 单位, 才能使生产该种产品的数量最多.

【即学即练】

某公司可通过电台和报纸两种方式做销售某种商品的广告. 根据统计资料, 销售收入 R(万元)与电台广告费用 x_1(万元)及报纸广告费用 x_2(万元)之间的关系有经验公式

$$R = 15 + 14x_1 + 32x_2 - 8x_1x_2 - 2x_1^2 - 10x_2^2$$

若可使用的广告费用为 1.5 万元, 求相应的最优广告策略, 使所获利润最大.

（答案: 在广告费用为 1.5 万元的条件下, 应把 1.5 万元全部用于报纸广告, 可获最大利润）

8.6 练习题

1. 求下列各函数的极值:

(1) $f(x, y) = 4(x - y) - x^2 - y^2$

(2) $f(x, y) = (x - 1)^2 + (x - 2)^2$

(3) $f(x, y) = x^3 + 3xy^2 - 15x - 12y$

(4) $f(x, y) = e^{2x}(x + y^2 + 2y)$

2. 求函数 $f(x, y) = x + 2y$ 在条件 $x^2 + y^2 = 5$ 下的极值.

3. 设某企业生产 A、B 两种产品, 已知生产 A 产品 x 百件与生产 B 产品 y 百件时, 其总成本 C(万元)为 $C(x, y) = x^2 + xy + \frac{3}{2}y^2 - 4x - 7y + 17$, 试问 A、B 两种产品的产量分别为多少时可以使得总成本最低?

4. 某厂生产产品需用两种原料, 其单位价格为 2 万元和 1 万元, 两种原料的投入量分别为 x(kg)和 y(kg), 产品的产量为 Q(kg), 且 $Q = 20 - x^2 + 10x - 2y^2 + 5y$, 若产品价格为 5 万元/千克, 试确定投入量, 使得利润最大.

5. 求函数 $z = xy$ 在适合附加条件 $x + y = 1$ 下的极大值. （用拉格朗日乘数法求）

6. 在曲面 $z^2 = x^2 + y^2$ 上找出到点 $(1, \sqrt{2}, 3\sqrt{3})$ 的距离最近的点. （用拉格朗日乘数法求）

7. 某厂要用铁板做成一个体积为 $8\,\mathrm{m}^3$ 的有盖长方体水箱, 问长、宽、高各取多少米时, 才能使用料最省?

8. 某工厂有 200 万元钱, 工厂决定用来添置购买甲、乙两种设备. 甲设备每台 8 万元, 乙设备每台 10 万元, 设购买设备分别为甲 x 台, 乙 y 台, 效果函数为 $Z(x, y) = \ln x + \ln y$, 问工厂如何分配这 200 万元以达到购买最佳效果. （用拉格朗日乘数法求）

9. 某企业的两家工厂生产同样的产品, 但成本不同. 第一家工厂生产 x 单位产品和第二家工厂生产 y 单位产品时的总成本是 $C(x, y) = x^2 + 3y^2 + x + y + 15$. 若企业生产的任务

是 1 000 单位, 问如何在这两家工厂之间分配任务才能使企业的总成本最低? (用拉格朗日乘数法求)

10. 已知某工厂生产某种产品的数量 Q 与所投入劳动力的数量 L 和资本的数量 K 之间有关系式: $Q = L^{\frac{2}{3}} K^{\frac{1}{3}}$. 其中, 劳动力($L$)的价格为 2 元, 资本($K$)的价格为 1 元.

(1) 如果工厂打算在劳动力和资本上总共投入 3 000 元, 问它在 K 和 L 上各应投入多少能使产量最大? (用拉格朗日乘数法求)

(2) 如果工厂希望生产 800 个单位的产品, 问应投入 K 和 L 各多少才能使成本最低? (用拉格朗日乘数法求)

11. 假设某企业在两个分割的市场上出售同一产品, 两个市场的需求函数分别是 $P_1 = 18 - 2Q_1$, $P_2 = 12 - Q_2$. 其中, P_1, P_2 分别表示该产品在两个市场的价格(单位: 万元/吨), Q_1, Q_2 分别表示该产品在两个市场的销售量(即需求量, 单位: 吨), 并且该企业生产这种产品的总成本函数为 $C = 2Q + 5$, 其中 Q 表示该产品在两个市场的销售总量, 即 $Q = Q_1 + Q_2$. 问:

(1) 如果该企业实行价格差别策略, 试确定两个市场上该产品的销售量和价格, 使该企业获利最大;

(2) 如果该企业实行价格无差别策略, 试确定两个市场上该产品的销售量和同一价格, 使该企业获利最大, 并比较两种策略的总利润大小.

参考答案

1. (1) 极大值 8

(2) 极小值 0

(3) 极大值 28, 极小值 -28

(4) 极小值 $-\dfrac{e}{2}$

2. 极大值 5, 极小值 -5

3. $x = 1$(百件), $y = 2$(百件)

4. $x = 4.8$(kg), $y = 1.2$(kg)

5. $z = xy \Big|_{\left(\frac{1}{2}, \frac{1}{2}\right)} = \dfrac{1}{4}$

6. $(2, -2\sqrt{2}, 2\sqrt{3})$, $d_{\min} = \sqrt{6}$

7. 水箱的长、宽、高分别为 2m.

8. 甲设备 12 台, 乙设备 10 台.

9. 第一家工厂生产 750 单位, 第二家工厂生产 250 单位.

10. (1) 各应投入 1 000 元.

(2) 各应投入 800 元.

11. (1) 4 吨, 每吨 10 万元; 5 吨, 每吨 7 万元, $L(4, 5) = 52$(万元).

(2) 5 吨, 每吨 8 万元; 4 吨, 每吨 8 万元. 价格差别策略获利最大.

§8.7 二重积分

一元函数微积分包含了积分的内容，在定积分中被积函数是一元函数，积分范围是一个区间。本节我们需要把定积分的概念推广到对于定义在区域及曲面上的多元函数的情形，以便得到重积分的概念，这也是多元函数积分学的内容。这里我们只给出二元函数的积分(二重积分)概念、性质与计算。学习本节内容时，要注意与定积分的联系，主要掌握把二重积分化为定积分的计算方法。

一、二重积分的概念与性质

我们知道，要求如图 $8-7-1$ 中(a)、(b)所示的体积，都可用公式体积 = 底面积 × 高求出，用这个公式的特点是立体的顶都是平的，即高不变。但是，在实际应用中，大量的立体图形是不规则形状的，例如图 $8-7-1$ (c)。当然，这样的体积总能分割成一些顶为曲面的柱体，这样的柱体除了靠近边界的一部分之外，其他的体积都看成类似如图 $8-7-2$ 左边所示图的曲顶柱体，然后分别计算出这些曲顶柱体的体积再相加便得到如图(c)的体积。下面我们讨论求曲顶柱体体积的方法。

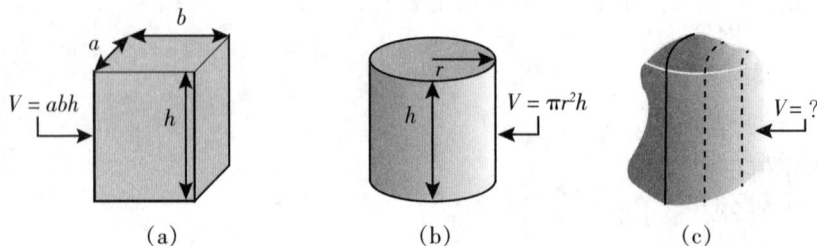

图 $8-7-1$

234

(一) 曲顶柱体的体积

今后如不作特别说明，我们总假设平面区域和空间区域是有界闭区域，而且平面区域有有限面积，空间区域有有限体积。

设有一空间立体 Ω，它的底是 xOy 面上的有界区域 D，顶是由定义在 D 上的二元连续函数 $z = f(x, y)$(这里假定 $f(x, y) \geqslant 0$)所表示的曲面，它的侧面是以 D 的边界曲线为准线，母线平行于 z 轴的柱面，这样的立体称为曲顶柱体，如图 $8-7-2$ 左图所示。

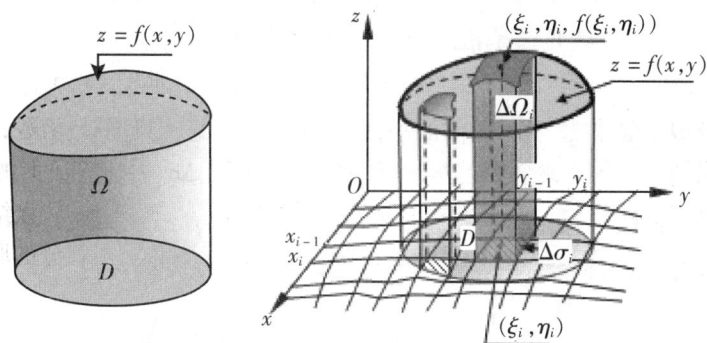

图 8 - 7 - 2

由于曲顶柱体的顶是曲面，也就是柱体的高度 $f(x, y)$ 是随着区域 D 上的点 (x, y) 的变化而变化的，因此不能直接利用平顶柱体的体积公式来计算. 在第六章定积分的讨论中，用"分割—取近似—作和—取极限"的方法可求得曲边梯形的面积，这启发我们也可以仿照这种方法来求曲顶柱体 Ω 的体积 V. 具体做法如下：

建立空间直角坐标系，将柱体 Ω 曲顶置于 xOy 面上方，此时 $f(x, y) \geq 0$，底是 xOy 面上的有界区域 D，如图 8 - 7 - 2 右图所示，然后按下面三步来计算.

（1）分割：用任意有限条连续的曲线网将区域 D 分成任意 n 个小区域 D_1，D_2，…，D_n，这些小区域的面积分别记为：$\Delta\sigma_1$，$\Delta\sigma_2$，…，$\Delta\sigma_i$，…，$\Delta\sigma_n$，其中 $\Delta\sigma_i$ 既代表第 i 个小区域，又表示它的面积值，以这些小区域 $\Delta\sigma_i$ 的边界曲线为准线，作母线平行于 z 轴的柱面，即以这些小区域 $\Delta\sigma_i$ 为底的小曲顶柱体，这些小柱面将原来的曲顶柱体 Ω 分成 n 个小曲顶柱体，它们的体积分别记为 $\Delta\Omega_1$，$\Delta\Omega_2$，…，$\Delta\Omega_i$，…，$\Delta\Omega_n$.

这时，整个曲顶柱体的体积为这些小柱体的体积的和

$$V = \Delta\Omega_1 + \Delta\Omega_2 + \cdots + \Delta\Omega_i + \cdots + \Delta\Omega_n = \sum_{i=1}^{n} \Delta\Omega_i$$

即

$$V = \sum_{i=1}^{n} \Delta\Omega_i.$$

（2）常代变，近似求和：由于 $f(x, y)$ 连续，对于同一个小区域来说，其高度（函数值）变化不大. 因此，可以将小曲顶柱体近似地看作小平顶柱体（以不变的高代替变化的高，求小曲顶柱体 $\Delta\Omega_i$ 的近似值），因而可以在每个小区域 $\Delta\sigma_i$ 上任取一点 (ξ_i, η_i)（$i = 1, 2, \cdots, n$），把以 $f(\xi_i, \eta_i)$ 为高、$\Delta\sigma_i$ 为底的小平顶柱体体积作为相应小曲顶柱体体积 $\Delta\Omega_i$ 的近似值，则有

$$\Delta\Omega_i \approx f(\xi_i, \eta_i)\Delta\sigma_i, \quad (\xi_i, \eta_i) \in \Delta\sigma_i \quad (i = 1, 2, \cdots, n)$$

于是，将这些小曲顶柱体体积的近似值加起来，便得到整个曲顶柱体体积的近似值：

$$\sum_{i=1}^{n} \Delta\Omega_i \approx \sum_{i=1}^{n} f(\xi_i, \eta_i)\Delta\sigma_i$$

即

$$V \approx \sum_{i=1}^{n} f(\xi_i, \eta_i)\Delta\sigma_i$$

（3）细分求极限：为求出立体的精确值，我们先引入区域直径的概念，一个闭区域（平面区域或空间区域）的直径是指区域内任意两点间距离的最大值. 设 $\lambda_i(i=1, 2, \cdots, n)$ 表示 $\Delta\sigma_i$ 的直径，将所有小区域直径中的最大值设为 λ，即 $\lambda = \max\limits_{1\leqslant i\leqslant n}\{\lambda_i\}$，为得到 V 的精确值，对区域 D 分割得越细，近似的程度就越高. 因此，只需让这 n 个小区域越来越小，即当 n 无限增大（小区域个数越来越多）并且小区域 $\Delta\sigma_i$ 中直径的最大值 λ 趋于零，也就是让每个小区域的直径趋于零，这时上述和式 $V\approx\sum\limits_{i=1}^{n}f(\xi_i, \eta_i)\Delta\sigma_i$ 的极限就是所求曲顶柱体 Ω 的精确体积，即

$$V = \lim_{\lambda\to 0}\sum_{i=1}^{n}f(\xi_i, \eta_i)\Delta\sigma_i, \quad (\xi_i, \eta_i)\in\Delta\sigma_i$$

可见，曲顶柱体的体积是一种和式的极限. 在经济研究和工程技术中，有许多的经济量和工程技术量都可归结为这一形式的和的极限，这里不再举具体实例. 因此，我们有必要结合这类极限问题的实际背景，给出一个更广泛、更抽象的数学概念，即二重积分的概念.

（二）二重积分的定义

1. 二重积分的定义

定义 8.12 设 $f(x, y)$ 是有界闭区域 D 上的有界函数. 将区域 D 任意分成 n 个小区域

$$D_1, D_2, \cdots, D_n$$

用 $\Delta\sigma_i$ 表示第 i 个小区域 D_i 的面积，λ_i 表示它的直径. 在每个小区域 D_i 中任取一点 (ξ_i, η_i)，作乘积 $f(\xi_i, \eta_i)\Delta\sigma_i(i=1, 2, \cdots, n)$，并作和式

$$\sum_{i=1}^{n}f(\xi_i, \eta_i)\Delta\sigma_i$$

令 $\lambda = \max\limits_{1\leqslant i\leqslant n}\{\lambda_i\}$，若极限 $\lim\limits_{\lambda\to 0}\sum\limits_{i=1}^{n}f(\xi_i, \eta_i)\Delta\sigma_i$ 存在，且与区域 D 的分割及点 (ξ_i, η_i) 的选取无关，则称此极限值为函数 $f(x, y)$ 在区域 D 上的二重积分，记作 $\iint\limits_{D}f(x, y)\mathrm{d}\sigma$，即

$$\iint\limits_{D}f(x, y)\mathrm{d}\sigma = \lim_{\lambda\to 0}\sum_{i=1}^{n}f(\xi_i, \eta_i)\Delta\sigma_i$$

其中，$f(x, y)$ 称为被积函数，$f(x, y)\mathrm{d}\sigma$ 称为被积表达式，$\mathrm{d}\sigma$ 称为面积元素，x 和 y 称为积分变量，D 称为积分区域，$\sum\limits_{i=1}^{n}f(\xi_i, \eta_i)\Delta\sigma_i$ 称为积分和.

2. 二重积分定义中应注意以下几点

（1）二重积分的值与区域 D 的分法及 $\Delta\sigma_i$ 上点 (ξ_i, η_i) 的取法无关.

（2）$\iint\limits_{D}f(x, y)\mathrm{d}\sigma$ 中的面积元素 $\mathrm{d}\sigma$ 对应着积分和中的微元 $\Delta\sigma_i$.

（3）与一元函数的定积分类似，二重积分是一个极限值，因此它是个数值，这数值的大小只与被积函数 $f(x, y)$ 及积分区域 D 有关，而与积分变量用什么字母无关，即有

$$\iint\limits_{D}f(x, y)\mathrm{d}\sigma = \iint\limits_{D}f(u, v)\mathrm{d}\sigma = \iint\limits_{D}f(s, t)\mathrm{d}\sigma$$

（4）为保证函数 $f(x, y)$ 在闭区域 D 上可积，有下面的充分条件：

二重积分的存在定理 若 $f(x, y)$ 在闭区域 D 上连续，则 $f(x, y)$ 在 D 上的二重积分必存在．

今后如不作特别说明，我们总假设被积函数在有界闭区域是连续的，这样将保证函数 $f(x, y)$ 在区域 D 上的二重积分都存在．

（5）二重积分 $\iint\limits_{D} f(x, y) \mathrm{d}\sigma$ 中的面积元素 $\mathrm{d}\sigma$ 表示积分和中小区域面积 $\Delta\sigma_i$ 的微元．在二重积分的计算中，怎么表达面积元素是计算二重积分的关键．由于二重积分的定义中对区域 D 的划分是任意的（见图 $8-7-3$ 左图），而且如果二重积分存在，则它又与区域 D 的分法无关．所以在直角坐标系下，为简便计算起见，我们可用一组平行于 x 轴的直线和一组平行于 y 轴的直线来划分区域 D（见图 $8-7-3$ 右图），那么除了靠近边界曲线的一些小区域之外，绝大多数的小区域都是矩形，设矩形小区域 $\Delta\sigma_i$ 的边长为 Δx_i 和 Δy_i，则小矩形面积为 $\Delta\sigma_i = \Delta x_i \Delta y_i (i = 1, 2, \cdots, n)$．

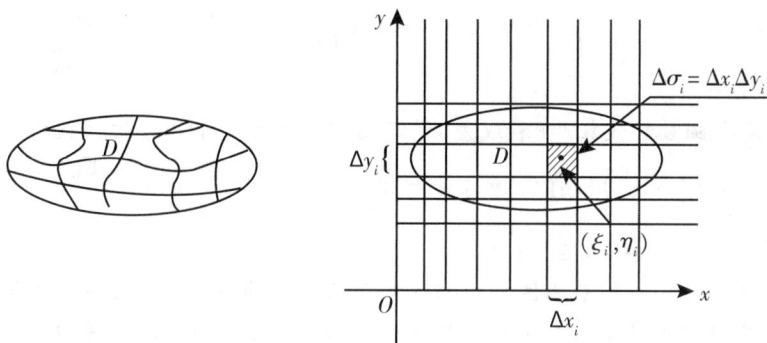

图 $8-7-3$

可以证明，当区域的分割无限细分，每个小区域都收缩到点时，在直角坐标系中，通常将 $\mathrm{d}\sigma$ 记作 $\mathrm{d}x\mathrm{d}y$，并称它为直角坐标系下的面积元素．于是，直角坐标系下二重积分也可表示为

$$\iint\limits_{D} f(x, y) \mathrm{d}\sigma = \iint\limits_{D} f(x, y) \mathrm{d}x\mathrm{d}y \tag{8.7.1}$$

（三）二重积分的几何意义

二重积分 $\iint\limits_{D} f(x, y) \mathrm{d}\sigma$ 的几何意义与定积分类似，可分为三种情形：

（1）若 $f(x, y) \geqslant 0$，二重积分表示以 $z = f(x, y)$ 为顶，以 D 为底的曲顶柱体的体积．

（2）若 $f(x, y) < 0$，曲顶柱体就在 xOy 面的下方，二重积分的绝对值仍等于柱体的体积，但二重积分的值是负的.

$$V = \iint\limits_{D} |f(x, y)| d\sigma = -\iint\limits_{D} f(x, y) d\sigma = \left| \iint\limits_{D} f(x, y) d\sigma \right|$$

此式表明，二重积分的绝对值才是表示曲顶柱体的体积.

（3）如果 $f(x, y)$ 在 D 的若干部分区域上是正的，而在其他的部分区域上是负的，我们可以把 xOy 面上方的柱体体积取成正，xOy 下方的柱体体积取成负，则 $f(x, y)$ 在 D 上的二重积分 $\iint\limits_{D} f(x, y) d\sigma$ 等于这些部分区域上的柱体体积的代数和.

（四）二重积分的性质

二重积分与定积分有相类似的性质，由于这些性质的证法与定积分性质的证法类似，这里只给出结论.

性质 1（线性性质） 常数因子可以提到二重积分号的前面，即

$$\iint\limits_{D} \alpha \cdot f(x, y) d\sigma = \alpha \iint\limits_{D} f(x, y) d\sigma$$

其中，α 是常数.

性质 2 两个函数的代数和（和或差）的二重积分等于二重积分的代数和，即

$$\iint\limits_{D} [f(x, y) \pm g(x, y)] d\sigma = \iint\limits_{D} f(x, y) d\sigma \pm \iint\limits_{D} g(x, y) d\sigma$$

性质 2 对有限个函数的和（或差）也成立.

性质 3（可加性） 如果闭区域 D 被有限条曲线分为有限个部分区域，则在 D 上的二重积分等于在各部分区域上的二重积分的和. 例如，D 分成两个闭区域 D_1 与 D_2，则

$$\iint\limits_{D} f(x, y) d\sigma = \iint\limits_{D_1} f(x, y) d\sigma + \iint\limits_{D_2} f(x, y) d\sigma$$

此性质的几何意义如图 8-7-4 所示，表明二重积分对于积分区域具有可加性.

性质 4 如果在 D 上，$f(x, y) \equiv 1$，σ 为区域 D 的面积，则

$$\sigma = \iint\limits_{D} 1 d\sigma = \iint\limits_{D} d\sigma$$

性质 4 的几何意义表示，高为 1 的平顶柱体的体积在数值上等于柱体的底面积. 此性质说明利用被积函数为 1 的二重积分可求得平面图形的面积.

性质 5 如果在 D 上，$f(x, y) \leqslant g(x, y)$，则有不等式

$$\iint\limits_{D} f(x, y) d\sigma \leqslant \iint\limits_{D} g(x, y) d\sigma$$

特别地，由于 $-|f(x, y)| \leqslant f(x, y) \leqslant |f(x, y)|$，有以下的积分绝对值不等式

$$\left| \iint\limits_{D} f(x, y) d\sigma \right| \leqslant \iint\limits_{D} |f(x, y)| d\sigma$$

性质 5 说明在相同的积分区域上，函数较大，其二重积

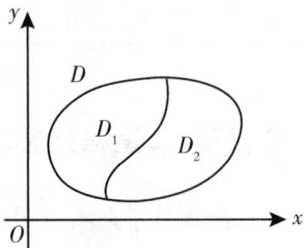

图 8-7-4

分的值也较大.

性质6 设 M 与 m 分别是 $f(x, y)$ 在闭区域 D 上的最大值和最小值，σ 是 D 的面积，则

$$m\sigma \leqslant \iint\limits_{D} f(x, y)\mathrm{d}\sigma \leqslant M\sigma$$

性质 6 说明二重积分的值既不小于函数在积分区域内的最小值与积分区域面积的乘积，又不大于函数在积分区域内的最大值与积分区域面积的乘积.

性质7（积分中值定理） 设函数 $f(x, y)$ 在有界闭区域 D 上连续，σ 是 D 的面积，则在 D 上至少存在一点 (ξ, η)，使得

$$\iint\limits_{D} f(x, y)\mathrm{d}\sigma = f(\xi, \eta)\sigma$$

此性质说明二重积分的值等于被积函数在积分区域内某点的函数值与积分区域面积的乘积.

二、二重积分在直角坐标系中的计算

利用二重积分的定义来计算二重积分显然是不方便的，我们需要寻找既简便又有效的计算方法. 我们的做法是，通过将二重积分变换成二次定积分的计算来实现.

（一） 利用直角坐标系化二重积分为二次积分

前面由 （8.7.1） 式我们已说明在直角坐标系中，二重积分可表示为

$$\iint\limits_{D} f(x, y)\mathrm{d}\sigma = \iint\limits_{D} f(x, y)\mathrm{d}x\mathrm{d}y$$

为将二重积分变换成二次定积分计算，我们仍然从求曲顶柱体的体积入手，这里求曲顶柱体的体积是将曲顶柱体分成"小薄片"来累加. 做法是对整个立体 Ω，用垂直水平面的任意多个平面"切割"整个立体，切得任意多个平行截面，然后将切割开的这任意多个平面片"累加"起来，如图 8-7-5 所示. 这种做法和定积分的定义思路是一致的. 如图 8-7-5（Ⅰ）、（Ⅱ）是对两个立体从两个不同方向"切割"的情形，"切割"的方向不同将得到不同的"累加"过程.

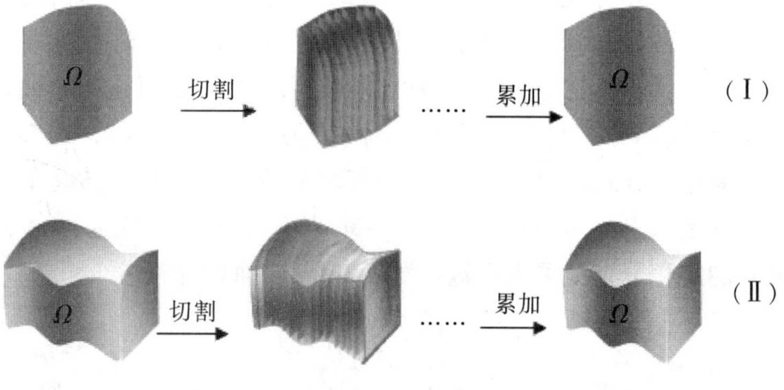

图 8-7-5

　　具体做法是在直角坐标系中分别过 $x(y)$ 轴上的点作垂直于 $x(y)$ 轴的任意多个平面"切割"整个立体,切得任意多个平行截面,然后将切割开的这任意多个平面片"累加". 不同方向的"切割"、"累加"得出的二重积分化为二次积分的形式是不同的,而同一个立体不同方向的"切割"、"累加"得出的二重积分化为二次积分的形式虽然不同但最后计算的结果是一样的. 下面分为(Ⅰ)、(Ⅱ),分别讨论二重积分化成二次积分的公式.

　　1. 积分区域为 X - 型的二重积分化为二次积分的公式

　　假定 $f(x,y) \geqslant 0$,以后所得到的结论对于一般二重积分也适用.

　　由图 8 - 7 - 5(Ⅰ)情形,建立如图 8 - 7 - 6(a)所示的空间直角坐标系,此时立体 Ω 在 xOy 平面上的投影是由曲线 $y = \varphi_1(x)$,$y = \varphi_2(x)$ 及直线 $x = a$,$x = b$ 围成的区域,这样的积分区域称为 X - 型区域,记为 D_x,如图 8 - 7 - 6(b)所示.

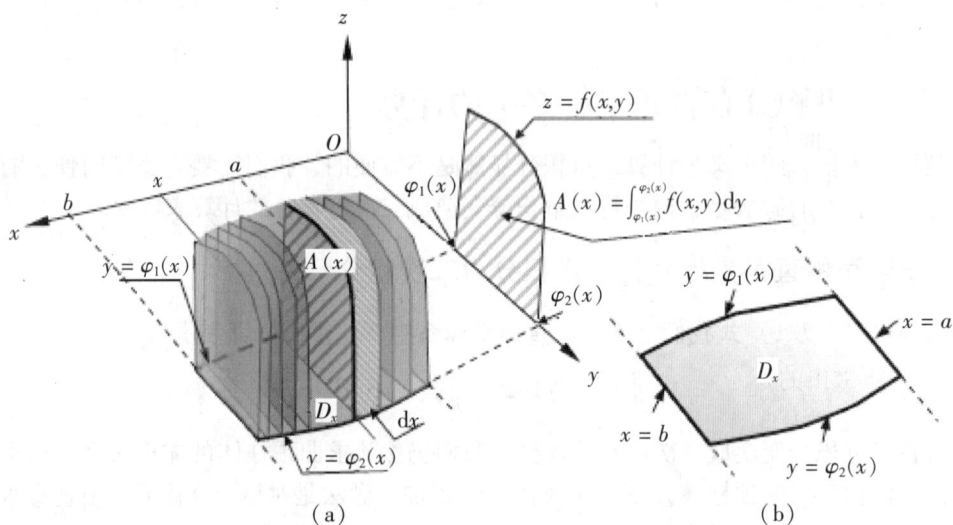

图 8 - 7 - 6

　　X - 型区域集合表示:$D_x = \{(x,y) \mid a \leqslant x \leqslant b, \varphi_1(x) \leqslant y \leqslant \varphi_2(x)\}$;

　　X - 型区域不等式表示:D_x:$a \leqslant x \leqslant b$,$\varphi_1(x) \leqslant y \leqslant \varphi_2(x)$.

　　下面分两步求得二重积分化为二次积分的公式.

　　第一步,在 x 轴上的区间 $[a, b]$ 上任意取一点 $x = x_0$(这里暂时看成常数),作垂直于 x 轴的平面,即平行于 yOz 平面,这平面截曲顶柱体 Ω 所得截面是一个曲边梯形 $A(x_0)$,如图 8 - 7 - 6 中的斜线部分,它与投影区域围成的曲线 $y = \varphi_1(x)$,$y = \varphi_2(x)$ 分别交于 $\varphi_1(x_0)$,$\varphi_2(x_0)$,因此,$A(x_0)$ 的面积可在平面直角坐标系 yOz 中由定积分求得,此时 $z = f(x_0, y)$ 只是 y 的一元函数,在坐标系 yOz 中求以 $z = f(x_0, y)$ 为曲边,积分区间为 $[\varphi_1(x_0), \varphi_2(x_0)]$ 的定积分,就可求得这一截面 $A(x_0)$ 的面积:

$$A(x_0) = \int_{\varphi_1(x_0)}^{\varphi_2(x_0)} f(x_0, y) \mathrm{d}y$$

若另外给定一点 $x = x_1$,过这点截得的面积 $A(x_1)$ 也可同样求得

$$A(x_1) = \int_{\varphi_1(x_1)}^{\varphi_2(x_1)} f(x_1, y) \mathrm{d}y$$
$$\vdots$$

一般地，将 x_0 改写成 x，就得到区间 $[a, b]$ 上任一点 x 且平行于 yOz 面的平面截曲顶柱体所得截面的面积为

$$A(x) = \int_{\varphi_1(x)}^{\varphi_2(x)} f(x, y) \mathrm{d}y \tag{1}$$

由（1）式求出的是所有截出的曲边梯形 $A(x)$ 的面积，也就是化二重积分为二次积分中的第一次积分（先积 y），其中积分上下限分别为曲线 $y = \varphi_2(x)$，$y = \varphi_1(x)$（特别地，当 $\varphi_1(x)$，$\varphi_2(x)$ 为常数时，曲线是平行于 x 轴的直线），这里把被积函数中的 x 看成常数，则此时被积函数是关于自变量 y 的一元函数，积分结果一般为自变量 x 的一元函数.

第二步，在第一步能求得平行截面面积 $A(x)$ 的前提下，将立体在整个区间 $[a, b]$ 上切得任意多个平行截面，然后将这任意多个平面片"累加"起来. 做法是，在平面直角坐标系 xOz 中，在区间 $[a, b]$ 上任意取一点 x 作为切割点，在 x 处切下一块小薄片，截面面积为 $A(x)$，此面积可由第一步求得，则这块小薄片的体积为 $\Delta V \approx A(x) \Delta x$，其厚度为 $\Delta x = \mathrm{d}x$（见图 8-7-6），进一步可得这块小薄片的体积（体积微元）为 $\mathrm{d}V = A(x) \mathrm{d}x$. 将所有这些小薄片的体积加起来就得到整个曲顶柱体的体积，这一过程就是求以 $\mathrm{d}V = A(x) \mathrm{d}x$ 为体积微元作被积表达式，积分区间为 $[a, b]$ 上的定积分，从而得立体的体积为

$$V = \int_a^b A(x) \mathrm{d}x \tag{2}$$

（2）式求出的是立体 Ω 的体积，也化二重积分为二次积分中的第二次积分，其中积分上、下限分别为直线 $x = b$，$x = a$，被积函数为关于自变量 x 的一元函数（第一次积分得到的结果），（2）式的积分结果一定为常数.

最后将（1）式代入（2）式就可得上述曲顶柱体（图 8-7-5（Ⅰ））经过两次积分的体积：

$$V = \int_a^b A(x) \mathrm{d}x = \int_a^b \left[\int_{\varphi_1(x)}^{\varphi_2(x)} f(x, y) \mathrm{d}y \right] \mathrm{d}x$$

也可写成
$$V = \iint_D f(x, y) \mathrm{d}x \mathrm{d}y = \int_a^b \mathrm{d}x \int_{\varphi_1(x)}^{\varphi_2(x)} f(x, y) \mathrm{d}y$$

由以上讨论得到二重积分化为二次积分在 $X-$ 型（先积 y）区域的计算公式：

$$\iint_D f(x, y) \mathrm{d}x \mathrm{d}y = \int_a^b \left[\int_{\varphi_1(x)}^{\varphi_2(x)} f(x, y) \mathrm{d}y \right] \mathrm{d}x \tag{8.7.2}$$

或
$$\iint_D f(x, y) \mathrm{d}x \mathrm{d}y = \int_a^b \mathrm{d}x \int_{\varphi_1(x)}^{\varphi_2(x)} f(x, y) \mathrm{d}y \tag{8.7.2$'$}$$

注：由于区域为 $X-$ 型的二重积分化成二次积分，第一次积分的自变量是 y，这种二重积分化为二次积分也称为先对 y 后对 x 的二次积分.

2. 积分区域为 Y – 型的二重积分化成二次积分的公式

由图 $8-7-5(\text{II})$，用垂直于 y 轴的任意多个平面"切割"的情形讨论积分区域为 Y – 型的二重积分化为二次积分的公式.

首先，根据曲顶柱体的结构建立如图 $8-7-7(\text{a})$ 所示的空间直角坐标系，在图可观察到，曲顶柱体在 xOy 平面上的投影（定义域）是由在 $[c,\ d]$ 上连续的曲线 $x=\psi_1(y)$，$x=\psi_2(y)$ 及直线 $y=c$，$y=d$ 围成的区域，这样的积分区域称为 Y – 型区域，记为 D_y，如图 $8-7-7(\text{b})$ 所示.

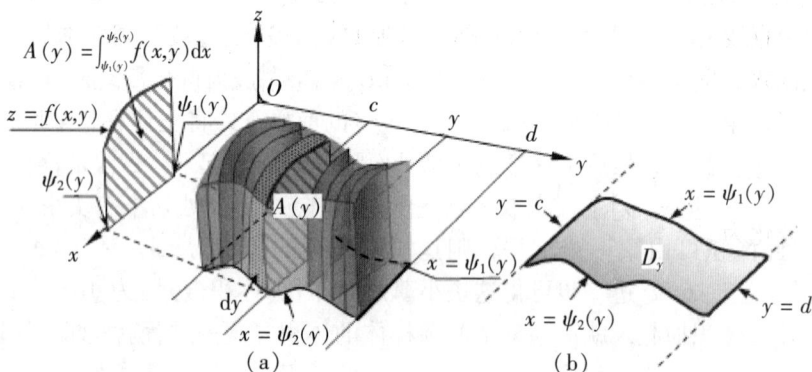

图 $8-7-7$

Y – 型区域集合表示：$D_y=\{(x,\ y)\,|\,c\leqslant y\leqslant d,\ \psi_1(y)\leqslant x\leqslant\psi_2(y)\}$

Y – 型区域不等式表示：D_y：$c\leqslant y\leqslant d$，$\psi_1(y)\leqslant y\leqslant\psi_2(y)$

在 y 轴上的区间 $[c,\ d]$ 上任意取一点 $y=y_0$（这里暂时看成常数）作垂直于 y 轴的平面，即平行于 xOz 平面，这平面截曲顶柱体所得截面是一个曲边梯形，如图 $8-7-7$ 中的斜线阴影部分，它与投影区域围成的曲线 $x=\psi_1(y)$，$x=\psi_2(y)$ 分别交于 $\psi_1(y_0)$，$\psi_2(y_0)$，因此，$A(y_0)$ 的面积可在平面直角坐标系 xOz 中由定积分求得. 此时 y_0 是固定的，$z=f(x,\ y_0)$ 只是关于 x 的一元函数，在坐标系 xOz 中求以 $z=f(x,\ y_0)$ 为曲边，积分区间为 $[\psi_1(y_0),\ \psi_2(y_0)]$ 的定积分，就可得这一截面 $A(y_0)$ 的面积：

$$A(y_0)=\int_{\psi_1(y_0)}^{\psi_2(y_0)}f(x,\ y_0)\mathrm{d}x$$

一般地，将 y_0 改写成 y 就得到区间 $[a,\ b]$ 上任一点 y 且平行于 xOz 面的平面截曲顶柱体所得截面的面积：

$$A(y)=\int_{\psi_1(y)}^{\psi_2(y)}f(x,\ y)\mathrm{d}x \tag{3}$$

（3）式求出的是所有截出的曲边梯形 $A(x)$ 的面积. 也就是化二重积分为二次积分中的第一次积分，其中积分上、下限分别为曲线 $x=\psi_2(y)$，$x=\psi_1(y)$（特别地，当 $\psi_1(y)$，$\psi_2(y)$ 为常数时，曲线是平行于 y 轴的直线），被积函数为关于自变量 x 的一元函数，积分结果一般为关于自变量 y 的一元函数.

其次，类似 X – 型，在第一步能求得平行截面面积 $A(y)$ 的前提下，将立体在整个区间$[c,d]$上切得任意多个平行截面，然后将这任意多个平面片"累加"起来. 做法是，在平面直角坐标系 yOz 中，在区间$[c,d]$上任意取一点 y 作为切割点，在 y 处切一块小薄片截面面积 $A(y)$，此面积可由第一步求得，则这块小薄片的体积为 $\Delta V \approx A(y)\Delta y$，其厚度为 Δy（见图 8-7-7），进一步可得这块小薄片的体积（体积微元）为 $dV = A(y)dy$，于是将所有这些小薄片的体积加起来就得到整个曲顶柱体的体积，也就是以 $dV = A(y)dy$ 作被积表达式，积分区间为$[c,d]$上的定积分，从而得立体的体积为：

$$V = \int_c^d A(y)dy \tag{4}$$

（4）式求出的是立体的体积，也是化二重积分为二次积分中的第二次积分. 其中积分上下限分别为直线 $y=c$，$y=d$，被积函数为关于自变量 y 的一元函数（特别为常数），积分结果一定为常数，将（3）式代入（4）式就可得上述曲顶柱体（图 8-7-5（Ⅱ））经过两次积分的体积：

$$V = \int_c^d A(y)dy = \int_c^d \left[\int_{\psi_1(y)}^{\psi_2(y)} f(x,y)dx\right]dy$$

二重积分化为二次积分在"$Y-$型"（先积 x）区域的二重积分化为二次积分计算公式：

$$\iint\limits_D f(x,y)dxdy = \int_c^d \left[\int_{\psi_1(y)}^{\psi_2(y)} f(x,y)dx\right]dy \tag{8.7.3}$$

或

$$\iint\limits_D f(x,y)dxdy = \int_c^d dy \int_{\psi_1(y)}^{\psi_2(y)} f(x,y)dx \tag{8.7.3'}$$

这种化二重积分为二次积分的方法，简称为先对 x 后对 y 的二次积分.

特别地，对于 $X-$型区域与 $Y-$型区域有两种特殊情形，当立体的投影区域围成的都是矩形区域时，则所围曲线 $y=\varphi_1(x)$，$y=\varphi_2(x)$，$x=\psi_1(y)$，$x=\psi_2(y)$ 将成为直线.

如图 8-7-8（a）中，图形投影区域由直线 $x=a_1$，$x=b_1$，$y=c_1$，$y=d_1$ 围成：图 8-7-8（b）中图形投影区域由直线 $x=a_2$，$x=b_2$，$y=c_2$，$y=d_2$ 围成.

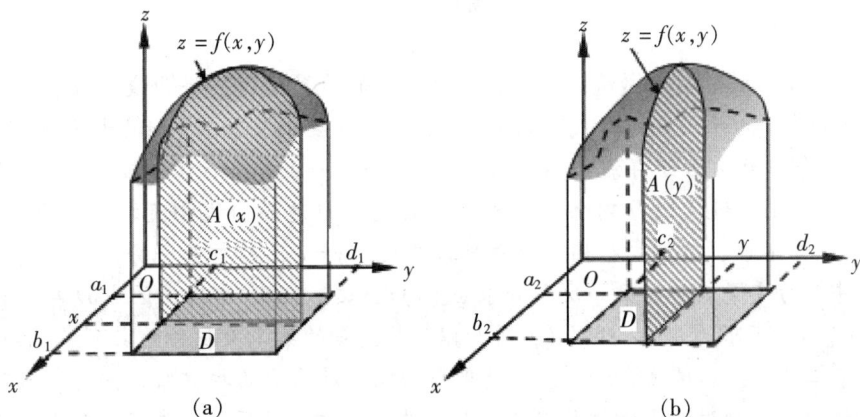

图 8-7-8

此时，二重积分化为二次积分的计算公式为

$$\iint\limits_{D} f(x,y)\mathrm{d}x\mathrm{d}y = \int_a^b \big[\int_c^d f(x,y)\mathrm{d}y\big]\mathrm{d}x = \int_a^b \mathrm{d}x\int_c^d f(x,y)\mathrm{d}y$$

或

$$\iint\limits_{D} f(x,y)\mathrm{d}x\mathrm{d}y = \int_c^d \big[\int_a^b f(x,y)\mathrm{d}x\big]\mathrm{d}y = \int_c^d \mathrm{d}y\int_a^b f(x,y)\mathrm{d}x$$

特别要注意的是，与第六章定积分 §6.5 中的 X – 型（或 Y – 型）区间相比较，这里的 X – 型（或 Y – 型）区域，形状上的划分是一样的，但积分变量有所不同. 第六章定积分 §6.5 中的 X – 型区间是以 x 为积分变量的，Y – 型区间是以 y 为积分变量的，而在二重积分化二次积分中 X – 型区域是先积 y，Y – 型区域是先积 x，请认真分清差异.

（二）二次积分区域与积分限的确定

以上，在 X – 型和 Y – 型区域，我们经过详细讨论得出将二重积分化为二次积分的公式（8.7.2）和（8.7.3）. 由公式可看出，确定两次定积分的积分上、下限是关键. 而积分限的确定又与如何区分立体的投影区域是 X – 型还是 Y – 型有关. 因此，我们有必要根据两种不同区域的特点来确定区域，找出积分上、下限，再进一步具体说明.

1. X – 型（先积 y）积分区域

X – 型区域的特点，如图 8 – 7 – 9 所示（更多参阅第六章 §6.5）.

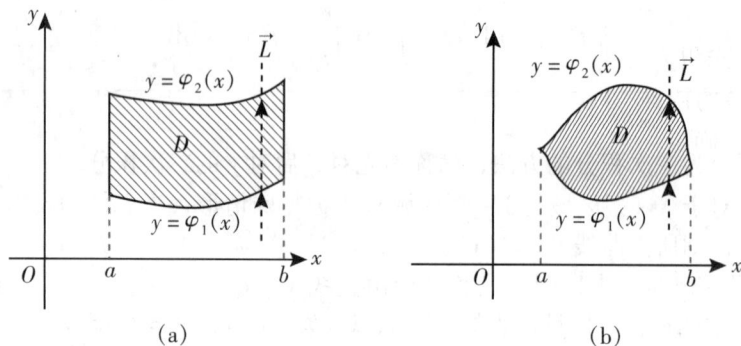

图 8 – 7 – 9

找出 X – 型区域的具体做法是：画出积分区域的边界曲线，将曲线方程表示成因变量为 y、自变量为 x 的函数表达形式 $y = \varphi(x)$. 然后，将区域投影在 x 轴上得到区间 $[a, b]$（这一步可由解曲线方程组得到），在 $[a, b]$ 上任取一点作平行于 y 轴的有向直线 $\vec{L}$（下往上），从下往上穿过区域 D 内部与 D 相交，最先与 D 边界曲线相交的曲线的纵坐标 $y = \varphi_1(x)$ 作为积分下限，后与边界相交的曲线的纵坐标 $y = \varphi_2(x)$ 作为积分上限，这就是公式（8.7.3）中积分变量为 y 的第一次积分限 $\varphi_1(x) \leqslant y \leqslant \varphi_2(x)$. 然后，区域 D 在 x 轴上的投影区间 $[a, b]$ 下限为 a，上限为 b，作为以 x 为变量的第二次积分的上下限 $a \leqslant x \leqslant b$，这样就确定了二次积分的区域. 这可形象地理解为电视屏幕上的扫描线，恰好不多不少地把区域 D 扫过一遍. 通过以上做法得二重积分化为二次积分的区域，表示（集合表示或不等

244

式表示）如下：

集合表示：$D_x = \{(x, y) \mid a \leq x \leq b, \ \varphi_1(x) \leq y \leq \varphi_2(x)\}$

不等式表示：$D_x : a \leq x \leq b, \ \varphi_1(x) \leq y \leq \varphi_2(x)$

例 1 根据所给的二重积分化为二次积分的形式 $\iint\limits_D f(x, y)\mathrm{d}x\mathrm{d}y = \int_1^2 \mathrm{d}x \int_{\frac{1}{x}}^{x} f(x,y)\mathrm{d}y$，

写出积分区域并画出草图.

解：由等式左边得二次积分的次序是先积 y 后积 x，积分区域是 X – 型，于是积分区域表示为：

$$D_x = \left\{(x, y) \,\middle|\, 1 \leq x \leq 2, \ \frac{1}{x} \leq y \leq x \right\}$$

根据 D_x，在直角坐标系中画出曲线（直线）$x = 1$，$x = 2$，$y = \dfrac{1}{x}$，$y = x$，由这些曲线所围图形即为所求积分区域的图形，如图 8 – 7 – 10 阴影部分所示.

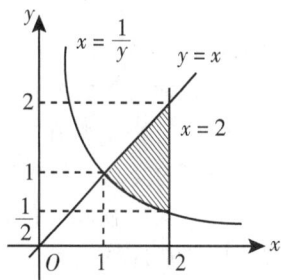

图 8 – 7 – 10

【即学即练】

将由直线 $y = 1$，$x = -1$ 及 $y = x$ 所围成的区域表示成 X – 型区域.

（答案：$D = \{(x, y) \,|\, -1 \leq x \leq 1, \ x \leq y \leq 1\}$）

----

2. Y – 型（先积 x）积分区域

Y – 型区域的特点如图 8 – 7 – 11 所示（更多参阅第六章 §6.5），积分区域也可用类似 X – 型的方法来确定.

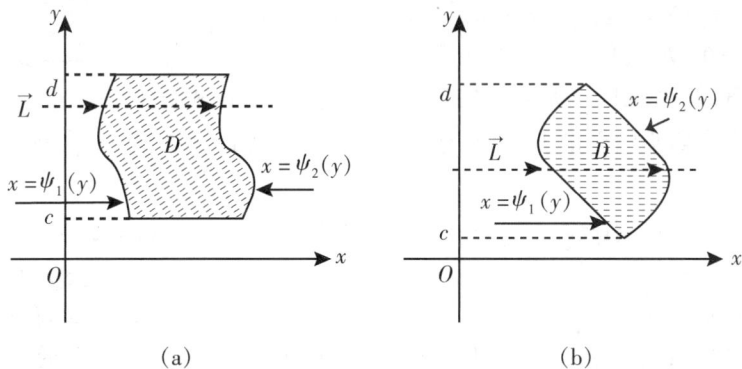

(a)   (b)

图 8 – 7 – 11

找出 Y – 型区域的具体做法是：画出积分区域的边界曲线，如图 8 – 7 – 11 所示，将曲线方程表示成因变量为 x、自变量为 y 的函数表达形式 $x = \psi(y)$. 然后将区域投影在 y 轴上，得区间 $[c, d]$（一般可由求所围曲线交点得到），在 $[c, d]$ 上任取一点作平行于 x 轴的有向直线 $\vec{L}$（左往右），从左往右穿过与区域 D 内部，与 D 相交，最先与区域 D 的边

界曲线相交的曲线 $x = \psi_1(y)$ 作为积分变量为 x 的积分下限，后与 D 的边界曲线相交的曲线 $x = \psi_2(y)$ 作为积分上限，即 $\psi_1(y) \leqslant x \leqslant \psi_2(y)$. 第二次积分区间是区域 D 在 y 轴上的投影区间 $[c, d]$，上限为 c，下限为 d，作为积分变量 y 的积分限，即 $c \leqslant y \leqslant d$. 于是得到二重积分化为二次积分的 Y – 型积分区域，表示如下：

集合表示：$D_y = \{(x, y) \mid c \leqslant y \leqslant d, \psi_1(y) \leqslant x \leqslant \psi_2(y)\}$

不等式表示：$D_y: c \leqslant y \leqslant d, \psi_1(y) \leqslant x \leqslant \psi_2(y)$

其中 $\psi_1(y)$，$\psi_2(y)$ 在 $[c, d]$ 上连续，进一步可得二重积分化为二次积分的计算公式 (8.7.3) 或 (8.7.3)′.

注：（1）通常在确定积分区域时，往往要根据所给的曲线，画出积分区域的图形，求出曲线间的交点，找出区域在坐标轴上的投影区间.

（2）第一次积分的积分区域（积分限）的找法 X – 型形象简称"从下往上穿法"，Y – 型简称"从左往右穿法".

例2 将曲线 $y = x^2$ 与 $y = 2$ 及 x 轴、y 轴所围成的区域分别表示成 X – 型区域和 Y – 型区域.

解：根据题意画出积分区域，如图 8 – 7 – 12 所示：

解方程组 $\begin{cases} y = x^2 \\ y = 2 \end{cases}$，得交点 $\begin{cases} x = 0 \\ y = 0 \end{cases}$ 及 $\begin{cases} x = 2 \\ y = 4 \end{cases}$.

由图及所求交点，看出区域 D 在 x 轴与 y 轴上的投影区间分别为 $[0, 2]$，$[0, 4]$.

对 X – 型区域，先积 y（从下往上穿入区域确定第一次积分上、下限），将围成区域的曲线方程写为因变量为 y、自变量为 x 的函数表达式，得 $y = 0$ 及 $y = x^2$.

于是 X – 型区域表示为：

$D_x = \{(x, y) \mid 0 \leqslant x \leqslant 2, 0 \leqslant y \leqslant x^2\}$ （$\leftarrow \varphi_1(x) = 0$, $\varphi_2(x) = x^2$, $a = 0$, $b = 2$）

对 Y – 型区域，先积 x（从左往右穿入区域确定第一次积分上、下限），将所围成区域的曲线方程 $y = x^2$ 写为因变量为 x、自变量为 y 的函数表达式，得 $x = \sqrt{y}$ 及 $x = 2$. 于是 Y – 型区域表示为：

$D_y = \{(x, y) \mid 0 \leqslant y \leqslant 4, \sqrt{y} \leqslant x \leqslant 2\}$ （$\leftarrow \psi_1(y) = \sqrt{y}$, $\psi_2(y) = 2$, $c = 0$, $d = 4$）

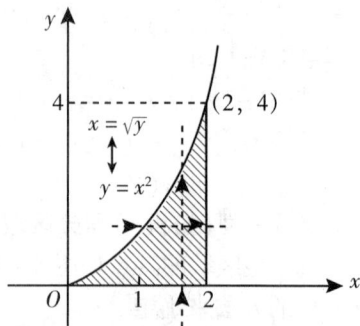

图 8 – 7 – 12

【即学即练】

1. 将由曲线 $x = \sqrt{y}$ 与 $x = y$ 所围成的区域表示成 Y – 型区域.

（答案：$D_y = \{(x, y) \mid 0 \leqslant y \leqslant 1, y \leqslant x \leqslant \sqrt{y}\}$）

2. 根据所给的二重积分化为二次积分的形式 $\iint\limits_D f(x, y)\,dxdy = \int_{\frac{1}{2}}^{1} dy \int_{\frac{1}{y}}^{2} f(x, y)\,dx$，写出积分区域并画出草图.

（答案：$D_y = \{(x, y) \mid \frac{1}{2} \leqslant y \leqslant 1, \frac{1}{y} \leqslant x \leqslant 2\}$）

例3 分别用两种积分次序化二重积分 $\iint\limits_{D} f(x, y)\mathrm{d}\sigma$ 为二次积分，其中 D 是由曲线 $y = \ln x$ 和直线 $x = \mathrm{e}$ 所围成.

解：积分区域如图 8 - 7 - 13 所示.

解方程组 $\begin{cases} y = \ln x \\ x = \mathrm{e} \end{cases}$ 求出交点为 $(\mathrm{e}, 1)$，得 D 在 x 轴

与 y 轴上的投影区间分别为 $[1, \mathrm{e}]$，$[0, 1]$，选择先积 y 后积 $x(X - 型)$，则 $y = 0$，$y = \ln x$，且 D 在 x 轴上的投

影区间为 $[1, \mathrm{e}]$，由曲线方程 $\begin{cases} y = \ln x \\ x = \mathrm{e} \end{cases}$ 得因变量为 y、自

变量为 x 的函数表达式：$y = \ln x$，$y = 0$，然后在 x 轴上
的区间 $[1, \mathrm{e}]$ 上任取一点 x，过该点作 y 轴的平行线，
从下往上，穿入的曲线分别是 $y = 0$，$y = \ln x$，为第一次积分的上、下限，由 D 在 x 轴上的
投影区间 $[1, \mathrm{e}]$ 得第二次积分的上、下限，于是得 $X -$ 型积分区域为：

$$D_x = \{(x, y) \mid 1 \leqslant x \leqslant \mathrm{e}, 0 \leqslant y \leqslant \ln x\} \quad (\leftarrow \varphi_1(x) = 0, \ \varphi_2(x) = \ln x, \ a = 1, \ b = \mathrm{e})$$

从而二次积分为：

$$\iint\limits_{D} f(x, y)\mathrm{d}\sigma = \int_1^{\mathrm{e}} \mathrm{d}x \int_0^{\ln x} f(x, y)\mathrm{d}y$$

选择先积 x 后积 $y(Y - 型)$，如图 8 - 7 - 13 所示.

则由 $y = \ln x$ 得 $x = \mathrm{e}^y$，$x = \mathrm{e}$ 且 D 在 y 轴上的投影区间为 $[0, 1]$.

由曲线方程 $\begin{cases} y = \ln x \\ x = \mathrm{e} \end{cases}$ 得因变量为 x、自变量为 y 的函数表达式：$x = \mathrm{e}^y$，$x = \mathrm{e}$. 然后在 y

轴上的区间 $[0, 1]$ 上任取一点 y，过该点作 x 轴的平行线，从左往右穿入穿出，左曲线表
达式为 $x = \mathrm{e}^y$，右曲线表达式 $x = \mathrm{e}$，为第一次积分的上、下限，由 D 在 y 轴上的投影区间
$[0, 1]$，得第二次积分的上、下限，于是得 $Y -$ 型积分区域为：

$$D_y = \{(x, y) \mid 0 \leqslant y \leqslant 1, \ \mathrm{e}^y \leqslant x \leqslant \mathrm{e}\} \quad (\leftarrow \psi_1(y) = \mathrm{e}^y, \ \psi_2(y) = \mathrm{e}, \ c = 0, \ d = 1)$$

从而二次积分为：

$$\iint\limits_{D} f(x, y)\mathrm{d}\sigma = \int_0^1 \mathrm{d}y \int_{\mathrm{e}^y}^{\mathrm{e}} f(x, y)\mathrm{d}x$$

熟悉上例解法后，可简捷写解法过程.

积分区域如图 8 - 7 - 13 所示.

解方程组 $\begin{cases} y = \ln x \\ x = \mathrm{e} \end{cases}$ 求出交点为 $(\mathrm{e}, 1)$，则 D 在 x 轴与 y 轴上的投影区间分别为 $[1,$

$\mathrm{e}]$，$[0, 1]$.

选先积 $y(X - 型)$ 积分区域为

$$D_x = \{(x, y) \mid 1 \leqslant x \leqslant \mathrm{e}, \ 0 \leqslant y \leqslant \ln x\}$$

从而

$$\iint\limits_{D} f(x, y)\mathrm{d}\sigma = \int_1^{\mathrm{e}} \mathrm{d}x \int_0^{\ln x} f(x, y)\mathrm{d}y$$

选先积 $x(Y - 型)$ 积分区域为

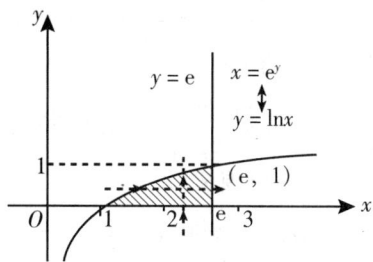

图 8 - 7 - 13

$$D_y = \{(x,\ y)\ |0 \leqslant y \leqslant 1,\ e^y \leqslant x \leqslant e\}\ (\leftarrow\psi_1(y) = e^y,\ \psi_2(y) = e,\ c = 0,\ d = 1)$$

从而
$$\iint\limits_D f(x,\ y)\mathrm{d}\sigma = \int_0^1 \mathrm{d}y \int_{e^y}^e f(x,y)\mathrm{d}x$$

【即学即练】

将二重积分 $\iint\limits_D f(x,\ y)\mathrm{d}\sigma$ 分别用两种积分次序化为二次积分, 其中 D 是由 y 轴, $y = 2$ 和 $y = 2x$ 所围成.

(答案: 先积 y 后积 x: $\iint\limits_D f(x,\ y)\mathrm{d}\sigma = \int_0^1 \mathrm{d}x \int_{2x}^2 f(x,y)\mathrm{d}y$

先积 x 后积 y: $\iint\limits_D f(x,y)\mathrm{d}\sigma = \int_0^2 \mathrm{d}y \int_0^{\frac{y}{2}} f(x,y)\mathrm{d}x$)

----

3. 既非 X - 型区域又非 Y - 型区域

如果积分区域既不是 X - 型区域又不是 Y - 型区域, 则可把积分区域划分成若干 X - 型区域和 Y - 型区域, 使其可应用公式 (8.7.2)(或(8.7.3)), 然后再由二重积分的可加性, 将所分成型部分加起来, 就是整个区域上的二重积分. 例如图 8 - 7 - 14 阴影部分, 积分区域既不是 X - 型区域又不是 Y - 型区域, 可将积分区域 D 化为满足 X - 型条件的区域, 即可把 D 分成六个子区域 D_1, D_2, D_3, D_4, D_5, D_6, 于是, 在积分区域 D 上的二重积分 $\iint\limits_D f(x,y)\mathrm{d}x\mathrm{d}y$ 可表示为:

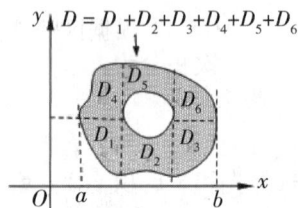

图 8 - 7 - 14

$$\iint\limits_D f(x,y)\mathrm{d}x\mathrm{d}y = \iint\limits_{D_1} f(x,y)\mathrm{d}x\mathrm{d}y + \iint\limits_{D_2} f(x,y)\mathrm{d}x\mathrm{d}y + \iint\limits_{D_3} f(x,y)\mathrm{d}x\mathrm{d}y +$$

$$\iint\limits_{D_4} f(x,y)\mathrm{d}x\mathrm{d}y + \iint\limits_{D_5} f(x,y)\mathrm{d}x\mathrm{d}y + \iint\limits_{D_6} f(x,y)\mathrm{d}x\mathrm{d}y$$

同理也可化为满足 Y - 型条件的区域相加.

4. 如何在二次积分中交换积分的次序

以上是如何确定积分区域, 将二重积分用两种积分区域化为二次积分的过程. 在实际计算中通常要适当选择一种最优方法 (次序) 求得结果, 因此, 交换积分次序就显得非常重要, 这里将一般交换二次积分的积分次序步骤总结如下:

第一步, 根据原给定的二次积分写出区域 D, 并画出区域 D 的图形.

下面以先积 y 交换成先积 x (X - 型区域交换成 Y - 型区域) 为例.

已知二重积分的二次积分为
$$\iint\limits_D f(x,y)\mathrm{d}x\mathrm{d}y = \int_a^b \mathrm{d}x \int_{\varphi_1(x)}^{\varphi_2(x)} f(x,y)\mathrm{d}y$$

根据二次积分的积分限, 写出先积 y 的积分区域:
$$D_x: a \leqslant x \leqslant b,\ \varphi_1(x) \leqslant y \leqslant \varphi_2(x)$$

所围区域的曲线方程为 $y = \varphi_1(x)$，$y = \varphi_2(x)$，$x = a$，$x = b$. 根据方程画出积分区域 D 的图形，如图 $8-7-15$ 所示，解方程组 $\begin{cases} y = \varphi_1(x) \\ y = \varphi_2(x) \end{cases}$ 求交点，得区域在 x 轴上的投影为 $[a, b]$ 如图 $8-7-15$（a），在 y 轴上的投影为 $[c, d]$ 如图 $8-7-15$（b）.

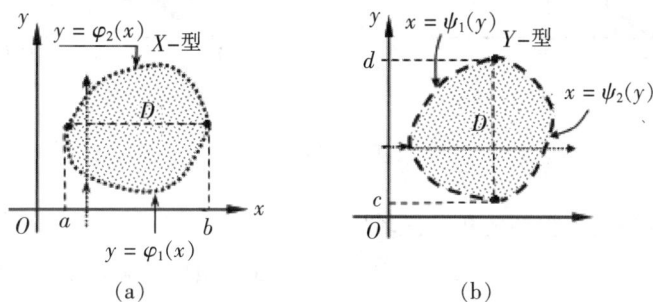

(a)   (b)

图 $8-7-15$

第二步，根据区域 D 的图形，把 D_x 改为 D_y.

由曲线方程 $\begin{cases} y = \varphi_1(x) \\ y = \varphi_2(x) \end{cases}$ 得因变量为 x、自变量为 y 的函数表达式：

$$x = \psi_1(y)，\quad x = \psi_2(y)$$

取在 y 轴上的投影为 $[c, d]$. 于是交换后新的积分区域变为先积 x 的区域：

$$D_y: c \leqslant y \leqslant d，\psi_1(y) \leqslant y \leqslant \psi_2(y).$$

第三步，根据第二步得到的积分区域，写出所给的二次积分化为另一种次序的二次积分的结果.

$$\iint\limits_D f(x,y)\mathrm{d}x\mathrm{d}y = \int_c^d \mathrm{d}y \int_{\psi_1(y)}^{\psi_2(y)} f(x,y)\,\mathrm{d}x$$

同理可得先积 x 交换成先积 y（$Y-$型区域换成 $X-$型区域）的积分次序的过程. 读者可自行完成.

例4 改变二次积分 $\int_0^1 \mathrm{d}x \int_{x^2}^{\sqrt{x}} f(x,y)\,\mathrm{d}y$ 的次序.

解： 第一步，由二次积分 $\int_0^1 \mathrm{d}x \int_{x^2}^{\sqrt{x}} f(x,y)\,\mathrm{d}y$ 可看出，原二次积分是先积 y 后积 x，积分区域是 $X-$型，得

$$D_x: 0 \leqslant x \leqslant 1，x^2 \leqslant y \leqslant \sqrt{x}$$

由 D_x 画出积分区域如图 $8-7-16$ 所示，解方程 $\begin{cases} y = x^2 \\ y = \sqrt{x} \end{cases}$ 求交点，得 $(0, 0)$，$(1, 1)$，从而得区域在 x 轴上的投影区间为 $[0, 1]$，在 y 轴上的投影区间为也 $[0, 1]$.

第二步，由 $\begin{cases} y = x^2 \\ y = \sqrt{x} \end{cases}$ 得因变量为 x、自变量为 y 的函数表达式 $\begin{cases} x = \sqrt{y} \\ x = y^2 \end{cases}$，然后取在 y 轴上的投影区间 $[0, 1]$，如图 $8-7-16$（b）所示.

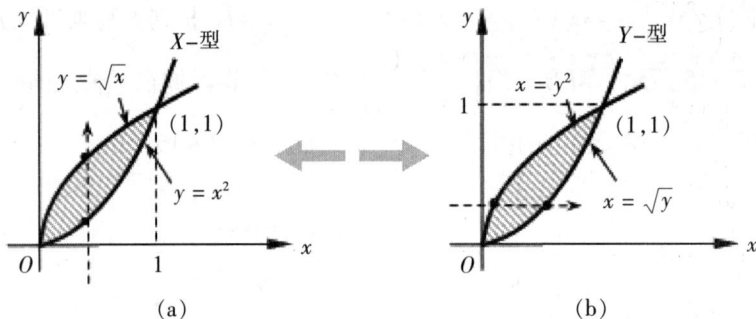

图 8 - 7 - 16

由"从左往右穿法"得新的积分区域：

$$D_y: 0 \leqslant y \leqslant 1, \ y^2 \leqslant x \leqslant \sqrt{y} \ (\leftarrow 先积 \ x, 积分区域是 \ Y - 型)$$

第三步，先积 $y(X - 型)$ 的二次积分 $\int_0^1 dx \int_{x^2}^{\sqrt{x}} f(x,y) dy$ 改变为先积 $x(Y - 型)$ 的二次积分

就是 $\int_0^1 dy \int_{y^2}^{\sqrt{y}} f(x,y) dx$

即

$$\underbrace{\int_0^1 dx \int_{x^2}^{\sqrt{x}} f(x,y) dy}_{X - 型} = \underbrace{\int_0^1 dy \int_{y^2}^{\sqrt{y}} f(x,y) dx}_{Y - 型}$$

【即学即练】

改变下列二次积分的次序：

(1) $\int_{-1}^1 dx \int_0^{\sqrt{1-x^2}} y dy$　　　　　　(2) $\int_1^2 x^2 dx \int_{\frac{1}{x}}^x \frac{1}{y^2} dy$

(答案：(1) $\int_0^1 dy \int_{-\sqrt{1-y^2}}^{\sqrt{1-y^2}} y dx$　　(2) $\int_{\frac{1}{2}}^1 dy \int_{\frac{1}{y}}^2 \frac{x^2}{y^2} dx + \int_1^2 dy \int_y^2 \frac{x^2}{y^2} dx$)

250

5. 二重积分在直角坐标系中的计算

通过以上讨论我们已经学会将二重积分化为二次积分，更进一步是二次积分的计算.

计算两次定积分是用公式(8.7.2)(或(8.7.3))，计算二次定积分是计算两次定积分，其顺序是：先做方括号内的定积分(第一次积分)，积分时把被积函数 $f(x, y)$ 中的 x(或 y) 看成常数，此时 $f(x, y)$ 是关于积分变量 y(或 x)的一元函数，对 y(或 x)求上下限从 $\varphi_2(x)$ 到 $\varphi_1(x)$(或从 $\psi_2(y)$ 到 $\psi_1(y)$)的定积分，积分结果是 x(或 y)的函数. 接着进行第二次积分，把第一次积分所得结果作为第二次积分的被积函数，此时，对 x(或 y)积分变量求从 a 到 b(或从 c 到 d)的定积分，积分结果一定是常数.

下面举例说明：

例 5　计算二次积分：(1) $\int_0^1 \left[\int_x^{2x} xy dy \right] dx$　　(2) $\int_0^1 \left[\int_y^{1-y} xy dx \right] dy$.

解：(1) $\int_0^1 \left[\int_x^{2x} xy dy \right] dx$

$$= \int_0^1 x \left(\frac{y^2}{2} \Big|_x^{2x} \right) dx \text{（←由公式（8.7.2）第一次积分，} y \text{ 为积分变量，将 } x \text{ 看成常数）}$$

$$= \frac{1}{2} \int_0^1 x(4x^2 - x^2) dx \text{（←其中 } \varphi_1(x) = x, \ \varphi_2(x) = 2x, \ a = 0, \ b = 1\text{）}$$

$$= \frac{1}{2} \int_0^1 3x^3 dx = \frac{3}{8} \text{（←第二次积分，} x \text{ 为积分变量）}$$

（2）$\int_0^1 \left[\int_y^{1-y} xy dx \right] dy$

$$= \int_0^1 y \left(\frac{x^2}{2} \Big|_y^{1-y} \right) dy \text{（←由公式（8.7.3）第一次积分，} x \text{ 为积分变量，将 } y \text{ 看成常数）}$$

$$= \frac{1}{2} \int_0^1 \left[y(1-y)^2 - y^3 \right] dy \text{（←其中 } \psi_1(y) = y, \ \psi_2(y) = 1 - y, \ c = 0, \ d = 1\text{）}$$

$$= \frac{1}{2} \int_0^1 (y - 2y^2) dy$$

$$= \frac{1}{2} \left(\frac{1}{2} y^2 - \frac{2}{3} y^3 \right) \Big|_0^1 = -\frac{1}{12} \text{（←第二次积分，} y \text{ 为积分变量）}$$

下面总结一般求二重积分的参考步骤：

第一步，根据题意画出积分区域 D 的图形，求出边界曲线之间的交点.

第二步，由题意和图形确定积分区域 D 和被积函数的表达式，选定先积分变量（X-型区域或 Y-型区域），同时将曲线方程写为因变量（函数）为 y、自变量为 x 的表达式 $y = \varphi(x)$ 或 $x = \psi(y)$. 找出区域 D 分别在 x 轴或 y 轴的投影区间 $[a, b]$ 或 $[c, d]$.

第三步，根据第二步写出 D 的集合表示或不等式表示，找出二次积分的上、下限.

第四步，由第三步写出 D 结果，用公式（8.7.2）或（8.7.3）将二重积分化为二次积分并计算二次积分得出结果.

例6 分别用 X-型区域和 Y-型区域计算二重积分 $\iint\limits_D xy d\sigma$，其中 D 是由直线 $y = 1$，$x = 2$ 及 $y = x$ 所围成的闭区域.

解：第一步，画出区域 D，如图 $8-7-17$ 所示.

解方程组 $\begin{cases} y = 1 \\ x = 2 \end{cases}$，$\begin{cases} y = x \\ x = 2 \end{cases}$ 得所需交点（1，1），

（2，2），则 D 在 x 与 y 轴上的投影区间都为 $[1, 2]$.

第二步，积分区域 D 为 X-型（选先积 y）.

D_x：$1 \leqslant x \leqslant 2$，$1 \leqslant y \leqslant x$

第三、四步，将二重积分化为二次积分并计算二次积分.

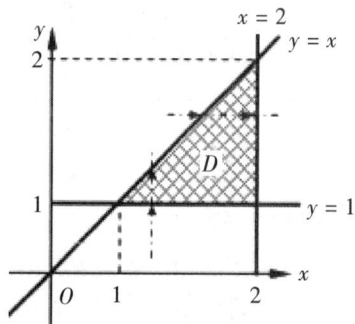

$$\iint\limits_D xy d\sigma = \int_1^2 \left[\int_1^x xy dy \right] dx \text{（←用公式（8.7.2））}$$

$$= \int_1^2 \left(x \cdot \frac{y^2}{2} \right) \Big|_1^x dx \text{（←第一次积分，} y \text{ 为积分变量，将 } x \text{ 看成常数）}$$

图 $8-7-17$

$$= \frac{1}{2}\int_1^2 (x^3 - x)dx = \frac{1}{2}\left(\frac{x^4}{4} - \frac{x^2}{2}\right)\Big|_1^2 = \frac{9}{8} \;(\leftarrow\text{第二次积分}, x \text{为积分变量})$$

D 为 Y – 型区域（即选先积 x），得积分区域为：

$$D_y: 1 \leqslant y \leqslant 2, \; y \leqslant x \leqslant 2.$$

于是 $\displaystyle\iint_D xyd\sigma = \int_1^2 \left[\int_y^2 xydx\right]dy \;(\leftarrow\text{用公式}（8.7.3）)$

$$= \int_1^2 \left((x \cdot \frac{y^2}{2})\Big|_y^2\right)dy \;(\leftarrow x \text{为积分变量，将} y \text{看成常数})$$

$$= \int_1^2 \left(2y - \frac{y^3}{2}\right)dy = \left(y^2 - \frac{y^4}{8}\right)\Big|_1^2 = \frac{9}{8} \;(\leftarrow\text{求积分量} y \text{的定积分})$$

注：熟悉后不必详细写出步骤.

【即学即练】

计算积分 $\displaystyle\iint_D \sin x\cos ydxdy$，其中 D 是由 $y = x$，$y = 0$ 和 $x = \frac{\pi}{2}$ 所围成的三角形区域.

（答案：$\frac{\pi}{4}$）

当 D 既是 X – 型区域也是 Y – 型区域时，也会遇到究竟是选择哪一个区域更好的问题. 上例中没有区别，是因为选择哪一个，计算量都差不多. 但当二重积分化为二次积分时如果选择不当，有的就可能较复杂.

在计算二重积分的过程中，有的区域边界是由不同的曲线组成的，这里就需要我们利用积分的可加性，分几部分来计算，如下例.

例 7 分别用两种积分次序计算二重积分 $\displaystyle\iint_D xyd\sigma$，其中 D 是由直线 $y = x - 2$ 及抛物线 $y^2 = x$ 所围成的闭区域.

解：积分区域 D 如图 8 – 7 – 18 所示.

解方程组 $\begin{cases} y^2 = x \\ y = x - 2 \end{cases}$ 求交点，

$y^2 - y - 2 = 0$，$(y+1)(y-2) = 0$

$y = -1$，$y = 2$，得交点：$(1, -1)$，$(4, 2)$，从而得在 x 轴与 y 轴上的投影区间点分别为 $[0, 4]$，$[-1, 2]$.

解：**方法一** 若选择先积 $y(X$ – 型)，此时，用平行于 y 轴的直线穿入穿出的曲线，扫描完整个区域发现，直线穿入穿出的曲线穿过的上下曲线对于整个区域不完全相同，因此积分区域 D 要分为两个区域 D_1、D_2，如图 8 – 7 – 18 所示，则 $D_x = D_1 + D_2$.

其中 D_1 所围曲线由 $y = -\sqrt{x}$，$y = \sqrt{x}$ 及 $x = 1$ 围成，区域表达式为

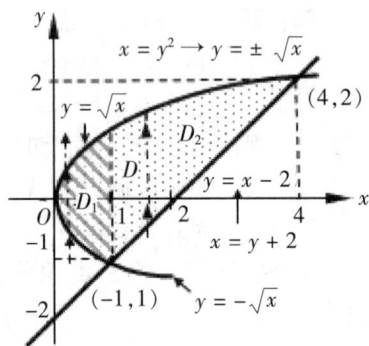

图 8 – 7 – 18

$$D_1: 0 \leqslant x \leqslant 1, \quad -\sqrt{x} \leqslant y \leqslant \sqrt{x}$$

D_2 所围曲线由 $y = \sqrt{x}$，$y = x - 2$ 及 $x = 1$ 围成，区域表达式为

$$D_2: 1 \leqslant x \leqslant 4, \quad x - 2 \leqslant y \leqslant \sqrt{x}.$$

于是
$$\iint\limits_{D_x} xy \mathrm{d}\sigma = \iint\limits_{D_1} xy \mathrm{d}\sigma + \iint\limits_{D_2} xy \mathrm{d}\sigma = \int_0^1 \mathrm{d}x \int_{-\sqrt{x}}^{\sqrt{x}} xy \mathrm{d}y + \int_1^4 \mathrm{d}x \int_{x-2}^{\sqrt{x}} xy \mathrm{d}y$$

$$= \int_0^1 x \left. \frac{y^2}{2} \right|_{-\sqrt{x}}^{\sqrt{x}} \mathrm{d}x + \int_1^4 x \left. \frac{y^2}{2} \right|_{x-2}^{\sqrt{x}} \mathrm{d}x$$

$$= \frac{1}{2} \int_0^1 x(x - x) \mathrm{d}x + \frac{1}{2} \int_1^4 x [x - (x-2)^2] \mathrm{d}x$$

$$= \frac{1}{2} \int_1^4 x [x - (x-2)^2] \mathrm{d}x = \frac{1}{2} \int_1^4 (5x^2 - x^3 - 4x) \mathrm{d}x$$

$$= \frac{1}{2} \left(\frac{5}{3} x^3 - \frac{1}{4} x^4 - \frac{4}{2} x^2 \right) \Big|_1^4$$

$$= \frac{1}{2} \times \frac{135}{12} = \frac{45}{8}$$

方法二 选择先积 x（Y - 型），此时，用平行于 x 轴的直线从左到右穿入穿出的曲线，扫描完整个区域发现，直线对整个区域左边的曲线和右边的曲线完全相同，如图 8 - 7 - 18′所示，因此，积分区域不需要分块，由题意先积曲线表达式由 $y = \sqrt{x}$ 化为表达式 $x = y^2$，由 $y = x - 2$ 化为表达式 $x = y + 2$，则积分区域为

$$D_y: \quad -1 \leqslant y \leqslant 2, \quad y^2 \leqslant x \leqslant y + 2$$

于是

$$\iint\limits_{D_y} xy \mathrm{d}\sigma = \int_{-1}^2 \mathrm{d}y \int_{y^2}^{y+2} xy \mathrm{d}x$$

$$= \int_{-1}^2 y \left[\int_{y^2}^{y+2} x \mathrm{d}x \right] \mathrm{d}y$$

$$= \int_{-1}^2 y \cdot \left. \frac{x^2}{2} \right|_{y^2}^{y+2} \mathrm{d}y$$

$$= \frac{1}{2} \int_{-1}^2 y [(y+2)^2 - y^4] \mathrm{d}y$$

$$= \frac{1}{2} \int_{-1}^2 [y(y+2)^2 - y^5] \mathrm{d}y$$

$$= \frac{1}{2} \left(\frac{y^4}{4} + \frac{4}{3} y^3 + 2y^2 - \frac{y^6}{6} \right) \Big|_{-1}^2 = \frac{45}{8}$$

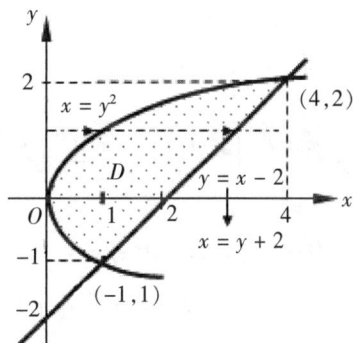

图 8 - 7 - 18′

例 8 计算 $\iint\limits_D y \sqrt{1 + x^2 - y^2} \mathrm{d}\sigma$，其中 D 是由直线 $y = 1$，$x = -1$ 及 $y = x$ 所围成的闭区域.

解：积分区域 D 如图 8 - 7 - 19 所示，求出所围区域曲线的交点，找出 D 在 x 轴及 y 轴上的投影区间都是 $[-1, 1]$.

方法一 若选择先积 y 后积 x，把 D 看成是 X - 型区域，则

$$D_x: \ -1 \leqslant x \leqslant 1, \ x \leqslant y \leqslant 1,$$

于是 $\displaystyle\iint\limits_{D} y\ \sqrt{1 + x^2 - y^2}\,\mathrm{d}\sigma = \int_{-1}^{1}\mathrm{d}x\int_{x}^{1} y\ \sqrt{1 + x^2 - y^2}\,\mathrm{d}y$

$$= -\frac{1}{3}\int_{-1}^{1}(1 + x^2 - y^2)^{\frac{3}{2}}\Big|_{x}^{1}\mathrm{d}x$$

$$= -\frac{1}{3}\int_{-1}^{1}(\,|\,x\,|^3 - 1\,)\,\mathrm{d}x$$

$$= -\frac{2}{3}\int_{0}^{1}(x^3 - 1)\,\mathrm{d}x = \frac{1}{2}$$

方法二 若选择先积 x 后积 y，把 D 看成是 $Y-$型区域，则

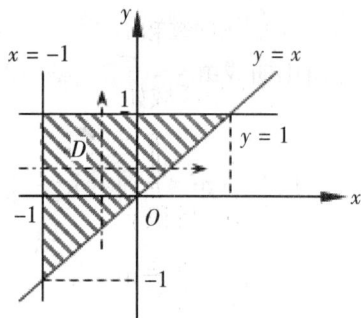

图 8 – 7 – 19

$$D_y: \ -1 \leqslant y \leqslant 1, \ -1 \leqslant x \leqslant y.$$

于是

$$\iint\limits_{D} y\ \sqrt{1 + x^2 - y^2}\,\mathrm{d}\sigma = \int_{-1}^{1}y\mathrm{d}y\int_{-1}^{y}\sqrt{1 + x^2 - y^2}\,\mathrm{d}x = \frac{1}{2}$$

显然上面无论是第一次积分还是第二次积分，计算量要比将区域看成 $X-$型区域大得多，所以我们根据计算量的大小，选择第一种方法最佳.

例 9 计算二重积分 $\displaystyle\iint\limits_{D}\mathrm{e}^{x^2}\mathrm{d}\sigma$，其中 D 是由直线 $y = 1$，$x = 1$ 和 x 轴所围成的三角形区域.

解： 积分出区域 D 如图 8 – 7 – 20 所示，若选择先积 x 后积 y（$Y-$型区域），则 $D_y: \ 0 \leqslant y \leqslant 1, \ y \leqslant x \leqslant 1$，于是

$$\iint\limits_{D}\mathrm{e}^{x^2}\mathrm{d}\sigma = \int_{0}^{1}\mathrm{d}y\int_{y}^{1}\mathrm{e}^{x^2}\mathrm{d}x.$$

由于积分 $\displaystyle\int\mathrm{e}^{x^2}\mathrm{d}x$ 无法算出，改为选择先积 y 后积 x（$X-$型区域），

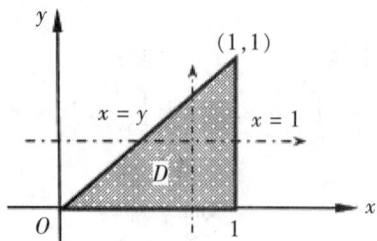

图 8 – 7 – 20

则 $D_x: \ 0 \leqslant x \leqslant 1, \ 0 \leqslant y \leqslant x$

于是

$$\iint\limits_{D}\mathrm{e}^{x^2}\mathrm{d}\sigma = \int_{0}^{1}\mathrm{d}x\int_{0}^{x}\mathrm{e}^{x^2}\mathrm{d}y$$

$$= \int_{0}^{1}(\mathrm{e}^{x^2}y)\Big|_{0}^{x}\mathrm{d}x = \int_{0}^{1}x\mathrm{e}^{x^2}\mathrm{d}x = \frac{1}{2}(\mathrm{e} - 1)$$

注： 由上几个例子可看出，计算二重积分时应注意是选择先积 x（$Y-$型）还是先积 y（$X-$型）. 选择时要灵活考虑，通常视积分区域 D 及被积函数 $f(x, y)$ 的不同情况而定. 虽然既可用 $X-$型表示的区域计算又可用 $Y-$型表示的区域计算，但往往有一种相对简单点，而另一种要复杂得多，如例 7、例 8；有时遇到的积分结构中，在选择区域时若选择不当甚至积不出来，如例 9 只能选择先积 y. 因此，做题选择区域时首先要选择保证两个变量在计算两次定积分时都能求出来的区域；其次，两个变量在计算两次定积分时，在计算量大小或难易程度差不多的前提下，以积分区域不分块优先，如例 7 最优应选择第二种先积 x（$Y-$型区域）的方法.

例 10 计算积分 $\iint\limits_{D} \dfrac{y}{x^2}\mathrm{d}x\mathrm{d}y$，其中 D 是正方形区域 $1 \leqslant x \leqslant 2$，$0 \leqslant y \leqslant 1$.

解： 积分区域如图 8 - 7 - 21 所示，若选择先积 y 后积 x，得

$$\iint\limits_{D} \frac{y}{x^2}\mathrm{d}x\mathrm{d}y = \int_1^2 \mathrm{d}x \int_0^1 \frac{y}{x^2}\mathrm{d}y = \int_1^2 \frac{1}{2x^2}y^2 \bigg|_0^1 \mathrm{d}x = \frac{1}{2}\int_1^2 \frac{\mathrm{d}x}{x^2} = \frac{1}{4}.$$

若选择先积 x 后积 y，得

$$\iint\limits_{D} \frac{y}{x^2}\mathrm{d}x\mathrm{d}y = \int_0^1 \mathrm{d}y \int_1^2 \frac{y}{x^2}\mathrm{d}x$$

$$= -\int_0^1 y\frac{1}{x}\bigg|_1^2 \mathrm{d}y = \frac{1}{2}\int_0^1 y\mathrm{d}y = \frac{1}{4}$$

一般地，（1）当 D 为矩形区域：$c \leqslant y \leqslant d$，$a \leqslant x \leqslant b$，如图 8 - 7 - 22 所示，积分次序可交换.

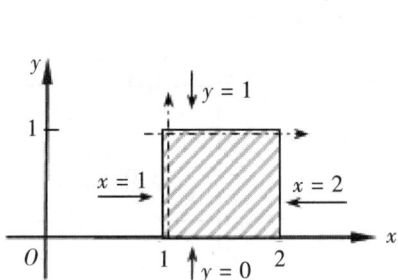

图 8 - 7 - 21

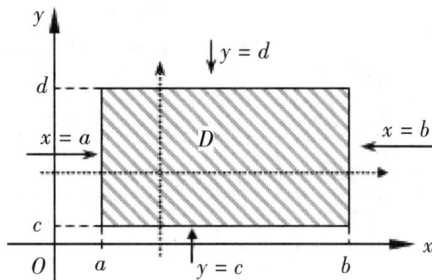

图 8 - 7 - 22

如先对 y 后对 x 的二次积分

$$\iint\limits_{D} f(x,y)\mathrm{d}x\mathrm{d}y = \int_a^b \mathrm{d}x \int_c^d f(x,y)\mathrm{d}y = \int_c^d \mathrm{d}y \int_a^b f(x,y)\mathrm{d}x$$

（2）若 $f(x, y) = g(x) \cdot h(y)$，且当 D 为矩形区域，即积分限为 $a \leqslant x \leqslant b$，$c \leqslant y \leqslant d$ 时，则有

$$\iint\limits_{D} g(x)h(y)\mathrm{d}x\mathrm{d}y = \Big[\int_a^b g(x)\mathrm{d}x\Big] \cdot \Big[\int_c^d h(y)\mathrm{d}y\Big]$$

由（2）的结论可简化满足条件的二重积分计算，如在例 10 也可用（2）结论简化计算如下：

解： 因为 $\dfrac{y}{x^2} = \dfrac{1}{x^2} \cdot y$ 且 D 是正方形区域 $1 \leqslant x \leqslant 2$，$0 \leqslant y \leqslant 1$

所以 $\displaystyle\iint\limits_{D} \frac{y}{x^2}\mathrm{d}x\mathrm{d}y = \Big(\int_1^2 \frac{1}{x^2}\mathrm{d}x\Big) \cdot \Big(\int_0^1 y\mathrm{d}y\Big) = \Big(-\frac{1}{x}\bigg|_1^2\Big) \cdot \Big(\frac{1}{2}y^2\big|_0^1\Big) = -\Big(\frac{1}{2}-1\Big) \cdot \frac{1}{2} = \frac{1}{4}$

- -

【即学即练】

1. 求二重积分 $\displaystyle\iint\limits_{D} x^2 y\mathrm{d}\sigma$，其中积分区域 D 是由 $y = x^2$ 与直线 $x = 1$ 所围成的区域.

2. 求积分 $\int_0^3 \left[\int_0^2 xy^2 \mathrm{d}y\right] \mathrm{d}x = \left(\int_0^3 x\mathrm{d}x\right) \cdot \left(\int_0^2 y^2 \mathrm{d}y\right)$

（答案：1. $\dfrac{1}{14}$　2. 12）

- -

例 11　设 $f(x)$ 在 $[a, b]$ 上连续，其中 a, b 均为常数，且 $a>0$, $b>0$.

证明： $\int_a^b \mathrm{d}x \int_a^x (x-y)^{n-2} f(y) \mathrm{d}y = \dfrac{1}{n-1}\int_a^b (b-y)^{n-1} f(y) \mathrm{d}y$ 且 $a>0$.

证明分析： 由等式左边的二次积分是先积 y 后积 x，即 X - 型区域，考察被积函数，得出不能直接积出的结论，因此考虑交换积分次序，用先积 x 后积 y 来积.

证： 由等式左边先积 y 后积 x 得积分区域：

$$D_x: a\leqslant x\leqslant b,\ a\leqslant y\leqslant x$$

画出区域如图 8 - 7 - 23 所示，然后交换积分次序，用先积 x 后积 y，得积分区域（Y - 型区域）：

$$D_y: a\leqslant y\leqslant b,\ y\leqslant x\leqslant b$$

$$
\begin{aligned}
\text{左边} &= \int_a^b \mathrm{d}x \int_a^x (x-y)^{n-2} f(y) \mathrm{d}y \\
&= \int_a^b f(y) \mathrm{d}y \int_y^b (x-y)^{n-2} \mathrm{d}x \\
&= \frac{1}{n-1}\int_0^a f(y)(x-y)^{n-1}\Big|_y^b \mathrm{d}y \\
&= \frac{1}{n-1}\int_0^a f(y)(b-y)^{n-1}\mathrm{d}y = \text{右边}
\end{aligned}
$$

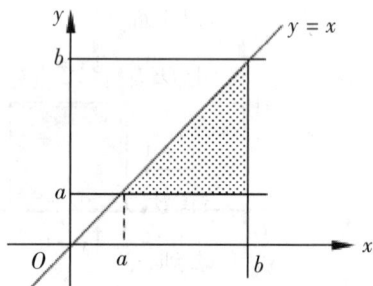

图 8 - 7 - 23

即　$\int_a^b \mathrm{d}x \int_a^x (x-y)^{n-2} f(y) \mathrm{d}y = \dfrac{1}{n-1}\int_a^b (b-y)^{n-1} f(y)\mathrm{d}y$

注： 当求解方法熟悉后可灵活简化解题步骤.

*例 12　利用二重积分计算由坐标平面和平面 $x+y+z-3=0$ 所围成的四面体的体积.

解： 设所求体积为 V，则根据题意四面体的体积就是由坐标平面 xOy 面，xOz 面，yOz 面及平面 $x+y+z-3=0$ 所围成的体积，可得如图 8 - 7 - 24(a) 所示的图形.

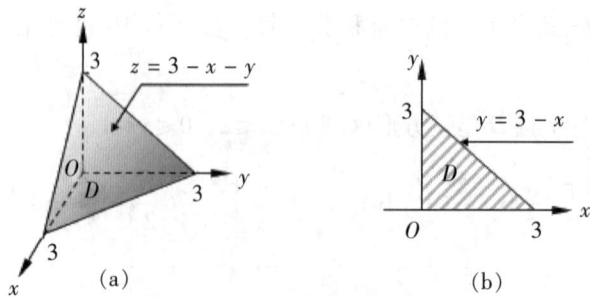

图 8 - 7 - 24

故所求体积就是以 $z = 3 - x - y$ 为被积函数，积分区域 D 由直线 $x + y - 3 = 0$，$y = 0$ 及 $x = 0$ 所围成，如图 $8-7-24(\mathrm{b})$ 的二重积分 $V = \iint\limits_{D}(3 - x - y)\,\mathrm{d}x\mathrm{d}y$.

选择先积 y，则 $D_x = \{(x,y) \mid 0 \leqslant x \leqslant 3,\ 0 \leqslant y \leqslant 3 - x\}$

于是

$$
\begin{aligned}
V &= \iint\limits_{D}(3 - x - y)\,\mathrm{d}x\mathrm{d}y = \int_0^3 \mathrm{d}x \int_0^{3-x}(3 - x - y)\,\mathrm{d}y \\
&= \int_0^3 \left(3y - xy - \frac{y^2}{2}\right)\Big|_0^{3-x}\,\mathrm{d}x \\
&= \int_0^3 \left(\frac{9}{2} - 3x + \frac{1}{2}x^2\right)\mathrm{d}x = \frac{9}{2}
\end{aligned}
$$

【即学即练】

1. 证明 $\int_0^a \mathrm{d}x \int_0^x (a - y)f(y)\,\mathrm{d}y = \int_0^a (a - y)^2 f(y)\,\mathrm{d}y$，其中 a 为常数，且 $a > 0$.

2. 计算由以平面 $z = 1 + x + y$ 为顶，以曲线 $x = 0$，$y = 0$，$x + y = 1$ 所围成的区域为准线，母线平行于 Oz 轴的柱体体积.　　（答案：2. $\dfrac{5}{6}$）

三、二重积分在极坐标系中的计算

前面我们看到，在直角坐标系中二重积分的计算，是将二重积分化为二次积分后求出结果. 由于积分区域和被积函数复杂多样，仅靠在直角坐标系下化二重积分为二次积分的方法，难以计算出所有的二重积分. 这里介绍最简单的一种解决办法——换元法，即将二重积分从直角坐标表示，变换为极坐标表示，然后在极坐标系下计算二重积分. 做法是，首先建立所给二重积分在直角坐标系与极坐标系下的位置关系，其次将直角坐标系下的坐标转换成极坐标系下的坐标，最后写出直角坐标系下的二重积分在极坐标系下的表示公式并计算出结果.

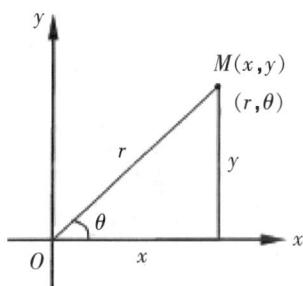

图 $8-7-25$

（一）直角坐标系与极坐标系下坐标的转换

将原点取为极点，把 Ox 轴的正半轴取为极轴. 设 M 为平面上的点，在直角坐标系中表示为 $M(x,y)$，因为在极坐标系中，平面上点的极坐标用 r，θ 来表示，那么直角坐标与极坐标之间将有如下转换关系：

$$
\begin{cases} x = r\cos\theta \\ y = r\sin\theta \end{cases},\quad r = \sqrt{x^2 + y^2},\quad \theta = \arctan\frac{y}{x}.
$$

其中 θ 称为点 M 的极角，r 称为点 M 的极径，极径 $r \geqslant 0$，则点 M 在直角坐标与极坐标之间的转换关系为：

$$
M(x,y) = M(r\cos\theta,\ r\sin\theta)
$$

（二）二重积分在极坐标系下的表示公式

在经过直角坐标变换为极坐标后，直角坐标系中的二重积分 $\iint\limits_{D} f(x,y)\mathrm{d}\sigma$ 的被积函数 f

(x,y) 在极坐标系中可变换为 $f(r\cos\theta,\ r\sin\theta)$，

即 $$f(x,\ y)=f(r\cos\theta,\ r\sin\theta)$$

下面求面积元素 $\mathrm{d}\sigma=\mathrm{d}x\mathrm{d}y$ 在极坐标系中的表示.

因为在极坐标系中，平面上点的极坐标表示是 r，θ. 当 r 为常数时，表示以极点 O 为中心的一组同心圆；当 θ 为常数时，表示从极点 O 出发的一组射线. 根据这一特点，设在极坐标系中，区域 D 由曲线 $r=\varphi_1(\theta)$ 及 $r=\varphi_2(\theta)$ 围成，D 的边界曲线与从极点 O 出发且穿过 D 的内部的射线相交不多于两点，我们用一组同心圆（r 为常数）和一组通过极点的射线（θ 为常数），将区域 D 分成很多小区域 $\Delta\sigma_1$，$\Delta\sigma_2$，$\cdots$，$\Delta\sigma_i$，$\cdots$，$\Delta\sigma_n$，如图 8－7－26 所示.

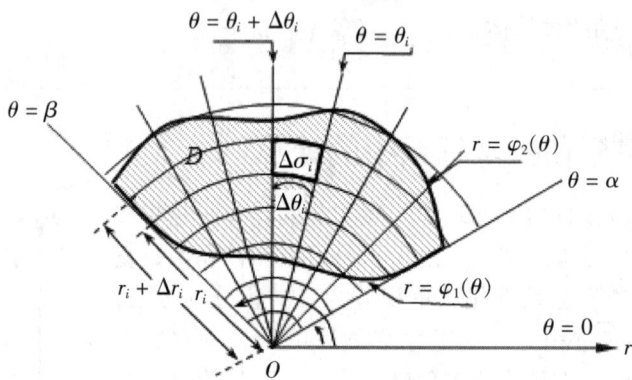

图 8－7－26

设其中 $\Delta\sigma_i$ 是由半径为 $r_i+\Delta r_i$ 和 r_i 的两个圆弧与极角等于 $\Delta\theta_i$ 和 $\theta_i+\Delta\theta_i$ 的两条射线所围成的小区域，这个小区域既代表第 i 个小区域，又表示它的面积值，$\Delta\sigma_i$ 的面积除了包含边界点的一些小闭区域外，其余的可由两个小扇形面积相减得到.

由扇形面积公式 $S_{扇形}=\dfrac{1}{2}r^2\theta$ 计算如下：

$$\begin{aligned}
\Delta\sigma_i &= \frac{1}{2}(r_1+\Delta r_i)^2\Delta\theta_i-\frac{1}{2}r_i^2\Delta\theta_i\\[2mm]
&= \frac{1}{2}\big[r_i^2+2r_i\cdot\Delta r_i+(\Delta r_i)^2\big]\Delta\theta_i-\frac{1}{2}r_i^2\Delta\theta_i\\[2mm]
&= \frac{1}{2}r_i^2\Delta\theta_i+r_i\Delta r_i\Delta\theta_i+\frac{1}{2}(\Delta r_i)^2\Delta\theta_i-\frac{1}{2}r_i^2\Delta\theta_i\\[2mm]
&= r_i\Delta r_i\Delta\theta_i+\frac{1}{2}(\Delta r_i)^2\Delta\theta_i
\end{aligned}$$

当 $|\Delta r_i|$ 和 $|\Delta\theta_i|$ 都很小时，上式第二项 $\dfrac{1}{2}(\Delta r_i)^2\Delta\theta_i$ 为高阶无穷小量，可以忽略掉，因此有 $\Delta\sigma_i\approx r_i\Delta r_i\Delta\theta_i$，由微分定义，这里有 $\Delta\sigma_i=\mathrm{d}\sigma_i$，$\Delta r_i=\mathrm{d}r_i$，$\Delta\theta_i=\mathrm{d}\theta_i$，从而得到极坐标系下面积元素为：

$$\mathrm{d}\sigma = r\mathrm{d}r\mathrm{d}\theta.$$

因此将 $\begin{cases}x=r\cos\theta\\y=r\sin\theta\end{cases}$ 及 $\mathrm{d}\sigma=r\mathrm{d}r\mathrm{d}\theta$ 代入二重积分 $\displaystyle\iint_D f(x,y)\mathrm{d}\sigma$ 得在极坐标系中的表达式为：

$$\iint_D f(x,y)\mathrm{d}\sigma = \iint_D f(r\cos\theta,r\sin\theta)\,r\mathrm{d}r\mathrm{d}\theta$$

因此，上述变换公式也可以写成

$$\iint_D f(x,y)\mathrm{d}x\mathrm{d}y = \iint_D f(r\cos\theta,r\sin\theta)\,r\mathrm{d}r\mathrm{d}\theta \qquad (8.7.4)$$

注：因为 r 不取负数，在利用极坐标计算二重积分时，我们总假定 $r\geqslant 0$，$0\leqslant\theta\leqslant 2\pi$ 或 $-\pi\leqslant\theta\leqslant\pi$.

例 13 将二重积分 $\displaystyle\iint_D \sqrt{x^2+y^2}\mathrm{d}x\mathrm{d}y$ 化为在极坐标系下的二重积分.

解： 将 $x=r\cos\theta$，$y=r\sin\theta$，$\mathrm{d}x\mathrm{d}y=r\mathrm{d}r\mathrm{d}\theta$ 代入二重积分 $\displaystyle\iint_D \sqrt{x^2+y^2}\mathrm{d}x\mathrm{d}y$，于是在极坐标系下的二重积分为

$$\iint_D \sqrt{x^2+y^2}\mathrm{d}x\mathrm{d}y = \iint_D \sqrt{(r\cos\theta)^2+(r\sin\theta)^2}\,r\mathrm{d}r\mathrm{d}\theta = \iint_D r^2\mathrm{d}r\mathrm{d}\theta$$

【即学即练】

将二重积分 $\displaystyle\iint_D \ln(1+x^2+y^2)\mathrm{d}\sigma$ 化为在极坐标系下的二重积分.

（答案：$\displaystyle\iint_D \ln(1+r^2)r\mathrm{d}r\mathrm{d}\theta$）

（三）极坐标下的二重积分化为二次积分的计算

极坐标系下的二重积分，也要将它化为二次积分来计算. 因为在直角坐标系下二重积分化为二次积分计算，关键是考虑积分区域的确定，因此在极坐标系中也有同样的问题.

1. 化为二次积分的区域确定

极坐标下区域，是以极点 O 与区域 D 的位置关系来确定的. 一般分为下面三种情形，这三种情的形共同之处是，所围区域 D 中函数（曲线）$r=\varphi_1(\theta)$，$r=\varphi_2(\theta)$ 在 $[\alpha,\beta]$ 上连续，射线与区域的边界相交不多于两点. 下面分别说明.

第一种情形：区域 D 的边界曲线为 $r = \varphi_1(\theta)$，$r = \varphi_2(\theta)$，极点 O 在区域 D 之外.

设区域 D 中函数 $r = \varphi_1(\theta)$，$r = \varphi_2(\theta)$ 在 $[\alpha, \beta]$ 上连续，且恰好夹在从极点 O 引出的两条射线 $\theta = \alpha$ 和 $\theta = \beta$ 之间，且从极点 O 引出的射线任意穿过区域内部，射线与区域的边界相交不多于两点，如图 $8-7-27$ 所示.

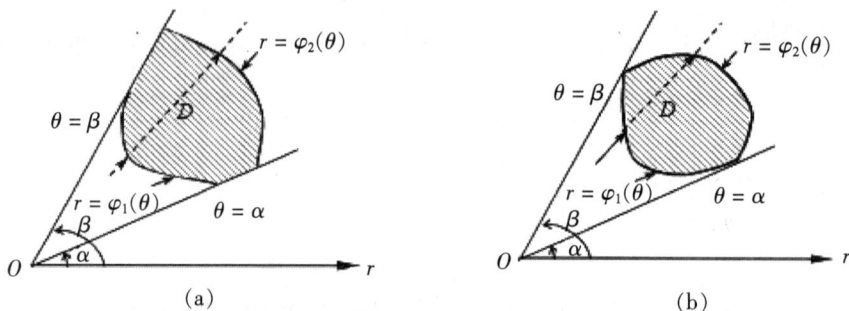

图 $8-7-27$

r 与 θ 积分区间可用"穿入穿出法"确定，即在 θ 的变化区间 $[\alpha, \beta]$ 上任意取定一个 θ 值，过极点作极角为 θ 的射线，当它穿过区域 D 的内部时，由离极点最近的曲线 $r = \varphi_1(\theta)$ 穿入，由较远的曲线 $r = \varphi_2(\theta)$ 穿出，便得 r 的积分下限是 $\varphi_1(\theta)$，上限是 $\varphi_2(\theta)$；让 θ 在区间 $[\alpha, \beta]$ 上变化（θ 从 $\theta = \alpha$ 变化到 $\theta = \beta$ 可"扫描"完区域 D），得 θ 的上、下限 α，β，于是积分区域 D 为

D：$\alpha \leqslant \theta \leqslant \beta$，$\varphi_1(\theta) \leqslant r \leqslant \varphi_2(\theta)$ 或 $\{(r, \theta) \mid \alpha \leqslant \theta \leqslant \beta, \ \varphi_1(\theta) \leqslant r \leqslant \varphi_2(\theta)\}$

从而得二重积分化为二次积分的公式：

$$\iint\limits_{D} f(r\cos\theta, r\sin\theta) r \mathrm{d}r \mathrm{d}\theta = \int_{\alpha}^{\beta} \left[\int_{\varphi_1(\theta)}^{\varphi_2(\theta)} f(r\cos\theta, r\sin\theta) r \mathrm{d}r \right] \mathrm{d}\theta \tag{8.7.5}$$

或 $$\iint\limits_{D} f(r\cos\theta, r\sin\theta) r \mathrm{d}r \mathrm{d}\theta = \int_{\alpha}^{\beta} \mathrm{d}\theta \int_{\varphi_1(\theta)}^{\varphi_2(\theta)} f(r\cos\theta, r\sin\theta) r \mathrm{d}r \tag{8.7.5}'$$

特别地，极点 O 在区域 D 的边界外部，但在边界曲线 $r = \varphi_1(\theta)$，$r = \varphi_2(\theta)$ 当中，如图 $8-7-28$ 所示，穿入曲线为 $r = \varphi_1(\theta)$，穿出曲线为 $r = \varphi_2(\theta)$，θ 从 $\theta = \alpha = 0$ 变化到 $\theta = \beta = 2\pi$ 可"扫描"完区域 D，此时积分区域 D 可表示为：

D：$\{(r, \theta) \mid 0 \leqslant \theta \leqslant 2\pi, \ \varphi_1(\theta) \leqslant r \leqslant \varphi_2(\theta)\}$

其中函数 $r = \varphi_1(\theta)$，$r = \varphi_2(\theta)$ 在 $[0, 2\pi]$ 上连续，于是有二重积分化为二次积分公式(8.7.6)：

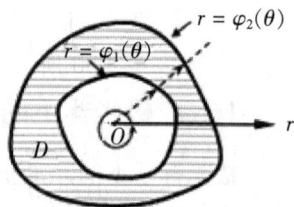

图 $8-7-28$

$$\iint\limits_{D}f(r\cos\theta,r\sin\theta)r\mathrm{d}r\mathrm{d}\theta = \int_0^{2\pi}\mathrm{d}\theta\int_{\varphi_1(\theta)}^{\varphi_2(\theta)}f(r\cos\theta,r\sin\theta)r\mathrm{d}r \qquad (8.7.6)$$

显然，这只是第一种情形中（8.7.5）当 $\alpha=0$，$\beta=2\pi$ 时的特殊形式.

第二种情形：极点 O 在区域 D 的边界上，边界曲线为 $r=\varphi(\theta)$，如图 $8-7-29$ 所示.

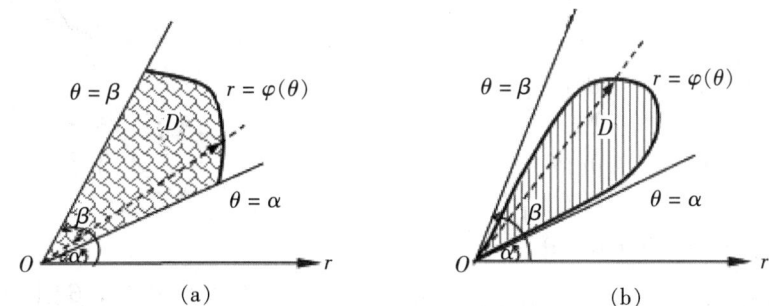

图 $8-7-29$

分析与第一种类似（穿入曲线为 $r=0$，穿出曲线为 $r=\varphi(\theta)$，θ 从 $\theta=\alpha$ 变化到 $\theta=\beta$ 可"扫描"完区域 D），此时积分区域 D 可表示为

$$D:\{(r,\ \theta)\mid\alpha\leqslant\theta\leqslant\beta,\ 0\leqslant r\leqslant\varphi(\theta)\}$$

其中函数 $r=\varphi(\theta)$ 在 $[\alpha,\ \beta]$ 上连续.

于是得二重积分化为二次积分的公式(8.7.7)：

$$\iint\limits_{D}f(r\cos\theta,r\sin\theta)r\mathrm{d}r\mathrm{d}\theta = \int_{\alpha}^{\beta}\mathrm{d}\theta\int_0^{\varphi(\theta)}f(r\cos\theta,r\sin\theta)r\mathrm{d}r \qquad (8.7.7)$$

显然，这只是第一种情形中 $\varphi_1(\theta)=0$，$\varphi_2(\theta)=\varphi(\theta)$ 时的特殊形式.

第三种情形：极点 O 在区域 D 的边界内部，边界曲线只是由 $r=\varphi(\theta)$ 所围成.

如图 $8-7-30$ 所示，穿入曲线 $r=0$，穿出曲线 $r=\varphi(\theta)$，θ 从 0 变化到 2π 可"扫描"完区域 D，此时区域 D 可表示为：

$$D:\{(r,\ \theta)\mid0\leqslant\theta\leqslant2\pi,\ 0\leqslant r\leqslant\varphi(\theta)\}$$

其中函数 $r=\varphi(\theta)$ 在 $[0,\ 2\pi]$ 上连续.

于是得二重积分化为二次积分的公式(8.7.8)：

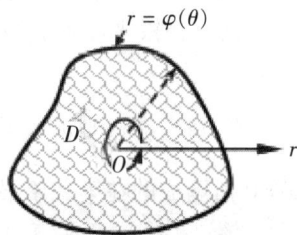

图 $8-7-30$

$$\iint\limits_{D}f(r\cos\theta,r\sin\theta)rdrd\theta = \int_{0}^{2\pi}d\theta\int_{0}^{\varphi(\theta)}f(r\cos\theta,r\sin\theta)rdr \qquad (8.7.8)$$

除上面三种情形外还有第四种情形：如果过极点穿入穿出积分区域 D 的射线与区域的边界相交多于两点，即不是以上三种情形之一，可适当分块，然后根据可加性得出结果．例如图 8－7－31 中的区域 D 可分为 $D = D_1 + D_2 + D_3$．

于是 $\displaystyle\iint\limits_{D}f(r\cos\theta,r\sin\theta)rdrd\theta$

$$= \iint\limits_{D_1}f(r\cos\theta,r\sin\theta)rdrd\theta +$$

$$\iint\limits_{D_2}(r\cos\theta,r\sin\theta)rdrd\theta +$$

$$\iint\limits_{D_3}f(r\cos\theta,r\sin\theta)rdrd\theta$$

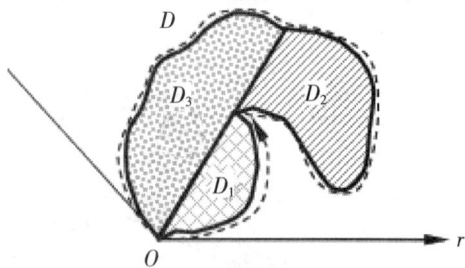

图 8－7－31

2. 使用极坐标计算二重积分的原则

在什么情况下计算二重积分采用极坐标计算较为恰当呢？对某些被积函数用极坐标变量表达比较简单，而且积分区域 D 的边界曲线用极坐标方程表示又较为方便的，可考虑用极坐标来计算．例如要从积分区域及被积函数两方面考虑，即当积分区域 D 为圆域、圆环域、扇形域或从原点出发的两条射线所截得的部分时，以及当被积函数使用极坐标变换后将简化计算时，如被积函数形如 $f(x^2 + y^2)$，$f(\frac{y}{x})$，$f(\frac{x}{y})$ 等形式时，可考虑采用极坐标计算．

3. 使用极坐标计算二重积分的一般参考步骤

第一步，在直角坐标系中画出积分区域 D，根据区域特点适当选择建立极坐标系．将 $x = r\cos\theta$，$y = r\sin\theta$ 代入被积函数，将面积元 $dxdy$ 换为 $rdrd\theta$．

第二步，将直角坐标系中区域 D 的边界曲线换为极坐标系下的表达式．

第三步，视极点 O 与区域 D 的位置关系，选择 D 是哪种情形（前面列出四种基本情形）来确定 r，θ 的范围，即确定在极坐标系下积分区域的表示．

第四步，计算出两次积分（通常积分时先积 r 后积 θ）．

注：将极坐标系下的二重积分转化为直角坐标系下的二重积分步骤，只需依反方向进行．

例 14 在极坐标系下计算二重积分 $\displaystyle\iint\limits_{D}\sqrt{x^2 + y^2}dxdy$，其中区域 D 由 $x^2 + y^2 - 2y = 0$ 及 $x = 0$ 所围成的在第一象限内的区域．

解：根据题意在直角坐标系下画出积分区域 D 并建立极坐标系（极点 O 在区域 D 的边界上），如图 8－7－32 所示，由图可以看出此时积分区域属于第二种情形，即极点 O 在区域 D 的边界上．

将 $x = r\cos\theta$，$y = r\sin\theta$，$dxdy = rdrd\theta$ 代换 $\sqrt{x^2 + y^2}dxdy$

及方程 $x^2 + y^2 - 2y = 0$，可得极坐标系中的表达式 $\sqrt{x^2 + y^2}$

$dxdy = r \cdot rdrd\theta$，$r = 2\sin\theta$，$D$ 可以表示为

$$D：\{(r，\theta)|0 \leqslant \theta \leqslant \frac{\pi}{2}，0 \leqslant r \leqslant 2\sin\theta\}$$

于是由公式(8.7.7)得

$$\iint\limits_{D} f(r\cos\theta，r\sin\theta) rdrd\theta = \int_{\alpha}^{\beta} d\theta \int_{0}^{\varphi(\theta)} f(r\cos\theta，r\sin\theta) rdr$$

得 $\quad \iint\limits_{D} \sqrt{x^2 + y^2}dxdy = \int_{0}^{\frac{\pi}{2}} \int_{0}^{2\sin\theta} r \cdot rdrd\theta \;(\leftarrow r = \varphi(\theta) =$

$$2\sin\theta，\alpha = 0，\beta = \frac{\pi}{2})$$

$$= \int_{0}^{\frac{\pi}{2}} d\theta \int_{0}^{2\sin\theta} r^2 dr = \int_{0}^{\frac{\pi}{2}} \frac{r^3}{3} \bigg|_{0}^{2\sin\theta} d\theta$$

$$= \frac{8}{3} \int_{0}^{\frac{\pi}{2}} \sin^3\theta d\theta \;(\leftarrow将 \theta 看成常数，对 r 求积分)$$

$$= -\frac{8}{3} \int_{0}^{\frac{\pi}{2}} (1 - \cos^2\theta) d(\cos\theta) = -\frac{8}{3}\left(\cos\theta - \frac{1}{3}\cos^3\theta\right) \bigg|_{0}^{\frac{\pi}{2}} = \frac{16}{9}$$

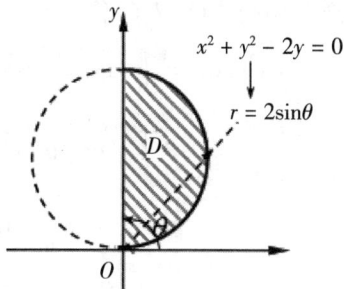

图 8 - 7 - 32

【即学即练】

1. 将 $\iint\limits_{D} f(x，y)dxdy$，$D$ 为 $x^2 + y^2 \leqslant 2x$，表示为极坐标形式的二次积分.

2. 将二重积分 $\iint\limits_{D} \frac{1}{1 + x^2 + y^2}dxdy$ 化为在极坐标系下的二次积分，其中区域 D 为由 $x^2 + y^2 = a^2$（$a > 0$，为常数）所围成的闭区域.

（答案：1. $\int_{-\frac{\pi}{2}}^{\frac{\pi}{2}} d\theta \int_{0}^{2\cos\theta} f(r\cos\theta，r\sin\theta) rdr$ 2. $\int_{0}^{2\pi} d\theta \int_{0}^{a} \frac{r}{1 + r^2}dr$）

例15 计算二重积分 $\iint\limits_{D} x^2 dxdy$，其中 D 是由中心在原点、半径为1的圆周所围成的闭区域.

解：根据题意，积分区域在直角坐标系下是中心在原点、半径为1的圆周所围成的闭区域（曲线方程为 $x^2 + y^2 = 1$，画出此区域 D 并建立极坐标系，由图(b)看出此时积分区域属于极点 O 在区域 D 的内部（第三种情形），如图 8 - 7 - 33 所示，将 $x = r\cos\theta$，$y = r\sin\theta$ 代入上述方程得曲线方程 $x^2 + y^2 = 1$，在极坐标系中表示为 $r = 1$，则可得区域 D 用极坐标表示为

$$D：\{(r，\theta)|0 \leqslant \theta \leqslant 2\pi，1 \leqslant r \leqslant 2\}$$

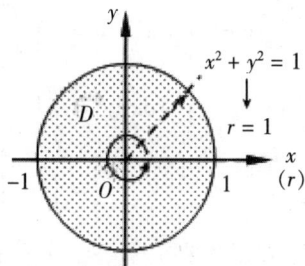

图 8 - 7 - 33

于是由公式(8.7.6)得

$$\iint\limits_{D} x^2 \mathrm{d}x\mathrm{d}y = \int_0^{2\pi}\mathrm{d}\theta\int_0^1 r^2\cos^2\theta \cdot r\mathrm{d}r(\leftarrow \varphi(\theta) = 1)$$

$$= \int_0^{2\pi}\left(\cos^2\theta\int_0^1 r^3\mathrm{d}r\right)\mathrm{d}\theta(\leftarrow 将 \theta 看成常数，对 r 求积分)$$

$$= \int_0^{2\pi}\cos^2\theta\frac{r^4}{4}\bigg|_0^1\mathrm{d}\theta = \int_0^{2\pi}\frac{1}{4}\cos^2\theta\mathrm{d}\theta$$

$$= \frac{1}{8}\int_0^{2\pi}(1 + \cos2\theta)\mathrm{d}\theta$$

$$= \frac{1}{8}\left(\theta + \frac{1}{2}\sin2\theta\right)\bigg|_0^{2\pi} = \frac{1}{4}\pi(\leftarrow 对 \theta 求定积分)$$

例 16 计算 $\iint\limits_{D}\ln(x^2 + y^2)\mathrm{d}x\mathrm{d}y$，其中 D 是由中心在原点、半径为 1 和 2 的上半圆周以及 x 轴所围成的闭区域.

解：根据题意，在直角坐标系中画出由 $x^2 + y^2 = 1$，$x^2 + y^2 = 4$ 半圆周与 x 轴围成的闭区域 D 并建立极坐标系（极点 O 在区域 D 的外部），如图 8-7-34 所示，此时积分区域极点 O 在区域 D 的外部（第一种情形）.

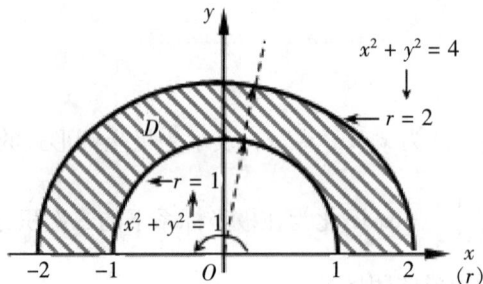

图 8-7-34

将 $x = r\cos\theta$，$y = r\sin\theta$ 代入上两个方程 $x^2 + y^2 = 1$ 与 $x^2 + y^2 = 4$ 分别得区域的曲线极坐标方程为 $r = 1$，$r = 2$，则区域 D 用极坐标表示为

$$D: \{(r, \theta)|0\leqslant\theta\leqslant\pi, 1\leqslant r\leqslant2\}$$

于是由公式(8.7.4)

$$\iint\limits_{D}f(r\cos\theta, r\sin\theta)r\mathrm{d}r\mathrm{d}\theta = \int_\alpha^\beta\mathrm{d}\theta\int_{\varphi_1(\theta)}^{\varphi_2(\theta)}f(r\cos\theta, r\sin\theta)r\mathrm{d}r \ 得$$

$$\iint\limits_{D}\ln(x^2 + y^2)\mathrm{d}x\mathrm{d}y = \iint\limits_{D}\ln r^2 \cdot r\mathrm{d}r\mathrm{d}\theta$$

$$= \int_0^\pi\mathrm{d}\theta\int_1^2\ln r^2 \cdot r\mathrm{d}r \ (\leftarrow\varphi_1(\theta) = 1, \ \varphi_2(\theta) = 2, \ \alpha = 0, \ \beta = \pi)$$

$$= \frac{1}{2}\int_0^\pi\mathrm{d}\theta\int_1^2\ln r^2\mathrm{d}r^2$$

$$= \frac{1}{2} \int_0^{\pi} \mathrm{d}\theta \int_1^4 \ln t \mathrm{d}t \ (\leftarrow \text{令 } t = r^2, \text{当 } r = 1 \text{ 时}, \ t = 1; \text{当 } r = 2 \text{ 时}, \ t = 4)$$

$$= \frac{\pi}{2} (t \ln t \big|_1^4 - \int_1^4 \mathrm{d}t) \ (\leftarrow \text{分部积分法})$$

$$= 2\pi (\ln 4 - \frac{3}{4})$$

【即学即练】

1. 求二重积分 $\displaystyle\iint\limits_D \frac{1}{1 + x^2 + y^2} \mathrm{d}x \mathrm{d}y$ ，其中区域 D 为由 $x^2 + y^2 = a^2$ （$a > 0$，为常数）所围成的闭区域.

2. 求二重积分 $\displaystyle\iint\limits_D \mathrm{d}x \mathrm{d}y$ ，其中积分区域 D 是由 $1 \leqslant x^2 + y^2 \leqslant 4$ 所围成的闭区域.

（答案：1. $\pi \ln(1 + a^2)$ 2. 3π）

---

* 积分区域为无界的广义二重积分：

如果二重积分的积分区域 D 是无界的（如全平面、半平面、有界区域的外部等），则与一元函数类似，可以定义积分区域无界的广义二重积分.

定义 8.13 设 D 是平面上一无界区域，函数 $f(x, y)$ 在 D 上有定义. 用任意光滑曲线 γ 在 D 中划出有界区域 D_γ，二重积分 $\displaystyle\iint\limits_{D_\gamma} f(x, y) \mathrm{d}\sigma$ 存在，且当曲线 γ 连续变动，使区域 D_γ 无限扩展而趋于区域 D 时，不论 γ 的形状如何，也不论 γ 的扩展过程怎样，极限

$$\lim_{D_\gamma \to D} \iint\limits_{D_\gamma} f(x, y) \mathrm{d}\sigma$$

图 8 - 7 - 35

总取相同的值 I，则称 I 为函数 $f(x, y)$ 在无界区域 D 上的广义二重积分，记为 $\displaystyle\iint\limits_D f(x, y) \mathrm{d}\sigma$ ，即

$$\iint\limits_D f(x, y) \mathrm{d}\sigma = \lim_{D_\gamma \to D} \iint\limits_{D_\gamma} f(x, y) \mathrm{d}\sigma = I$$

这时也称 $f(x, y)$ 在 D 上的积分收敛或在 D 上广义可积，否则，称 $f(x, y)$ 在 D 上的积分发散，如图 8 - 7 - 35 所示.

可以证明，若 $f(x, y)$ 是定义在无界区域 D 上的非负（或非正）连续函数，则 $f(x, y)$ 在 D 上广义可积. 这时只需选择一种特殊的区域扩展方式，就可以计算出相应的广义二重积分的值.

例 17 计算 $\displaystyle\iint\limits_D e^{-x^2 - y^2} \mathrm{d}x \mathrm{d}y$ ，其中 D 是全平面.

解：显然被积函数 $e^{-x^2 - y^2}$ 是非负的，设 D_R 为中心在原点、半径为 R 的圆域，如图

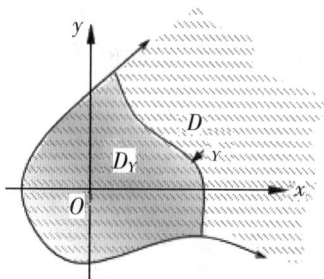

第八章 ◆ 多元函数

8 – 7 – 36 中的实线区域，由极坐标下的二重积分得

$$\iint_D e^{-x^2-y^2}\mathrm{d}x\mathrm{d}y = \iint_D e^{-r^2}r\mathrm{d}r\mathrm{d}\theta = \int_0^{2\pi}\Big[\int_0^R e^{-r^2}r\mathrm{d}r\Big]\mathrm{d}\theta$$

$$= \int_0^{2\pi}\Big[-\frac{1}{2}e^{-r^2}\Big]_0^R\mathrm{d}\theta$$

$$= \frac{1}{2}(1-e^{-R^2})\int_0^{2\pi}\mathrm{d}\theta$$

$$= \pi(1-e^{-R^2})$$

我们选取让 $R\to+\infty$，有 $D_R\to D$ 的区域扩展如图 8 – 7 – 36 所示，有

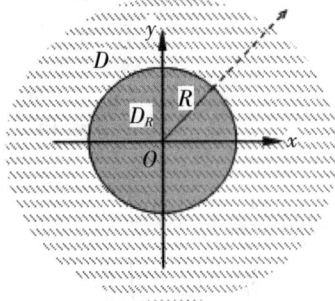

图 8 – 7 – 36

$$\iint_D e^{-x^2-y^2}\mathrm{d}x\mathrm{d}y = \lim_{R\to+\infty}\iint_{D_R} e^{-x^2-y^2}\mathrm{d}x\mathrm{d}y$$

$$= \lim_{R\to+\infty}\pi(1-e^{-R^2}) = \pi$$

例 18　计算泊松(Poisson)积分 $\int_{-\infty}^{+\infty} e^{-x^2}\mathrm{d}x$．

解：由例 17 可知 $\iint_D e^{-x^2-y^2}\mathrm{d}x\mathrm{d}y = \pi$，其中 D 是全平面，意味着在直角坐标系中积分区域为

$$D:\ \{(x,\ y)\ |\ -\infty<x<+\infty,\ \ -\infty<y<+\infty\}$$

此时可视为广义的矩形区域，且 $e^{-x^2-y^2} = e^{-x^2}\cdot e^{-y^2}$，从而得

$$\pi = \iint_D e^{-x^2-y^2}\mathrm{d}x\mathrm{d}y$$

$$= \int_{-\infty}^{+\infty}\Big(\int_{-\infty}^{+\infty} e^{-x^2}\cdot e^{-y^2}\mathrm{d}y\Big)\mathrm{d}x\ (\leftarrow直角坐标系中二重积分化二次积分)$$

$$= \Big(\int_{-\infty}^{+\infty} e^{-x^2}\mathrm{d}x\Big)\Big(\int_{-\infty}^{+\infty} e^{-y^2}\mathrm{d}y\Big)\ (\leftarrow参考例10)$$

$$= \Big(\int_{-\infty}^{+\infty} e^{-x^2}\mathrm{d}x\Big)^2$$

所以

$$\int_{-\infty}^{+\infty} e^{-x^2}\mathrm{d}x = \sqrt{\pi}$$

8.7　练习题

1．将下列二重积分化为不同积分次序的二次积分：

(1) $I = \iint_D f(x,y)\mathrm{d}x\mathrm{d}y$，其中 D 是由 $x+y=1$，$x-y=1$，$x=0$ 所围成的区域；

(2) $I = \iint_D f(x,y)\mathrm{d}x\mathrm{d}y$，其中 D 是由 $y=x^2$，$y=4-x^2$ 所围成的区域.

2．交换下列二重积分的积分次序：

(1) $I = \int_0^1\mathrm{d}y\int_0^y f(x,y)\,\mathrm{d}x + \int_1^2\mathrm{d}y\int_0^{2-y} f(x,y)\,\mathrm{d}x$

（2）$I = \int_0^1 \mathrm{d}x \int_0^{x^2} f(x,y)\,\mathrm{d}y + \int_1^2 \mathrm{d}x \int_0^{2-x} f(x,y)\,\mathrm{d}y$

（3）$I = \int_1^3 \mathrm{d}x \int_0^{\ln x} f(x,y)\,\mathrm{d}y$

（4）$I = \int_0^2 \mathrm{d}y \int_{\frac{y^2}{2}}^{\sqrt{8-y^2}} f(x,y)\,\mathrm{d}x$

（5）$I = \int_0^1 \mathrm{d}x \int_{-x}^{x^2} f(x,y)\,\mathrm{d}y$

（6）$I = \int_0^1 \mathrm{d}x \int_0^{x} f(x,y)\,\mathrm{d}y + \int_1^2 \mathrm{d}x \int_0^{2-x} f(x,y)\,\mathrm{d}y$

（7）$I = \int_0^1 \mathrm{d}y \int_{1-y}^{1+y^2} f(x,y)\,\mathrm{d}x$

（8）$I = \int_1^2 \mathrm{d}x \int_1^{x} xy\,\mathrm{d}y$

（9）$I = \int_0^1 \mathrm{d}x \int_x^{2x} f(x,y)\,\mathrm{d}y + \int_1^{\sqrt{2}} \mathrm{d}x \int_x^{\frac{2}{x}} f(x,y)\,\mathrm{d}y$

3. 在直角坐标系下计算下列二重积分：

（1）$\iint\limits_{D} \mathrm{d}x\mathrm{d}y$，其中 D 是由直线 $y=x$ 和曲线 $y^2 = 4x$ 所围成的区域；

（2）$\iint\limits_{D} \mathrm{d}x\mathrm{d}y$，其中 D 是由曲线 $y=1-x^2$，$y=x^2-1$ 所围成的区域；

（3）$\iint\limits_{D} y\cos(xy)\,\mathrm{d}x\mathrm{d}y$，其中 D：$0 \leqslant x \leqslant \dfrac{\pi}{2}$，$0 \leqslant y \leqslant 2$；

（4）$\iint\limits_{D} y\,\mathrm{d}x\mathrm{d}y$，其中 D 是由曲线 $x=y^2+1$ 及直线 $x=2$ 所围成的区域；

（5）$\iint\limits_{D} \dfrac{x^2}{y^2}\mathrm{d}x\mathrm{d}y$，其中 D 是由双曲线 $xy=1$ 及直线 $x=2$，$y=x$ 所围成的区域；

（6）$\iint\limits_{D} y^2 \mathrm{e}^{xy}\,\mathrm{d}x\mathrm{d}y$，其中 D 是由直线 $y=x$ 及直线 $x=0$，$y=1$ 所围成的区域；

（7）$\iint\limits_{D} y\,\mathrm{d}x\mathrm{d}y$，其中 D 是由曲线 $x^2+y^2 \leqslant 1$ 及直线 $y \geqslant 0$ 所围成的区域；

（8）$\iint\limits_{D} \mathrm{e}^{-x^2}\mathrm{d}\sigma$，其中 D 是由 $y=0$，$y=x$，$x=1$ 所围成的区域.

4. 证明 $\int_0^a \mathrm{d}y \int_0^{y} \mathrm{e}^{b(x-a)} f(x)\,\mathrm{d}x = \int_0^a (a-x) \mathrm{e}^{b(x-a)} f(x)\,\mathrm{d}x$，其中 a，b 均为常数，且 $a>0$.

5. 在极坐标系下计算下列二重积分：

（1）$\iint\limits_{D} \sqrt{x^2+y^2}\,\mathrm{d}x\mathrm{d}y$，其中 D 是由 $x^2+y^2=2$ 及 $x=0$，$y=0$ 所围成的第一象限内的区域；

（2）$\iint\limits_{D} \ln(1+x^2+y^2)\,\mathrm{d}x\mathrm{d}y$，其中 D 是由 $x^2+y^2 \leqslant 1$，$x \geqslant 0$，$y \geqslant 0$ 所围成的区域；

(3) $\iint\limits_{D} \sin(x^2 + y^2)\mathrm{d}\sigma$，其中 D 是由圆 $x^2 + y^2 = 4$ 的上半圆周以及 x 轴所围成的闭区域；

(4) $\iint\limits_{D} \arctan\dfrac{y}{x}\mathrm{d}\sigma$，其中 D：$1 \leqslant x^2 + y^2 \leqslant 9$，$0 \leqslant y \leqslant x$.

*6. 求由四个平面 $x = 0$，$y = 0$，$x = 1$，$y = 1$ 所围成的柱体被平面 $z = 0$ 及 $2x + 3y + z = 6$ 截得的立体的体积.

*7. 求由柱面 $x^2 + y^2 = 1$，$z = 0$ 及曲面 $z = 2 - \sqrt{x^2 + y^2}$ 所围成的立体体积.

参考答案

1. （1）$I = \iint\limits_{D_x} f(x, y)\,\mathrm{d}x\mathrm{d}y = \int_0^1 \mathrm{d}x \int_{x-1}^{1-x} f(x, y)\,\mathrm{d}y$

$I = \iint\limits_{D_y} f(x, y)\,\mathrm{d}x\mathrm{d}y = \int_{-1}^0 \mathrm{d}y \int_0^{y+1} f(x, y)\,\mathrm{d}x + \int_0^1 \mathrm{d}y \int_0^{1-y} f(x, y)\,\mathrm{d}x$

（2）$I = \iint\limits_{D_x} f(x, y)\,\mathrm{d}x\mathrm{d}y = \int_{-\sqrt{2}}^{\sqrt{2}} \mathrm{d}x \int_{x^2}^{4-x^2} f(x, y)\,\mathrm{d}y$

$I = \iint\limits_{D_y} f(x, y)\,\mathrm{d}x\mathrm{d}y = \int_0^2 \mathrm{d}y \int_{-\sqrt{y}}^{\sqrt{y}} f(x, y)\,\mathrm{d}x + \int_2^4 \mathrm{d}y \int_{-\sqrt{4-y}}^{\sqrt{4-y}} f(x, y)\,\mathrm{d}x$

2. （1）$I = \int_0^1 \mathrm{d}x \int_x^{2-x} f(x, y)\,\mathrm{d}y$

（2）$I = \int_0^1 \mathrm{d}y \int_{\sqrt{y}}^{2-y} f(x, y)\,\mathrm{d}x$

（3）$I = \int_0^{\ln 3} \mathrm{d}y \int_{e^y}^3 f(x, y)\,\mathrm{d}x$

（4）$I = \int_0^2 \mathrm{d}x \int_0^{\sqrt{2x}} f(x, y)\,\mathrm{d}y + \int_2^{\sqrt{8}} \mathrm{d}x \int_0^{\sqrt{8-x^2}} f(x, y)\,\mathrm{d}y$

（5）$I = \int_{-1}^0 \mathrm{d}y \int_{-y}^1 f(x, y)\,\mathrm{d}x + \int_0^1 \mathrm{d}x \int_{\sqrt{y}}^1 f(x, y)\,\mathrm{d}x$

（6）$I = \int_0^1 \mathrm{d}y \int_y^{2-y} f(x, y)\,\mathrm{d}x$

（7）$I = \int_0^1 \mathrm{d}x \int_{1-x}^1 f(x, y)\,\mathrm{d}y + \int_1^2 \mathrm{d}x \int_{\sqrt{x-1}}^1 f(x, y)\,\mathrm{d}y$

（8）$I = \int_1^2 \mathrm{d}y \int_y^2 xy\,\mathrm{d}x$

（9）$I = \int_0^{\sqrt{2}} \mathrm{d}y \int_{\frac{y}{2}}^y f(x, y)\,\mathrm{d}x + \int_{\sqrt{2}}^2 \mathrm{d}y \int_{\frac{y}{2}}^{\frac{2}{y}} f(x, y)\,\mathrm{d}x$

3. （1）$\dfrac{8}{3}$　　（2）$\dfrac{8}{3}$　　（3）$\dfrac{4}{\pi}$　　（4）0

（5）$\dfrac{9}{4}$　　（6）$\dfrac{e}{2} - 1$　　（7）$\dfrac{2}{3}$　　（8）$\dfrac{1}{2}\left(1 - \dfrac{1}{e}\right)$

4. 略

5. （1）$\dfrac{\sqrt{2}}{3}\pi$ （2）$\dfrac{\pi}{4}(2\ln 2 - 1)$ （3）$\dfrac{\pi}{2}(1 - \cos 4)$ （4）π

6. $\dfrac{7}{2}$

7. $\dfrac{4\pi}{3}$

总习题八

1. 选择题：

（1）若 $\lim\limits_{y = kx \to 0} f(x, y) = A$ 对任何 k 都成立，则必有 （　　）.

A. $f(x, y)$ 在 $(0, 0)$ 处连续　　　　B. $f(x, y)$ 在 $(0, 0)$ 处有偏导数

C. $\lim\limits_{\substack{x \to 0 \\ y \to 0}} f(x, y) = A$　　　　D. $\lim\limits_{\substack{x \to 0 \\ y \to 0}} f(x, y)$ 不一定存在

（2）设 $z = \dfrac{x + y}{x - y}$，则 $\mathrm{d}z = $ （　　）.

A. $\dfrac{2}{(x - y)^2}(x\mathrm{d}x - y\mathrm{d}y)$　　　　B. $\dfrac{2}{(x - y)^2}(x\mathrm{d}y + y\mathrm{d}x)$

C. $-\dfrac{2}{(x - y)^2}(x\mathrm{d}x + y\mathrm{d}y)$　　　　D. $\dfrac{2}{(x - y)^2}(x\mathrm{d}y - y\mathrm{d}x)$

（3）设 $z = \sin^2(ax + by)$，则 $\dfrac{\partial^2 z}{\partial x \partial y} = $ （　　）.

A. $2a^2\cos 2(ax + by)$　　　　B. $2ab\cos 2(ax + by)$

C. $2b^2\cos 2(ax + by)$　　　　D. $2ab\sin 2(ax + by)$

（4）若函数 $f(x, y)$ 在点 (x_0, y_0) 处存在偏导数 $f_x'(x_0, y_0) = f_y'(x_0, y_0) = 0$，则 $f(x, y)$ 在点 (x_0, y_0) 处 （　　）.

A. 连续　　　　　　　　B. 可微且有极值

C. 有极值　　　　　　　D. 可能有极值

（5）二元函数 $z = f(x, y)$ 在点 (x_0, y_0) 处偏导数存在与可微的关系是 （　　）.

A. 可导必可微　　　　　B. 不可导一定可微

C. 可微必可导　　　　　D. 可微不一定可导

（6）设 D 是由 x 轴、y 轴与直线 $x + y = 1$ 围成的三角形区域，则 $\iint\limits_{D} xy\mathrm{d}x\mathrm{d}y = $ （　　）.

A. $\dfrac{1}{24}$　　　　B. $\dfrac{1}{12}$　　　　C. $\dfrac{1}{8}$　　　　D. $\dfrac{1}{4}$

（7）设区域 $D = \{(x, y) \mid x^2 + y^2 \leqslant a^2,\ a > 0,\ y \geqslant 0\}$，则 $\iint\limits_{D}(x^2 + y^2)\mathrm{d}x\mathrm{d}y = $ （　　）.

A. $\displaystyle\int_0^{\pi}\mathrm{d}\theta\int_0^a r^3\mathrm{d}r$　　B. $\displaystyle\int_0^{\pi}\mathrm{d}\theta\int_0^a r^2\mathrm{d}r$　　C. $\displaystyle\int_{-\frac{\pi}{2}}^{\frac{\pi}{2}}\mathrm{d}\theta\int_0^a r^3\mathrm{d}r$　　D. $\displaystyle\int_{-\frac{\pi}{2}}^{\frac{\pi}{2}}\mathrm{d}\theta\int_0^a r^2\mathrm{d}r$

(8) 设 $f(x, y)$ 在区域 $D: 0 \leqslant y \leqslant x \leqslant a (a > 0)$ 上连续，则 $\int_0^a \mathrm{d}x \int_0^x f(x, y) \mathrm{d}y = ($ ）.

A. $\int_0^a \mathrm{d}y \int_0^y f(x, y) \mathrm{d}x$

B. $\int_0^a \mathrm{d}y \int_a^y f(x, y) \mathrm{d}x$

C. $\int_0^a \mathrm{d}y \int_y^a f(x, y) \mathrm{d}x$

D. $\int_0^a \mathrm{d}y \int_0^a f(x, y) \mathrm{d}x$

2. 填空题:

(1) $z = \sqrt{y - \sqrt{x}}$ 的定义域是 _____.

(2) $f(x, y) = \mathrm{e}^{\frac{y}{x}}$，则 $\left.\dfrac{\partial f}{\partial x}\right|_{(1,1)} = $ _____.

(3) 设 $z = f(\mathrm{e}^{-x} + \mathrm{e}^{-y})$，且 $f(u)$ 可微，则 $\dfrac{\partial z}{\partial x} = $ _____，$\dfrac{\partial z}{\partial y} = $ _____.

(4) 设二元函数 $z = \ln(x + y^2)$，则 $\mathrm{d}z \big|_{\substack{x=1 \\ y=0}} = $ _____.

(5) 设二重积分 $I = \int_0^2 \mathrm{d}x \int_x^{2x} \mathrm{d}y$，则 $I = $ _____.

(6) 把二重积分 $I = \int_0^2 \mathrm{d}y \int_0^{\sqrt{2y-y^2}} f(x, y) \mathrm{d}x$ 化为极坐标形式，则 $I = $ _____.

(7) 设 $D: -1 \leqslant x \leqslant 1, 0 \leqslant y \leqslant 1$，则 $\iint\limits_{D} xy \mathrm{d}x \mathrm{d}y = $ _____.

3. 求函数 $z = \arcsin(x - y) + \ln(x + y)$ 的定义域.

4. 指出函数 $z = \dfrac{\sin xy}{(x-y)^2}$ 在何处是间断的.

5. 设 $z = uv + \cos t$，其中 $u = \mathrm{e}^t$，$v = \sin t$，求 $\left.\dfrac{\mathrm{d}z}{\mathrm{d}t}\right|_{t=0}$.

6. 设 $z = x^{2y} (x > 0)$，求 $\dfrac{\partial z}{\partial x}$，$\dfrac{\partial z}{\partial y}$.

7. 设 $z = \arctan \dfrac{x+y}{x-y}$，求 $\mathrm{d}z$.

8. 设 $z = f(u, x, y)$，$u = x\mathrm{e}^y$，其中 f 具有连续的二阶偏导数，求 $\dfrac{\partial z}{\partial x}$，$\dfrac{\partial^2 z}{\partial y \partial x}$.

9. 设 $z = f[\mathrm{e}^{xy}, \cos(xy)]$，且 f 是可微函数，求证: $x \dfrac{\partial z}{\partial x} - y \dfrac{\partial z}{\partial y} = 0$.

10. 设 $\sin y + \mathrm{e}^x - xy^2 = 0$，求 $\dfrac{\mathrm{d}y}{\mathrm{d}x}$.

11. 求 $z = x^2 + y^2 - 2\ln x - 2\ln y (x > 0, y > 0)$ 的极值.

12. 某企业的生产的一种产品同时在两个市场销售，售价分别为 P_1，P_2，销售量分别为 Q_1，Q_2，需求函数分别为

$$Q_1 = 24 - 0.2 P_1, \quad Q_2 = 10 - 0.05 P_2,$$

总成本 $C = 35 + 40(Q_1 + Q_2)$，问厂家如何确定两个市场的产品售价，使其获得的总利润最大? 最大总利润是多少?

13. 求函数 $z = xy$ 在适合附加条件 $x + y = 1$ 下的极小值.

14. 设生产某种产品的数量与所用两种原料 A，B 的数量 x，y 间的关系式为 $P(x，y) = 0.003x^2y$，欲用 150 元购料，已知 A，B 原料的单价分别为 2 元与 4 元，问购进两种原料各多少，可使生产的产品数量最多.

15. 在直角坐标系下计算下列二重积分：

(1) $\iint\limits_{D} |x - y| \mathrm{d}x\mathrm{d}y$，其中 $D = \{(x，y) | x + y \leq 1，x \geq 0，y \geq 0\}$；

(2) $\iint\limits_{D} y\mathrm{d}x\mathrm{d}y$，其中 D 是由曲线 $x = y^2 + 1$ 及直线 $x = 0$，$y = 0$，$y = 1$ 所围成的区域；

(3) $\iint\limits_{D} \dfrac{\sin x}{x}\mathrm{d}x\mathrm{d}y$，其中 D 是由 $x = 1$，$y = 0$，$y = x$ 所围成的区域；

(4) $\iint\limits_{D} \dfrac{\sin x}{x}\mathrm{d}x\mathrm{d}y$，其中 D 是由直线 $y = x$ 及抛物线 $y = x^2$ 所围成的区域.

16. 在极坐标系下计算二重积分 $\iint\limits_{D} \sqrt{4 - x^2 - y^2}\mathrm{d}x\mathrm{d}y$，其中 D 为以 $x^2 + y^2 = 2x$ 为边界的上半圆域.

17. 求球面 $x^2 + y^2 + z^2 = 4$ 与圆柱面 $x^2 + y^2 = 2x$ 所围在柱体内的部分立体体积.

1. (1) D   (2) D   (3) B   (4) D   (5) C   (6) A   (7) A   (8) C

2. (1) $D = \{(x，y) | x \geq 0，y \geq \sqrt{x}\}$

(2) $\left. \dfrac{\partial f}{\partial x} \right|_{(1,1)} = -\mathrm{e}$

(3) $\dfrac{\partial z}{\partial x} = -\mathrm{e}^{-x}f'(\mathrm{e}^{-x} + \mathrm{e}^{-y})$；$\dfrac{\partial z}{\partial y} = -\mathrm{e}^{-y}f'(\mathrm{e}^{-x} + \mathrm{e}^{-y})$

(4) $\mathrm{d}z \big|_{\substack{x=1 \\ y=0}} = \mathrm{d}x$

(5) $I = 2$

(6) $I = \displaystyle\int_0^{\frac{\pi}{2}} \mathrm{d}\theta \int_0^{2\sin\theta} f(r\cos\theta，r\sin\theta)r\mathrm{d}r$

(7) $\iint\limits_{D} xy\mathrm{d}x\mathrm{d}y = 0$

3. $D = \{(x，y) | -1 \leq x - y \leq 1，x + y > 0\}$

4. $x = y$

5. $\left. \dfrac{\mathrm{d}z}{\mathrm{d}t} \right|_{t=0} = 1$

6. $\dfrac{\partial z}{\partial x} = 2yx^{2y-1}$；$\dfrac{\partial z}{\partial y} = 2x^{2y}\ln x$

7. $\mathrm{d}z = \dfrac{-1}{x^2 + y^2}(y\mathrm{d}x - x\mathrm{d}y)$

8. $\dfrac{\partial z}{\partial x} = \mathrm{e}^y f'_u + f'_x$；$\dfrac{\partial^2 z}{\partial y \partial x} = x\mathrm{e}^{2y}f''_{uu} + \mathrm{e}^y f''_{uy} + x\mathrm{e}^y f''_{ux} + f''_{yx} + \mathrm{e}^y f'_u$

9. 略

10. $\dfrac{\mathrm{d}y}{\mathrm{d}x} = \dfrac{y^2 - \mathrm{e}^x}{\cos y - 2xy}$

11. $z(1,1) = 2$ 为极小值

12. 80，120，$L(80,120) = 605$

13. $\dfrac{1}{4}$

14. A 原料 50 单位，B 原料 12.5 单位

15. （1）$\dfrac{1}{6}$ （2）$\dfrac{3}{4}$ （3）$1 - \cos 1$ （4）$1 - \sin 1$

16. $\dfrac{4}{3}\left(\pi - \dfrac{4}{3}\right)$

17. $V = 16\left(\dfrac{\pi}{3} - \dfrac{4}{9}\right)$

第九章 微分方程与差分方程简介

在初等数学里，我们已经学习了代数方程，它是含有未知量的等式，例如 $x+3=0$ 等等. 在科学研究及经济技术等领域，还经常遇到要建立与求解含有未知函数及其导数的方程.

§9.1 微分方程的基本概念

一、引出微分方程概念的例子

在现实世界中有许多事物无时无刻不在生长，如树木的生、细胞的繁殖、人口的增长、资金的增值等等，我们用数学方法表示现实世界中这些事物生长的数量规律就属于增长的数学模型.

引例 设本金为 A_0，利率为 r，t 时刻的本利和用 $A(t)$ 表示. 在 t 到 $t+\Delta t$ 时间段内近似获利 $A(t)\cdot r\cdot\Delta t$，于是，当 Δt 很小时，本利和的增长量为

$$\Delta A(t)=A(t+\Delta t)-A(t)=A(t)\cdot r\cdot\Delta t.$$

或

$$\frac{\Delta A(t)}{\Delta t}=A(t)\cdot r$$

令 $\Delta t\to 0$，取极限得

$$\frac{\mathrm{d}A(t)}{\mathrm{d}t}=A(t)\cdot r \tag{9.1.1}$$

而且 $A(0)=A_0$.

(9.1.1) 式是一个含有未知函数 $A(t)$ 及其导数 $\dfrac{\mathrm{d}A(t)}{\mathrm{d}t}$ 的方程. 这样的方程称为微分方程. 下面给出微分方程的概念.

二、微分方程的概念

定义 9.1 含有未知函数的导数(包括高阶导数)或微分的方程，称为微分方程. 未知函数为一元函数的微分方程称为常微分方程.

例如，若 $y=f(x)$ 为未知函数，则下列方程

$$\frac{\mathrm{d}y}{\mathrm{d}x}=3y \tag{9.1.2}$$

$$\frac{\mathrm{d}y}{\mathrm{d}x}=2x \tag{9.1.3}$$

$$xdy = ydx \qquad (9.1.4)$$

$$y' - y\cot x = 2x\sin x \qquad (9.1.5)$$

$$(y''')^4 - (y'')^6 = 5 - y \qquad (9.1.6)$$

都是微分方程，且它们都是常微分方程.

在一个微分方程中，所含未知函数的导数的最高阶数称为微分方程的阶. 例如方程（9.1.1）至（9.1.1）都是一阶微分方程；而在方程（9.1.6）中，未知函数的导数的最高阶数是 3 阶，因此，它是三阶微分方程.

【即学即练】

确定下列微分方程的阶数：

（1）$y'' - y^4 = 3x$ （2）$(y'')^3 - y^{(4)} = y^5$

（答案：（1）二阶   （2）二阶）

定义 9.2 如果将某个函数代入微分方程后能使方程成为恒等式，则称这个函数为该微分方程的解.

例如，$y = 2e^{3x}$ 是方程（9.1.2）的一个解. 因为将 $y = 2e^{3x}$ 代入方程（9.1.2），得左边 $= \dfrac{dy}{dx} = (2e^{3x})' = 6e^{3x}$；右边 $= 3y = 3 \times 2e^{3x} = 6e^{3x}$，即将函数 $y = 2e^{3x}$ 代入方程（9.1.2）后能使方程成为恒等式，因此，$y = 2e^{3x}$ 是方程（9.1.2）的一个解.

同理可以验证，对任意常数 C，函数 $y = Ce^{3x}$ 都是方程（9.1.2）的解.

因此，方程（9.1.2）有两种形式的解. 一种是含有任意常数 C 的解：$y = Ce^{3x}$；另一种是没有任意常数 C 的解：$y = 2e^{3x}$.

定义 9.3 如果微分方程的解中含有相互独立的任意常数的个数与微分方程的阶数相等，则此解称为微分方程的通解. 如果微分方程的解中不含有任意取值的常数，则此解称为微分方程的特解.

例如，函数 $y = Ce^{3x}$ 都是方程（9.1.2）的通解；而 $y = 2e^{3x}$ 是方程（9.1.2）的一个特解.

为了得到符合要求的特解，必须根据要求对微分方程附加一定的条件，这种条件称为初始条件. 一阶微分方程的初始条件记为 $y(x_0) = y_0$ 或 $y|_{x=x_0} = y_0$，其中 x_0，y_0 是两个已知数.

例如，方程（9.1.1）的初始条件为 $A(0) = A_0$ 或 $A(t)|_{t=0} = A_0$.

例 1 验证函数 $y = c_1 x + c_2 x^2$ 是微分方程 $y'' - \dfrac{2}{x}y' + \dfrac{2}{x^2}y = 0$ 的解.

证： 由函数 $y = c_1 x + c_2 x^2$，得

$$y' = (c_1 x + c_2 x^2)' = (c_1 x)' + (c_2 x^2)' = c_1 + 2c_2 x$$

$$y'' = (c_1 + 2c_2 x)' = (c_1)' + (2c_2 x)' = 0 + 2c_2 = 2c_2$$

从而，方程左边 $= y'' - \dfrac{2}{x}y' + \dfrac{2}{x^2}y$

$$= 2c_2 - \frac{2}{x}(c_1 + 2c_2 x) + \frac{2}{x^2}(c_1 x + c_2 x^2)$$

$$= 2c_2 - \frac{2c_1}{x} - 4c_2 + \frac{2c_1}{x} + 2c_2$$
$$= 0 = 右边$$

因此，函数 $y = c_1 x + c_2 x^2$ 是微分方程 $y'' - \frac{2}{x} y' + \frac{2}{x^2} y = 0$ 的解.

【即学即练】

问函数 $y = x e^x$ 是否是微分方程 $y'' - 2y' + y = 0$ 的解？

（答案：是）

例2 设由方程 $e^{xy} = x + y$ 确定隐函数 $y = f(x)$，证明函数 $y = f(x)$ 是微分方程 $\frac{\mathrm{d}y}{\mathrm{d}x} = \frac{y e^{xy} - 1}{1 - x e^{xy}}$ 的解.

解： 在 $e^{xy} = x + y$ 中，把 y 看作是 x 的函数，方程两边对 x 求导，即
$$(e^{xy})' = (x + y)'.$$
由复合函数的求导法则，得
$$e^{xy}(xy)' = (x)' + y',$$
即
$$e^{xy}(y + xy') = 1 + y'.$$
把上式含有 y' 的项合并，得 $\quad (1 - x e^{xy}) y' = y e^{xy} - 1.$

从上式中解出 y'，得
$$y' = \frac{y e^{xy} - 1}{1 - x e^{xy}},$$
即
$$\frac{\mathrm{d}y}{\mathrm{d}x} = \frac{y e^{xy} - 1}{1 - x e^{xy}}.$$
这恰好是原方程，因此，函数是微分方程的解.

【即学即练】

设由方程 $x^2 - xy + y^2 = 1$ 确定隐函数 $y = f(x)$，证明函数 $y = f(x)$ 是微分方程 $\frac{\mathrm{d}y}{\mathrm{d}x} = \frac{2x - y}{x - 2y}$ 的解.

9.1　练习题

1. 确定下列微分方程的阶：

（1）$y'' - 4y' + 4y = x e^{-x}$

（2）$\frac{\mathrm{d}^2 y}{\mathrm{d}x^2} + 3\frac{\mathrm{d}y}{\mathrm{d}x} - 6 = 0$

（3）$x\,\mathrm{d}y = y\,\mathrm{d}x$

（4）$\frac{\mathrm{d}s}{\mathrm{d}t} = 2t$

(5) $(y')^2 - y^{(3)} = y^4 + \sin x$ (6) $y' - y'' + y''' + y^4 = 6x^5$

(7) $(y'')^3 + 5(y')^4 - y^5 + x^7 = 0$

2. 验证下列各题中的函数是否是所给微分方程的解:

(1) $\dfrac{\mathrm{d}y}{\mathrm{d}x} = 5y$, $y = c\mathrm{e}^{5x}$

(2) $x\mathrm{d}y + y\mathrm{d}x = 0$, $x^2 + y^2 = 4$

(3) $2y'' + y' - y = 2\mathrm{e}^x$, $y = c_1\mathrm{e}^{\frac{1}{2}x} + c_2\mathrm{e}^{-x} + \mathrm{e}^x$

(4) $y'' + y + \sin 2x = 0$, $y = -\cos x - \dfrac{1}{3}\sin x + \dfrac{1}{3}\sin 2x$

(5) $(y^2 - 3x^2)\mathrm{d}y + 2xy\mathrm{d}x = 0$, $y^3 = y^2 - x^2$

(6) $(x - 2y)\mathrm{d}y + (y - 2x)\mathrm{d}x = 0$, $x^2 - xy + y^2 = c$

3. 已知某曲线在点 (x, y) 处的切线的斜率等于 $2x$,求该曲线所满足的微分方程.

4. 设某储户有本金为 10 万元,利率为 1.5,t 时刻的本利和用 $A(t)$ 表示,求变量 $A(t)$ 与 t 所满足的微分方程.

5. 设某林区现有木材 5 万立方米,如果在每一瞬时木材数的变化率(导数)与当时木材数成正比,假设 10 年后这林区能有木材 15 万立方米,求木材数 y 与时间 t 所满足的微分方程.

参考答案

1. (1) 二阶   (2) 二阶   (3) 一阶   (4) 一阶

     (5) 三阶   (6) 三阶   (7) 二阶

2. (1) 是   (2) 不是   (3) 是   (4) 是

     (5) 是   (6) 是

3. $\dfrac{\mathrm{d}y}{\mathrm{d}x} = 2x$

4. $\dfrac{\mathrm{d}A}{\mathrm{d}t} = 1.5A$, $A(0) = 10$

5. $\dfrac{\mathrm{d}y}{\mathrm{d}x} = y\ln 3^{\frac{1}{10}}$, $y(0) = 5$

§9.2   一阶微分方程

在 §9.1 节里,我们介绍了微分方程的一些概念,本节将介绍一阶微分方程的求解方法. 由于微分方程是含有未知函数的导数或微分的方程,因此,求解微分方程就是已知函数的导数或微分,求原函数的过程,其求解的方法是积分法. 当然,许多时候要对微分方程作恒等变形,使之符合积分的要求.

一、变量已分离的一阶微分方程

形如 $f(x)\mathrm{d}x = g(y)\mathrm{d}y$ (9.2.1)

的一阶微分方程，称为变量已分离的一阶微分方程．

变量已分离的一阶微分方程的特点是方程等号一边只含有一个变量，而且 $\mathrm{d}x$，$\mathrm{d}y$ 只能作分子，不能作分母．

变量已分离的一阶微分方程(9.2.1)的解法是两边同时积分，即可得到微分方程的通解：

$$\int f(x)\mathrm{d}x = \int g(y)\mathrm{d}y$$

例 1　求微分方程 $\mathrm{e}^x\mathrm{d}x = (y+1)\mathrm{d}y$ 的通解．

解：将方程 $\mathrm{e}^x\mathrm{d}x = (y+1)\mathrm{d}y$ 两边同时积分，得

$$\int \mathrm{e}^x\mathrm{d}x = \int (y+1)\mathrm{d}y .$$

即

$$\mathrm{e}^x + C_1 = \frac{1}{2}y^2 + y + C_2 ,$$

从而，得

$$\mathrm{e}^x = \frac{1}{2}y^2 + y + C_2 - C_1 .$$

其中，$C_2 - C_1$ 仍然是一个任意常数，可以用 C 表示，即令 $C = C_2 - C_1$，则得到微分方程的通解为 $\mathrm{e}^x = \frac{1}{2}y^2 + y + C$．

注：以后方程两边每个积分不必都加任意常数，只要在方程的某一边加上一个任意常数即可．

二、可分离变量的一阶微分方程

形如

$$\frac{\mathrm{d}y}{\mathrm{d}x} = f(x)\cdot g(y) \tag{9.2.2}$$

或

$$f(x)\cdot N(y)\mathrm{d}x = g(x)\cdot M(y)\mathrm{d}y \tag{9.2.3}$$

的一阶微分方程，称为可分离变量的一阶微分方程．

由于方程 (9.2.2) 经过简单的代数运算可化为方程 (9.2.1) 的形式：

$$\frac{1}{g(y)}\mathrm{d}y = f(x)\mathrm{d}x$$

同样，方程(9.2.3)也可化为方程(9.2.1)的形式：

$$\frac{f(x)}{g(x)}\mathrm{d}x = \frac{M(y)}{N(y)}\mathrm{d}y$$

因此，方程(9.2.2)或(9.2.3)称为可分离变量的一阶微分方程．

例 2　下列微分方程中哪些是可分离变量的微分方程：

（1）$\dfrac{\mathrm{d}y}{\mathrm{d}x} = x + \dfrac{x}{y}$ 　　　　　　（2）$\mathrm{e}^x\cdot\dfrac{\mathrm{d}x}{\mathrm{d}y} = y + \ln 2$

（3）$\dfrac{\mathrm{d}y}{\mathrm{d}x} = x + y$ 　　　　　　（4）$\dfrac{\mathrm{d}p}{\mathrm{d}r} = p^2 r + p$

解：方程（1）可化为 $\dfrac{\mathrm{d}y}{\mathrm{d}x} = x\left(1 + \dfrac{1}{y}\right)$，因此，它是可分离变量的微分方程．又因为方程（2）可化为 $\mathrm{e}^x\mathrm{d}x = (y + \ln 2)\mathrm{d}y$，所以，它也是可分离变量的微分方程．但方程（3）

不是可分离变量的微分方程，因为它的右边 $x+y$ 不能分解成 x 的函数与 y 的函数的积．同样，方程（4）也不是可分离变量的微分方程．

可分离变量的一阶微分方程的解法是通过分离变量将方程化为变量已分离的一阶微分方程．求解的步骤是：

（1）分离变量；

（2）两边分别积分；

（3）将积分结果进行必要的化简．

例 3 求微分方程 $\dfrac{\mathrm{d}y}{\mathrm{d}x} = -\dfrac{x}{y}$ 的通解及在初始条件下的特解．

解： 该方程是可分离变量的微分方程．把变量 x 与 y 分离，得

$$y\mathrm{d}y = -x\mathrm{d}x.$$

上式两边积分，得

$$\int y\mathrm{d}y = -\int x\mathrm{d}x,$$

即

$$\frac{1}{2}y^2 = -\frac{1}{2}x^2 + C_1.$$

化简整理，得

$$x^2 + y^2 = 2C_1.$$

令 $C = 2C_1$，则得到微分方程的通解为 $x^2 + y^2 = C$（C 为任意常数）．

由初始条件 $y|_{x=1} = 3$，即把 $x = 1$，$y = 3$ 代入通解确定常数 C，得

$$1^2 + 3^2 = C,$$

得 $C = 10$，因此，所求特解为 $x^2 + y^2 = 10$．

例 4 求微分方程 $\dfrac{\mathrm{d}y}{\mathrm{d}x} = -\dfrac{y}{x}$ 的通解．

解： 该方程是可分离变量的微分方程．把方程中的变量 x 与 y 分离，得

$$\frac{1}{y}\mathrm{d}y = -\frac{1}{x}\mathrm{d}x.$$

两边积分，得

$$\int \frac{1}{y}\mathrm{d}y = -\int \frac{1}{x}\mathrm{d}x,$$

即

$$\ln|y| = -\ln|x| + C_1.$$

移项，得

$$\ln|y| + \ln|x| = C_1,$$

即

$$\ln|xy| = C_1.$$

因此，得 $|xy| = \mathrm{e}^{C_1}$，从而有 $xy = \pm \mathrm{e}^{C_1}$．

令 $C = \pm \mathrm{e}^{C_1}$，又由于 $y = 0$ 也是该方程的解，则微分方程的通解为 $xy = C$（C 为任意常数）．

注： 以后在解微分方程中遇到积分 $\int \dfrac{1}{x}\mathrm{d}x$ 时，只取 $\int \dfrac{1}{x}\mathrm{d}x = \ln x + C$ 即可，这样，不含绝对值符号的运算当然简便．例如，例 4 可用下面的方法求解：

分离变量，得

$$\frac{1}{y}\mathrm{d}y = -\frac{1}{x}\mathrm{d}x.$$

两边积分，得

$$\int \frac{1}{y}\mathrm{d}y = -\int \frac{1}{x}\mathrm{d}x,$$

即 $$\ln y = -\ln x + \ln C.$$

移项，得 $$\ln y + \ln x = \ln C,$$

即 $$\ln xy = \ln C,$$

因此，得原方程的通解为 $xy = C$（C 为任意常数）.

例 5 解微分方程 $x(1 + y^2)\mathrm{d}x = y(1 + x^2)\mathrm{d}y.$

解：该方程是可分离变量的微分方程. 把变量 x 与 y 分离，得

$$\frac{x}{1+x^2}\mathrm{d}x = \frac{y}{1+y^2}\mathrm{d}y.$$

两边积分，得 $$\int \frac{x}{1+x^2}\mathrm{d}x = \int \frac{y}{1+y^2}\mathrm{d}y,$$

即 $$\frac{1}{2}\int \frac{1}{1+x^2}\mathrm{d}(1+x^2) = \frac{1}{2}\int \frac{1}{1+y^2}\mathrm{d}(1+y^2),$$

所以，得 $$\frac{1}{2}\ln(1+x^2) = \frac{1}{2}\ln(1+y^2) + C_1.$$

移项，得 $$\frac{1}{2}\left[\ln(1+x^2) - \ln(1+y^2)\right] = C_1,$$

即 $$\ln \frac{1+x^2}{1+y^2} = 2C_1 \text{ 或 } \frac{1+x^2}{1+y^2} = \mathrm{e}^{2C_1}.$$

因此，得原方程的通解为 $\dfrac{1+x^2}{1+y^2} = C$，其中 $C = \mathrm{e}^{2C_1}$（C 为任意常数）.

【即学即练】

解下列微分方程：

(1) $\dfrac{\mathrm{d}y}{\mathrm{d}x} = 2xy$ (2) $y' = \mathrm{e}^{2x-y}$ (3) $x\mathrm{d}y - y\ln y\mathrm{d}x = 0$

（答案：(1) $y = C\mathrm{e}^{x^2}$（C 为任意常数）   (2) $\dfrac{1}{2}\mathrm{e}^{2x} - \mathrm{e}^{-y} = C$（$C$ 为任意常数）.

           (3) $y = \mathrm{e}^{Cx}$（C 为任意常数））

例 6 某林区现有木材 5 万立方米，如果在每一瞬时木材的变化率（导数）与当时木材数成正比，假设 10 年后这林区能有木材 15 万立方米，求木材数 y 与时间 t 的函数关系.

解：第一步，列出微分方程.

由题意，得 $$\frac{\mathrm{d}y}{\mathrm{d}t} = ky,$$

而且 $$y(0) = 5, \ y(10) = 15,$$

其中，k 为某个正常数.

第二步，求出微分方程的解.

把变量 t 与 y 分离，得 $\dfrac{1}{y}\mathrm{d}y = k\mathrm{d}t.$

两边积分，得 $$\int \frac{1}{y}\mathrm{d}y = \int k\mathrm{d}t,$$

即
$$\ln y = kt + C_1,$$
从而，得方程的通解为 $y = e^{kt + C_1} = e^{C_1} \cdot e^{kt} = C e^{kt}$（$C = e^{C_1}$ 为任意常数）.

由条件 $y(0) = 5$，确定常数 C，即把 $t = 0$，$y = 5$ 代入原方程的通解，即 $5 = C e^{k \times 0}$，得 $C = 5$，从而得原方程的解为 $y = 5 e^{kt}$.

再由条件 $y(10) = 15$，确定常数 k，即把 $t = 10$，$y = 15$ 代入原方程的解 $y = 5 e^{kt}$ 中，即 $15 = 5 e^{k \times 10}$，得 $e^{10k} = 3$，$10k = \ln 3$，从而得 $k = \frac{1}{10} \ln 3$，于是，原方程的解为 $y = 5 e^{\frac{t}{10} \ln 3} = 5 \times e^{\ln 3^{\frac{t}{10}}} = 5 \times 3^{\frac{t}{10}}$.

【即学即练】

求微分方程 $\dfrac{\mathrm{d}A(t)}{\mathrm{d}t} = A(t) \cdot r$ 在初始条件 $A(0) = A_0$ 下的特解，其中 r 为某个常数，$A(t)$ 为未知函数.

（答案：$A(t) = A_0 e^{rt}$）

三、齐次微分方程

如果一阶微分方程可以化为形如

$$\frac{\mathrm{d}y}{\mathrm{d}x} = f\left(\frac{y}{x}\right) \tag{9.2.4}$$

的微分方程，则称它为齐次微分方程.

例如，方程 $(x^3 + y^3)\mathrm{d}x - 3xy^2\mathrm{d}y = 0$ 就是齐次微分方程. 因为它可以化为

$$\frac{\mathrm{d}y}{\mathrm{d}x} = \frac{x^3 + y^3}{3xy^2},$$

即

$$\frac{\mathrm{d}y}{\mathrm{d}x} = \frac{1 + \left(\frac{y}{x}\right)^3}{3\left(\frac{y}{x}\right)^2}.$$

齐次微分方程的特点是，该方程能够化为等号左边是 $\dfrac{\mathrm{d}y}{\mathrm{d}x}$，而等号右边是以 $\dfrac{y}{x}$ 为自变量的函数 $f\left(\dfrac{y}{x}\right)$.

齐次微分方程 $\dfrac{\mathrm{d}y}{\mathrm{d}x} = f\left(\dfrac{y}{x}\right)$ 的解法是作变量替换 $u = \dfrac{y}{x}$，即 $y = xu$，将方程化简转为可分离变量的微分方程来求解. 求解的步骤是：

（1）变量替换：令 $u = \dfrac{y}{x}$，即 $y = xu$，则 $\dfrac{\mathrm{d}y}{\mathrm{d}x} = u + x\dfrac{\mathrm{d}u}{\mathrm{d}x}$，代入方程（9.2.4）得

$$u + x \frac{\mathrm{d}u}{\mathrm{d}x} = f(u),$$

即
$$\frac{\mathrm{d}u}{\mathrm{d}x} = \frac{1}{x}[f(u) - u]. \tag{9.2.5}$$

（2）分离变量：方程(9.2.5)是可分离变量的微分方程，分离变量 x 与 u 得

$$\frac{\mathrm{d}u}{f(u) - u} = \frac{\mathrm{d}x}{x}. \tag{9.2.6}$$

（3）两边积分：方程(9.2.6)两边积分，得

$$\int \frac{\mathrm{d}u}{f(u) - u} = \int \frac{\mathrm{d}x}{x}.$$

（4）还原变量：求出积分后，再用 $\frac{y}{x}$ 代替 u，就得到齐次微分方程的通解.

例7 解微分方程 $(x^3 + y^3)\mathrm{d}x - 3xy^2\mathrm{d}y = 0$.

解：原方程可化成

$$\frac{\mathrm{d}y}{\mathrm{d}x} = \frac{1 + (\frac{y}{x})^3}{3(\frac{y}{x})^2}.$$

它是齐次微分方程，令 $u = \frac{y}{x}$，即 $y = xu$，则 $\frac{\mathrm{d}y}{\mathrm{d}x} = u + x\frac{\mathrm{d}u}{\mathrm{d}x}$，代入上式得

$$u + x\frac{\mathrm{d}u}{\mathrm{d}x} = \frac{1 + u^3}{3u^2}.$$

把上式等号左边的 u 移到等号右边，得

$$x\frac{\mathrm{d}u}{\mathrm{d}x} = \frac{1 + u^3}{3u^2} - u = \frac{1 - 2u^3}{3u^2},$$

分离变量后，得
$$\frac{3u^2}{1 - 2u^3}\mathrm{d}u = \frac{1}{x}\mathrm{d}x.$$

两边积分，得
$$\int \frac{3u^2}{1 - 2u^3}\mathrm{d}u = \int \frac{1}{x}\mathrm{d}x,$$

$$-\frac{1}{2}\int \frac{1}{1 - 2u^3}\mathrm{d}(1 - 2u^3) = \ln x + C_1,$$

即
$$-\frac{1}{2}\ln(1 - 2u^3) = \ln x + C_1,$$

$$\ln(1 - 2u^3) = -2\ln x - 2C_1.$$

移项，得
$$\ln(1 - 2u^3) + 2\ln x = -2C_1,$$

即
$$\ln(1 - 2u^3)x^2 = -2C_1,$$

$$(1 - 2u^3)x^2 = e^{-2C_1} = C.$$

将 $u = \frac{y}{x}$ 代入上式，得原方程的通解为

$$(1 - 2\frac{y^3}{x^3})x^2 = C,$$

即 $$x^3 - 2y^3 = Cx \ (C \text{ 为任意常数}).$$

例 8 求微分方程 $x\dfrac{\mathrm{d}y}{\mathrm{d}x} = y\ln\dfrac{y}{x}$ 在初始条件 $y\big|_{x=1} = 1$ 下的特解.

解： 原方程可化成

$$\frac{\mathrm{d}y}{\mathrm{d}x} = \frac{y}{x}\ln\frac{y}{x}.$$

它是齐次微分方程, 令 $u = \dfrac{y}{x}$, 即 $y = xu$, 则 $\dfrac{\mathrm{d}y}{\mathrm{d}x} = u + x\dfrac{\mathrm{d}u}{\mathrm{d}x}$, 代入上式得

$$u + x\frac{\mathrm{d}u}{\mathrm{d}x} = u \cdot \ln u.$$

把上式等号左边的 u 移到等号右边, 得

$$x\frac{\mathrm{d}u}{\mathrm{d}x} = u\ln u - u = (\ln u - 1)u.$$

分离变量后, 得 $$\frac{1}{(\ln u - 1)u}\mathrm{d}u = \frac{1}{x}\mathrm{d}x.$$

两边积分, 得 $$\int \frac{1}{(\ln u - 1)u}\mathrm{d}u = \int \frac{1}{x}\mathrm{d}x,$$

即 $$\int \frac{1}{\ln u - 1}\mathrm{d}\ln u = \int \frac{1}{x}\mathrm{d}x,$$

$$\int \frac{1}{\ln u - 1}\mathrm{d}(\ln u - 1) = \ln x + C_1,$$

$$\ln(\ln u - 1) = \ln x + C_1.$$

因此, 得 $$\ln u - 1 = \mathrm{e}^{\ln x + C_1} = \mathrm{e}^{\ln x} \cdot \mathrm{e}^{C_1}$$
$$= x\mathrm{e}^{C_1} = xC(\text{其中 } C = \mathrm{e}^{C_1}).$$

将 $u = \dfrac{y}{x}$ 代入上式, 得原方程的通解为 $\ln\dfrac{y}{x} - 1 = xC$ （C 为任意常数）.

由初始条件 $y\big|_{x=1} = 1$, 即把 $x = 1$, $y = 1$ 代入通解确定常数 C, 即
$$\ln 1 - 1 = 1 \cdot C,$$

得 $C = -1$, 因此, 所求特解为 $\ln\dfrac{y}{x} - 1 = -x$.

【即学即练】

求微分方程 $\dfrac{\mathrm{d}y}{\mathrm{d}x} = \dfrac{y^2}{xy - x^2}$ 的通解. （答案：$y = Ce^{\frac{y}{x}}$ （C 为任意常数））

四、一阶线性微分方程

如果微分方程中关于未知函数及其各阶导数都是线性的, 则称该微分方程为线性微分方程. 在线性微分方程中, 未知函数及其各阶导数的系数都是常数的微分方程称为常系数线性微分方程. 例如 $xy' + y\sin x = \ln x$ 为一阶线性微分方程, 但不是常系数线性微分方程;

而 $3y'' - 2y' + y = \sin x$ 为二阶常系数线性微分方程.

一阶线性微分方程的标准形式为

$$\frac{dy}{dx} + p(x)y = q(x) \tag{9.2.7}$$

其中，$p(x)$，$q(x)$ 都是 x 的已知连续函数.

一阶线性微分方程的特点：方程（9.2.7）中未知函数的最高阶导数是一阶的，未知函数及它的导数都是一次的，而且是代数和的形式，它们的系数都是已知的函数，而且 y' 的系数是 1，方程等号右边只是 x 的函数.

例9 微分方程 $\frac{dy}{dx} = y^2 + \sin x$ 是不是一阶线性微分方程？

解： 它是一阶的，但不是线性微分方程，因为未知函数 y 不是一次的.

【即学即练】

下列微分方程是不是一阶线性微分方程.

（1）$\frac{dy}{dx} = y\sin x$ （2）$y'' - y = \frac{x}{y}$ （3）$yy' + 2x = 0$

（答案：（1）是   （2）不是   （3）不是）

如何求解一阶线性微分方程呢？我们首先研究它的简单形式，然后再探讨它的一般形式.

当 $q(x) \equiv 0$ 时，则方程（9.2.7）变为

$$\frac{dy}{dx} + p(x)y = 0 \tag{9.2.8}$$

称为一阶齐次线性微分方程；当 $q(x)$ 不恒等于零时，方程（9.2.7）称为一阶非齐次线性微分方程.

1. 一阶齐次线性微分方程（9.2.8）的通解

方程 $\frac{dy}{dx} + p(x)y = 0$ 是可分离变量的微分方程. 把变量 x 与 y 分离，得

$$\frac{1}{y}dy = -p(x)dx.$$

两边积分，得

$$\int \frac{1}{y}dy = -\int p(x)dx,$$

即

$$\ln y = -\int p(x)dx + C_1.$$

所以，得

$$y = e^{-\int p(x)dx + C_1} = e^{C_1} \cdot e^{-\int p(x)dx} = Ce^{-\int p(x)dx} \quad (C = e^{C_1}).$$

因此，一阶齐次线性微分方程(9.2.8)的通解为

$$y = Ce^{-\int p(x)dx} \tag{9.2.9}$$

注：这里 $\int p(x)\mathrm{d}x$ 只表示 $p(x)$ 的一个原函数，即积分的结果不再加任意常数，以后不再作说明.

例 10 求微分方程 $\dfrac{\mathrm{d}y}{\mathrm{d}x} - y\sin x = 0$ 的通解.

解：它是一阶齐次线性微分方程，其中 $p(x) = -\sin x$，直接由（9.2.9）式可得原微分方程的通解为

$$y = Ce^{-\int -\sin x\,\mathrm{d}x} = Ce^{-\cos x}.$$

2. 一阶非齐次线性微分方程（9.2.7）的通解

一阶非齐次线性微分方程又如何求解呢？

我们可从一阶齐次线性微分方程（9.2.8）的通解 $y = Ce^{-\int p(x)\mathrm{d}x}$ 来猜想一阶非齐次线性微分方程（9.2.7）的解的形式. 显然，方程（9.2.7）与方程（9.2.8）等号的左边完全相同，只是右边不相同（一个等号的右边不恒等于零，而另一个等号右边恒等于零），因此，它们的解既有相同的地方（应都含有 $e^{-\int p(x)\mathrm{d}x}$，因它只与方程等号的左边有关），又有不相同的地方（因为方程（9.2.7）等号右边不恒等于零）. 故可设想将一阶齐次线性微分方程（9.2.8）的通解 $y = Ce^{-\int p(x)\mathrm{d}x}$ 中的常数 C 换为某函数 $u(x)$（因为方程（9.2.7）等号的右边不恒等于零），而其余不变，作为一阶非齐次线性微分方程解的形式，即可设一阶非齐次线性微分方程的解为 $y = u(x)e^{-\int p(x)\mathrm{d}x}$，再确定 $u(x)$，即可得方程（9.2.7）的通解. 下面根据原方程确定 $u(x)$.

设 $y = u(x)e^{-\int p(x)\mathrm{d}x}$ 是一阶非齐次线性微分方程 $y' + p(x)y = q(x)$ 的解，其中 $u(x)$ 是待定的，则

$$
\begin{aligned}
y' &= \left[u(x)e^{-\int p(x)\mathrm{d}x}\right]'\\
&= u'(x)\cdot e^{-\int p(x)\mathrm{d}x} + u(x)\cdot \left[e^{-\int p(x)\mathrm{d}x}\right]'\\
&= u'(x)\cdot e^{-\int p(x)\mathrm{d}x} + u(x)\cdot e^{-\int p(x)\mathrm{d}x}\cdot\left[-\int p(x)\mathrm{d}x\right]'\\
&= u'(x)e^{-\int p(x)\mathrm{d}x} - p(x)u(x)e^{-\int p(x)\mathrm{d}x}
\end{aligned}
$$

将 y，y' 的表达式代入方程（9.2.7）中，确定函数 $u(x)$：

$$
\begin{aligned}
\text{方程左边} &= \frac{\mathrm{d}y}{\mathrm{d}x} + p(x)y\\
&= u'(x)e^{-\int p(x)\mathrm{d}x} - p(x)u(x)e^{-\int p(x)\mathrm{d}x} + p(x)u(x)e^{-\int p(x)\mathrm{d}x}\\
&= u'(x)e^{-\int p(x)\mathrm{d}x}
\end{aligned}
$$

方程右边 $= q(x)$，

由方程左边 = 方程右边，即

$$u'(x)e^{-\int p(x)\mathrm{d}x} = q(x).$$

上式两边乘以 $e^{\int p(x)\mathrm{d}x}$，得 $u'(x) = q(x)e^{\int p(x)\mathrm{d}x}$，

两边积分，得

$$u(x) = \int q(x)e^{\int p(x)\mathrm{d}x}\mathrm{d}x + C.$$

将 $u(x) = \int q(x)\mathrm{e}^{\int p(x)\,\mathrm{d}x}\,\mathrm{d}x + C$ 代入 $y = u(x)\mathrm{e}^{-\int p(x)\,\mathrm{d}x}$，得一阶非齐次线性微分方程 $y' + p(x)y = q(x)$ 的通解为

$$
y = \left(\int q(x)\mathrm{e}^{\int p(x)\,\mathrm{d}x}\,\mathrm{d}x + C \right)\mathrm{e}^{-\int p(x)\,\mathrm{d}x} \ (C\ \text{为任意常数}) \tag{9.2.10}
$$

注：（1）上面求解一阶非齐次线性微分方程的方法称为常数变易法.

（2）公式（9.2.10）中的三次不定积分均只取一个原函数，即积分的结果都不再加任意常数.

把通解公式（9.2.10）写成两项和的形式，即

$$
y = C\mathrm{e}^{-\int p(x)\,\mathrm{d}x} + \left[\int q(x)\mathrm{e}^{\int p(x)\,\mathrm{d}x}\,\mathrm{d}x \right] \cdot \mathrm{e}^{-\int p(x)\,\mathrm{d}x}.
$$

可见，上式中第一项是齐次线性微分方程（9.2.8）的通解，而第二项是非齐次线性微分方程（9.2.7）的特解（通解公式（9.2.10）中当 $C=0$ 时的解）. 因此，得到结论：一阶非齐次线性微分方程的通解等于对应的齐次线性微分方程的通解与原非齐次线性微分方程的一个特解的和.

用常数变易法解一阶非齐次线性微分方程的步骤为：

（1）先求出对应的一阶齐次线性微分方程 $y' + p(x)y = 0$ 的通解：$y = C\mathrm{e}^{-\int p(x)\,\mathrm{d}x}$.

（2）根据所求出的一阶齐次线性微分方程的通解，设出一阶非齐次线性微分方程的解（将所求出的一阶齐次线性微分方程的通解中的任意常数 C 换为待定函数 $u(x)$）.

（3）将所设的解代入非齐次线性微分方程，解出 $u(x)$，最后再将 $u(x)$ 代入所设的解中，即可得到非齐次线性微分方程的通解.

在上面，我们详细介绍了一阶非齐次线性微分方程的求解过程，并得出它的通解公式（9.2.10），在以后求解一阶非齐次线性微分方程时可以直接应用它的通解公式.

应用通解公式（9.2.10）求解一阶线性非齐次微分方程的步骤为：

（1）将一阶非齐次线性微分方程化为标准形式：$\dfrac{\mathrm{d}y}{\mathrm{d}x} + p(x)y = q(x)$.

（2）确定函数 $p(x)$，$q(x)$.

（3）将函数 $p(x)$，$q(x)$ 代入通解公式：$y = \left[\int q(x)\mathrm{e}^{\int p(x)\,\mathrm{d}x}\,\mathrm{d}x + C \right]\mathrm{e}^{-\int p(x)\,\mathrm{d}x}$，并计算化简.

例11　求微分方程 $\dfrac{\mathrm{d}y}{\mathrm{d}x} - \dfrac{1}{x}y = \ln x$ 的通解.

解：方法一　第一步，将对应的齐次方程 $\dfrac{\mathrm{d}y}{\mathrm{d}x} - \dfrac{1}{x}y = 0$ 分离变量，得

$$
\frac{1}{y}\mathrm{d}y = \frac{1}{x}\mathrm{d}x.
$$

两边积分，得

$$
\int \frac{1}{y}\mathrm{d}y = \int \frac{1}{x}\mathrm{d}x,
$$

即
$$\ln y = \ln x + C_1,$$

因此，得到对应的齐次方程的通解为

$$y = e^{\ln x + C_1} = e^{\ln x} \cdot e^{C_1} = x e^{C_1} = xC \ (C = e^{C_1}).$$

第二步，把上式中的任意常数 C 换为待定函数 $u(x)$，即设

$$y = x \cdot u(x)$$

为原方程的解，则

$$y' = [x \cdot u(x)]' = u(x) + x \cdot u'(x).$$

第三步，将第二步中 y，y' 的表达式代入原方程中，得

$$u(x) + x \cdot u'(x) - \frac{1}{x} \cdot x \cdot u(x) = \ln x,$$

即
$$x \cdot u'(x) = \ln x.$$

所以，得
$$u'(x) = \frac{1}{x} \ln x,$$

$$u(x) = \int \frac{1}{x} \ln x \mathrm{d}x = \int \ln x \mathrm{d}\ln x = \frac{1}{2} \ln^2 x + C.$$

最后，将 $u(x) = \frac{1}{2} \ln^2 x + C$ 代入 $y = x \cdot u(x)$ 中得到原方程的通解为

$$y = x(\frac{1}{2} \ln^2 x + C)(C \ \text{为任意常数}).$$

方法二　第一步，将方程化为标准形式：$\dfrac{\mathrm{d}y}{\mathrm{d}x} - \dfrac{1}{x}y = \ln x$.

第二步，确定出函数 $p(x) = -\dfrac{1}{x}$，$q(x) = \ln x$.

第三步，将函数 $p(x)$，$q(x)$ 代入通解公式：$y = \left[\int q(x) e^{\int p(x)\mathrm{d}x} \mathrm{d}x + C\right] e^{-\int p(x)\mathrm{d}x}$，即原方程的通解为

$$y = \left[\int \ln x \cdot e^{\int -\frac{1}{x}\mathrm{d}x} \mathrm{d}x + C\right] e^{-\int -\frac{1}{x}\mathrm{d}x} = \left[\int \ln x \cdot e^{-\ln x} \mathrm{d}x + C\right] e^{\ln x} \ (\text{注}：e^{-\ln x} = \frac{1}{x}, \ e^{\ln x} = x)$$

$$= \left[\int \ln x \cdot \frac{1}{x} \mathrm{d}x + C\right] x = \left[\int \ln x \mathrm{d}\ln x + C\right] x$$

$$= (\frac{1}{2} \ln^2 x + C) x \ (C \ \text{为任意常数})$$

例 12　求微分方程 $xy' = 3 - y$ 的通解及满足初始条件 $y\big|_{x=2} = 0$ 的特解.

解：将原方程化为标准形式：$y' + \dfrac{1}{x}y = \dfrac{3}{x}$.

$$\therefore p(x) = \frac{1}{x}, \ q(x) = \frac{3}{x}.$$

从而，得

$$\int p(x)\mathrm{d}x = \int \frac{1}{x}\mathrm{d}x = \ln x \ (\text{注}：只取一个函数，下同)$$

$$\int q(x) e^{\int p(x)\mathrm{d}x} \mathrm{d}x = \int \frac{3}{x} e^{\ln x} \mathrm{d}x = \int \frac{3}{x} \cdot x \mathrm{d}x = \int 3 \mathrm{d}x = 3x.$$

因此，原方程的通解为

$$y = \left[\int q(x) \mathrm{e}^{\int p(x)\mathrm{d}x} \mathrm{d}x + C \right] \mathrm{e}^{-\int p(x)\mathrm{d}x}$$

$$= (3x + C) \mathrm{e}^{-\ln x}$$

$$= (3x + C) \frac{1}{x} \ (C \ \text{为任意常数})$$

由初始条件 $y|_{x=2} = 0$，即把 $x = 2$，$y = 0$ 代入原方程的通解，得

$$0 = (3 \times 2 + C) \frac{1}{2},$$

解得 $C = -6$. 再将 $C = -6$ 代入 $y = (3x + C)\frac{1}{x}$，就得到所求特解为 $y = (3x - 6)\frac{1}{x}$.

【即学即练】

求微分方程 $x^2 y' + xy + 1 = 0$ 满足初始条件 $y(2) = 1$ 的特解.

（答案：$y = \frac{1}{x}(\ln\frac{2}{x} + 2)$）

例13 求微分方程 $y'\cos x - y\sin x = 2x$ 的通解.

解： 原方程化为标准形式：$y' - y\tan x = \dfrac{2x}{\cos x}$.

$$p(x) = -\tan x, \ q(x) = \frac{2x}{\cos x}.$$

则方程的通解为

$$y = \mathrm{e}^{-\int p(x)\mathrm{d}x} \left[\int q(x) \mathrm{e}^{\int p(x)\mathrm{d}x} \mathrm{d}x + C \right]$$

$$= \mathrm{e}^{-\int (-\tan x)\mathrm{d}x} \left[\int \frac{2x}{\cos x} \mathrm{e}^{\int (-\tan x)\mathrm{d}x} \mathrm{d}x + C \right] = \mathrm{e}^{\int \tan x \mathrm{d}x} \left[\int \frac{2x}{\cos x} \mathrm{e}^{-\int \tan x \mathrm{d}x} \mathrm{d}x + C \right]$$

$$= \mathrm{e}^{-\ln\cos x} \left[\int \frac{2x}{\cos x} \mathrm{e}^{\ln\cos x} \mathrm{d}x + C \right] = \frac{1}{\cos x} \left[\int \frac{2x}{\cos x} \cdot \cos x \mathrm{d}x + C \right]$$

$$= \frac{1}{\cos x} \left[\int 2x \mathrm{d}x + C \right] = \frac{1}{\cos x}(x^2 + C) \ (C \ \text{为任意常数})$$

例14 求解微分方程 $y^2 \mathrm{d}x + (xy + 1)\mathrm{d}y = 0$.

解： 显然此方程关于 y，y' 不是线性的. 若将方程改写为：

$$y^2 \frac{\mathrm{d}x}{\mathrm{d}y} + yx = -1,$$

即

$$x' + \frac{1}{y}x = -\frac{1}{y^2},$$

则它关于 x，x' 是线性的.

此时，有 $p(y) = \dfrac{1}{y}$，$q(y) = -\dfrac{1}{y^2}$.

将公式(9.2.10)中的 x 与 y 互换，则得原方程的通解公式

$$x = \left[\int q(y)\,e^{\int p(y)\mathrm{d}y}\mathrm{d}y + C\right]e^{-\int p(y)\mathrm{d}y}.$$

将 $p(y) = \dfrac{1}{y}$，$q(y) = -\dfrac{1}{y^2}$ 代入上式，得原方程的通解为

$$x = \left[\int -\frac{1}{y^2}e^{\int \frac{1}{y}\mathrm{d}y}\mathrm{d}y + C\right]e^{-\int \frac{1}{y}\mathrm{d}y} = \left[\int -\frac{1}{y^2}e^{\ln y}\mathrm{d}y + C\right]e^{-\ln y}$$

$$= \left[\int -\frac{1}{y^2}\cdot y\mathrm{d}y + C\right]\frac{1}{y} = \left[-\int \frac{1}{y}\mathrm{d}y + C\right]\frac{1}{y}$$

$$= \left[-\ln y + C\right]\frac{1}{y} \quad (C\ \text{为任意常数})$$

注：在一阶微分方程中，x 和 y 的地位是对等的，通常视 y 为未知函数，x 为自变量；有时，为了求解方便，也可视 x 为未知函数，而 y 为自变量. 求解某些微分方程时，需要特别注意.

【即学即练】

求微分方程 $\dfrac{\mathrm{d}y}{\mathrm{d}x} = \dfrac{y}{y^3 + x}$ 的通解.

（答案：$y = (\dfrac{y^2}{2} + C)$（C 为任意常数））

9.2　练习题

1. 求下列微分方程的通解或在给定初始条件下的特解：

（1）$\dfrac{\mathrm{d}y}{\mathrm{d}x} = \dfrac{x}{y}$

（2）$\dfrac{\mathrm{d}y}{\mathrm{d}x} = -\dfrac{x}{y}$，$y\big|_{x=0} = 2$

（3）$x\sqrt{1 + y^2}\mathrm{d}x - y\sqrt{1 + x^2}\mathrm{d}y = 0$，$y\big|_{x=1} = 0$

（4）$(x + xy^2)\mathrm{d}x + (y + x^2y)\mathrm{d}y = 0$

（5）$\dfrac{\mathrm{d}y}{\mathrm{d}x} = e^{x-2y}$

（6）$\dfrac{\mathrm{d}y}{\mathrm{d}x} = \dfrac{\sin x}{\cos y}$，$y\big|_{x=0} = \dfrac{\pi}{2}$

（7）$\cos x\sin y\mathrm{d}x - \sin x\cos y\mathrm{d}y = 0$

（8）$\dfrac{\mathrm{d}y}{\mathrm{d}x} = \dfrac{y\ln x}{x\ln y}$

（9）$\dfrac{\mathrm{d}y}{\mathrm{d}x} = -\dfrac{1 + y^2}{1 + x^2}$，$y\big|_{x=1} = 0$

（10）$3x^2 - \dfrac{\mathrm{d}y}{\mathrm{d}x} = 0$

2. 求下列微分方程的通解或在给定初始条件下的特解：

（1）$\dfrac{\mathrm{d}y}{\mathrm{d}x} = \dfrac{y^2}{xy - x^2}$

（2）$(xe^{-\frac{y}{x}} + y)\mathrm{d}x = x\mathrm{d}y$，$y\big|_{x=1} = 0$

（3）$xy' = y + x\cot\dfrac{y}{x}$，$y\big|_{x=1} = \dfrac{\pi}{3}$

（4）$y' = \dfrac{y}{y + x}$

（5）$(x + y)\mathrm{d}x - x\mathrm{d}y = 0$，$y\big|_{x=1} = e$

（6）$\dfrac{\mathrm{d}y}{\mathrm{d}x} = \dfrac{y}{x}\left(1 + \dfrac{1}{\ln y - \ln x}\right)$，$y\big|_{x=1} = e$

3. 求下列微分方程的通解或在给定初始条件下的特解：

（1）$xy' + y = 3$

（2）$\dfrac{\mathrm{d}y}{\mathrm{d}x} + y = e^{-x}$

（3）$\dfrac{\mathrm{d}y}{\mathrm{d}x} - \dfrac{1}{x}y = x\cos x$，$y\big|_{x=\frac{\pi}{2}} = 1$

（4）$y' - \dfrac{1}{x}y = xe^x$，$y\big|_{x=1} = 0$

（5）$\dfrac{\mathrm{d}y}{\mathrm{d}x} + 2xy = 2x$，$y\big|_{x=\frac{\pi}{2}} = 1$

（6）$\dfrac{\mathrm{d}y}{\mathrm{d}x} - \dfrac{1}{x}y = 2x$，$y\big|_{x=1} = 0$

4. 已知某曲线通过点（2，7），且在该曲线上点（x，y）处的切线的斜率等于 $4x$，求该曲线的方程．

5. 设某储户有本金 10 万元，利率为 1.5，t 时刻的本利和用 $A(t)$ 表示，求本利和 $A(t)$ 与时间 t 所满足的函数关系．

参考答案

1. （1）$x^2 - y^2 = C$（C 为任意常数）　　　　（2）$x^2 + y^2 = 4$

（3）$\sqrt{1 + x^2} - \sqrt{1 - y^2} = \sqrt{2} - 1$　　（4）$y^2 = C(1 + x^2) - 1$（$C > 0$）

（5）$y = \dfrac{1}{2}\ln(e^{2x} + C)$（$C$ 为任意常数）　（6）$\sin y + \cos x = 2$

（7）$\sin y = C\sin x$（C 为任意常数）

（8）$(\ln y)^2 = (\ln y)^2 + C$（$C$ 为任意常数）

（9）$\arctan x + \arctan y = \dfrac{\pi}{4}$　　　　（10）$y = x^3 + C$（C 为任意常数）

2. （1）$\dfrac{y}{x} - \ln y = C$（C 为任意常数）

（2）$\dfrac{y}{x} = \ln(\ln x + 1)$

(3) $\cos \dfrac{y}{x} = \dfrac{1}{2x}$

(4) $\dfrac{x}{y} - \ln y = C$（C 为任意常数）

(5) $y = x\ln x + ex$

(6) $(\ln \dfrac{y}{x})^2 = \ln x^2 + (\ln e)^2$

3. (1) $y = \dfrac{C}{x} + 3$ (2) $y = e^{-x}(x + C)$ (3) $y = x(\sin x + \dfrac{2}{\pi} - 1)$

(4) $y = x(e^x - e)$ (5) $y = 1$ (6) $y = 2x^2 - 2x$

4. $y = 2x^2 - 1$

5. $A = 10e^{1.5t}$

§9.3   差分方程的一般概念

在前面我们讨论的微分方程中，函数 $y = f(x)$ 的自变量 x 是要求连续取值的，从而自变量 x 的改变量 Δx 能够无穷小，因此，变量 y 的变化速度可用 $\dfrac{\mathrm{d}y}{\mathrm{d}x}$ 来表示．但是，在经济生活的许多实际应用中，自变量 x 往往只能取非负整数．例如，x 表示时间（如年、月、日）就属于这种情况．这时，自变量 x 的改变量 Δx 最小就是 1，因此，不能令 $\Delta x \to 0$，从而变量 y 的变化速度只能用 $\Delta y = f(x+1) - f(x)$ 近似表示，这就需要对含有 Δy 的方程进行专门研究，这类方程称为差分方程．

一、差分的概念

当函数 $y = f(x)$ 中的自变量 x 取非负整数时，对应的函数值可直观地排成一个数列：y_0，y_1，y_2，$\cdots$，y_n，$\cdots$．当 x 表示时间（如年、月、日）并取非负整数时，上面的数列就称为时间序列，其中，y_0 为基期值，y_n 为 n 时期值．经济分析中使用的基础数据多数是以时间序列的形式表示的．

定义 9.4   设有函数 $y = f(x)$，当 x 取非负整数 n 时的函数值记为 $y_n = f(n)$，则相邻两个函数值的差 $y_{n+1} - y_n$ 称为函数的一阶差分，记为 Δy_n，即

$$\Delta y_n = y_{n+1} - y_n = f(n+1) - f(n).$$

显然，一阶差分 Δy_n 与 n 有关，当 $n = 0$，1，2，$\cdots$ 时，又得到一个新序列：

$$\Delta y_0, \ \Delta y_1, \ \Delta y_2, \ \cdots, \ \Delta y_n, \ \cdots.$$

它的差分，即一阶差分的差分称为函数的二阶差分，记为 $\Delta^2 y_n$，即

$$\Delta^2 y_n = \Delta(\Delta y_n) = \Delta y_{n+1} - \Delta y_n = (y_{n+2} - y_{n+1}) - (y_{n+1} - y_n) = y_{n+2} - 2y_{n+1} + y_n.$$

同理，可定义三阶、四阶等高阶差分．

由定义可得一阶差分的性质：

(1) $\Delta k y_n = k\Delta y_n$（$k$ 为常数）.

(2) $\Delta(y_n + z_n) = \Delta y_n + \Delta z_n$.

例1 计算差分 $\Delta(3^n)$，$\Delta^2(3^n)$.

解： 设 $y_n = 3^n$，则由差分的定义

$$\Delta y_n = y_{n+1} - y_n.$$

得
$$\Delta(3^n) = 3^{n+1} - 3^n = 2 \times 3^n$$

$$\Delta^2(3^n) = \Delta[\Delta(3^n)] = \Delta(2 \times 3^n) = 2 \times 3^{n+1} - 2 \times 3^n = 2 \times (3^{n+1} - 3^n) = 4 \times 3^n.$$

【即学即练】

计算差分 $\Delta(2n-1)$ 及 $\Delta^2(2n-1)$. （答案：2 及 0）

二、差分方程的基本概念

引例： 在农业经济中，生产者常常根据今年农产品的价格来决定明年该农产品的生产规模，而消费者今年对农产品的需求是由同年的农产品价格来决定的. 若用 P_t 表示 t 时期农产品的价格，且本时期的供给量 S_t 与需求量 D_t 可简化地表示为

$$S_t = -c + dP_{t-1} \text{ 与 } D_t = a - bP_t,$$

其中，a，b，c，d 都是正的常数. 由于商品的价格是由同期商品的供给量与需求量相等来确定，因此，P_t 应满足 $S_t = D_t$，即

$$-c + dP_{t-1} = a - bP_t.$$

上式移项，得
$$bP_t + dP_{t-1} = a + c,$$

两边除以 b，得
$$P_t + \frac{d}{b}P_{t-1} = \frac{a+c}{b}. \tag{9.3.1}$$

再将(9.3.1)式改写为
$$(P_t - P_{t-1}) + P_{t-1} + \frac{d}{b}P_{t-1} = \frac{a+c}{b},$$

即
$$\Delta P_{t-1} + (1 + \frac{d}{b})P_{t-1} = \frac{a+c}{b}. \tag{9.3.2}$$

由此可见，方程（9.3.1）与方程（9.3.2）（9.3.2）是相同的，其中方程（9.3.2）是含有未知函数 P_t 的差分 ΔP_{t-1}，而方程（9.3.1）含有未知函数 P_t 两个时期（$t-1$ 时期与 t 时期）值的符号（P_{t-1} 与 P_t），这样的方程都是差分方程.

定义9.5 含有未知函数的差分或者表示未知函数几个时期值的符号的方程，称为差分方程.

例如：$y_{n+2} - 2y_{n+1} + y_n = 4$，$\Delta y_n - 2y_n = -3$ 等都是差分方程.

差分方程中未知函数附标的最大值与最小值的差数称为微分方程的阶.

例如：在 $y_{n+2} - 2y_{n+1} + y_n = 4$ 中，未知函数附标的最大值为 $n+2$，最小值为 n，因为 $(n+2) - n = 2$，所以它是二阶的差分方程；而方程 $\Delta y_n - 2y_n = -3$ 就是方程 $y_{n+1} - 3y_n = -3$，未知函数附标的最大值为 $n+1$，最小值为 n，因为 $(n+1) - n = 1$，因此，它是一阶的差分方程.

如果将某个函数代入差分方程后能使方程成为恒等式，则这个函数称为该差分方程的解.

例 2 证明 $y_n = 2^n - 1$ 是差分方程 $y_{n+1} - 2y_n = 1$ 的解.

证：将函数 $y_n = 2^n - 1$ 代入差分方程 $y_{n+1} - 2y_n = 1$，得

$$左边 = y_{n+1} - 2y_n$$
$$= (2^{n+1} - 1) - 2(2^n - 1)$$
$$= 2^{n+1} - 1 - 2^{n+1} + 2$$
$$= 1 = 右边$$

因此，$y_n = 2^n - 1$ 是差分方程的解.

【即学即练】

证明 $y_n = 1 + 2n$ 是差分方程 $y_{n+1} - y_n = 2$ 的解.

和微分方程类似，差分方程可以是线性的或非线性的，齐次线性的或非齐次线性的，一阶的或高阶的. 最简单的是一阶常系数常数项线性差分方程.

三、一阶常系数常数项线性差分方程

定义 9.6 形如

$$y_{n+1} - ay_n = b \tag{9.3.3}$$

的方程，称为一阶常系数常数项线性差分方程的标准形式，其中 a，b 是常数.

在经济学和管理学中常常涉及一阶常系数常数项线性差分方程. 下面我们主要讨论一阶常系数常数项线性差分方程 (9.3.3) 在给定初值 y_0 下的特解.

依次将 $n = 0$，1，2，3，$\cdots$代入方程 (9.3.3)，得

$$y_1 = ay_0 + b$$
$$y_2 = ay_1 + b = a(ay_0 + b) + b = a^2 y_0 + ab + b = a^2 y_0 + (1 + a)b$$
$$y_3 = ay_2 + b = a[a^2 y_0 + (1 + a)b] + b = a^3 y_0 + (1 + a + a^2)b$$
$$y_4 = ay_3 + b = a[a^3 y_0 + (1 + a + a^2)b] + b = a^4 y_0 + (1 + a + a^2 + a^3)b$$
$$\vdots$$

因此，归纳得出方程(9.3.3)的解式为

$$y_n = a^n y_0 + (1 + a + a^2 + a^3 + \cdots + a^{n-1})b.$$

当 $a = 1$ 时，$y_n = y_0 + (1 + 1 + 1 + 1 + \cdots + 1)b = y_0 + nb$

当 $a \neq 1$ 时，$y_n = a^n y_0 + (1 + a + a^2 + a^3 + \cdots + a^{n-1})b$

$$= a^n y_0 + \frac{1 - a^n}{1 - a}b = \left(y_0 - \frac{b}{1 - a}\right)a^n + \frac{b}{1 - a}$$

综合上述，得一阶常系数常数项线性差分方程 (9.3.3) 在给定初值 y_0 下的特解为

$$y_n = \begin{cases} \left(y_0 - \dfrac{b}{1 - a}\right)a^n + \dfrac{b}{1 - a} & a \neq 1 \\ y_0 + nb & a = 1 \end{cases} \tag{9.3.4}$$

与一阶非齐次线性微分方程的通解公式的推导过程类似，我们不须推导地给出一阶常系数常数项线性差分方程的通解公式，方便学生在以后的学习中使用.

一阶常系数常数项线性差分方程（9.3.3）的通解为

$$y_n = \begin{cases} ca^n + \dfrac{b}{1-a} & a \neq 0 \\[2mm] c + nb & a = 1 \end{cases} \tag{9.3.5}$$

其中 c 为任意常数.

注：在（9.3.4）式中 $y_0 - \dfrac{b}{1-a}$ 是某个固定常数，而在（9.3.5）式中 c 为任意常数.

由（9.3.4）式可知，差分方程（9.3.3）的解同样由两项组成. 第一项是与原方程对应的齐次差分方程 $y_{n+1} - ay_n = 0$ 的通解（$y_n = ca^n$），而第二项是原差分方程的一个特解（$y^* = \dfrac{b}{1-a}$）. 线性差分方程的解的这种结构与相应的线性微分方程的解的结构完全类似.

例 3 求差分方程 $y_{n+1} - y_n = -2$ 的通解及满足初始条件 $y_0 = 3$ 的特解.

解：该方程是一阶常系数常数项线性差分方程的标准形式，而且
$$a = 1, \quad b = -2.$$
由通解公式（9.3.5），得方程的通解为 $y_n = c - 2n$，其中 c 为任意常数.

将 $n = 0$，$y_0 = 3$ 代入通解，即 $3 = c - 2 \times 0$，得 $c = 3$. 再将 $c = 3$ 代入 $y_n = c - 2n$，从而得方程的特解为 $y_n = 3 - 2n$.

例 4 求差分方程 $\Delta y_n = 2y_n - 9$ 的通解.

解：因为 $\Delta y_n = y_{n+1} - y_n$，所以
原方程化为 $y_{n+1} - y_n = 2y_n - 9$，即 $y_{n+1} - 3y_n = -9$. 从而得
$$a = 3 \neq 1, \quad b = -9.$$
由通解公式（9.3.5），得方程的通解为 $y_n = c3^n + \dfrac{-9}{1-3} = c3^n + \dfrac{9}{2}$，其中 c 为任意常数.

【即学即练】

求差分方程 $y_{n+1} + 2y_n = 6$ 的通解及满足初始条件 $y_0 = 1$ 的特解.

（答案：$y_n = (-1)^{n+1} 2^n + 2$）

例 5 求差分方程（9.3.1），即 $P_t + \dfrac{d}{b} P_{t-1} = \dfrac{a+c}{b}$ 的通解.

解：该方程是一阶常系数常数项线性差分方程的标准形式.

当 $-\dfrac{d}{b} = 1$，即 $b = -d$ 时，由通解公式（9.3.5），得方程的通解为

$$y_n = c + n \cdot \frac{a+c}{b}.$$

当 $-\dfrac{d}{b} \neq 1$，即 $b \neq -d$ 时，由通解公式（9.3.5），得方程的通解为

$$y_n = c \cdot \left(-\frac{d}{b} \right)^n + \frac{\dfrac{a+c}{b}}{1 - \left(-\dfrac{d}{b} \right)} = c \cdot \left(-\frac{d}{b} \right)^n + \frac{a+c}{b+d}.$$

例 6 设某人从银行贷款 120 万元购买房产，年利率是 12%，20 年还清这笔贷款，每月分期等额归还，问每月应偿还多少钱？

解：月利率是 $12\% \div 12 = 1\%$，需要偿还 $20 \times 12 = 240$ 个月. 设每月应偿还 A 万元，每月还款后剩余贷款用 y_n 表示，其中 n 为月份，则 $y_0 = 120$，$y_{240} = 0$. 从而得

第一个月后剩余贷款为

$$y_1 = y_0 + y_0 \times 1\% - A = (1 + 1\%)y_0 - A,$$

第二个月后剩余贷款为

$$y_2 = y_1 + y_1 \times 1\% - A = (1 + 1\%)y_1 - A,$$

$$\vdots$$

第 $n+1$ 个月后剩余贷款为

$$y_{n+1} = y_n + y_n \times 1\% - A = (1 + 1\%)y_n - A = 1.01 y_n - A,$$

上式就是差分方程：$y_{n+1} - 1.01 y_n = -A$.

将 $a = 1.01$，$b = -A$ 代入差分方程(9.3.3)的特解公式(9.3.4)式，得

$$y_n = \left(y_0 - \frac{b}{1-a} \right)a^n + \frac{b}{1-a}, \quad a \neq 1.$$

可以得到本例中差分方程的特解为

$$\begin{aligned}
y_n &= \left(120 - \frac{-A}{1 - 1.01} \right)(1.01)^n + \frac{-A}{1 - 1.01} \\
&= (120 - 100A)(1.01)^n + 100A \\
&= 120 \times (1.01)^n - 100 \times (1.01)^n A + 100A \\
&= 120 \times (1.01)^n - 100\left[(1.01)^n - 1 \right]A
\end{aligned}$$

再将 $n = 240$，$y_{240} = 0$ 代入上式，即

$$0 = 120 \times (1.01)^{240} - 100\left[(1.01)^{240} - 1 \right]A,$$

移项，得

$$100\left[(1.01)^{240} - 1 \right]A = 120 \times (1.01)^{240},$$

从上式中解出 A，得 $A = \dfrac{120 \times 1.01^{240}}{100\left[1.01^{240} - 1 \right]} = \dfrac{1.2 \times 1.01^{240}}{1.01^{240} - 1}$.

即每月应偿还 $\dfrac{1.2 \times 1.01^{240}}{1.01^{240} - 1}$ 万元.

9.3 练习题

1. 求下列函数的差分：

(1) $y_n = c$，求 Δy_n.

(2) $y_n = 2^n$，求 Δy_n 及 $\Delta^2 y_n$.

(3) $y_n = n^2$，求 Δy_n 及 $\Delta^2 y_n$.

(4) $y_n = \ln n$，求 Δy_n 及 $\Delta^2 y_n$.

(5) $y_n = \cos n$，求 Δy_n.

(6) $y_n = n^2 + 2n$，求 Δy_n.

2．求下列差分方程的阶数：

(1) $y_{n+2} - y_{n+1} + y_n = y_{n-1} + 3$

(2) $y_{n+2} - 2y_{n+1} - y_n = 3$

(3) $\Delta y_n = 2y_{n-1} + 2$

(4) $\Delta^2 y_n = y_n + 1$

(5) $n + y_n + y_{n-1} + y_{n+2} - y_{n+3} = 0$

(6) $y_{n+2} - 2y_{n+1} - y_n = y_{n-1} + y_{n-2}$

3．求下列差分方程的通解及满足初始条件的特解：

(1) $y_{n+1} - y_n = 2$，$y_0 = 1$

(2) $y_{n+1} - y_n = -1$，$y_0 = 0$

(3) $y_{n+1} = -y_n + 5$，$y_0 = 1$

(4) $\Delta y_n = y_n + 1$，$y_0 = 0$

4．求下列差分方程的通解：

(1) $-3P_t = -21 + 4P_{t-1}$

(2) $-3P_t = -8 + 2P_{t-1}$

(3) $-7P_t = -20 + 7P_{t-1}$

(4) $P_t + P_{t-1} = 3$

5．设某商品在 t 时期的需求量 D_t 与供给量 S_t 分别为：

$D_t = 20 - 2P_t$ 与 $S_t = -16 + 34P_t$，

而且在 t 时期该商品的价格 P_t 由下式确定：$P_t = P_{t-1} - \dfrac{1}{10}(S_{t-1} - D_{t-1})$，求该商品的价格 P_t 随时间 t 变化的规律.

参考答案

1．（1）$\Delta y_n = 0$

（2）$\Delta y_n = 2^n$，$\Delta^2 y_n = 2^n$

（3）$\Delta y_n = 2n + 1$，$\Delta^2 y_n = 2$

（4）$\Delta y_n = \ln(1 + \dfrac{1}{n})$，$\Delta^2 y_n = \ln \dfrac{n(n+2)}{(n+1)^2}$

（5）$\Delta y_n = \cos(n+1) - \cos n$

（6）$\Delta y_n = 2n + 3$

2．（1）三阶　（2）二阶　（3）二阶　（4）二阶　（5）四阶　（6）四阶

3．（1）通解 $y_n = A + 2n$（A 为任意实数），特解 $y_n = 1 + 2n$.

（2）通解 $y_n = A - n$（A 为任意实数），特解 $y_n = -n$.

（3）通解 $y_n = \dfrac{5}{2} + (-1)^n A$（$A$ 为任意实数），特解 $y_n = \dfrac{5}{2} + (-1)^{n+1}\dfrac{3}{2}$.

(4) 通解 $y_n = A2^n - 1$（A 为任意实数），特解 $y_n = 2^n - 1$.

4. （1） $P_t = c(-\dfrac{4}{3})^t + 3$，其中 c 为任意常数.

（2） $P_t = c(-\dfrac{2}{3})^t + \dfrac{8}{5}$，其中 c 为任意常数.

（3） $P_t = c(-1)^t + \dfrac{10}{7}$，其中 c 为任意常数.

（4） $P_t = c(-1)^t + \dfrac{3}{2}$，其中 c 为任意常数.

5. $P_t = (-\dfrac{13}{5})^t c + 1$，其中 c 为任意常数.

总习题九

1. 选择题：

（1）已知 $\left(\dfrac{\mathrm{d}y}{\mathrm{d}x}\right)^2 + 3xy^2 = 1$，则该微分方程的阶数是（　　）.

A. 1 阶 　　　　 B. 2 阶 　　　　 C. 3 阶 　　　　 D. 4 阶

（2）下列微分方程中是一阶线性微分方程的是（　　）.

A. $xy' = y + x^2$ 　　 B. $xy' \cdot e^y = 1$ 　　 C. $y'' = x$ 　　 D. $y' = \dfrac{y^2}{xy - x^2}$

（3）微分方程 $(y'')^3 + 5(y')^4 - y^5 + x^7 = 0$ 是（　　）阶微分方程.

A. 一 　　　　 B. 二 　　　　 C. 三 　　　　 D. 四

（4）关于微分方程 $\dfrac{\mathrm{d}^2 y}{\mathrm{d}x^2} + 2\dfrac{\mathrm{d}y}{\mathrm{d}x} + y = x$ 的下列结论：

① 该方程是齐次微分方程　　　　　② 该方程是线性微分方程

③ 该方程是常系数微分方程　　　　④ 该方程是二阶微分方程

其中正确的是（　　）.

A. ①②③ 　　 B. ①②④ 　　 C. ①③④ 　　 D. ②③④

（5）微分方程 $\dfrac{\mathrm{d}y}{\mathrm{d}x} = 2y$ 的通解是（　　），其中 C 为任意常数.

A. $y = \mathrm{e}^{2x}$ 　　 B. $y = C + \mathrm{e}^{2x}$ 　　 C. $y = C - \mathrm{e}^{2x}$ 　　 D. $y = C\mathrm{e}^{2x}$

（6）差分 $\Delta(2n - 1) = $（　　）.

A. $2n$ 　　　　 B. $2n + 1$ 　　　 C. $2n - 1$ 　　　 D. 2

（7）差分方程 $n + y_n + y_{n-1} + y_{n+2} - y_{n+3} = 0$ 是（　　）阶的差分方程.

A. 四 　　　　 B. 三 　　　　 C. 二 　　　　 D. 一

（8）差分方程 $y_n - 3y_{n-1} = 2$ 的通解是（　　），其中 c 为任意常数.

A. $c3^n - 1$ 　　 B. $3^n - 1$ 　　 C. $c(-3)^n - 1$ 　　 D. $c3^n + 1$

2. 填空题：

（1）经过点 $(2, 1)$ 且其切线的斜率为 $2x$ 的曲线方程为_____.

（2）微分方程 $\dfrac{\mathrm{d}y}{\mathrm{d}x}=x^3$ 的通解为＿＿＿＿＿＿＿＿．

（3）微分方程 $\dfrac{\mathrm{d}y}{\mathrm{d}x}=\ln x$ 的通解为＿＿＿＿＿＿＿＿．

（4）微分方程 $\dfrac{\mathrm{d}y}{\mathrm{d}x}=-\dfrac{x}{y}$ 在初始条件 $y|_{x=0}=1$ 下的特解是＿＿＿＿＿＿＿＿．

（5）差分方程 $\Delta y_n=3$ 满足条件 $y_0=2$ 的特解是＿＿＿＿＿＿＿＿．

3．求下列微分方程的通解或在给定初始条件下的特解：

（1）微分方程 $yy'=2x\sqrt{1-y^2}$ 的通解．

（2）微分方程 $x\sqrt{1-y^2}\,\mathrm{d}x+y\sqrt{1+x^2}\,\mathrm{d}y=0$ 的通解．

（3）微分方程 $(1+x^2)\arctan x\,\mathrm{d}y-y\,\mathrm{d}x=0$ 的通解．

（4）微分方程 $y'+\sin(x+y)=\sin(x-y)$ 的通解．

（5）微分方程 $x^2y\,\mathrm{d}x-(1-y^2+x^2-x^2y^2)\,\mathrm{d}y=0$ 的通解．

（6）微分方程 $y'=\mathrm{e}^{\frac{y}{x}}+\dfrac{y}{x}$ 的通解．

（7）微分方程 $x\,\mathrm{d}y=y(\ln y-\ln x)\,\mathrm{d}x$ 的通解．

（8）微分方程 $(y^2-2xy)\,\mathrm{d}x+x^2\,\mathrm{d}y=0$ 的通解．

（9）微分方程 $\dfrac{\mathrm{d}y}{\mathrm{d}x}+2xy=x$ 的通解及在初始条件 $y\big|_{x=0}=-\dfrac{1}{2}$ 下的特解．

（10）微分方程 $\dfrac{\mathrm{d}y}{\mathrm{d}x}+y\cos x=\mathrm{e}^{-\sin x}$ 的通解及在初始条件 $y\big|_{x=\frac{\pi}{2}}=\mathrm{e}^{-1}$ 下的特解．

（11）微分方程 $\dfrac{\mathrm{d}y}{\mathrm{d}x}+\dfrac{y}{x}=\dfrac{\sin x}{x}$ 的通解及在初始条件 $y\big|_{x=\pi}=1$ 下的特解．

（12）微分方程 $x\dfrac{\mathrm{d}y}{\mathrm{d}x}-2y=x^3\mathrm{e}^x$ 的通解．

（13）微分方程 $y'\mathrm{e}^{\sin x}+y\mathrm{e}^{\sin x}\cos x=\ln x$ 的通解．

（14）微分方程 $y'+3y=\mathrm{e}^{-2x}$ 的通解．

（15）微分方程 $(x+1)y'-2y=(x+1)^4$ 的通解．

4．求差分方程 $2y_n-3y_{n-1}=5$ 的通解及在初始条件 $y_0=2$ 下的特解．

参考答案

1．（1）A　　（2）A　　（3）B　　（4）D　　（5）D　　（6）D　　（7）A　　（8）A

2．（1）$y=x^2-3$ 　　　　　　　　　　（2）$y=\dfrac{x^4}{4}+C$（C 为任意常数）

（3）$y=x(\ln x-1)+C$（C 为任意常数）　　（4）$x^2+y^2=1$

（5）$y_n=2+3n$

3．（1）$x^2+\sqrt{1-y^2}=C$（C 为正常数）

（2）$\sqrt{1-y^2}-\sqrt{1+x^2}=C$（$C$ 为任意常数）

（3）$y=\pm\ln|\arctan x|+C$（C 为任意常数）

(4) $\ln \dfrac{1+\cos y}{1-\cos y} - 4\sin x = C$（$C$ 为任意常数）

(5) $\ln y^2 - y^2 - 2x + 2\arctan x = C$（$C$ 为任意常数）

(6) $e^{-\frac{y}{x}} + \ln x = C$（$C$ 为任意常数）

(7) $y = e^{Cx+1}x$（C 为任意常数）

(8) $y = C(x^2 - xy)$（C 为任意常数）

(9) $y = \dfrac{1}{2}e^{-x^2} + \dfrac{1}{2}$

(10) $y = e^{-\sin x}\left(x + 1 - \dfrac{\pi}{2}\right)$

(11) $y = \dfrac{\pi}{x} - \dfrac{1}{x}\cos x$

(12) $y = x^2(e^x + C)$ （C 为任意常数）

(13) $y = e^{-\sin x}(x\ln x - x + C)$（$C$ 为任意常数）

(14) $y = e^{-2x} + Ce^{-3x}$（C 为任意常数）

(15) $y = \left(\dfrac{x^2}{2} + x + C\right)(x+1)^2$（$C$ 为任意常数）

4. 通解 $y_n = A\left(\dfrac{3}{2}\right)^n - 5$，特解 $y_n = 7\left(\dfrac{3}{2}\right)^n - 5$

第五章至第九章综合测试练习题
综合测试练习题一

一、填空题（将题目的正确答案填写在相应题目画线空白处）

1. 函数 $z = \sqrt{x^2 + y^2 - 1} + \sqrt{4 - x^2 - y^2}$ 的定义域为＿＿＿＿＿＿＿＿＿＿．

2. 差分 $\Delta(3x) = $ ＿＿＿＿＿＿＿＿＿＿．

3. 已知函数 $z = xy$，则 $\mathrm{d}z = $ ＿＿＿＿＿＿＿＿＿＿．

4. 微分方程 $\dfrac{\mathrm{d}y}{\mathrm{d}x} = x^2$ 的通解是＿＿＿＿＿＿＿＿＿＿．

5. 函数 $\dfrac{1}{x}$ 的全体原函数是＿＿＿＿＿＿＿＿＿＿．

6. $\displaystyle\int_{-1}^{1} x^7 \,\mathrm{d}x = $ ＿＿＿＿＿＿＿＿＿＿．

7. 某产品产量为 x 的边际成本 $C'(x) = 3 + 0.4x$，且固定成本为 5，则该产品的总成本函数 $C(x) = $ ＿＿＿＿＿＿＿＿＿＿．

8. 若 $f(x) = \displaystyle\int_{1}^{x} \sqrt{8 + t^2}\,\mathrm{d}t$，则 $f'(x) = $ ＿＿＿＿＿＿＿＿＿＿．

二、单选题（在每小题的备选答案中选出一个正确的答案，并将正确答案的号码填在题干的括号内）

1. 微分方程 $(y'')^3 + 5(y')^4 - y^5 + x^7 = 0$ 是（   ）阶微分方程.

A. 一　　　　　　B. 二　　　　　　C. 三　　　　　　D. 四

2. 二元函数 $f(x, y) = x^3 + y^3 - 3xy$ 的极值点是（   ）.

A. $(1, 1)$　　　B. $(0, 0)$　　　C. $(1, 0)$　　　D. $(0, 1)$

3. 差分方程 $y_{x+2} - 2y_{x+1} - y_x = 3$ 是（   ）阶差分方程.

A. 一　　　　　　B. 二　　　　　　C. 三　　　　　　D. 四

4. 经过点 $(1, 0)$，且其切线的斜率为 $3x^2$ 的曲线方程是（   ）.

A. $y = x^3 - 1$　　B. $y = x^3$　　C. $y = x^3 + 1$　　D. $y = x^3 - 3$

5. $\displaystyle\int_{0}^{+\infty} \mathrm{e}^{-x}\,\mathrm{d}x = $（   ）.

A. 4　　　　　　B. 3　　　　　　C. 2　　　　　　D. 1

6. $\displaystyle\int 3\cos x\,\mathrm{d}x = $（   ）.

A. $3\cos x + c$　　B. $3\sin x + c$　　C. $-3\cos x + c$　　D. $-3\sin x + c$

7. 设 $z = y^x$，则 $\dfrac{\partial z}{\partial x} = $（   ）.

A. xy^{x-1}　　B. $y^x \ln y$　　C. xy^x　　D. $y^x \ln x$

8. $\displaystyle\int_{-1}^{1} \mathrm{d}y \int_{-1}^{1} 2 \,\mathrm{d}x = $（   ）.

A. 10　　　　　　B. 9　　　　　　C. 8　　　　　　D. 7

三、计算题

1. 求不定积分 $\int (x^2 + 2^x + \sin x + \dfrac{1}{1+x^2} - \dfrac{1}{\sqrt{x}}) \mathrm{d}x$.

2. 用定积分计算由曲线 $y = x^2$ 与直线 $y = 2x$ 所围成的平面图形的面积.

3. 计算定积分 $\displaystyle\int_0^8 \dfrac{1}{1+\sqrt[3]{x}} \mathrm{d}x$.

4. 计算定积分 $\displaystyle\int_0^2 x\mathrm{e}^x \mathrm{d}x$.

5. 由方程 $x^2 + y^2 + z^2 = 2z$ 确定函数 $z = f(x, y)$ 可导，求（1） $\dfrac{\partial z}{\partial x}$ 和 $\dfrac{\partial z}{\partial y}$；（2） $\mathrm{d}z$.

6. 设 $z = \mathrm{e}^{xy} + yx^2$，求 $\dfrac{\partial z}{\partial x}$ 和 $\dfrac{\partial^2 z}{\partial x \partial y}$.

7. 求方程 $\dfrac{\mathrm{d}y}{\mathrm{d}x} + 2xy = x$ 的通解及在初始条件 $y\big|_{x=0} = -\dfrac{1}{2}$ 下的特解.

8. 计算二重积分 $\displaystyle\iint_D (2x + 2y)\mathrm{d}\sigma$ ，其中 D 是由直线 $x = 0$，$y = 0$ 与 $y = 1 - x$ 围成的图形.

四、应用题

设生产某种产品的数量 $Q(x, y)$ 与所用两种原料 A 和 B 的数量 x，y 之间有关系式：$Q(x, y) = 2x^{0.8} y^{0.2}$. 现用 300 元购买两种原料，已知 A 和 B 两种原料的价格都是 1 元，问应购买两种原料各多少单位，才能使生产该种产品的数量最多？（本题要求用拉格朗日乘数法求解）

五、证明题

设 $z = f(ax - by)$，其中 f 有连续导数，a，b 是常数，证明：$a\dfrac{\partial z}{\partial y} + b\dfrac{\partial z}{\partial x} = 0$.

综合测试练习题一答案

一、填空题

1. $\{(x, y) \mid 1 \leqslant x^2 + y^2 \leqslant 4\}$　　2. 3　　3. $y\mathrm{d}x + x\mathrm{d}y$　　4. $y = \dfrac{1}{3}x^3 + C$

5. $\ln|x| + C$　　　　　6. 0　　7. $3x + 0.2x^2 + 5$　　8. $\sqrt{8 + x^2}$

二、单选题

1. B　　2. A　　3. B　　4. A　　5. D　　6. B　　7. B　　8. C

三、计算题

1. 解：$\displaystyle\int (x^2 + 2^x + \sin x + \dfrac{1}{1+x^2} - \dfrac{1}{\sqrt{x}}) \mathrm{d}x$

$= \displaystyle\int x^2 \mathrm{d}x + \int 2^x \mathrm{d}x + \int \sin x \mathrm{d}x + \int \dfrac{1}{1+x^2} \mathrm{d}x - \int \dfrac{1}{\sqrt{x}} \mathrm{d}x$

$$= \frac{1}{3}x^3 + \frac{1}{\ln 2}2^x - \cos x + \arctan x - 2\sqrt{x} + C.$$

2. **解:** 由 $\begin{cases} y = 2x \\ y = x^2 \end{cases}$，得交点 $(0, 0)$ 和 $(2, 4)$.

所求的面积为 $S = \int_0^2 (2x - x^2)\,\mathrm{d}x = (x^2 - \frac{1}{3}x^3)\Big|_0^2 = \frac{4}{3}.$

3. **解:** 令 $\sqrt[3]{x} = t$，则 $x = t^3$，$\mathrm{d}x = 3t^2\mathrm{d}t$，于是

$$\int_0^8 \frac{1}{1+\sqrt[3]{x}}\mathrm{d}x = \int_0^2 \frac{3t^2}{1+t}\mathrm{d}t = 3\int_0^2 (t - 1 + \frac{1}{1+t})\mathrm{d}t = 3[\frac{1}{2}t^2 - t + \ln|t+1|]\Big|_0^2 = 3\ln 3$$

4. **解:** $\int_0^2 x\mathrm{e}^x\mathrm{d}x = \int_0^2 x\mathrm{d}\mathrm{e}^x = x\mathrm{e}^x\big|_0^2 - \int_0^2 \mathrm{e}^x\mathrm{d}x = 2\mathrm{e}^2 - \mathrm{e}^x\big| = \mathrm{e}^2 + 1.$

5. **解:** （1）令 $F(x, y, z) = x^2 + y^2 + z^2 - 2z$，则有

$F_x' = 2x$，$F_y' = 2y$，$F_z' = 2z - 2.$

$\dfrac{\partial z}{\partial x} = -\dfrac{F_x'}{F_z'} = \dfrac{x}{1-z}$，$\dfrac{\partial z}{\partial y} = -\dfrac{F_y'}{F_z'} = \dfrac{y}{1-z}$

（2）$\mathrm{d}z = \dfrac{x}{1-z}\mathrm{d}x + \dfrac{y}{1-z}\mathrm{d}y$

6. **解:** $\dfrac{\partial z}{\partial x} = \mathrm{e}^{xy}(xy)_x' + 2yx = y\mathrm{e}^{xy} + 2xy.$

$\dfrac{\partial^2 z}{\partial x \partial y} = \dfrac{\partial}{\partial y}(y\mathrm{e}^{xy} + 2xy) = \mathrm{e}^{xy} + y\mathrm{e}^{xy}(xy)_y' + 2x = (1+xy)\mathrm{e}^{xy} + 2x$

7. **解:** $p(x) = 2x$，$q(x) = x$，

则方程的通解为：$y = \mathrm{e}^{-\int p(x)\mathrm{d}x}[\int q(x)\mathrm{e}^{\int p(x)\mathrm{d}x}\mathrm{d}x + C] = \mathrm{e}^{-\int 2x\mathrm{d}x}[\int x\mathrm{e}^{\int 2x\mathrm{d}x}\mathrm{d}x + C]$

$$= \mathrm{e}^{-x^2}(\int x\mathrm{e}^{x^2}\mathrm{d}x + C) = \mathrm{e}^{-x^2}(\frac{1}{2}\mathrm{e}^{x^2} + C) = \frac{1}{2} + C\mathrm{e}^{-x^2}$$

由初始条件 $y(0) = -\frac{1}{2}$，则 $C = -1$，特解为：$y = \frac{1}{2} - \mathrm{e}^{-x^2}$

8. **解:** $\iint\limits_D (2x + 2y)\mathrm{d}\sigma = \int_0^1 \mathrm{d}x \int_0^{1-x} (2x + 2y)\mathrm{d}y$

$$= \int_0^1 (2xy + y^2)\big|_0^{1-x}\mathrm{d}x = \int_0^1 (1 - x^2)\mathrm{d}x = \frac{2}{3}$$

四、应用题

解: 设购买 A 原料 x 单位和购买 B 原料 y 单位，则该种产品的数量为

$Q(x, y) = 2x^{0.8}y^{0.2}$，且 $x + y = 300$

令 $F(x, y, \lambda) = 2x^{0.8}y^{0.2} + \lambda(x + y - 300)$，

由 $\begin{cases} F_x' = 1.6x^{-0.2}y^{0.2} + \lambda = 0 \\ F_y' = 0.4x^{0.8}y^{-0.8} + \lambda = 0 \\ F_\lambda' = x + y - 300 = 0 \end{cases}$，得 $\begin{cases} x = 240 \\ y = 60 \end{cases}$

根据实际问题可知 $Q(x, y)$ 一定存在最大值，故 $(240, 60)$ 是使 $Q(x, y)$ 取得最大值

的点.

答：购买 A 原料 240 单位和 B 原料 60 单位，才能使生产该种产品的数量最多.

五、证明题

证：令 $u = ax - by$，则 $z = f(u)$，从而有

$$\frac{\partial z}{\partial x} = \frac{\mathrm{d}z}{\mathrm{d}u} \cdot \frac{\partial u}{\partial x} = f'(u) \cdot a.$$

$$\frac{\partial z}{\partial y} = \frac{\mathrm{d}z}{\mathrm{d}u} \cdot \frac{\partial u}{\partial y} = f'(u) \cdot (-b).$$

$$\therefore \quad a\frac{\partial z}{\partial y} + b\frac{\partial z}{\partial x} = af'(u) \cdot (-b) + bf'(u) \cdot a = -abf'(u) + abf'(u) = 0.$$

综合测试练习题二

一、单选题（在每小题的备选答案中选出一个正确的答案，并将正确答案的号码填在题干的括号内）

1. $\int 2\sin x \mathrm{d}x = ($).

A. $2\cos x + C$ 　　 B. $2\sin x + C$ 　　 C. $-2\cos x + C$ 　　 D. $-2\sin x + C$

2. 经过点 $(1, 3)$，且其切线的斜率为 $2x$ 的曲线方程是（ ）.

A. $y = x^2 + 2$ 　　 B. $y = x^2 - 2$ 　　 C. $y = x^2 + 1$ 　　 D. $y = x^2 + 3$

3. $\dfrac{\Gamma(5)}{\Gamma(4)} = ($).

A. 3 　　　　 B. 4 　　　　 C. 2 　　　　 D. 1

4. 设 $z = \mathrm{e}^{x^2 y}$，则 $\dfrac{\partial z}{\partial x} = ($).

A. $2x\mathrm{e}^{x^2 y}$ 　　 B. $x^2\mathrm{e}^{x^2 y}$ 　　 C. $\mathrm{e}^{x^2 y}$ 　　 D. $2xy\mathrm{e}^{x^2 y}$

5. $\int_0^2 \mathrm{d}y \int_0^1 3\mathrm{d}x = ($).

A. 3 　　　　 B. 5 　　　　 C. 6 　　　　 D. 4

6. 微分方程 $\dfrac{\mathrm{d}y}{\mathrm{d}x} = 2y$ 的通解是（ ），其中 c 为任意常数.

A. $y = \mathrm{e}^{2x}$ 　　 B. $y = C + \mathrm{e}^{2x}$ 　　 C. $y = C - \mathrm{e}^{2x}$ 　　 D. $y = C\mathrm{e}^{2x}$

7. 二元函数 $f(x, y) = 4(x - y) - x^2 - y^2$ 的极值点是（ ）.

A. $(2, -2)$ 　　 B. $(-2, 2)$ 　　 C. $(-2, 3)$ 　　 D. $(3, -2)$

8. 差分 $\Delta(x^2) = ($).

A. $2x$ 　　 B. $2x + 1$ 　　 C. $2x - 1$ 　　 D. $x^2 + 1$

二、填空题（将题目的正确答案填写在相应题目画线空白处）

1. 函数 $\cos x$ 的全体原函数是＿＿＿＿＿＿＿＿＿＿＿＿.

2. $\int 5^x \mathrm{d}x = $ ＿＿＿＿＿＿＿＿＿＿＿＿.

3. $\int_{-1}^{1} x^{99} \mathrm{d}x = $ _____.

4. 若 $f(x) = \int_{0}^{x} \mathrm{e}^{-t^2} \mathrm{d}t$，则 $f'(x) = $ _____.

5. 函数 $z = \sqrt{4 - x^2 - y^2}$ 的定义域为_____.

6. 已知函数 $z = x^2 y^2$，则 $\mathrm{d}z = $ _____.

7. 差分方程 $y_{x+2} - 2y_{x+1} + y_x = 2y_{x-1} + 2$ 是_____阶的差分方程.

8. 微分方程 $x(y')^3 - 2yy'' + x^4 = 0$ 是_____阶微分方程.

三、计算题

1. 求不定积分 $\int x \ln x \mathrm{d}x$.

2. 求不定积分 $\int \dfrac{1+x}{1+x^2} \mathrm{d}x$.

3. 计算定积分 $\int_{1}^{2} \dfrac{1}{1+\sqrt{x-1}} \mathrm{d}x$.

4. 用定积分计算由曲线 $y = x^2$ 及直线 $y = x$ 所围成的平面图形的面积.

5. 设 $z = x \ln(xy)$，求 $\dfrac{\partial z}{\partial x}$ 和 $\dfrac{\partial^2 z}{\partial x \partial y}$.

6. 已知 $x - y^2 + z^2 = xz$，求隐函数 $z = z(x, y)$ 的偏导数 $\dfrac{\partial z}{\partial x}$ 和 $\dfrac{\partial z}{\partial y}$.

7. 求方程 $\dfrac{\mathrm{d}y}{\mathrm{d}x} - \dfrac{1}{x}y = 2x$ 的通解及在初始条件 $y|_{x=1} = 0$ 下的特解.

8. 计算二重积分 $\iint\limits_{D} 2xy \mathrm{d}\sigma$，其中 D 是由直线 $x = 0$，$y = 0$ 与 $y = 1 - x$ 围成的图形.

四、应用题

某公司的两家工厂生产同样的产品，但成本不同. 第一家工厂生产 x 单位产品和第二家工厂生产 y 单位产品时的总成本是 $C(x, y) = x^2 + 3y^2 + x + y + 15$. 若公司生产的任务是 1 000 单位，问如何在这两家工厂之间分配任务才能使公司的总成本最低？（本题要求用拉格朗日乘数法求解）.

五、证明题

设 $z = f(x^2 - y^2)$，其中 f 有连续导数，证明：$y \dfrac{\partial z}{\partial x} + x \dfrac{\partial z}{\partial y} = 0$.

综合测试练习题二答案

一、单选题

1. C   2. A   3. B   4. D   5. C   6. D   7. A   8. B

二、填空题

1. $\sin x + C$ 　　　　2. $\dfrac{1}{\ln 5}5^x + C$ 　　　3. 0   　　　4. e^{-x^2}

5. $\{(x, y) \mid x^2 + y^2 \leqslant 4\}$ 6. $2xy(ydx + xdy)$ 7. 三   8. 二

三、计算题

1. **解**：$\int x\ln x dx = \int \ln x d\dfrac{x^2}{2} = \dfrac{x^2}{2}\ln x - \dfrac{1}{2}\int x dx = \dfrac{x^2}{2}\ln x - \dfrac{1}{4}x^2 + C$

2. **解**：$\int \dfrac{1 + x}{1 + x^2}dx = \int \dfrac{1}{1 + x^2}dx + \int \dfrac{x}{1 + x^2}dx = \arctan x + \dfrac{1}{2}\ln(1 + x^2) + C$

3. **解**：令 $\sqrt{x - 1} = t$，则 $x = 1 + t^2$，$dx = 2tdt$，于是

$\displaystyle\int_1^2 \dfrac{1}{1 + \sqrt{x - 1}}dx = \int_0^1 \dfrac{2t}{1 + t}dt = 2\int_0^1 (1 - \dfrac{1}{1 + t})dt = 2[t - \ln \mid t + 1 \mid] \mid_0^1 = 2(1 - \ln 2)$.

4. **解**：由 $\begin{cases} y = x \\ y = x^2 \end{cases}$，得交点 $(0, 0)$ 和 $(1, 1)$.

所求的面积为 $S = \displaystyle\int_0^1 (x - x^2)dx = \dfrac{1}{2}x^2 - \dfrac{1}{3}x^3 \mid_0^1 = \dfrac{1}{6}$.

5. **解**：$\dfrac{\partial z}{\partial x} = \ln(xy) + x\dfrac{1}{xy}y = \ln x + \ln y + 1$，

$\dfrac{\partial^2 z}{\partial x \partial y} = \dfrac{\partial}{\partial y}(\ln x + \ln y + 1) = \dfrac{1}{y}$.

6. **解**：令 $F(x, y, z) = x - y^2 + z^2 - xz$，则有

$F'_x = 1 - z$，$F'_y = -2y$，$F'_z = 2z - x$.

$\dfrac{\partial z}{\partial x} = -\dfrac{F'_x}{F'_z} = \dfrac{z - 1}{2z - x}$，$\dfrac{\partial z}{\partial y} = -\dfrac{F'_y}{F'_z} = \dfrac{2y}{2z - x}$.

7. **解**：$p(x) = -\dfrac{1}{x}$，$q(x) = 2x$，

则方程的通解为：$y = e^{-\int p(x)dx}\{\int q(x)e^{\int p(x)dx}dx + C\} = e^{\int \frac{1}{x}dx}\{\int 2xe^{\int -\frac{1}{x}dx}dx + C\}$

$= x(\int 2dx + C) = x(2x + C)$

由初始条件 $y(1) = 0$，则 $c = -2$，特解为：$y = x(2x - 2)$

8. **解**：$\displaystyle\iint\limits_D 2xyd\sigma = \int_0^1 dx\int_0^{1-x} 2xy dy = \int_0^1 xy^2 \mid_0^{1-x}dx$

$= \displaystyle\int_0^1 (x - 2x^2 + x^3)dx = \dfrac{1}{12}$

四、应用题

解：设第一家工厂生产 x 单位产品和第二家工厂生产 y 单位产品，则
总成本 $C(x, y) = x^2 + 3y^2 + x + y + 15$，且 $x + y = 1\ 000$.
令 $F(x, y, \lambda) = x^2 + 3y^2 + x + y + 15 + \lambda(x + y - 1\ 000)$，

由 $\begin{cases} 2x + 1 + \lambda = 0 \\ 6y + 1 + \lambda = 0 \\ x + y - 1\ 000 = 0 \end{cases}$，得 $\begin{cases} x = 750 \\ y = 250 \end{cases}$

根据实际问题可知 $C(x, y)$ 一定存在最小值，故 $(750, 250)$ 是使 $C(x, y)$ 取得最小值

的点.

答：第一家工厂生产 750 单位产品，而第二家工厂生产 250 单位产品时，公司的总成本最低.

五、证明题

证：$u = x^2 - y^2$，则 $z = f(u)$ 是以 u 为中间变量的二元复合函数.

$\dfrac{\partial z}{\partial x} = \dfrac{dz}{du} \cdot \dfrac{\partial u}{\partial x} = \dfrac{dz}{du} \cdot 2x = 2x \dfrac{dz}{du}$，$\dfrac{\partial z}{\partial y} = \dfrac{dz}{du} \cdot \dfrac{\partial u}{\partial y} = \dfrac{dz}{du} \cdot (-2y) = -2y \dfrac{dz}{du}$，

所以 $y \dfrac{\partial z}{\partial x} + x \dfrac{\partial z}{\partial y} = 2xy \dfrac{dz}{du} - 2xy \dfrac{dz}{du} = 0$.

附录　初等数学常用部分公式

1. 指数运算公式

（1）$x^0 = 1$　　　　（2）$x^{-n} = \dfrac{1}{x^n}$　　　（3）$(x^n)^m = x^{nm}$　　　（4）$x^{\frac{n}{m}} = \sqrt[m]{x^n}$

（5）$x^n \cdot x^m = x^{n+m}$　　（6）$\dfrac{x^n}{x^m} = x^{n-m}$　　（7）$(xy)^n = x^n y^n$　　（8）$\left(\dfrac{x}{y}\right)^n = \dfrac{x^n}{y^n}$

2. 对数运算公式（$a > 0$，且 $a \neq 1$）

（1）$\log_e x = \ln x$，$\log_{10} x = \lg x$

（2）$\log_a 1 = 0$，特别有 $\ln 1 = 0$

（3）$\log_a a = 1$，特别有 $\ln e = 1$

（4）$a^{\log_a x} = x$，特别有 $e^{\ln x} = x$（对数恒等式）

（5）$\log_a x = \dfrac{\log_b x}{\log_b a}$，特别有 $\log_a x = \dfrac{\ln x}{\ln a}$（换底公式）

（6）$\log_a x^b = b \cdot \log_a x$，特别有 $\ln x^b = b \cdot \ln x$

（7）$\log_a(xy) = \log_a x + \log_a y$，特别有 $\ln xy = \ln x + \ln y$

（8）$\log_a \dfrac{x}{y} = \log_a x - \log_a y$，特别有 $\ln \dfrac{x}{y} = \ln x - \ln y$

3. 对数与指数互化

$y = a^x \Leftrightarrow x = \log_a y$，特别有 $y = e^x \Leftrightarrow x = \ln y$

4. 阶乘

（1）$n! = 1 \cdot 2 \cdot 3 \cdots n$，规定 n 为自然数，且 $0! = 1$

（2）$(2n-1)!! = 1 \cdot 3 \cdot 5 \cdots (2n-1)$

（3）$(2n)!! = 2 \cdot 4 \cdot 6 \cdots (2n)$

5. 求和公式

（1）$\displaystyle\sum_{i=1}^{n} i = 1 + 2 + \cdots + n = \dfrac{n(n+1)}{2}$

（2）$\displaystyle\sum_{i=1}^{n} q^i = q + q^2 + \cdots + q^n = \dfrac{1 - q^{n+1}}{1 - q}$，$q \neq 1$

（3）$(a \pm b)^3 = a^3 \pm 3a^2 b + 3ab^2 \pm b^3$（完全立方公式）

（4）$a^3 \pm b^3 = (a \pm b)(a^2 \mp ab + b^2)$（立方和差公式）

（5）$a^n - b^n = (a - b)(a^{n-1} + a^{n-2}b + a^{n-3}b^2 + \cdots + ab^{n-2} + b^{n-1})$（$n$ 为正整数）

（6）$a^n - b^n = (a + b)(a^{n-1} - a^{n-2}b + a^{n-3}b^2 - \cdots + ab^{n-2} - b^{n-1})$（$n$ 为偶数）

（7）$a^n + b^n = (a + b)(a^{n-1} - a^{n-2}b + a^{n-3}b^2 - \cdots - ab^{n-2} + b^{n-1})$（$n$ 为奇数）

6. 二项式展开式

$$(a+b)^n = C_n^0 a^n + C_n^1 a^{n-1}b + C_n^2 a^{n-2}b^2 + \cdots + C_n^n b^n$$

$$= a^n + na^{n-1}b + \frac{n(n-1)}{2!}a^{n-2}b^2 + \cdots + \frac{n(n-1)\cdots[n-(k-1)]}{k!}a^{n-k}b^k + \cdots + b^n$$

其中 $C_n^k = \dfrac{n!}{(n-k)!\,k!} = \dfrac{n\cdot(n-1)\cdots(n-k+1)}{k!}$，而且 $C_n^k = C_n^{n-k}$，$C_n^0 = C_n^n = 1$.

7. 有关三角函数公式

（1）同角的三角函数公式

$$\sin^2 x + \cos^2 x = 1 \qquad \tan^2 x = \sec^2 x - 1 \qquad \cot^2 x = \csc^2 x - 1$$

$$\tan x = \frac{\sin x}{\cos x} \qquad \cot x = \frac{\cos x}{\sin x} \qquad \tan x \cdot \cot x = 1$$

$$\sec x = \frac{1}{\cos x} \qquad \csc x = \frac{1}{\sin x}$$

（2）半角与倍角的三角函数公式和降幂公式

$$\sin 2x = 2\sin x \cos x \qquad \cos 2x = \cos^2 x - \sin^2 x = 1 - 2\sin^2 x = 2\cos^2 x - 1$$

$$\tan 2x = \frac{2\tan x}{1-\tan^2 x} \qquad \sin^2 x = \frac{1}{2} - \frac{1}{2}\cos 2x \qquad \cos^2 x = \frac{1}{2} + \frac{1}{2}\cos 2x$$

（3）两角和（差）的三角函数公式

$$\sin(x+y) = \sin x \cos y + \cos x \sin y \qquad \sin(x-y) = \sin x \cos y - \cos x \sin y$$

$$\cos(x+y) = \cos x \cos y - \sin x \sin y \qquad \cos(x-y) = \cos x \cos y + \sin x \sin y$$

（4）和（差）化积的三角函数公式

$$\sin x + \sin y = 2\sin\frac{x+y}{2}\cos\frac{x-y}{2} \qquad \sin x - \sin y = 2\cos\frac{x+y}{2}\sin\frac{x-y}{2}$$

$$\cos x + \cos y = 2\cos\frac{x+y}{2}\cos\frac{x-y}{2} \qquad \cos x - \cos y = -2\sin\frac{x+y}{2}\sin\frac{x-y}{2}$$

（5）积化和（差）的三角函数公式

$$\sin x \cdot \cos y = \frac{1}{2}\left[\sin(x+y) + \sin(x-y)\right] \qquad \cos x \cdot \sin y = \frac{1}{2}\left[\sin(x+y) - \sin(x-y)\right]$$

$$\cos x \cdot \cos y = \frac{1}{2}\left[\cos(x+y) + \cos(x-y)\right] \qquad \sin x \cdot \sin y = -\frac{1}{2}\left[\cos(x+y) - \cos(x-y)\right]$$

（6）特殊角三角函数值表（第一象限）

三角函数值 α 三角函数	0° (0)	30° ($\frac{\pi}{6}$)	45° ($\frac{\pi}{4}$)	60° ($\frac{\pi}{3}$)	90° ($\frac{\pi}{2}$)
$\sin\alpha$	0	$\frac{1}{2}$	$\frac{\sqrt{2}}{2}$	$\frac{\sqrt{3}}{2}$	1
$\cos\alpha$	1	$\frac{\sqrt{3}}{2}$	$\frac{\sqrt{2}}{2}$	$\frac{1}{2}$	0

（续上表）

三角函数值 α ＼ 角度（弧度） 三角函数	0°（0）	30°（$\frac{\pi}{6}$）	45°（$\frac{\pi}{4}$）	60°（$\frac{\pi}{3}$）	90°（$\frac{\pi}{2}$）
$\tan\alpha$	0	$\frac{\sqrt{3}}{3}$	1	$\sqrt{3}$	不存在（∞）
$\cot\alpha$	不存在（∞）	$\sqrt{3}$	1	$\frac{\sqrt{3}}{3}$	0

（7）特殊角反三角函数值表（第一象限）

反三角函数值 ＼ 反三角函数 三角函数值 x	arcsin$x$	arccos$x$	arctan$x$	arccot$x$
0	0°（0）	90°（$\frac{\pi}{2}$）	0°（0）	不存在（∞）
$\frac{1}{2}$	30°（$\frac{\pi}{6}$）	60°（$\frac{\pi}{3}$）		
$\frac{\sqrt{3}}{3}$			30°（$\frac{\pi}{6}$）	30°（$\frac{\pi}{6}$）
$\frac{\sqrt{2}}{2}$	45°（$\frac{\pi}{4}$）	45°（$\frac{\pi}{4}$）		
$\frac{\sqrt{3}}{2}$	60°（$\frac{\pi}{3}$）	30°（$\frac{\pi}{6}$）		
1	90°（$\frac{\pi}{2}$）	0°（0）	45°（$\frac{\pi}{4}$）	45°（$\frac{\pi}{4}$）
$\sqrt{3}$			60°（$\frac{\pi}{3}$）	30°（$\frac{\pi}{6}$）
不存在（∞）			90°（$\frac{\pi}{2}$）	0°（0）

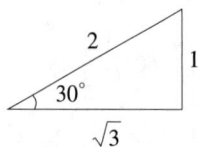

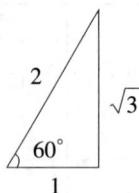

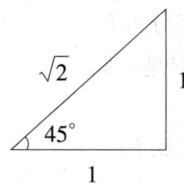